Maschinenelemente

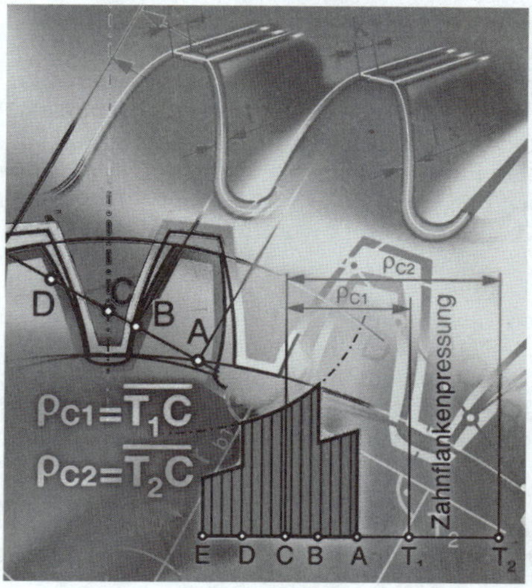

Berthold Schlecht

Maschinenelemente

Tabellen und Formelsammlung

PEARSON

Higher Education
München • Harlow • Amsterdam • Madrid • Boston
San Francisco • Don Mills • Mexico City • Sydney
a part of Pearson plc worldwide

Bibliografische Information der Deutschen Nationalbibliothek
Die Deutsche Nationalbibliothek verzeichnet diese Publikation in der Deutschen Nationalbibliografie; detaillierte bibliografische Daten sind im Internet über *http://dnb.d-nb.de* abrufbar.

10 9 8 7 6 5 4 3 2 1

13 12 11

ISBN 978-3-8273-7147-8

Martin-Kollar-Straße 10-12, D-81829 München

www.pearson.de
A part of Pearson plc worldwide

Programmleitung: Birger Peil, bpeil@pearson.de
Korrektorat: Brigitta Keul, München
Einbandgestaltung: Thomas Arlt, tarlt@adesso21.net
Herstellung: Philipp Burkart, pburkart@pearson.de
Satz: mediaService, Siegen (www.mediaservice.tv)
Druck und Verarbeitung: GraphyCems, Villatuerta

Printed in Spain

Inhaltsverzeichnis

1 Maschinenelemente und Konstruktion – Einleitung

1

Alle uns heute bekannten technischen Systeme sind zur Erfüllung einer bestimmten Aufgabe entwickelt, konstruiert und gebaut worden. In Abhängigkeit von den gestellten Anforderungen bestehen diese Systeme aus verschiedenen Teilsystemen und Baugruppen, die sich wiederum aus weiteren einzelnen Elementen, den Maschinenelementen, zusammensetzen. Damit gehören die klassischen Maschinenelemente – genauso wie Mathematik, Mechanik, Thermodynamik und Regelungstechnik – zum grundlegenden Rüstzeug des modernen, gut ausgebildeten Ingenieurs aller Fachdisziplinen.

Generell ist die Lehre von den Maschinenelementen auch heute noch eine Erfahrungswissenschaft, die sich in vielen Bereichen durch die Grundlagen der theoretischen Wissenschaften der Physik und Mechanik unter Nutzung der Mathematik als Handwerkszeug beschreiben lässt. Demzufolge erwirbt der konstruierende Ingenieur erst im Laufe seiner Berufspraxis aufgrund der gewonnenen Erkenntnisse aus erfolgreichen Konstruktionen und konstruktiven Misserfolgen ein Gespür für effiziente konstruktive Lösungen und ein ausgeprägtes Gefühl für Gestaltungsdetails. Sein Erfahrungswissen – oftmals auch als „technisches Gefühl" bezeichnet – befähigt ihn, die erforderlichen Querschnitte von Bauteilen und die Auswahl von Maschinenelementen (z.B. Schrauben und Lager) ebenso genau wie nach einer Berechnung festzulegen. Als verantwortungsvoller Konstrukteur wird er jedoch seine Konstruktion immer zusätzlich durch nachprüfbare Berechnungen unterstützen.

Genau an dieser Stelle setzt die vorliegende Formelsammlung an, die als Ergänzung zu den bereits erschienen Bänden Maschinenelemente 1 und Maschinenelemente 2 gedacht ist. Während in diesen beiden Lehr- und Fachbüchern die Auswahl und Berechnung der Maschinenelemente ausführlich und umfassend behandelt werden, bietet die Formelsammlung in kürzester Form die wesentlichen Gleichungen zur Ermittlung der Beanspruchungen von Maschinenelementen, die dann mit den in zahlreichen Tabellen zusammengefassten Kennwerten der Beanspruchbarkeit im Zuge eines Tragfähigkeitsnachweises verglichen werden können.

Insofern stellt die Formelsammlung für den in der Praxis tätigen Ingenieur und den mit der Bearbeitung von Übungs- und Klausuraufgaben befassten Studenten eine ideale Ergänzung der Bücher Maschinenelemente 1 und 2 dar. Als vollwertiger Ersatz kann die Formelsammlung jedoch nicht dienen. Ebenso stellen auch die auszugsweise wiedergegebenen Kennwerte der Beanspruchbarkeit nur eine Auswahl der am häufigsten eingesetzten und gebräuchlichen Werkstoffe dar. Weitere verbindliche Angaben dazu finden sich in den einschlägigen Normen, auf die sowohl in der Formelsammlung als auch in den Bänden Maschinenelemente 1 und 2 hingewiesen wird. Mit Blick auf eine einfache Handhabung der Formelsammlung stimmt die Nummerierung der Kapitel und Gleichungen mit den Bänden Maschinenelemente 1 und 2 überein.

Da eine vollkommene Neubearbeitung eines so umfangreichen Lehrgebietes auch bei gründlichsten Recherchen und Ausarbeitungen zwangsläufig nicht fehlerfrei sein kann, freuen sich der Autor und seine Mitarbeiter, Herr Dipl.-Ing. David Bretschneider, Herr Dipl.-Ing. Sebastian Grams, Herr Dipl.-Ing. Lutz Reichel und Herr Dipl.-Ing. Benjamin Röseler, die dankenswerterweise die Hauptarbeit der Manuskripterstellung übernommen haben, über jeden Hinweis zur Berichtigung oder konstruktiven Vorschlag zur besseren Stoffdarstellung.

Dresden Berthold Schlecht

2 Normen, Toleranzen, Passungen und Oberflächen

Toleranzfelder des ISO-Systems nach DIN ISO 286

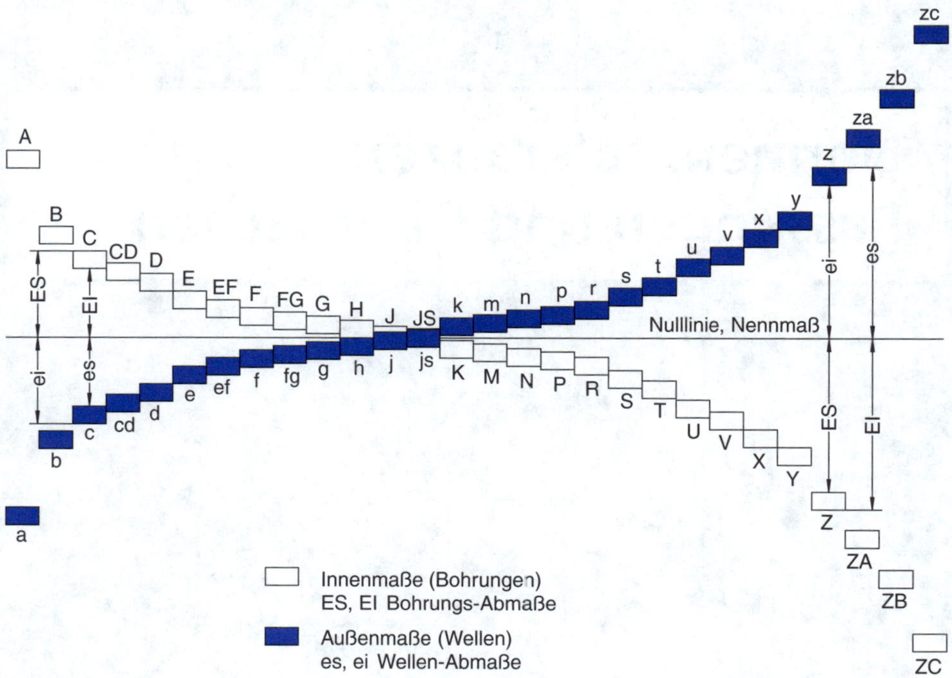

Grenzmaß *G* für Bohrung und Welle

Bohrung:	$G_{oB} = N + ES$	$G_{uB} = N + EI$	(2.2)
Welle:	$G_{oW} = N + es$	$G_{uW} = N + ei$	(2.3)

Maßtoleranz *T*

Allgemein:	$T = G_o - G_u$	(2.4)
Bohrung:	$T_B = G_{oB} - G_{uB} = ES - EI$	(2.5)
Welle:	$T_W = G_{oW} - G_{uW} = es - ei$	(2.6)

G_o Höchstmaß

G_u Mindestmaß

ES, *es* oberes Abmaß

EI, *ei* unteres Abmaß

Maße, Abmaße und Toleranzen von Bauteilen

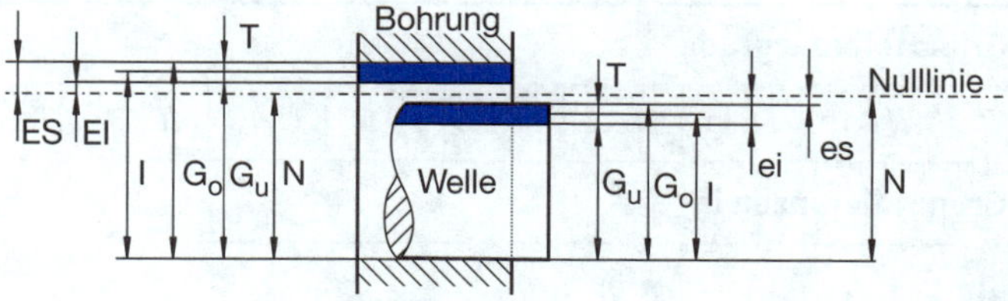

N - Nennmaß T - Toleranz
G_u - Kleinstmaß E/e - Abmaß
G_o - Größtmaß ES/es - oberes Abmaß Bohrung/Welle = Größtmaß-Nennmaß
I - Istmaß EI/ei - unteres Abmaß Bohrung/Welle = Kleinstmaß-Nennmaß

Grundtoleranzen IT 0 bis IT 8

Nennmaß-bereich in mm		**Grundtoleranzgrade**									
		IT 01	*IT* 0	*IT* 1	*IT* 2	*IT* 3	*IT* 4	*IT* 5	*IT* 6	*IT* 7	*IT* 8
über	**bis**	**Grundtoleranzen in µm**									
–	3	0,3	0,5	0,8	1,2	2	3	4	6	10	14
3	6	0,4	0,6	1	1,5	2,5	4	5	8	12	18
6	10	0,4	0,6	1	1,5	2,5	4	6	9	15	22
10	18	0,5	0,8	1,2	2	3	5	8	11	18	27
18	30	0,6	1	1,5	2,5	4	6	9	13	21	33
30	50	0,6	1	1,5	2,5	4	7	11	16[1)]	25	39
50	80	0,8	1,2	2	3	5	8	13	19	30	46
80	120	1	1,5	2,5	4	6	10	15	22	35	54
120	180	1,2	2	3,5	5	8	12	18	25	40	63
180	250	2	3	4,5	7	10	14	20	29	46	72
250	315	2,5	4	6	8	12	16	23	32	52	81
315	400	3	5	7	9	13	18	25	36	57	89
400	500	4	6	8	10	15	20	27	40	63	97

Grundtoleranzen IT 9 bis IT 18

Nennmaß-bereich in mm		Grundtoleranzgrade									
		IT 9	*IT* 10	*IT* 11	*IT* 12	*IT* 13	*IT* 14	*IT* 15	*IT* 16	*IT* 17	*IT* 18
über	**bis**	**Grundtoleranzen in**									
		µm			mm						
–	3	25	40	60	0,1	0,14	0,25	0,4	0,6	1	1,4
3	6	30	48	75	0,12	0,18	0,3	0,48	0,75	1,2	1,8
6	10	36	56	90	0,15	0,22	0,36	0,58	0,9	1,5	2,2
10	18	43	70	110	0,18	0,27	0,43	0,7	1,1	1,8	2,7
18	30	52	84	130	0,21	0,33	0,52	0,84	1,3	2,1	3,3
30	50	62	100	160	0,25	0,39	0,62	1	1,6	2,5	3,9
50	80	74	120	190	0,3	0,46	0,74	1,2	1,9	3	4,6
80	120	87	140	220	0,35	0,54	0,87	1,4	2,2	3,5	5,4
120	180	100	160	250	0,4	0,63	1	1,6	2,5	4	6,3
180	250	115	185	290	0,46	0,72	1,15	1,85	2,9	4,6	7,2
250	315	130	210	320	0,52	0,81	1,3	2,1	3,2	5,2	8,1
315	400	140	230	360	0,57	0,89	1,4	2,3	3,6	5,7	8,9
400	500	155	250	400	0,63	0,97	1,55	2,5	4	6,3	9,7

Formtoleranzen nach DIN ISO 1101

Symbol und tolerierte Eigenschaft	Anwendungs-Beispiele		
	Toleranzzone	**Zeichnungsangabe**	**Erklärung**
— Geradheit	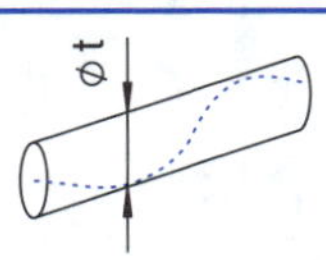	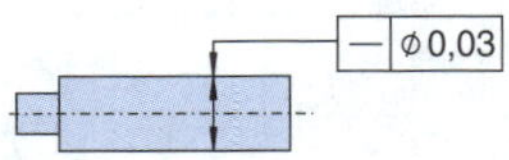	Die Achse des zylindrischen Teils des Bolzens muss innerhalb eines Zylinders vom Durchmesser $t = 0{,}03$ mm liegen.
⏥ Ebenheit	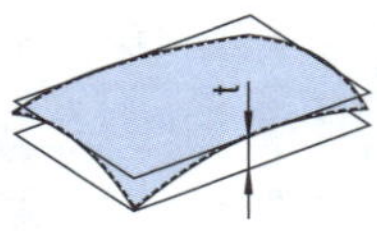	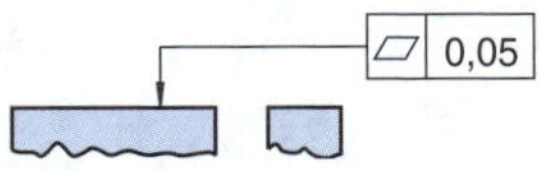	Die tolerierte Fläche muss zwischen zwei parallelen Ebenen vom Abstand $t = 0{,}05$ mm liegen.

Symbol und tolerierte Eigenschaft	Anwendungs-Beispiele		
	Toleranzzone	Zeichnungsangabe	Erklärung
○ Rundheit	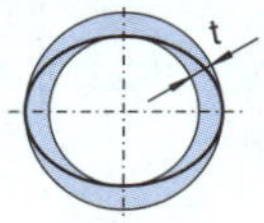	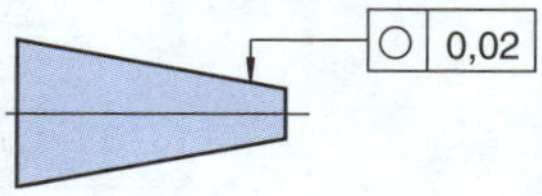	Die Umfangslinie jedes Querschnitts muss in einem Kreisring von der Breite $t = 0{,}02$ mm enthalten sein.
⌭ Zylinderform	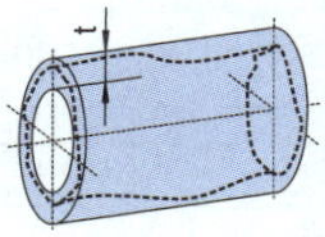	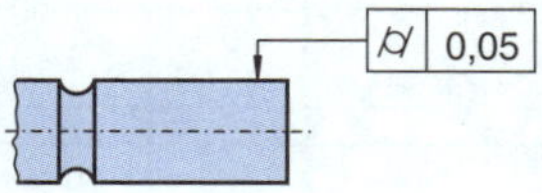	Die tolerierte Fläche muss zwischen zwei koaxialen Zylindern liegen, die einen radialen Abstand von $t = 0{,}05$ mm haben.
⌒ Linienform	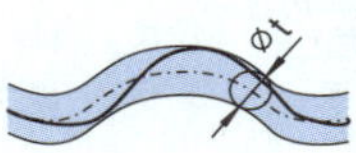	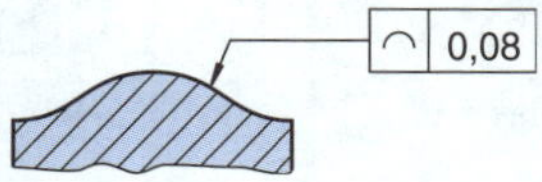	Das tolerierte Profil muss zwischen zwei Hüll-Linien liegen, deren Abstand durch Kreise vom Durchmesser $t = 0{,}08$ mm begrenzt wird. Die Mittelpunkte dieser Kreise liegen auf der geometrisch idealen Linie.
⌓ Flächenform	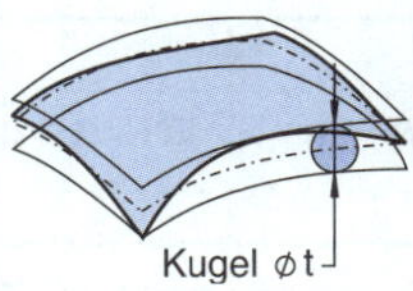	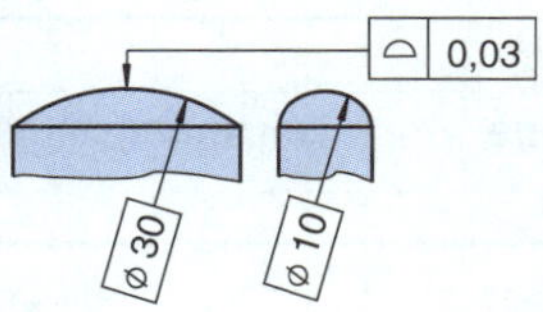	Die tolerierte Fläche muss zwischen zwei Hüll-Flächen liegen, deren Abstand durch Kugeln vom Durchmesser $t = 0{,}03$ mm begrenzt wird. Die Mittelpunkte dieser Kugeln liegen auf der geometrisch idealen Fläche.

Lagetoleranzen der Richtung nach DIN ISO 1101

Symbol und tolerierte Eigenschaft	Toleranzzone	Zeichnungsangabe	Erläuterung
Parallelität //	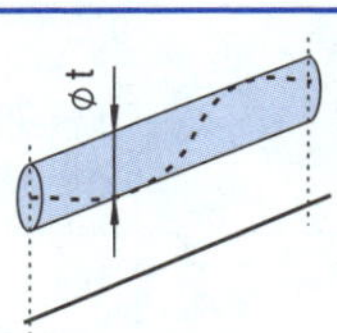	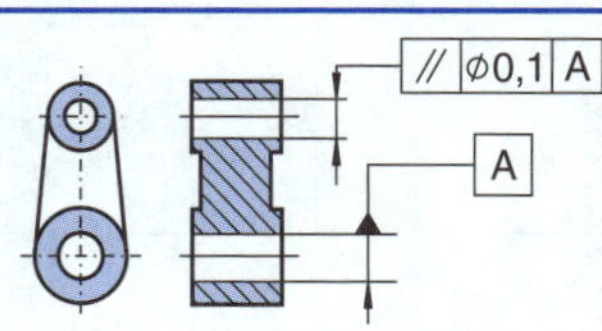	Die tolerierte Achse muss innerhalb eines zur Bezugsachse parallel liegenden Zylinders vom Durchmesser $t = 0{,}1$ mm liegen.
Parallelität //	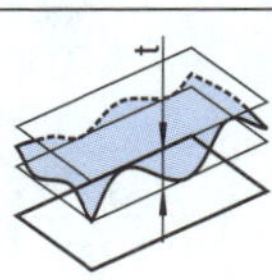	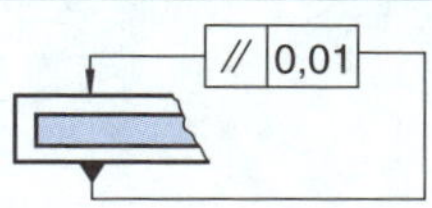	Die tolerierte Fläche muss zwischen zwei zur Bezugsfläche parallelen Ebenen vom Abstand $t = 0{,}05$ mm liegen.

Symbol und tolerierte Eigenschaft	Toleranzzone	Zeichnungsangabe	Erläuterung
Rechtwinkligkeit ⊥	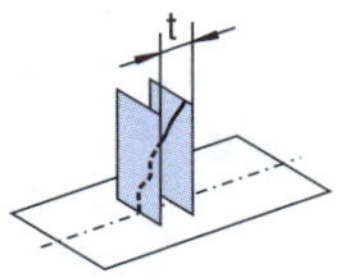	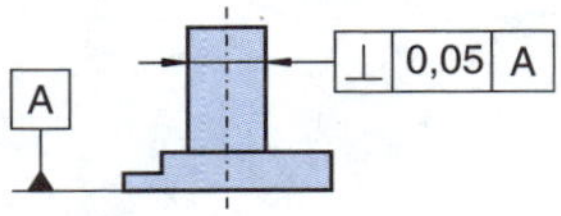	Die tolerierte Achse muss zwischen zwei parallelen zur Bezugsfläche und zur Pfeilrichtung senkrechten Ebenen vom Abstand $t = 0{,}05\ \mathrm{mm}$ liegen.
Neigung (Winkligkeit) ∠	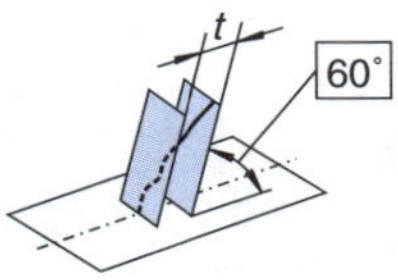	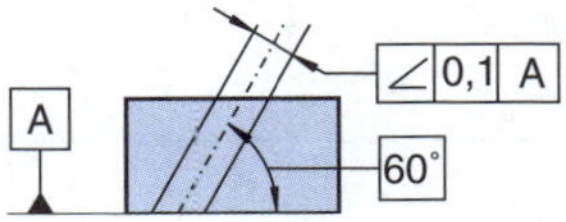	Die Achse der Bohrung muss zwischen zwei zur Bezugsfläche im Winkel von $60°$ geneigten und zueinander parallelen Ebenen vom Abstand $t = 0{,}1\ \mathrm{mm}$ liegen.

Lagetoleranzen des Ortes nach DIN ISO 1101

Symbol und tolerierte Eigenschaft	Toleranzzone	Zeichnungsangabe	Erläuterung
Position ⌖	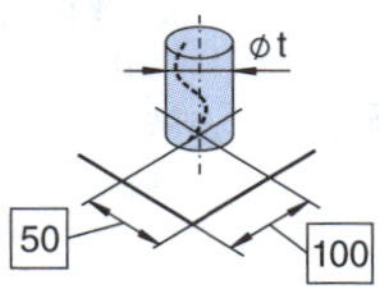	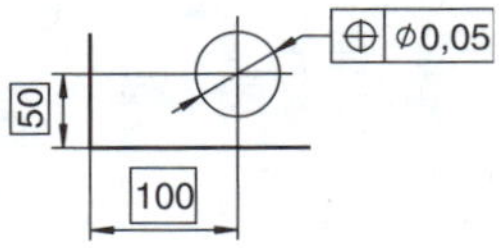	Die Achse der Bohrung muss innerhalb eines Zylinders vom Durchmesser $t = 0{,}05\ \mathrm{mm}$ liegen, dessen Achse sich am geometrisch idealen Ort (mit eingerahmten Maßen) befindet.
Symmetrie ⌯	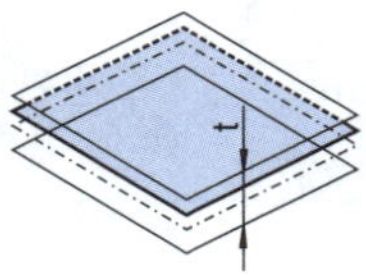	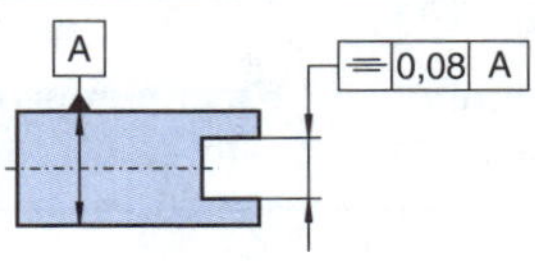	Die Mittelachse der Nut muss zwischen zwei parallelen Ebenen liegen, die einen Abstand von $t = 0{,}08\ \mathrm{mm}$ haben und symmetrisch zur Mittelebene des Bezugselementes liegen.
Koaxialität Konzentrizität ◎	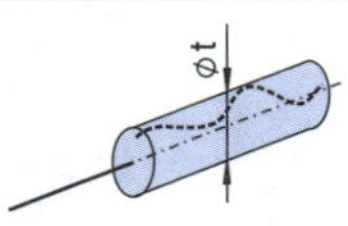	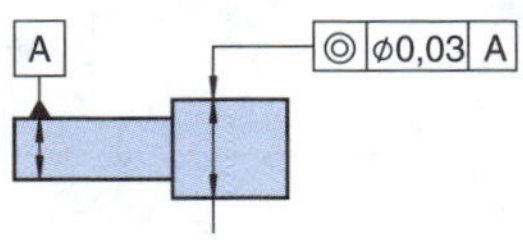	Die Achse des tolerierten Teils der Welle muss innerhalb eines Zylinders vom Durchmesser $t = 0{,}03\ \mathrm{mm}$ liegen, dessen Achse mit der Achse des Bezugselements fluchtet.

Lagetoleranzen des Laufes nach DIN ISO 1101

Symbol und tolerierte Eigenschaft	Toleranzzone	Zeichnungsangabe	Erläuterung
Planlauf 	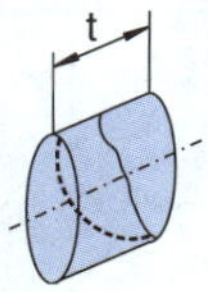	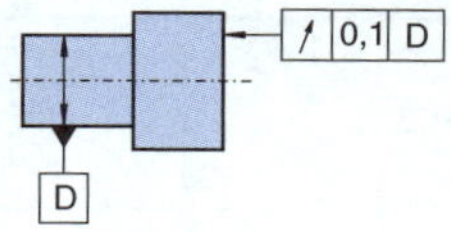	Bei Drehung um die Bezugsachse D darf die Planlaufabweichung in jedem Messzylinder $0{,}1\ \mathrm{mm}$ nicht überschreiten.
Rundlauf 	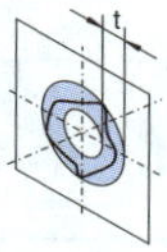	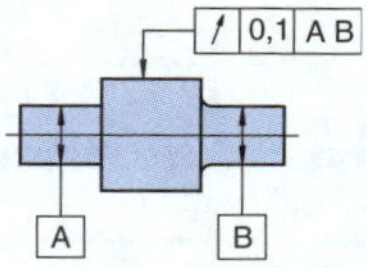	Bei Drehung um die Bezugsachse AB darf die Rundlaufabweichung in jeder senkrechten Messebene $0{,}1\ \mathrm{mm}$ nicht überschreiten.

Allgemeintoleranzen: Grenzabmaße für Längenmaße nach DIN ISO 2768

Toleranzklasse	Grenzabmaße in mm für Nennmaßbereiche in mm							
	0,5 bis 3	über 3 bis 6	über 6 bis 30	über 30 bis 120	über 120 bis 400	über 400 bis 1000	über 1000 bis 2000	über 2000 bis 4000
f (fein)	± 0,05	± 0,05	± 0,1	± 0,15	± 0,2	± 0,3	± 0,5	–
m (mittel)	± 0,1	± 0,1	± 0,2	± 0,3	± 0,5	± 0,8	± 1,2	± 2
c (grob)	± 0,15	± 0,2	± 0,5	± 0,8	± 1,2	± 2	± 3	± 4
v (sehr grob)	–	± 0,5	± 1	± 1,5	± 2,5	± 4	± 6	± 8

Allgemeintoleranzen: Grenzabmaße für Winkelmaße nach DIN ISO 2768

Toleranzklasse	Grenzabmaße in Winkeleinheiten für Nennmaßbereiche des kürzeren Schenkels in mm				
	bis 10	über 10 bis 50	über 50 bis 120	über 120 bis 400	über 400
f (fein)	± 1°	± 30′	± 20′	± 10′	± 5′
m (mittel)	± 1°	± 30′	± 20′	± 10′	± 5′
c (grob)	± 1° 30′	± 1°	± 30′	± 15′	± 10′
v (sehr grob)	± 3°	± 2°	± 1°	± 30′	± 20′

2

Allgemeintoleranzen: Grenzabmaße für Rundungshalbmesser und Fasenhöhen (Schrägungen) nach DIN ISO 7168

Toleranzklasse	Grenzmaße in mm für Nennmaßbereiche in mm		
	0,5 bis 3	über 3 bis 6	über 6
f (fein)	± 0,2	± 0,5	± 1
m (mittel)			
c (grob)	± 0,4	± 1	± 2
v (sehr grob)			

Allgemeintoleranzen: Grenzabmaße für Geradheit und Ebenheit nach DIN ISO 2768

Allgemeintoleranzen für Geradheit und Ebenheit in mm

Toleranzklasse	Nennmaßbereich in mm					
	bis 10	über 10 bis 30	über 30 bis 100	über 100 bis 300	über 300 bis 1000	über 1000 bis 3000
H	0,2	0,05	0,1	0,2	0,3	0,4
K	0,05	0,1	0,2	0,4	0,6	0,8
L	0,1	0,2	0,4	0,8	1,2	1,6

Allgemeintoleranzen: Grenzabmaße für Rechtwinkligkeit nach DIN ISO 2768

Allgemeintoleranzen für Symmetrie in mm

Toleranzklasse	Nennmaßbereich in mm			
	bis 100	über 100 bis 300	über 300 bis 1000	über 1000 bis 3000
H	0,2	0,3	0,4	0,5
K	0,4	0,6	0,8	1,0
L	0,6	1,0	1,5	2,0

Allgemeintoleranzen für Symmetrie nach DIN ISO 2768

Allgemeintoleranzen für Symmetrie in mm

Toleranzklasse	Nennmaßbereich in mm			
	bis 100	über 100 bis 300	über 300 bis 1000	über 1000 bis 3000
H	0,5	0,5	0,5	0,5
K	0,6	0,6	0,8	1,0
L	0,6	1,0	1,5	2,0

Passungen

Allgemein: $P = I_B - I_W$ (2.13)

Höchstpassung: $P_o = G_{oB} - G_{uW} = ES - ei$ (2.14)

Mindestpassung: $P_u = G_{uB} - G_{oW} = EI - es$ (2.15)

Mit Passung (P) wird die Differenz zwischen den Ist-Maßen I von zwei zu fügenden Einzelteilen bezeichnet (z.B. Bohrung I_B und Welle I_W). Somit ergeben sich beim Fügen tolerierter Teile die Grenzpassungen P_o und P_u. Für $P > 0$ ist Spiel vorhanden, bei $P < 0$ liegt ein Übermaß vor.

Passtoleranzfelder für Spiel-, Übergangs- und Übermaßpassungen

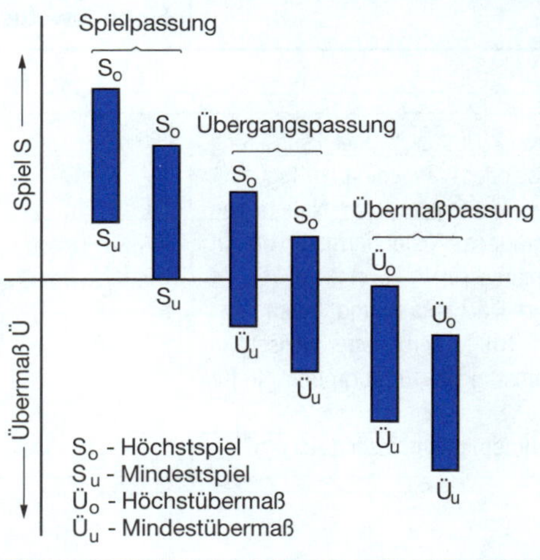

Spielpassung P_S	Übergangspassung	Übermaßpassung $P_Ü$
Spiel S	Spiel S oder Übermaß $Ü$	Übermaß $Ü$
$P_o > 0$ und $P_u \geq 0$	$P_o \geq 0$ und $P_u < 0$	$P_o \leq 0$ und $P_u < 0$

System Einheitsbohrung (H-Feld: $EI = 0$)

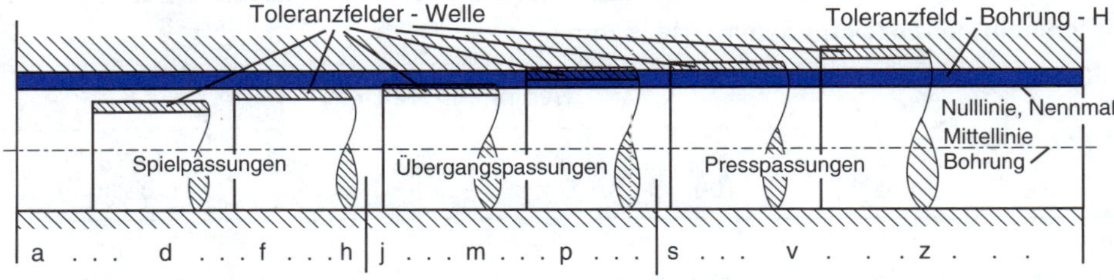

System Einheitswelle (h-Feld: $es = 0$)

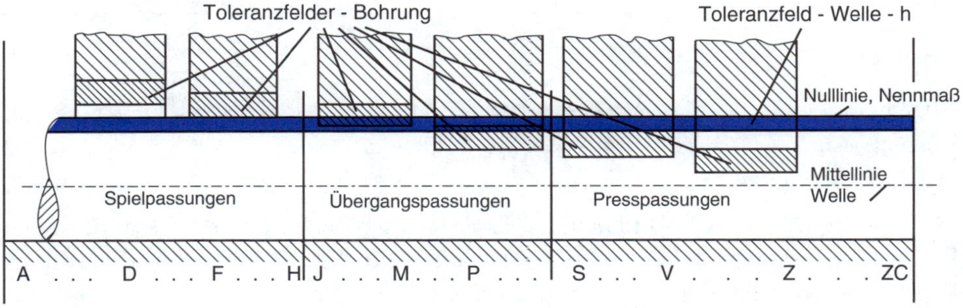

Ausgewählte Beispiele für die Paarung von ISO-Toleranzen

Passung bei Einheitsbohrung		**Passung bei Einheitswelle**
Nabensitz-Feinpassung		
H7 – z8, z9 H8 – x8 H8 – u8 H7 – s6 H7 – r6	Presssitze: Zur Übertragung großer Umfangs- oder Längskräfte durch Reibschluss. Nur mit Presse oder Wärmedifferenz fügbar.[2)] 1. Fester Presssitz für große Flächenpressung: Naben von Zahn-, Lauf- und Schwungrädern; Wellenflansche (U8 für größere, x8 für kleinere Durchmesser)[1)] 2. Mittlerer Presssitz für mittlere Flächenpressung: Kupplungsnaben; Bronze-Kränze auf GJL-Naben; Lagerbuchsen in Gehäusen, Rädern und Schubstangen (r6 für größere, s6 für kleinere Durchmesser) Übergangssitze: Gegen Drehmoment zusätzlich sichern!	Z8, z9 – h6 X7, X8 – h6 U6, U7 – h6 S7 – h6 R7 – h6

Passung bei Einheitsbohrung		Passung bei Einheitswelle
Nabensitz-Feinpassung		
H7 – n6	3. Festsitz: Mit Press- und Wärmedifferenz[2)] fügbar. Für Anker auf Motorwellen und Zahnkränze auf Rädern; aufgezogene Bunde auf Wellen; Lagerbüchsen in Lagern und Naben	N7 – h6
H7 – m6	4. Treibsitz: Nur schwer mit Handhammer, jedoch mit Wärmedifferenz fügbar.[2)] Für einmalig aufgebrachte Riemenscheiben, Kupplungen und Zahnräder auf Maschinen- und Elektromotorwellen, Wälzlagerringe und Umfangslast	M7 – h6
H7 – k6	5. Haftsitz: Mit Handhammer oder Wärmedifferenz[2)] fügbar. Für Riemenscheiben, Kupplungen und Zahnräder wie oben ($d = 8 \dots 50$ mm); Schwungräder mit Tangentkeil; feste Handräder und Handhebel, Kurbeln, Turbinenlaufräder	K7 – h6
H7 – j6	6. Schiebesitz: Wie Nr. 5 fügbar. Für leichter auszubauende Riemenscheiben, Zahnräder, Handräder, Lagerbüchsen (auch Steckverbindungen) Spielsitze: Welle-Nabe-Verbindung gegen Drehmoment zusätzlich sichern!	J7 – h6
H7 – h6	7. Gleitsitz: Geschmiert, bei kleinem b/d (ca. 0,1) von Hand noch eben verschiebbar, bei größerem b/d wie Nr. 5! Für Wechselräder, Stellringe, lose Buchsen für Kolbenbolzen, Wälzlager-Außenringe und Innenringe bei Punktlast, Zentrierflansche für Kupplungen und Rohrleitungen, Steckverbindungen	H7 – h6
H7 – g6	8. Enger Laufsitz: Ohne merkliches Spiel verschiebbar! Für Schubzahnräder und Schubkupplungen	G7 – h6
Lagersitz-Feinpassung		
H7 – f7	9. Laufsitz: Merkliches Spiel! Hauptlager an Werkzeugmaschinen, Kurbelwellen; sämliche Lagerungen an Regulatoren; Gleitmuffen auf Wellen, Führungssteine	F8 – h6
H8 – f7	10. Leichter Laufsitz: Reichliches Spiel! Für mehrfach gelagerte Wellen in Werkzeugmaschinen, Wellen in Pumpen, Gebläsen	E8 – h6
H7 – d9	11. Weiter Laufsitz: Sehr reichliches Spiel! Gleitlagerbüchsen, Landwirtschaftliche Maschinen	D9 – h6
Nabensitz-Schlichtpassung		
H8 – h9	12. Gleitsitz: Für kraftlos verschiebbare Passteile! Stellringe für Transmissionen; einteilig feste Riemenscheiben; Handkurbel, Zahnräder, Kupplungen usw., die über Wellen geschoben werden	H8 – h9

Passung bei Einheitsbohrung		Passung bei Einheitswelle
Lagersitz-Schlichtpassung		
H8 – e8	13. Laufsitz: Merkliches Spiel! Hauptlager für Kurbelwellen, Schubstangenlager, Kreuzkopf in Gleitbahn; Kolbenstangenführung, Schieberstangen, Wellen in dreifacher Lagerung; Kolben und Kolbenschieber in Zylindern; Lager für Kreisel- und Zahnradpumpen; verschiebbare Kupplungsmuffen	F8 – h9
H8 – d9	14. Weiter Laufsitz: Sehr reichliches Spiel! Lager für lange Wellen von Kranen: Leerlaufscheiben; Lager für landwirtsch. Masch.; Zentrierungen von Zylindern, Stopfbuchsenteile	D10 – h9
Nabensitz-Grobpassung		
H11 – h11 H11 – h9	15. Grobsitz 1: Wie Nr. 7 für zusammensteckbare Teile bei grober Toleranz! Teile von landwirtsch. Masch., die auf Wellen verstiftet, festgeschraubt oder festgeklemmt werden; Distanzbuchsen; Scharnierbolzen für Feuertüren	H11 – h11 H11 – h9
Lagersitz-Grobpassung		
H11 – d11	16. Grobsitz 2: Für sicheres Bewegungsspiel von Teilen mit grober Toleranz! Abnehmbare Hebel, Hebelbolzen; Lager für Rollen und Führungen	D11 – h11
H11 – c11 H11 – b11	17. Grobsitz 3: Für großes Bewegungsspiel von Teilen mit großer Toleranz! Gabelbolzen an Bremsgestängen von Kraftfahrzeugen; Drehzapfen, Schnappstifte	C11 – h11 B11 – h11
H11 – a11	18. Grobsitz 4: Für sehr großes Bewegungsspiel von Teilen mit grober Toleranz! Feder- und Bremsgehänge; Bremswellenlager, Kuppelbolzen für Lokomotiven	A11 – h11

[1] bis Nennmaß 24 mm; H8/x8, über 24 mm Nennmaß: H8/u8
[2] Wärmedifferenz durch Unterkühlen der Welle oder Erwärmen der Nabe

Arithmetischer Mitten-Rauwert R_a und gemittelte Rautiefe R_z

Zeichen, Benennung, Norm	Definition/Bewertung	Auswertung
Arithmetischer Mitten-Rauwert R_a DIN EN ISO 4287 DIN EN ISO 4288	$R=\frac{1}{l}\cdot\int_{x=0}^{x=l}\lvert y(x)\rvert dx$ Arithmetisches Mittel der absoluten Werte der Profilabweichungen y_i innerhalb der Bezugsstrecke l. Vergleich von Oberflächen gleichen Charakters möglich	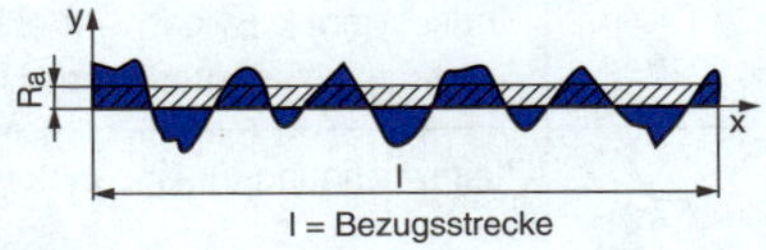
Maximale Einzel-Rautiefe R_{max} Gemittelte Rautiefe R_z (R_{zDIN}) DIN EN ISO 4287 DIN EN ISO 4288	Größte der auf der Gesamtmessstrecke l_m vorkommenden Einzelrautiefen Z_i. Wert wird durch Ausreißer bestimmt. $R_z=\frac{1}{5}\cdot(Z_1+Z_2+Z_3+Z_4+Z_5)$ Arithmetisches Mittel aus den Einzelrautiefen Z_i fünf aneinandergrenzender, gleichlanger Einzelmessstrecken l_m. Wert wird weniger durch einzelne Ausreißer bestimmt.	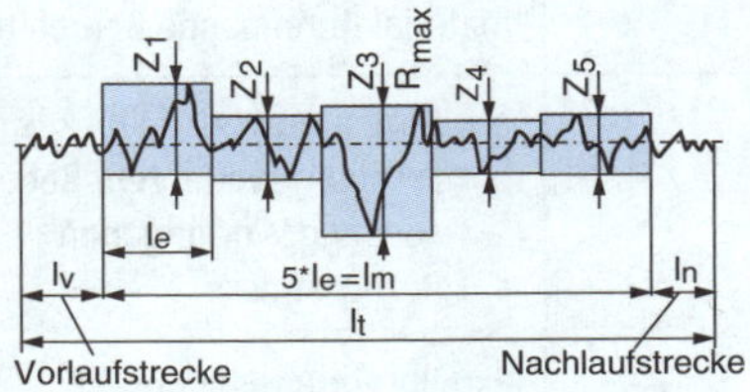

Beispiele zur Angabe von Oberflächensymbolen und der Rillenrichtung nach DIN EN ISO 1302

Symbol	Bedeutung
√	Grundsymbol. Es darf nur allein benutzt werden, wenn seine Bedeutung durch zusätzliche Wortangabe erläutert wird.
∀	Kennzeichnung für eine materialabtrennend bearbeitete Oberfläche ohne nähere Angaben
𝒱	Eine Oberfläche, bei der eine materialabtrennende Bearbeitung nicht zugelassen ist. Dieses Symbol darf auch in Zeichnungen angewendet werden, die für einen bestimmten Arbeitsvorgang angefertigt werden, um deutlich zu machen, dass eine Oberfläche in dem Zustand des vorhergehenden Arbeitsganges zu belassen ist – unabhängig davon, ob dieser Zustand durch materialabtrennende Bearbeitung oder auf andere Weise erreicht wurde.
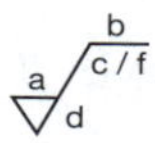	a = Mittenrauwert R_a in ∞ m b = Fertigungsverfahren, Behandlung oder Überzug, sonstige Wortangaben c = Bezugsstrecke d = Rillenrichtung f = andere Rauheitsmessgrößen (z.B. R_z, R_p, R_{max})
= 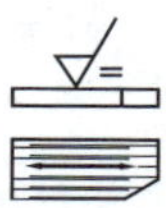	Parallel zur Projektionsebene, in der das Symbol angewendet wird
⊥ 	Senkrecht zur Projektionsebene der Ansicht, in der das Symbol angewendet wird
X 	Gekreuzt in 2 schrägen Richtungen zur Projektionsebene, in der Ansicht, in der das Symbol angewendet wird
C 	Annähernd zentrisch zum Mittelpunkt der Oberfläche, zu der das Symbol gehört

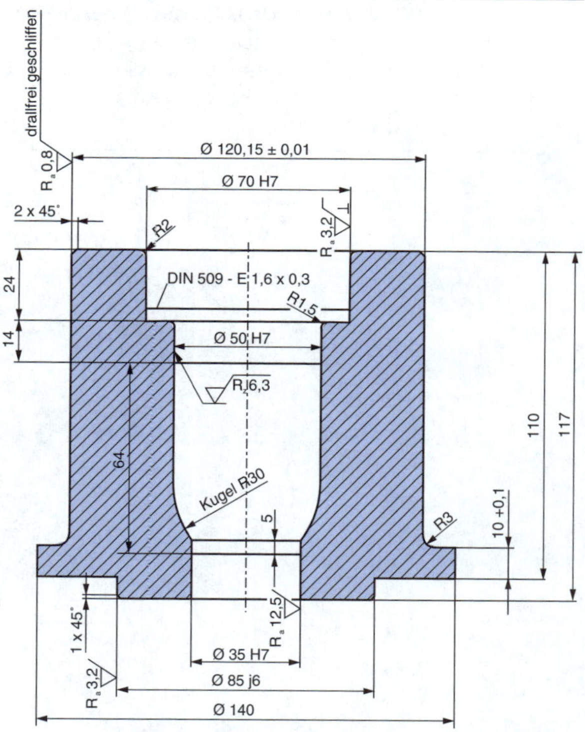

Grundlagen der Festigkeitslehre

3

ÜBERBLICK

3.1 Ermittlung von Lasten und Beanspruchungen

HOOK'sches Gesetz

$$\sigma = E \cdot \varepsilon \tag{3.3}$$

σ Spannung $[N/mm^2]$

ε Dehnung [–]

E E-Modul $[N/mm^2]$

Elastizitätsmodul, Dichte und Querkontraktionszahl metallischer Werkstoffe

Werkstoff	E-Modul E [N/mm²]	Dichte ρ [kg/dm³]	Querkontraktionszahl ν [–]
Stähle	$1{,}90 - 2{,}10 \cdot 10^5$	7,85	0,30
Aluminium / Al-Legierungen	$0{,}70 - 0{,}75 \cdot 10^5$	2,7	0,33
Titan / Ti-Legierungen	$1{,}10 - 1{,}25 \cdot 10^5$	4,6	0,36
Grauguss	$0{,}80 - 1{,}20 \cdot 10^5$	7,2	0,25

Dreiachsiger Spannungszustand

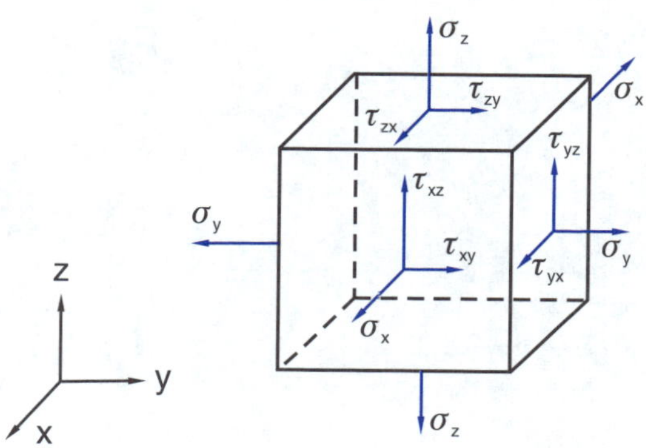

Dehnungen für dreiachsigen Spannungszustand

$$\begin{aligned}
\varepsilon_x &= \frac{1}{E} \cdot \left[\sigma_x - \nu \cdot (\sigma_y + \sigma_z)\right] \\
\varepsilon_y &= \frac{1}{E} \cdot \left[\sigma_y - \nu \cdot (\sigma_z + \sigma_x)\right] \\
\varepsilon_z &= \frac{1}{E} \cdot \left[\sigma_z - \nu \cdot (\sigma_x + \sigma_y)\right]
\end{aligned} \tag{3.11}$$

ν Querkontraktionszahl [–]

Elastizitätsgesetz für Schubspannungen

$$\tau = G \cdot \gamma \tag{3.13}$$

τ Schubspannung $[N/mm^2]$

G Schub-/Gleitmodul (Stahl: $G = 0{,}8 \cdot 10^5\ N/mm^2$)

γ Winkelverzerrung/Schiebung/Gleitung

Schubmodul

$$G = \frac{E}{2 \cdot (1+\nu)} \tag{3.20}$$

3.1.1 Normalspannungen

Normalspannung eines Bauteils unter Zugbelastung

$$\sigma = \frac{F_z}{A} \tag{3.22}$$

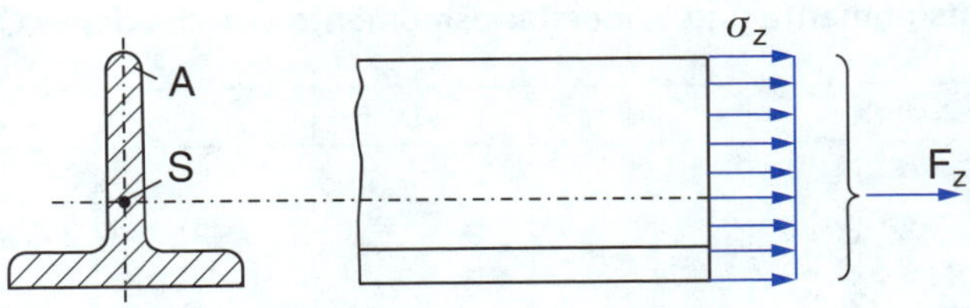

Balken unter Biegung – Normalspannungen

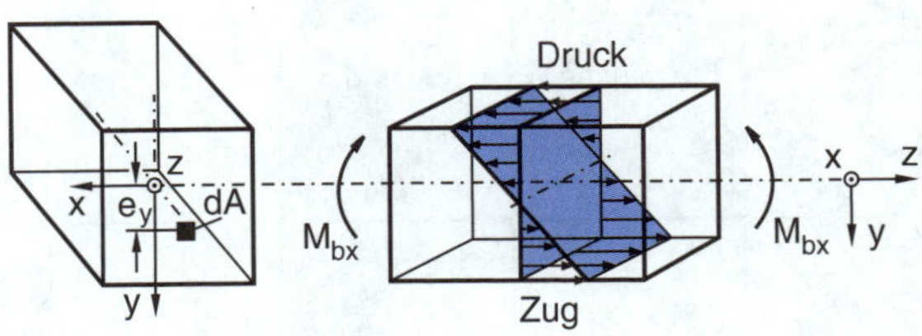

Normalspannung unter Biegung

$$\sigma_{bx} = \frac{M_{bx}}{I_x} \cdot e_y \tag{3.23}$$

M_{bx} Biegemoment um die x-Achse $[Nm]$

I_x axiales Flächenträgheitsmoment, bezogen auf die Biegeachse $[m^4]$

e_y senkrechter Abstand des betrachteten Querschnittspunktes zur neutralen Faser $[m]$

3

T-Profil unter Biegung

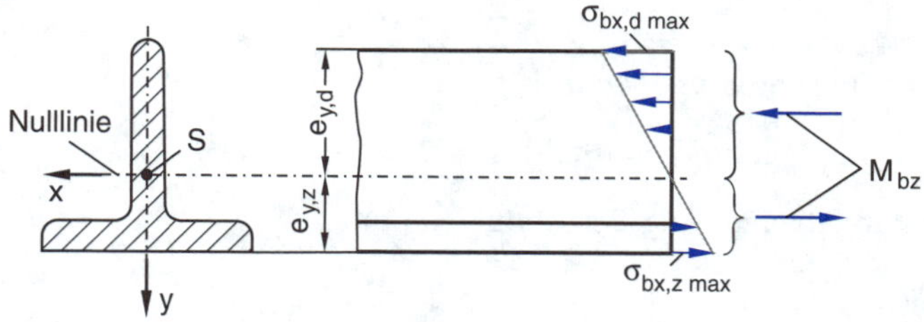

$$\sigma_{bx,max} = \frac{M_{bx}}{I_x} \cdot e_{y,max} = \frac{M_{bx}}{W_{bx}} \qquad (3.24)$$

$\sigma_{bx,d\,max}$ maximale Druckspannung am oberen Rand mit $e_{y,d}$

$\sigma_{bx,z\,max}$ maximale Zugspannung am unteren Rand mit $e_{y,z}$

W_{bx} Widerstandsmoment um die x-Achse, $W_{bx} = I_x/e_y$ $[m^3]$

I_x axiales Flächenträgheitsmoment, bezogen auf die Biegeachse $[m^4]$

Flächenträgheitsmomente und Widerstandsmomente verschiedener Querschnitte

A [3.1

Querschnitt	I	W_t	I_x, I_y	W_{bx}, W_{by}
1 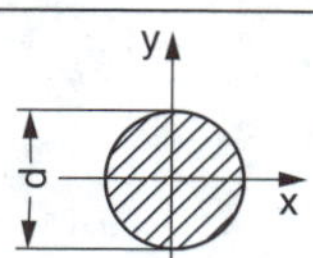	$\frac{\pi d^4}{32} = I_p$	$\frac{\pi d^3}{16} = W_p$	$\frac{\pi d^4}{64}$	$\frac{\pi d^3}{32}$
2 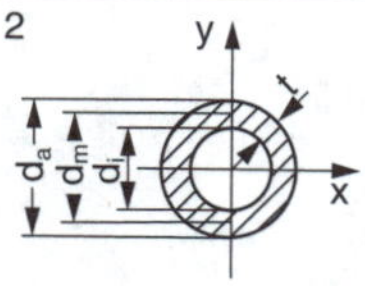	$\frac{\pi(d_a^4 - d_i^4)}{32} = I_p$ Für geringe Wanddicken, d.h. $\left(\frac{t}{d_m}\right)^2 \ll 1$: $\pi d_m^3 t/4$	$\frac{\pi(d_a^4 - d_i^4)}{16\, d_a} = W_p$ $\pi d_m^2 t/2$	$\frac{\pi(d_a^4 - d_i^4)}{64}$	$\frac{\pi(d_a^4 - d_i^4)}{32}$
3 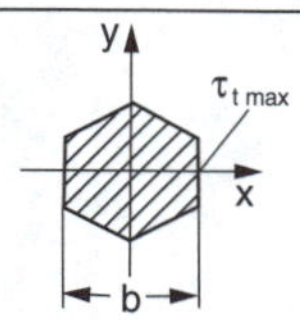	$0{,}133 \cdot b^2 A = 0{,}115 \cdot b^4$	$0{,}217 \cdot bA = 0{,}188 \cdot b^3$	$\frac{5 \cdot \sqrt{3}}{144} \cdot b^4 = 0{,}0601 \cdot b^4$	$W_{bx} = \frac{5}{48} b^3 = 0{,}104 \cdot b^3$ $W_{by} = \frac{5\sqrt{3}}{72} b^3 = 0{,}120 \cdot b^3$
4 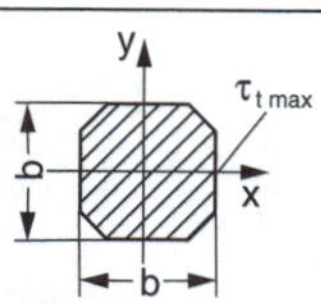	$0{,}130 \cdot b^2 A = 0{,}108 \cdot b^4$	$0{,}223 \cdot bA = 0{,}185 \cdot b^3$	$\frac{\sqrt{2} \cdot 2 + 1}{6(2+\sqrt{2})^2} \cdot b^4 = 0{,}0547 \cdot b^4$	$0{,}08632 \cdot b^3$

5 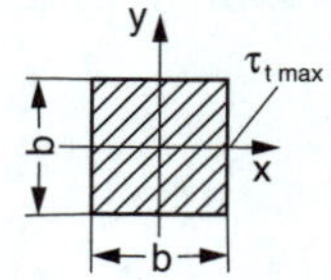	$0{,}141 \cdot b^4$	$0{,}208 \cdot b^3$	$\frac{b^4}{12}$	$\frac{b^3}{6}$
6 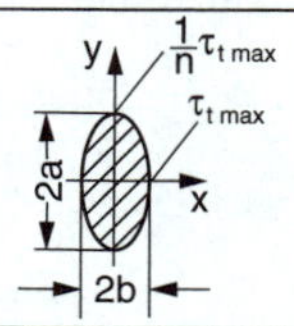	$\frac{\pi a^3 b^3}{a^2+b^2} = \frac{\pi n^3 b^4}{n^2+1}$	$\frac{\pi a b^2}{2} = \frac{\pi n b^3}{2}$	$I_x = \frac{\pi a^3 b}{4}$ $I_y = \frac{\pi b^3 a}{4}$	$W_x = \frac{\pi a^2 b}{4}$ $W_y = \frac{\pi b^2 a}{4}$
7 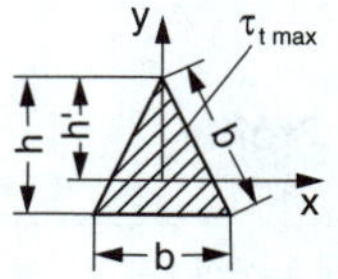	$\frac{b^4}{46{,}19}$ » $\frac{h^4}{26}$	$\frac{b^3}{20}$ » $\frac{h^3}{13}$	$I_x = \frac{bh^3}{36}$ $I_y = \frac{hb^3}{48}$	$W_x = \frac{bh^2}{24}$; $(h' = \frac{2}{3}h)$ $W_y = \frac{hb^2}{24}$
8 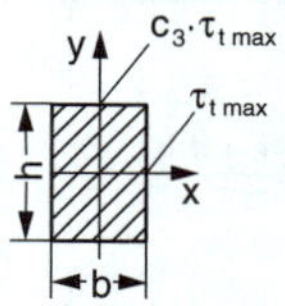	$c_1 h b^3 = c_1 n b^4$	$c_2 h b^2 = c_2 n b^3$	$I_x = \frac{bh^3}{12}$ $I_y = \frac{hb^3}{12}$	$W_x = \frac{bh^2}{6}$ $W_y = \frac{hb^2}{6}$

n=h/b	1	1,5	2	3	4	6	8	10	∞
c_1	0,141	0,196	0,229	0,263	0,281	0,298	0,307	0,312	0,333
c_2	0,208	0,231	0,246	0,267	0,282	0,299	0,307	0,312	0,333
c_3	1,000	0,858	0,796	0,753	0,745	0,743	0,743	0,743	0,743

Gesamtfläche, Schwerpunkt und Flächenträgheitsmoment eines zusammengesetzten Profils

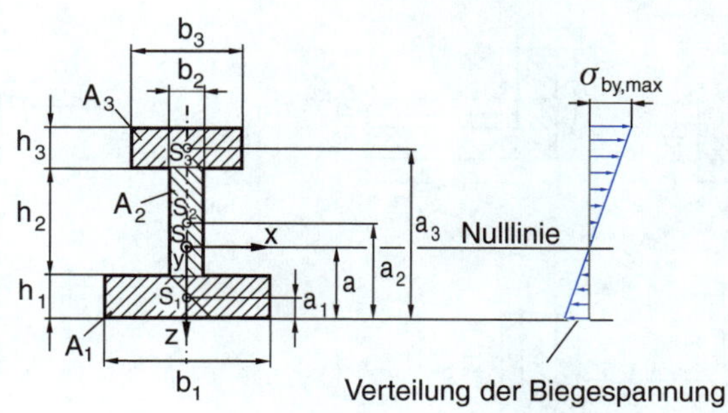

Gesamtfläche zusammengesetzter Profile

$$A = \sum A_i = A_1 + A_2 + A_3 \tag{3.28}$$

Schwerpunkt zusammengesetzter Profile

$$a = \frac{\sum A_i \cdot a_i}{A} = \frac{A_1 \cdot a_1 + A_2 \cdot a_2 + A_3 \cdot a_3}{A_1 + A_2 + A_3} \tag{3.29}$$

3

Axiales Flächenträgheitsmoment des zusammengesetzten Profils, bezogen auf die neutrale Faser (Nulllinie), Satz von Steiner

$$I_x = I_\xi + A \cdot a^2 \qquad (3.30)$$

I_x axiales Flächenträgheitsmoment um eine beliebige Achse x $[m^4]$

I_ξ Flächenträgheitsmoment der Querschnittsfläche A, bezogen auf die Nulllinie ξ, parallel zur Achse x $[m^4]$

A Querschnittsfläche $[m^2]$

a Abstand der Achsen x und ξ $[m]$

Trägheits- und Widerstandsmomente zusammengesetzter Profile

Querschnitt	Trägheitsmoment	Widerstandsmoment
9 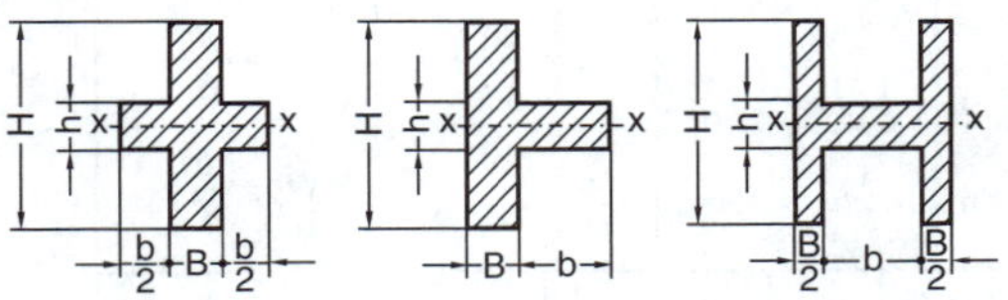	$I_x = \frac{B\cdot H^3 + b\cdot h^3}{12}$	$W_{bx} = \frac{B\cdot H^3 + b\cdot h^3}{6\,H}$
10 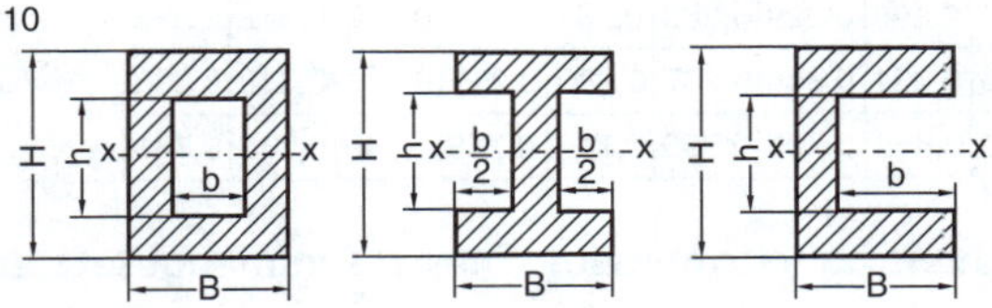	$I_x = \frac{B\cdot H^3 - b\cdot h^3}{12}$	$W_{bx} = \frac{B\cdot H^3 - b\cdot h^3}{6\,H}$
11 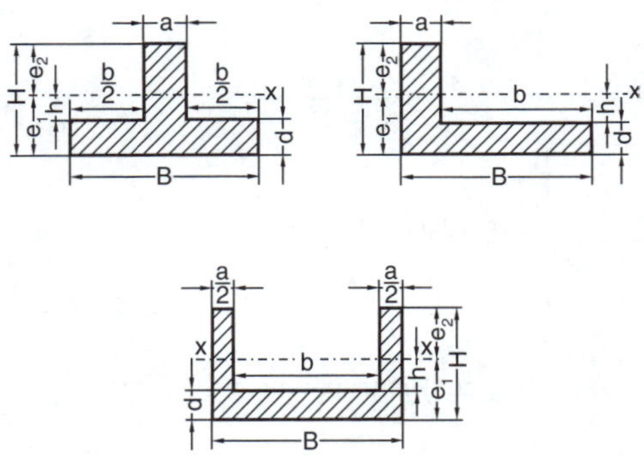	$I_x = \frac{1}{3}(B\cdot e_1^3 - b\cdot h^3 + a\cdot e_2^3)$ für: $e_1 = \frac{1}{2}\cdot\frac{a\cdot H^2 + b\cdot d^2}{a\cdot H + b\cdot d}$ $e_2 = H - e_1$	$W_{bx} = \frac{I_x}{e}$
12 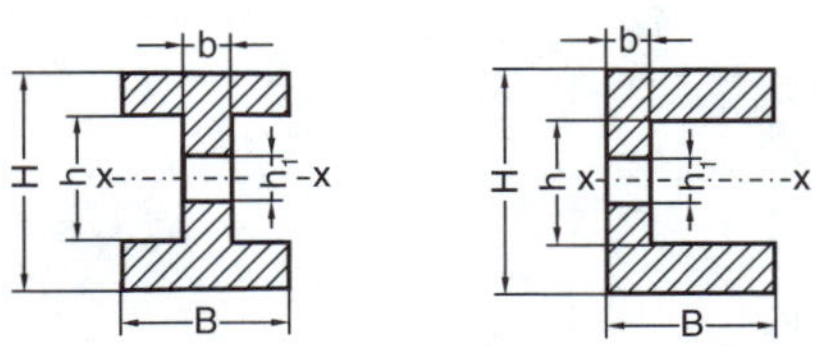	$I_x = \frac{B\cdot(H^3-h^3)+b\cdot(h^3-h_1^3)}{12}$	$W_{bx} = \frac{B\cdot(H^3-h^3)+b\cdot(h^3-h_1^3)}{6\,H}$

13	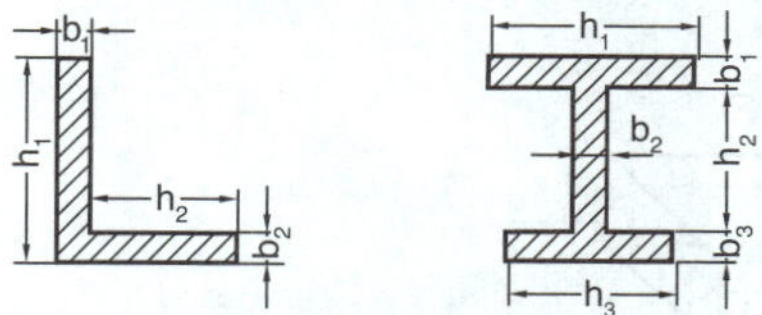 Dünnwandige Profile	$I_t = \frac{\eta}{3}\sum b_i^3 \cdot h_i$	$W_t = \frac{1}{3b_{max}}\sum b_i^3 \cdot h_i$

Profil	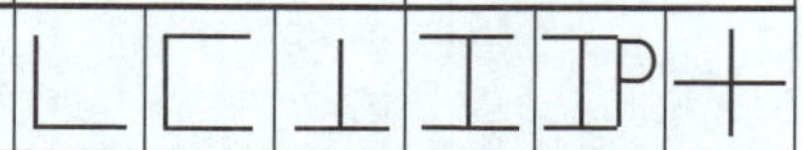					
η	0,99	1,12	1,12	1,31	1,29	1,17

Spannungsverteilung in einem Balken unter schiefer (mehrachsiger) Biegung

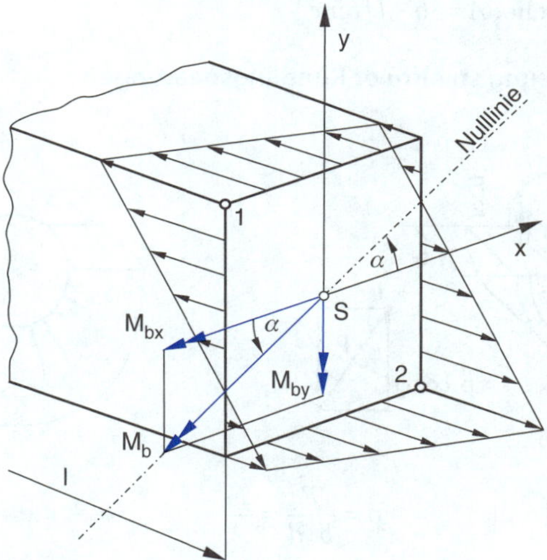

Unter Beachtung der Vorzeichen kann die resultierende Biegespannung σ_b für einen Punkt (x, y) bestimmt werden

$$\sigma_b(x,y) = \frac{M_{bx}}{I_x} \cdot y - \frac{M_{by}}{I_y} \cdot x \tag{3.36}$$

$M_{bx,y}$ Biegemoment um die x/y-Achse [Nm]

$I_{x,y}$ axiales Flächenträgheitsmoment, bezogen auf die Biegeachse x/y [m^4]

Flächenpressung – ebene Berührflächen

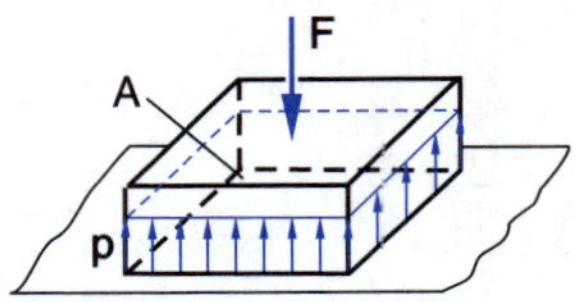

$$p = \frac{F}{A} \qquad (3.38)$$

p Flächenpressung $[N/mm^2]$

F Druckkraft $[N]$

A Berührfläche, $A = b \cdot l\ [mm^2]$

Mittlere Flächenpressung spielfreier Rundlingspaarungen

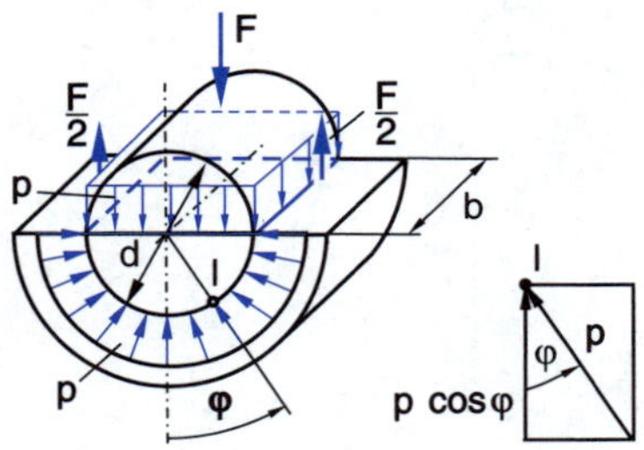

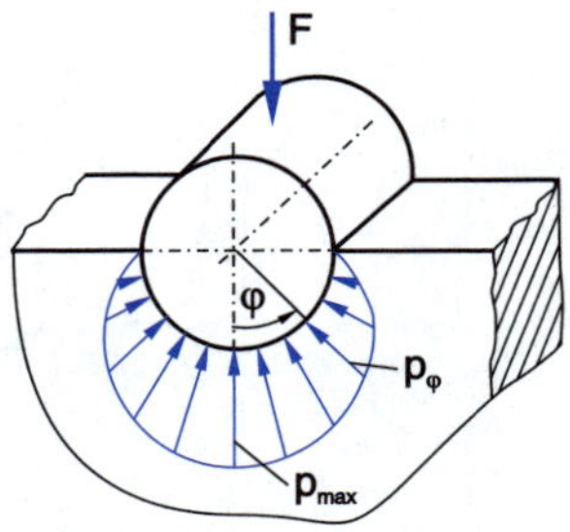

$$p = \frac{F}{b \cdot d} = \frac{F}{A} \qquad (3.41)$$

p mittlere Flächenpressung $[N/mm^2]$

F Druckkraft $[N]$

A projizierte Fläche (Schattenfläche), $A = b \cdot d\ [mm^2]$

Maximale Flächenpressung Linienberührung Zylinder – Ebene

$$p_{\max} = \frac{4 \cdot F}{\pi \cdot A_L} \qquad (3.59)$$

A_L Flächeninhalt der Kontaktfläche nach (3.57) $[mm^2]$

$$A_L = 2 \cdot b \cdot l_{eff} \qquad (3.57)$$

3.1.2 Schubspannungen

Modellvorstellung zur Entstehung von Scherspannungen

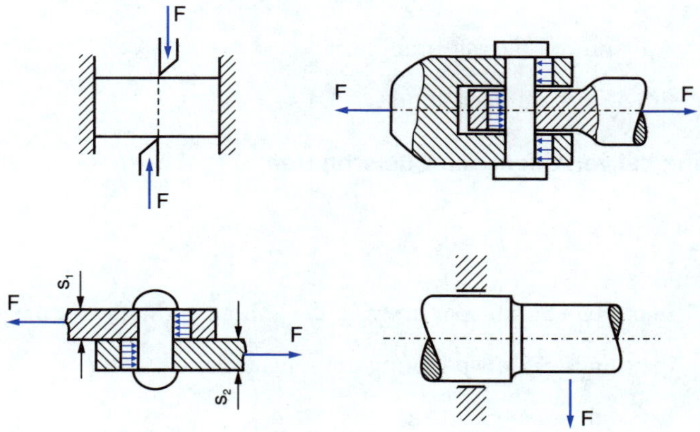

Maximale Schubspannung aus Querkraftschub für Kreisquerschnitt

$$\tau_{max}(y=0)=\frac{4}{3}\cdot\tau_M \tag{3.68}$$

Maximale Schubspannung aus Querkraftschub für dünnwandiges Rohr

$$\tau_{max}(y=0)=2\cdot\tau_M \tag{3.69}$$

τ_m mittlere Schubspannung $\tau_m = F_Q/A$ $[N/mm^2]$

F_Q Querkraft $[N]$

A Querschnittsfläche $[mm^2]$

Maximale Schubspannung an Kreisquerschnitt bei Torsion

$$\tau_{max}=\frac{M_t}{W_p} \tag{3.81}$$

M_t Drehmoment $[Nm]$

W_p polares Widerstandsmoment $[m^3]$

Polares Widerstandsmoment für Kreisquerschnitt

$$W_p=\frac{I_t}{\frac{d}{2}}=\frac{\pi\cdot d^3}{16} \tag{3.83}$$

d Durchmesser $[mm^2]$

3

Polares Widerstandsmoment für Kreisringquerschnitt

$$W_p = \frac{\pi}{16} \cdot \frac{d_a^{\,4} - d_i^{\,4}}{d_a} \tag{3.84}$$

d_a Außendurchmesser $[mm]$

d_i Innendurchmesser $[mm]$

Schubspannung bei verschiedenen Querschnitten

$$\tau_t = c_3 \cdot \tau_{tmax} = c_3 \cdot \frac{M_t}{W_t} \tag{3.86}$$

τ_t maximale Schubspannung an der schmalen Seite $[N/mm^2]$

τ_{tmax} maximale Schubspannung der langen Seite $[N/mm^2]$

c_3 Konstante nach A [3.12]

W_t Widerstandsmoment nach A [3.12] $[mm^3]$

3.1.3 Knickung

Knicklastfälle nach Euler – freie Länge l_k

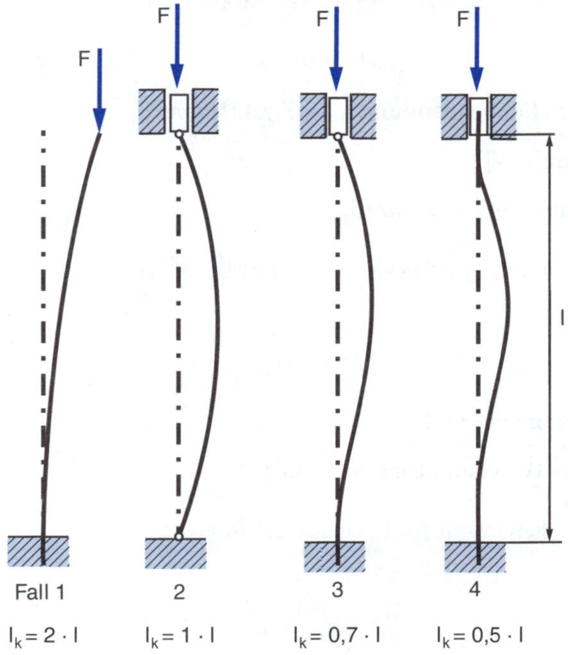

Schlankheitsgrad λ

$$\lambda = \frac{l_K}{i} \tag{3.94}$$

l_k Knicklänge [mm]

i Trägheitsradius [mm]

$$i = \sqrt{\frac{I}{A}} \tag{3.96}$$

I Flächenträgheitsmoment (dafür ist immer das Kleinste zu wählen, falls ein Ausknicken um 2 Achsen möglich ist) [mm^4]

A Querschnittsfläche [mm^2]

Knickspannung σ_K

$$\sigma_K = \frac{\pi^2 \cdot E}{\lambda^2} \tag{3.98}$$

Zulässige Knickkraft F

$$F = \frac{F_K}{S_K} = \frac{\pi^2 \cdot E \cdot I}{{l_K}^2 \cdot S_K} \tag{3.99}$$

S_K Knicksicherheit (Richtwerte $S_K = 3 \ldots 8$)

Die angegebenen Gleichungen gelten nur für rein elastische Knickung. Für Schlankheitsgrade λ kleiner λ_0 wird der elastische Bereich verlassen und es gelten die Gleichungen für den elastisch-plastischen Bereich nach Tetmajer. (λ_0 durch Umstellen nach (3.98) mit $\lambda_0 = \lambda$ und $\sigma_K = \sigma_{prop}$, σ_{prop} = Proportionalitätsgrenze für den elastischen Bereich, [3.28])

Elastisch-plastischer Bereich nach Tetmajer [3.28]

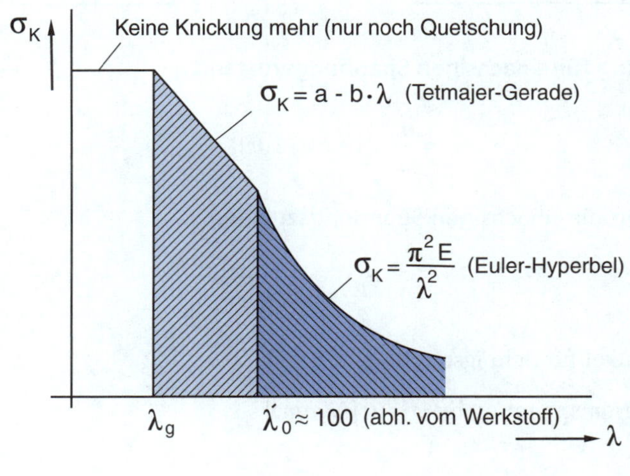

$$\sigma_K = a - b \cdot \lambda \quad (3.102)$$

Oberhalb der Proportionalitätsgrenze ($\lambda < \lambda_0$) wird der elastisch-plastische Bereich erreicht.

Die Knickspannung σ_K wird mit den werkstoffabhängigen Konstanten a und b berechnet.

Grenzschlankheitsgrad λ_0 und Gleichungen der Tetmajer-Geraden für verschiedene Werkstoffe

Werkstoff	E-Modul [N/mm²]	Grenzschlankheit λ_0	σ_k [N/mm²] nach Tetmajer
StE 255	210.000	104	$310 - 1{,}14 \cdot \lambda$
StE 355	210.000	89	$310 - 1{,}14 \cdot \lambda$
Federstahl	210.000	60	$335 - 0{,}62 \cdot \lambda$
Grauguss	115.000	80	$776 - 12 \cdot \lambda + 0{,}053 \cdot \lambda^2$
Nadelholz	10.000	100	$29{,}3 - 0{,}194 \cdot \lambda$

σ_K Knickspannung [N/mm²]

λ Schlankheitsgrad nach (3.94) [–]

3.1.4 Zusammengesetzte Beanspruchungen

Normalspannung und Schubspannung für einachsigen Spannungszustand

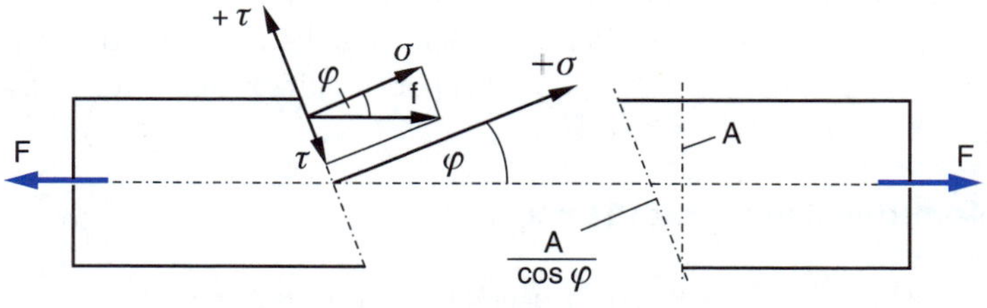

Normalspannung für einachsigen Spannungszustand

$$\sigma = \frac{\sigma_0}{2} \cdot [1 + \cos(2 \cdot \varphi)] \quad (3.131)$$

Schubspannung für einachsigen Spannungszustand

$$\tau = -\frac{\sigma_0}{2} \cdot \sin(2 \cdot \varphi) \quad (3.132)$$

φ Winkel für Schrägschnitt

σ_0 Normalspannung für $\varphi = 0$ [N/mm²]

Zweiachsiger Spannungszustand, Spannungen am Werkstoffelement und Mohr'scher Spannungskreis [3.36]

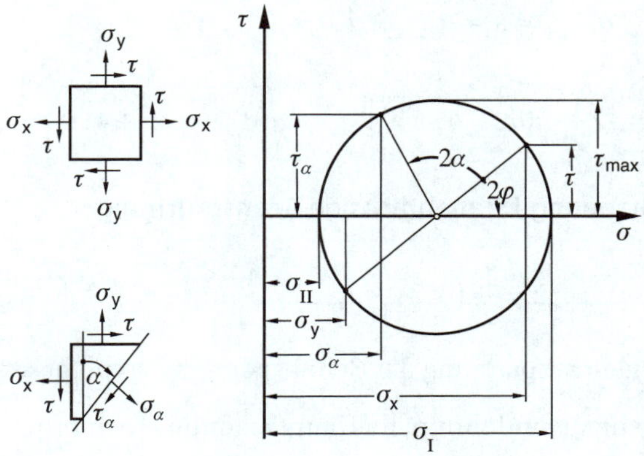

Erste (maximale) und zweite (minimale) Hauptspannung

$$\sigma_1 = \sigma_{max} = \frac{\sigma_x + \sigma_y}{2} + \sqrt{\left(\frac{\sigma_x - \sigma_y}{2}\right)^2 + \tau_{xy}^{\ 2}} \tag{3.144}$$

$$\sigma_2 = \sigma_{min} = \frac{\sigma_x + \sigma_y}{2} - \sqrt{\left(\frac{\sigma_x - \sigma_y}{2}\right)^2 + \tau_{xy}^{\ 2}} \tag{3.145}$$

Maximale Schubspannung τ_{max}

$$\tau_{max,min} = \pm\frac{1}{2} \cdot \sqrt{(\sigma_x - \sigma_y)^2 + 4 \cdot \tau_{xy}^{\ 2}} \tag{3.149}$$

Spannungen σ_x, σ_y und $\tau_{xy} = \tau$ nach [3.36]

Maximale Schubspannung für den räumlichen (mehrachsigen) Spannungszustand mit den Hauptspannungen $\sigma_1 > \sigma_2 > \sigma_3$

$$\tau_{max} = \frac{\sigma_1 - \sigma_3}{2} \tag{3.150}$$

Normalspannungshypothese – für nicht verformungsfähige (spröde) Werkstoffe

$$\sigma_{v,NH} = \sigma_{max} < K \tag{3.156}$$

$\sigma_{v,\,NH}$	Vergleichsspannung der Normalspannungshypothese [N/mm^2]
σ_1	größte wirkende Normalspannung [N/mm^2]
K	Festigkeitsgrenze des Werkstoffes [N/mm^2] (Versagen gegen Normalspannungen)

Schubspannungshypothese (Tresca) – für verformungsfähige und nicht verformungsfähige (spröde) Werkstoffe

$$\sigma_{V,SH} = K = \sigma_{max} - \sigma_{min} = 2 \cdot \tau_K = 2 \cdot \tau_{max} \tag{3.158}$$

$$\sigma_{v,SH} = 2 \cdot \frac{1}{2} \cdot \sqrt{(\sigma_x - \sigma_y)^2 + 4 \cdot \tau^2} = \sqrt{\left(\sigma_x - \sigma_y\right)^2 + 4 \cdot \tau^2} < K \tag{3.161}$$

Maximale Schubspannung für mehrachsige Beanspruchung

$$\tau_{max} = \frac{1}{2} \cdot \left(\sigma_{max} - \sigma_{min}\right) = \frac{1}{2} \cdot \left(\sigma_1 - \sigma_2\right) \tag{3.159}$$

$\sigma_{v,SH}$ Vergleichsspannung der Schubspannungshypothese $[N/mm^2]$

σ_1, σ_3 maximale und minimale Hauptspannung $[N/mm^2]$

Gestaltänderungsenergiehypothese (von Mises) – verformungsfähige Werkstoffe

$$\sigma_{V,GEH} = \frac{1}{\sqrt{2}} \cdot \sqrt{\left(\sigma_1 - \sigma_2\right)^2 + \left(\sigma_2 - \sigma_3\right)^2 + \left(\sigma_3 - \sigma_1\right)^2} < K \tag{3.173}$$

$\sigma_{V,GEH}$ Vergleichsspannung für mehrachsigen Spannungszustand (ebener Spannungszustand $\sigma_3 = 0$) $[N/mm^2]$

$\sigma_1, \sigma_2, \sigma_3$ Hauptspannungen $(\sigma_1 > \sigma_2 > \sigma_3)$ $[N/mm^2]$

Vergleichsspannung für ebenen Spannungszustand mit σ_x, σ_y, τ

$$\sigma_{V,GEH} = \sqrt{{\sigma_x}^2 + {\sigma_y}^2 - \sigma_x \cdot \sigma_y + 3 \cdot \tau^2} < K \tag{3.175}$$

σ_x, σ_y, τ nach [3.36]

Ebener Spannungszustand mit Biegenormalspannung σ_b und überlagerter Torsionsspannung τ_t

$$\sigma_{v,GEH} = \sqrt{{\sigma_b}^2 + 3 \cdot {\tau_t}^2} < K \tag{3.176}$$

3.2 Ermittlung der Beanspruchbarkeit

Statische Belastung (Zugfestigkeit)

$$R_m = \frac{F_{max}}{S_0} \tag{3.184}$$

F_{max} maximale Zugbelastung $[N]$

S_0 Querschnittsfläche des unbelasteten Probestabes $[mm^2]$

Kenngrößen einer Schwingbelastung

Bezeichnung	Formelzeichen	Gleichung	
Mittelspannung	σ_m	$\sigma_m = \frac{\sigma_o + \sigma_u}{2}$	(3.191)
Ausschlagsspannung Spannungsamplitude	σ_a	$\sigma_a = \frac{\sigma_o - \sigma_u}{2}$	(3.192)
Oberspannung	σ_o	$\sigma_0 = \sigma_m + \sigma_a$	(3.193)
Unterspannung	σ_u	$\sigma_u = \sigma_m - \sigma_a$	(3.194)
Spannungsverhältnis	R	$R = \frac{\sigma_u}{\sigma_o}$	(3.195)
Spannungsausschlag	$\sigma(t)$	$\sigma(t) = \sigma_m + \sigma_a \cdot \sin(\omega \cdot t)$	(3.196)

Belastungsfälle I, II, III

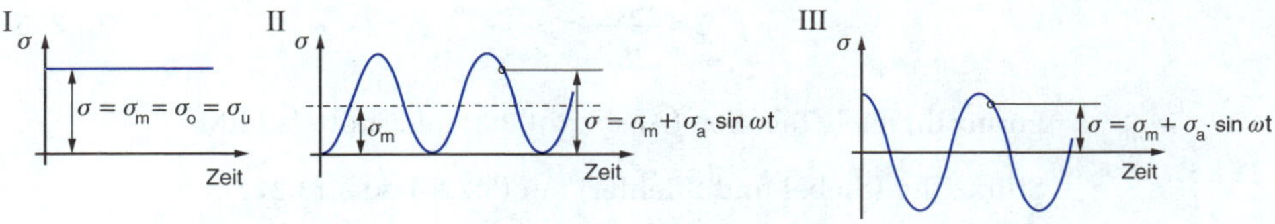

Fall I: ruhende Belastung

Fall II: rein schwellende Belastung ($\sigma_a = \sigma_m = 0{,}5 \cdot \sigma_o$)

Fall III: rein wechselnde Belastung ($\sigma_m = 0, \sigma_o = \sigma_a, \sigma_u = -\sigma_a$)

Definition der Formzahl α_σ für Zug/Duck und Biegung

$$\alpha_\sigma = \frac{\sigma_{max}}{\sigma_n} \quad (3.206)$$

σ_{max} maximale örtliche Spannung (erste Hauptspannung) im Kerbgrund [N/mm^2]

σ_n Nennspannung im Kerbquerschnitt [N/mm^2]

3

Definition der Formzahl α_τ für Torsion

$$\alpha_\tau = \frac{\tau_{max}}{\tau_n} \tag{3.207}$$

τ_{max} maximale örtliche Schubspannung im Kerbgrund [N/mm^2]

τ_n Schubnennspannung im Kerbquerschnitt [N/mm^2]

Allgemeine Definition der Kerbwirkungszahl β_σ für Zug/Druck und Biegung sowie β_τ für Torsion

$$\beta_\sigma = \frac{\sigma_{AD}}{\sigma_{ADK}} \qquad \beta_\tau = \frac{\tau_{AD}}{\tau_{ADK}} \tag{3.217}$$

σ_{AD}, τ_{AD} Dauerfestigkeit des glatten Stabes [N/mm^2]

σ_{ADK}, τ_{ADK} Dauerfestigkeit des gekerbten Stabes [N/mm^2]

Berechnung der Kerbwirkungszahl $\beta_{\sigma,\tau}$ mithilfe der Formzahl $\alpha_{\sigma,\tau}$ und der Stützziffer n_χ

$$\beta_{\sigma,\tau} = \frac{\alpha_{\sigma,\tau}}{n_\chi} \tag{3.225}$$

$\alpha_{\sigma,\tau}$ Formzahl nach Tabellen (Abschnitt 3.3) oder mittels FEM

n_χ Stützziffer (Siebel und Stiehler) mit (3.226) oder (3.227)

Stützziffer (Verfahren nach Siebel und Stiehler) – Werkstoffe mit nicht gehärteter Randschicht

$$n_\chi = 1 + \sqrt{\chi^*} \cdot 10^{-\left(0{,}33 + \frac{R_{p0,2}}{712}\right)} \tag{3.226}$$

Stützziffer (Verfahren nach Siebel und Stiehler) – Werkstoffe mit gehärteter Randschicht

$$n_\chi = 1 + \sqrt{\chi^*} \cdot 10^{-0{,}7} \tag{3.227}$$

χ^* bezogenes Spannungsgefälle allgemein nach (3.223) oder für bekannte Kerbformen nach [3.72]

$R_{p0,2}$ Streckgrenze [N/mm^2]

Bezogenes Spannungsgefälle χ^* (allgemeine Definition)

$$\chi^* = \frac{1}{\sigma_{max}} \cdot \left(\frac{d\sigma}{dy}\right)_{max} \qquad (3.223)$$

σ_{max} maximale Spannung [N/mm^2]

$(d\sigma/dy)_{max}$ größter Randspannungsgradient (Anstieg des Spannungsgefälles, [3.71]) [$1/mm^2$]

Definition des bezogenen Spannungsgefälles [3.71]

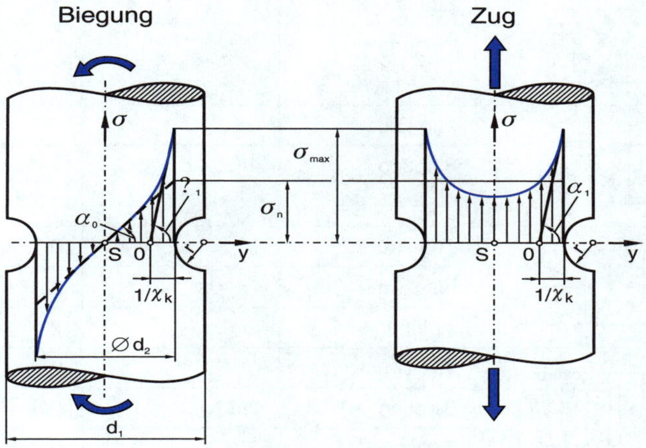

$$\tan \alpha_1 = \left(\frac{d\sigma}{dy}\right)_{max} = \frac{const \cdot \sigma_{max}}{r}$$

Bezogenes Spannungsgefälle χ^* für bestimmte Kerbformen [3.72]

	Kerbenform		Beanspruchungsart	χ_0^* [1/mm]	χ^* [1/mm]
Flachstab	1	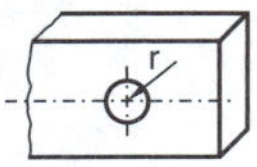	Zug-Druck	2/r	0
	2	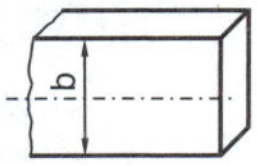	Zug-Druck	0	0
			Biegung	2/b	2/b
	3	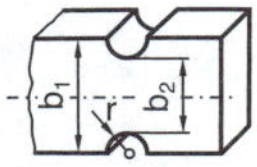	Zug-Druck	0	2/r
			Biegung	$2/b_2$	$2/b_2 + 2/r$
	4	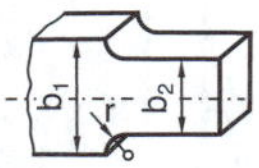	Zug-Druck	0	2/r
			Biegung	$4/(b_1 + b_2)$	$4/(b_1 + b_2) + 2r$
Rundstab	5	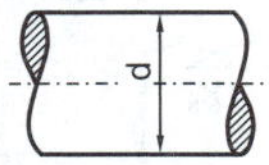	Zug-Druck	0	0
			Biegung	2/d	2/d
			Torsion	2/d	2/d
	6	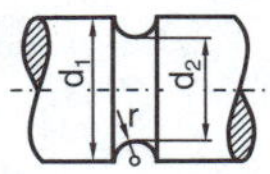	Zug-Druck	0	2/r
			Biegung	$2/d_2$	$2/d_2 + 2/r$
			Torsion	$2/d_2$	$2/d_2 + 2/r$
	7	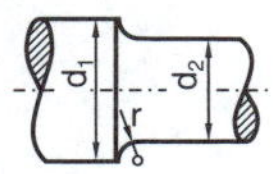	Zug-Druck	0	2/r
			Biegung	$4/(d_1 + d_2)$	$4/(d_1 + d_2) + 2r$
			Torsion	$4/(d_1 + d_2)$	$4/(d_1 + d_2) + 2r$
	8	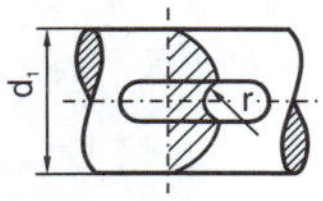	Torsion	$2/d_1$	$2/d_1 + 1/r$
	9	$d_1 \gg 2r$ $0 \leqq d_2 \leqq d_1$ 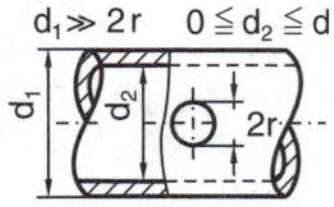	Biegung	$2/d_1$	$2/d_1 + 4/r$
			Torsion	$2/d_1$	$2/d_1 + 3/r$

Berechnung der Kerbwirkungszahl $\beta_{\sigma,\tau}$ nach Bollenrath und Troost

$$\beta_{\sigma,\tau} = \left(1 - \frac{\frac{154}{R_m}}{\frac{1}{1+\frac{R_m}{1370}} + \rho}\right) \cdot \alpha_{\sigma,\tau} \tag{3.231}$$

R_m Zugfestigkeit $[N/mm^2]$

ρ Kerbradius $[cm]$

$\alpha_{\sigma,\tau}$ Formzahl nach Tabellen (Abschnitt 3.3) oder mittels FEM [–]

Kerbspannungen mit Mittelspannungsanteilen

$$\sigma_{m,max} = \alpha_\sigma \cdot \sigma_{mn} \qquad \sigma_{a,max} = \beta_\sigma \cdot \sigma_{an} \tag{3.233}$$

$$\tau_{m,max} = \alpha_\tau \cdot \tau_{mn} \qquad \tau_{a,max} = \beta_\tau \cdot \tau_{an} \tag{3.234}$$

$\sigma_{m,max}$, $\tau_{m,max}$ maximale Mittelspannung im Kerbgrund $[N/mm^2]$

σ_{mn}, τ_{mn} Nennmittelspannung $[N/mm^2]$

$\sigma_{a,max}$, $\tau_{a,max}$ maximale Spannungsamplitude im Kerbgrund $[N/mm^2]$

σ_{an}, τ_{an} Nennspannungsamplitude im Kerbgrund $[N/mm^2]$

Maximale Kerbspannung mit Mittelspannungsanteilen σ_{max}

$$\sigma_{max} = \alpha_\sigma \cdot \sigma_{mn} + \beta_\sigma \cdot \sigma_{an} \tag{3.235}$$

Einfluss der Oberflächenrauheit auf die dauerhaft ertragbare Amplitude des Bauteils

$$\sigma_{AD,0} = C_0 \cdot \sigma_{AD,pol} \tag{3.236}$$

$\sigma_{AD,0}$ dauerhaft ertragbare Spannungsamplitude für bestimmten Oberflächenzustand $[N/mm^2]$

$\sigma_{AD,poliert}$ dauerhaft ertragbare Spannungsamplitude im polierten Zustand $[N/mm^2]$

Oberflächenfaktor C_0

$$C_0 = 1 - 0{,}22 \cdot \left(\lg R_z\right)^{0{,}64} \cdot \lg R_m + 0{,}45 \cdot \left(\lg R_z\right)^{0{,}53} \tag{3.237}$$

R_z Rautiefe $[\mu m]$

Einfluss der Bauteilgröße auf die dauerhaft ertragbare Amplitude des Bauteils

$$\sigma_{AD,Bauteil} = C_G \cdot \sigma_{AD,Probe} \tag{3.238}$$

$\sigma_{AD,Bauteil}$ dauerhaft ertragbare Spannungsamplitude für bestimmten Oberflächenzustand $[N/mm^2]$

$\sigma_{AD,Probe}$ dauerhaft ertragbare Spannungsamplitude im polierten Zustand $[N/mm^2]$

Größenfaktor C_G

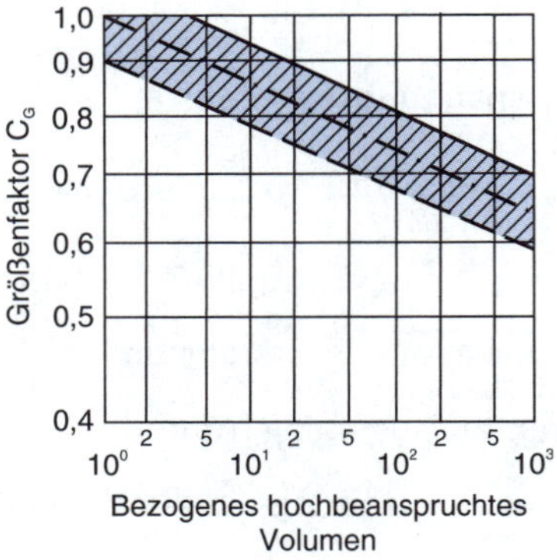

3.3 Formzahldiagramme für Flach- und Rundstäbe

Formzahldiagramm bei Zug/Druck für gelochten Flachstab

Nennspannung:

$$\sigma_n = \frac{F}{2 \cdot (b-a) \cdot h}$$

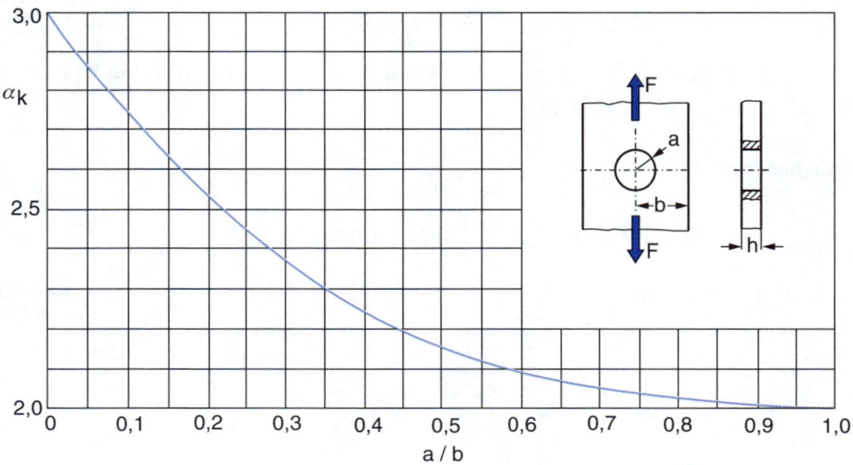

Formzahldiagramm bei Zug/Druck für Scheibe mit unendlicher Lochreihe

Formzahl:

$$\alpha_k = \frac{\sigma_{\max}}{\sigma_n}$$

Nennspannung:

$$\sigma_n = \sigma_0$$

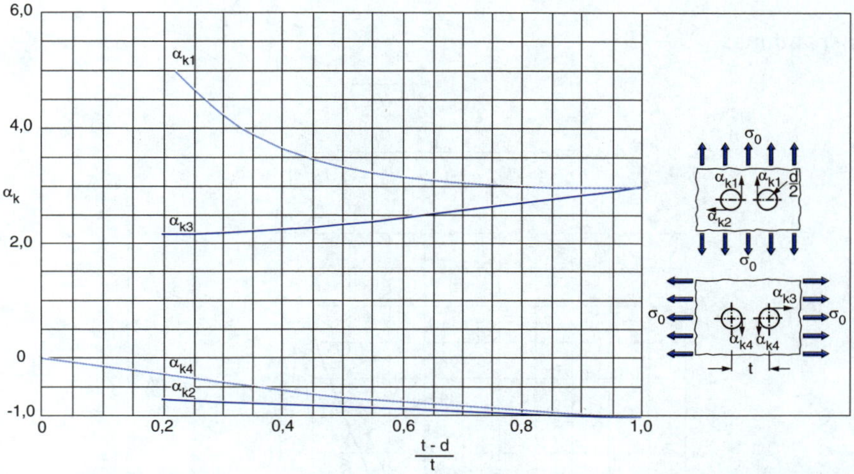

Formzahldiagramm bei Zug/Druck für exzentrisch gelochten Flachstab

Formzahl Bereich 1:

$$\alpha = \frac{\sigma_{\max}}{\sigma_0}$$

Formzahl Bereich 2:

$$\alpha_k = \frac{\sigma_{\max}}{\sigma_{nAB}}$$

Nennspannung:

$$\sigma_{nAB} = \frac{\sigma_0 \cdot \sqrt{\dfrac{1+a/c}{1-a/c}}}{1-(c/e)\cdot\left(1-\sqrt{1-a^2/c^2}\right)}$$

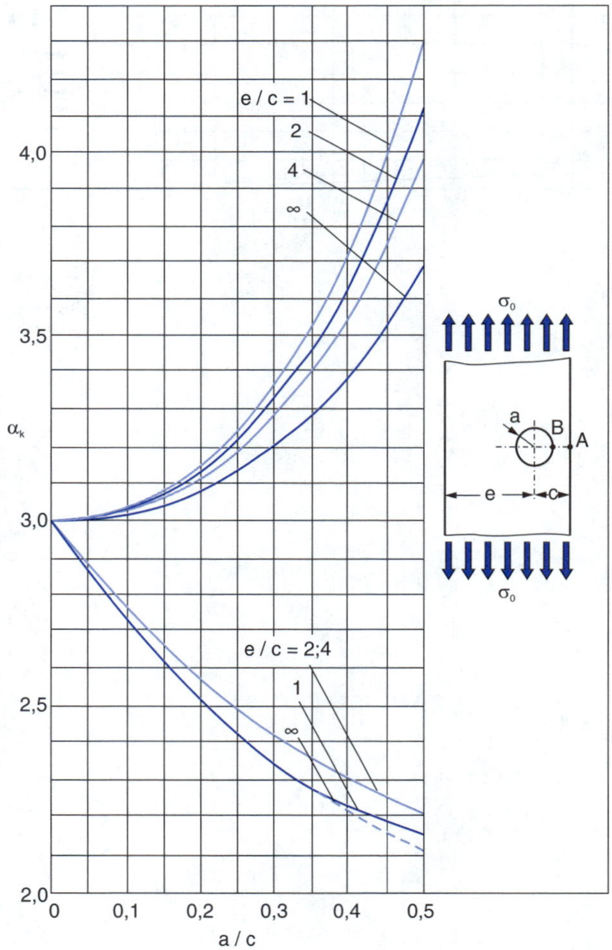

Formzahldiagramm bei Zug/Druck für Flachstab mit Langloch

Nennspannung:

$$\sigma_n = \frac{F}{h \cdot l}$$

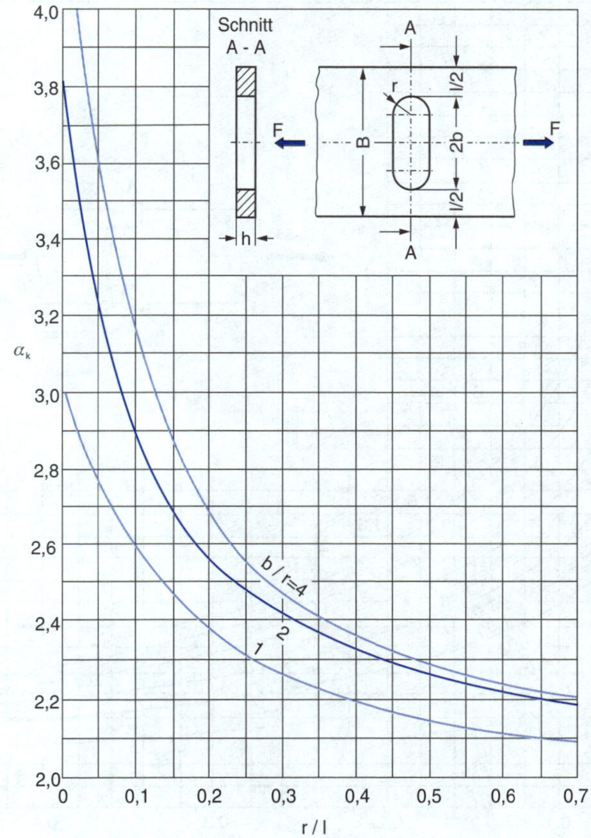

Formzahldiagramm bei Zug/Druck für Flachstab mit Außenkerbe

Nennspannung:

$$\sigma_n = \frac{F}{b \cdot h}$$

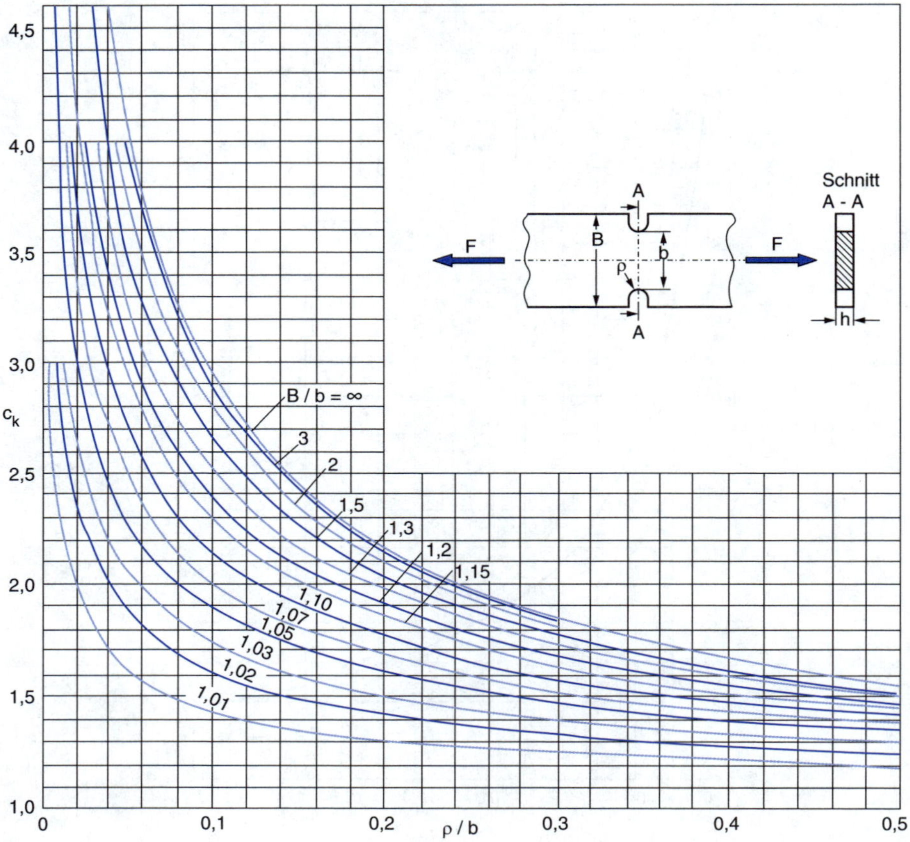

Formzahldiagramm bei Biegung für Flachstab mit Außenkerbe

Nennspannung:

$$\sigma_n = \frac{6 \cdot M_b}{h \cdot b^2}$$

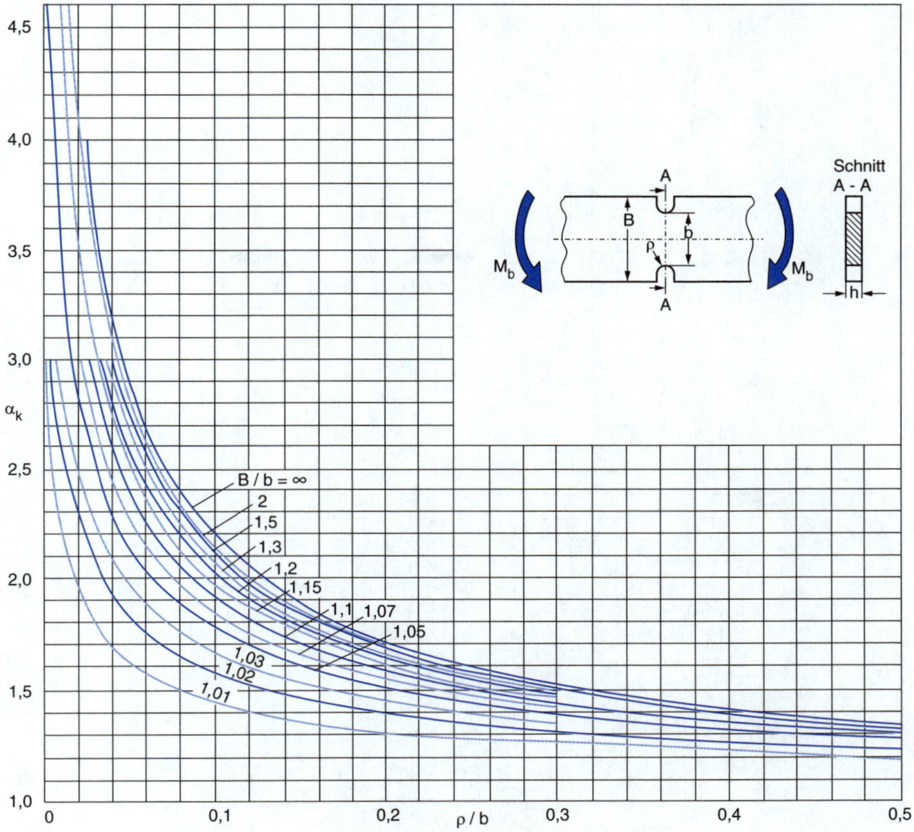

Formzahldiagramm bei Zug/Druck für abgesetzten Flachstab

Nennspannung:

$$\sigma_n = \frac{F}{b \cdot h}$$

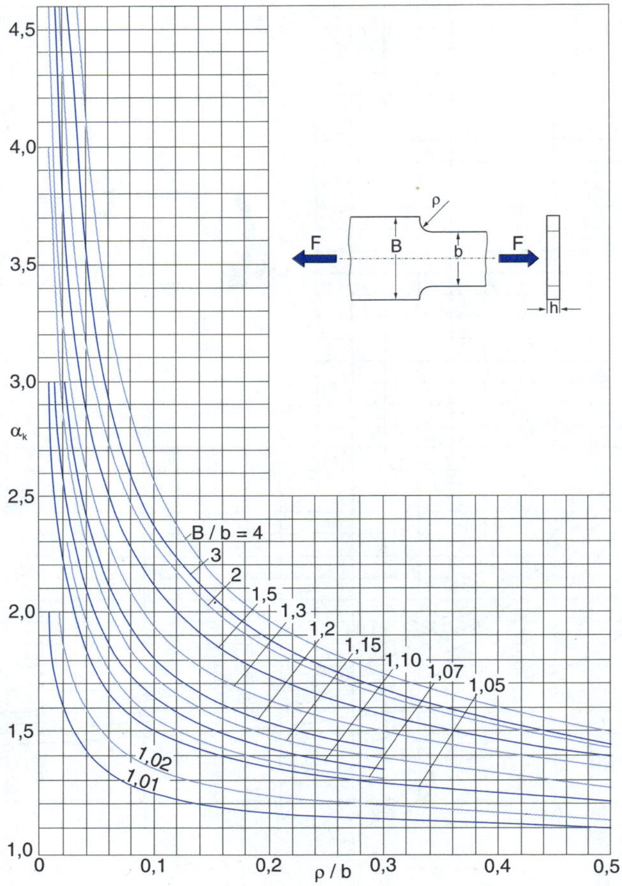

Formzahldiagramm bei Biegung für abgesetzten Flachstab

Nennspannung:

$$\sigma_n = \frac{6 \cdot M_b}{h \cdot b^2}$$

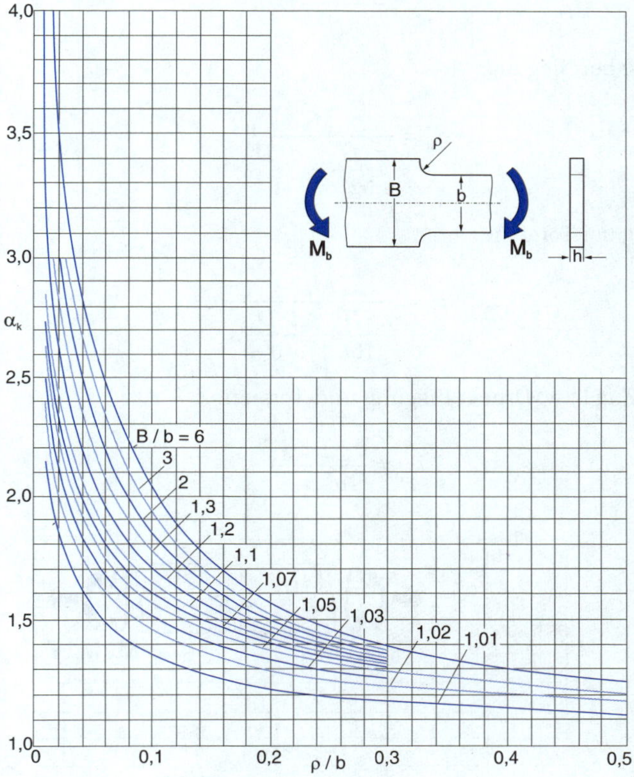

Formzahldiagramm bei Zug/Druck, Biegung und Torsion für quergebohrten Rundstab

Nennspannung bei Zug bzw. Druck:

$$\sigma_n = \frac{F}{\frac{\pi \cdot D^2}{4} - D \cdot d}$$

Nennspannung bei Biegung:

$$\sigma_n = \frac{M_b}{\frac{\pi \cdot D^3}{32} - \frac{d \cdot D^2}{6}}$$

Nennspannung bei Torsion:

$$\tau_n = \frac{M_t}{\frac{\pi \cdot D^3}{16} - \frac{d \cdot D^2}{6}}$$

Formzahl bei Zug bzw. Druck, Biegung und Torsion:

$$\alpha_k = \frac{\sigma_{max}, \tau_{max}}{\sigma_n, \tau_n}$$

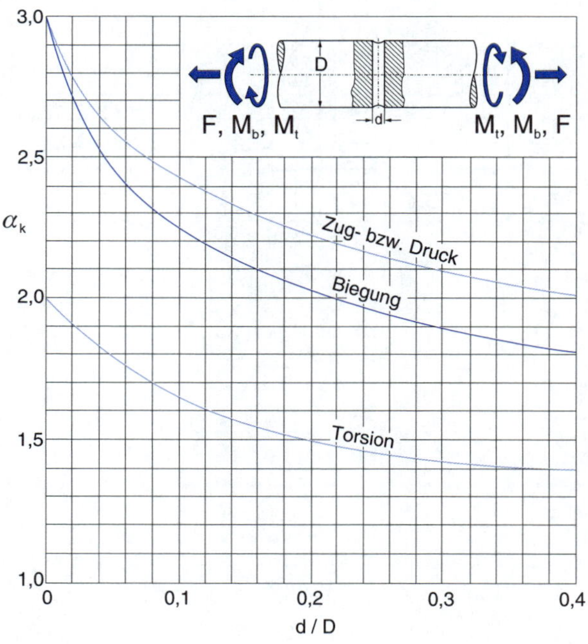

3.4 Festigkeitsberechnung – Vergleich von Beanspruchung und Beanspruchbarkeit

Sicherheit (statischer Festigkeitsnachweis)

$$S = \frac{1}{\sqrt{\left(\frac{\sigma_{zd\,max}}{\sigma_{zdFK}} + \frac{\sigma_{b\,max}}{\sigma_{bFK}}\right)^2 + \left(\frac{\tau_{t\,max}}{\tau_{tFK}}\right)^2}} \geq S_{erf} \qquad (3.240)$$

$\sigma_{zdmax}, \sigma_{bmax}, \tau_{tmax}$ auftretende Maximalspannungen (Nennspannungen) für Zug/Druck, Biegung und Torsion $[N/mm^2]$

$\sigma_{zdFK}, \sigma_{bFK}, \tau_{tFK}$ Bauteilfließgrenze für Zug/Druck, Biegung und Torsion $[N/mm^2]$

Sicherheit (Dauerfestigkeitsnachweis)

$$S = \frac{1}{\sqrt{\left(\frac{\sigma_{zda}}{\sigma_{zdADK}} + \frac{\sigma_{ba}}{\sigma_{bADK}}\right)^2 + \left(\frac{\tau_{ta}}{\tau_{tADK}}\right)^2}} \geq S_{erf} \qquad (3.241)$$

$\sigma_{zda}, \sigma_{ba}, \tau_{ta}$ auftretende Spannungsamplitude (Nennspannungen) für Zug/Druck, Biegung und Torsion $[N/mm^2]$

$\sigma_{zdADK}, \sigma_{bADK}, \tau_{tADK}$ dauerhaft ertragbare Spannungsamplitude für Zug/Druck, Biegung und Torsion $[N/mm^2]$

Sicherheitsnachweis bei Flächenpressung

$$p_{vorh} \leq p_{zul} \qquad (3.256)$$

Es ist immer die Festigkeit des schwächsten Glieds maßgebend.

p_{zul} zulässige Flächenpressung nach T [3.12], [3.13], [3.14] $[N/mm^2]$

Zulässige Flächenpressung p_{zul}

T [3.12]

Art des Werkstoffes	Ruhende Belastung	Schwellende Belastung
Zähe Werkstoffe	$p_{zul} = \frac{\sigma_{dF}}{1{,}2}$	$p_{zul} = \frac{\sigma_{dF}}{2{,}0}$
Spröde Werkstoffe	$p_{zul} = \frac{\sigma_{dB}}{2{,}0}$	$p_{zul} = \frac{\sigma_{dB}}{3{,}0}$

σ_{dF} Druckfließgrenze $[N/mm^2]$

σ_{dB} Bruchfestigkeit $[N/mm^2]$

3

Zulässige Flächenpressungen für Festsitze [3.13]

Werkstoffpaarung	p_{zul} in N/mm^2		
	Ruhend	Schwellend	Wechselnd
Stahl, $R_m = 500\ N/mm^2$ / Bronze	32	22	16
Stahl, $R_m = 500\ N/mm^2$ / GJL	70	50	32
Stahl, $R_m = 500\ N/mm^2$ / GS	80	56	45
Stahl, $R_m = 500\ N/mm^2$ / Stahl, $R_m = 370\ N/mm^2$	90	63	45
Stahl, $R_m = 500\ N/mm^2$ / Stahl, $R_m = 500\ N/mm^2$	125	90	56
Stahl, gehärtet / Stahl, $R_m = 600\ N/mm^2$	160	100	63
Stahl, gehärtet / Stahl, $R_m = 700\ N/mm^2$	180	110	70

Zulässige Flächenpressungen für Gleitsitze bei niedrigen Gleitgeschwindigkeiten (Gelenke, Drehpunkt) [3.14]

Werkstoffpaarung (harte und geschliffene Bolzenoberfläche ($R_a \approx 0{,}4\ \mu m$), fremdgeschmiert	p_{zul} in N/mm^2	
	Ruhend	Schwellend
Stahl, $R_m = 500\ N/mm^2$ / GJL	5	3,5
Stahl, $R_m = 500\ N/mm^2$ / GS	7	4,9
Stahl, $R_m = 500\ N/mm^2$ / Bronze	8	5,6
Stahl, gehärtet / Bronze	10	7,0
Stahl, gehärtet / Stahl, gehärtet	25	17,5

Zulässige Hertz'sche Pressung bei dynamischer Belastung nach Niemann

Art des Kontakts	Zulässige Hertzsche Pressung
Linienberührung	$p_{max,zul,dyn} = 3 \cdot HB$ (3.261)
Punktberührung	$p_{max,zul,dyn} = 5{,}25 \cdot HB$ (3.262)

$p_{max,zul,dyn}$ dauerhaft ertragbare Hertz'sche Pressung (33 Millionen Überrollungen) $[N/mm^2]$

HB Brinellhärte des Werkstoffs $[HB]$

Zulässige Hertz'sche Pressung für rollende Anwendungen im Stahlwasserbau

Bereich	Überrollungen	Beanspruchbarkeit
Dauerfestigkeit	$N \geq 2 \cdot 10^6$	$p_{max,zul,dyn} = 3 \cdot HB$ (3.263)
Zeitfestigkeit	$10^5 < N < 2 \cdot 10^6$	$p_{max,zul,dyn} = 3 \cdot HB \cdot \sqrt[5]{\frac{2 \cdot 10^6}{N}}$ (3.264)
Kurzzeitfestigkeit	$N \leq 10^5$	$p_{max,zul,dyn} = 5{,}4 \cdot HB$ (3.265)

$p_{max,zul,dyn}$ dauerhaft ertragbare Hertz'sche Pressung $[N/mm^2]$

HB Brinellhärte des Werkstoffs $[HB]$

N Anzahl der Überrollungen [–]

Zulässige Vergleichsspannungen $\sigma_{v,GEH,zul}$ für randschichtgehärtete Großwälzlager

Bereich	Lastwechselzahl	Kugellager (Punktberührung)	Rollenlager (Linienberührung)
Dauerfestigkeit	$N \geq 10^7$	$\sigma_{v,GEH,zul} = 0{,}75 \cdot R_{p0,2}$ (3.266)	$\sigma_{v,GEH,zul} = 0{,}60 \cdot R_{p0,2}$ (3.267)
Kurzzeitfestigkeit	$N \leq 10^3$	$\sigma_{v,GEH,zul} = 1{,}25 \cdot R_m$ (3.268)	$\sigma_{v,GEH,zul} = 1{,}00 \cdot R_m$ (3.269)

$R_{p0,2}$ Streckgrenze $[N/mm^2]$

R_m Zugfestigkeit $[N/mm^2]$

Kleben

4

ÜBERBLICK

4.1 Beanspruchungen von Klebverbindungen

Relative Schubspannung für Belastungsfall I und II

Fall I:

$$\overline{\tau}\left(\frac{z}{l_{ü}}\right) = U \cdot \frac{\cosh\left(U \cdot \frac{z}{l_{ü}}\right)}{\sinh(U)} \tag{4.17}$$

Fall II:

$$\overline{\tau}\left(\frac{z}{l_{ü}}\right) = U \cdot \left(\frac{1}{1+\frac{c_1}{c_2}} \cdot \frac{\cosh\left(U \cdot \frac{z}{l_{ü}}\right)}{\sinh(U)} + \frac{1}{1+\frac{c_2}{c_1}} \cdot \frac{\cosh\left(U \cdot \left(1-\frac{z}{l_{ü}}\right)\right)}{\sinh(U)} \right)$$

Hierin bezeichnet:

$$U = l_{ü} \cdot \sqrt{c_V \cdot \left(\frac{1}{c_1} + \frac{1}{c_2}\right)} \tag{4.18}$$

c_V spezifische Steifigkeit der Klebschicht $[N/mm^2]$

$c_{1,2}$ örtliche Steifigkeit der Fügeteile $[N/mm^2]$

Relativer Schubspannungsverlauf in der Klebschicht abhängig von der Lasteinleitung [4.10]

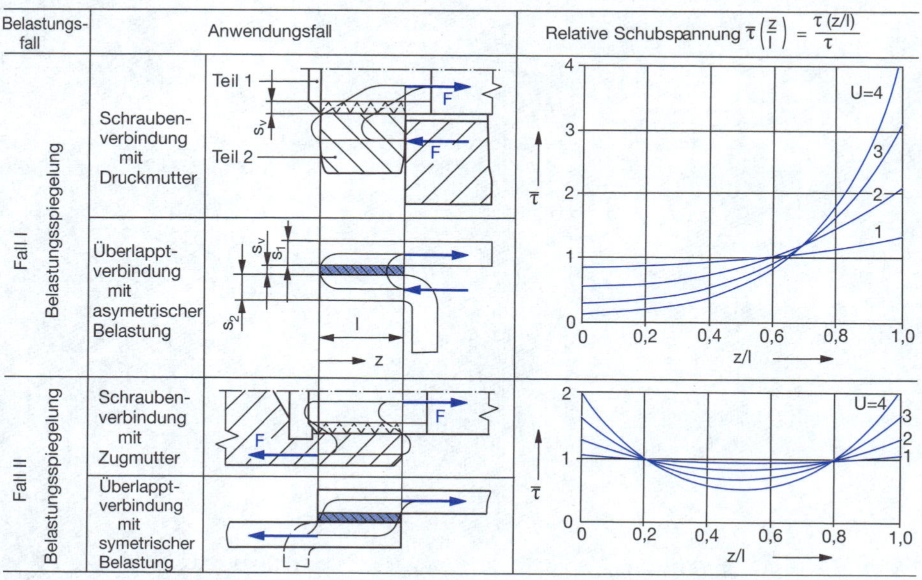

Spezifische Steifigkeit c_v der Klebschicht

$$c_v = G \cdot \frac{b_v}{s_v} \tag{4.19}$$

G Schub-/Gleitmodul des Klebstoffs [N/mm^2]

b_v Klebschichtbreite [mm]

s_v Klebschichtdicke [4.10] [mm]

Örtliche Steifigkeit $c_{1,2}$ der Fügeteile

$$c_{1,2} = E_{1,2} \cdot A_{1,2} \tag{4.20}$$

$E_{1,2}$ E-Modul der Fügeteile [N/mm^2]

$A_{1,2}$ Querschnittsflächen der zu verbindenden Teile [mm^2]

Im Normalfall gilt $A_1 = A_2 = A = b \cdot s$ und $E_1 = E_2 = E$. Dann kann folgt für U:

$$U = l_{ü} \cdot \sqrt{\frac{G}{E} \cdot \frac{2}{s \cdot s_V}} \tag{4.22}$$

Maximale Schubspannungen τ_{max} für Fall I und II (gültig für $y > 2 - y = U$ im Fall I und $y = 0{,}5 \cdot U$ im Fall II):

$$\tau_{max,I} = \frac{F}{b_v} \cdot \sqrt{\frac{G}{E} \cdot \frac{2}{s \cdot s_v}} \tag{4.29}$$

$$\tau_{max,II} = \frac{1}{2} \cdot \frac{F}{b_v} \cdot \sqrt{\frac{G}{E} \cdot \frac{2}{s \cdot s_v}} \tag{4.30}$$

Erforderliche Überlappungslänge $l_{ü,erf}$ bei Bemessung mit mittlerer Schubspannung

$$l_{ü,erf} = \frac{F}{\tau_{zul} \cdot b_v} \tag{4.35}$$

τ_{zul} zulässige Scherspannung nach (4.50) [N/mm^2]

b_v gegebene Klebschichtbreite [mm]

Erforderliche Überlappungslänge $l_{ü,erf}$ bei geklebter Welle-Nabe-Verbindung unter Torsion

$$l_{ü,erf} = \frac{2 \cdot W_t}{\pi \cdot d_a^2} \cdot \frac{\tau_T}{S_F \cdot \tau_{zul}} \tag{4.44}$$

W_t Widerstandsmoment nach (4.45) [mm^3]

τ_T Torsionsspannung [N/mm^2]

τ_{zul} zulässige Scherspannung nach (4.50) [N/mm^2]

d_a Außendurchmesser Welle [mm]

Widerstandsmoment für Hohlwellen, bei Bolzensteckverbindungen ist $d_i = 0$ zu setzen

$$W_t = \frac{\pi \cdot \left(d_a^4 - d_i^4\right)}{16 \cdot d_a} \tag{4.45}$$

d_i Innendurchmesser Welle [mm]

Zulässige Axialkraft $F_{ax,zul}$ bei geklebter Welle-Nabe-Verbindung

$$F_{ax,zul} = \tau_{zul} \cdot A = \tau_{zul} \cdot \pi \cdot d_a \cdot l_{ü} \tag{4.47}$$

$l_{ü}$ Überlappungslänge [mm]

4.2 Beanspruchbarkeit einer Klebverbindung

Zulässige Scherspannung τ_{zul}

$$\tau_{zul} = \frac{\tau_B}{S_\tau} \quad \text{mit} \quad S_\tau = \prod_{i=1}^{5} S_{\tau,i} \tag{4.50}$$

S_τ Gesamtsicherheitsfaktor

$S_{\tau,i}$ Teilsicherheitsfaktor nach [4.5] bzw. [4.13]

Teilsicherheitsfaktoren $S_{\tau,1}$ und $S_{\tau,2}$ in Abhängigkeit vom Festigkeitsniveau

Allgemein beanspruchte Bauteile	$S_{\tau,1} = 1{,}5$		
Abnahmepflichtige Verbindungen	$S_{\tau,1} = 1{,}8$ bis 2,2		
Festigkeitsniveau	Niedrig	Mittel	Hoch
Teilsicherheitsbeiwert	$S_{\tau,5} = 2{,}0$	$S_{\tau,5} = 1{,}5$	$S_{\tau,5} = 1{,}0$

[4.5]

Teilsicherheitsfaktoren $S_{\tau,2}$ bis $S_{\tau,4}$ für die Bindefestigkeit der Klebverbindungen bei unterschiedlichen Einsatzbedingungen

[4.13]

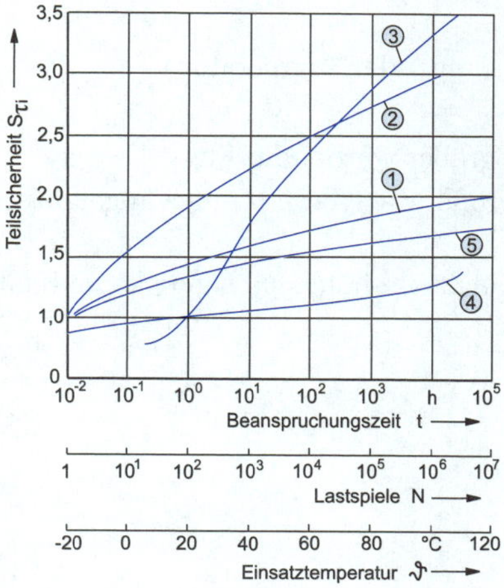

Kurve	Funktion	Bemerkung
①	$S_{\tau 2} = f(t)$	statische Beanspruchung
②	$S_{\tau 2} = f(N)$	dynamische Beanspruchung (Schwingbeanspruchung)
③	$S_{\tau 3} = f(\vartheta)$	kaltaushärtende Klebstoffe
④		heissaushärtendeKlebstoffe
⑤	$S_{\tau 4} = f(t,\text{Medium})$	zeitlicheWassereinwirkung

Scherfestigkeit τ_B

$$\tau_B = \frac{F_m}{A_{Kl}} = \frac{F_m}{l_ü \cdot b} \tag{4.49}$$

F_m Bruchlast [N]

A_{Kl} Klebfugenfläche (mit Überlappungslänge $l_ü$ und Breite b) [mm]

Anhaltswerte für Zugscherfestigkeit τ_B in Abhängigkeit von der Beanspruchungsart

Belastungsart	Ruhend	Schwellend	Wechselnd
Zugscherfestigkeit [N/mm²]	15	10	5

Dynamische Scherfestigkeit τ_{dyn} als Funktion der statischen Festigkeit τ_B

Belastungsart	Schwellend	Wechselnd
Dynamische Scherfestigkeit τ_{dyn} bei 10^7 Lastwechseln	$0{,}8 \cdot \tau_B$	$0{,}2 \ldots 0{,}4 \cdot \tau_B$

Einflussgrößen auf die Zugscherfestigkeit:

- Klebstoff
- Korrosionseinflüsse
- Temperatur (Die Bindefestigkeit sinkt mit steigender Temperatur.)
- Klebflächenbeschaffenheit
- Fugendicke (Die Bindefestigkeit sinkt mit größer werdender Fuge.)
- Verbindungsart (Überlappungslänge – je größer die Überlappungslänge, desto mehr sinkt die Bindefestigkeit)
- Werkstoff der verklebten Teile (Die Bindefestigkeit erhöht sich bei dickeren Bauteilen.)

Löten

5

Beanspruchungen von Lötverbindungen – Stumpfstoß

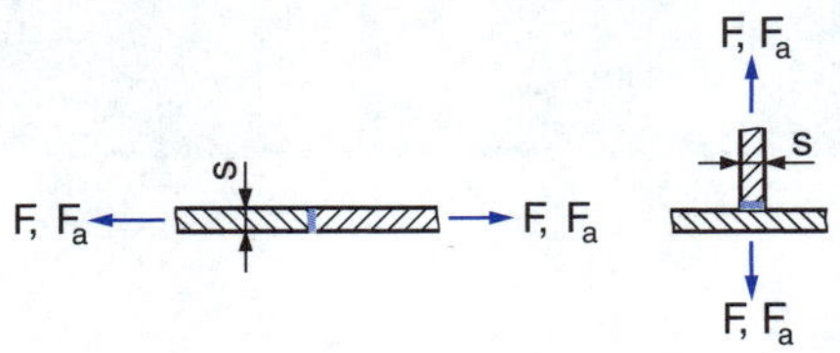

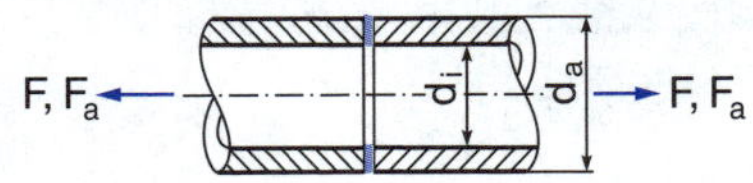

$A = s \cdot b$ (5.1)	$A = \frac{\pi}{4} \cdot \left(d_a^2 - d_i^2\right)$ (5.2)
$\sigma_z = \frac{F}{A}$ (5.3)	$\sigma_{a,z} = \frac{F_a}{A}$ (5.4)

5

Beanspruchungen von Lötverbindungen – Überlappstoß (Flächenverbindung)

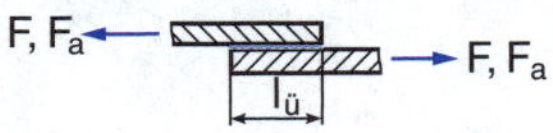

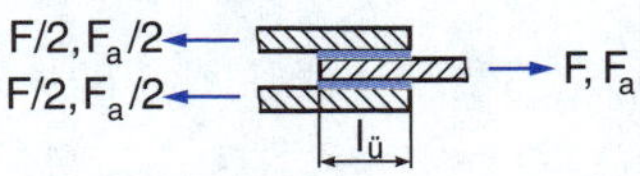

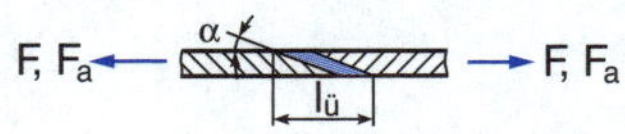

$A = l_{ü} \cdot b$ (5.5)	$A = 2 \cdot l_{ü} \cdot b$ (5.6)	$A = \frac{l_{ü} \cdot b}{\cos\alpha}$ (5.7)
$\tau_s = \frac{F}{A}$ (5.8)	$\tau_{a,s} = \frac{F_a}{A}$ (5.9)	

Beanspruchungen von Lötverbindungen – Überlappstoß (Rohr- und Welle-Nabe-Verbindung)

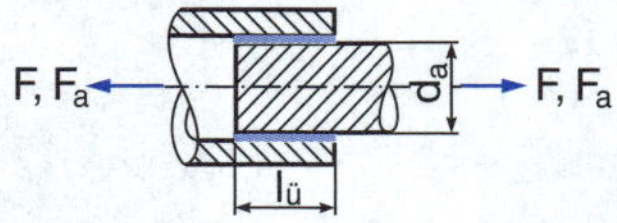

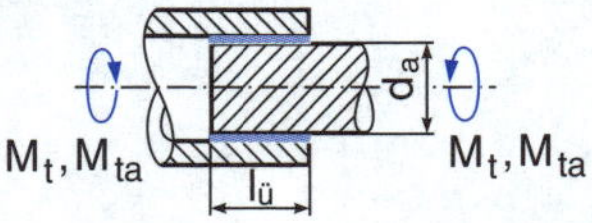

$$A = \pi \cdot d_a \cdot l_{ü} \quad (5.10)$$

$\tau_s = \frac{F}{A}$ (5.11)	$\tau_t = \frac{2 \cdot M_t}{d_a \cdot A}$ (5.13)
$\tau_{a,s} = \frac{F_a}{A}$ (5.12)	$\tau_{t,a} = \frac{2 \cdot M_{t,a}}{d_a \cdot A}$ (5.14)

F Zug-Druck-Kraft, statisch $[N]$

F_a Zug-Druck-Kraft, dynamisch $[N]$

M_t Torsionsmoment, statisch $[Nm]$

M_{ta} Torsionsmoment, dynamisch $[Nm]$

Tragfähigkeitsnachweis Lötverbindung

$$\sigma_z \leq \sigma_{zul,statisch} \qquad \tau_s \leq \tau_{zul,statisch} \tag{5.17}$$

$$\sigma_{a,z} \leq \sigma_{zul,dynamisch} \qquad \tau_{a,s} \leq \tau_{zul,dynamisch} \tag{5.18}$$

σ_z, $\sigma_{a,z}$ Zug-Druck-Spannung statisch, dynamisch [N/mm^2]

τ_s, $\tau_{a,s}$ Scherspannung statisch, dynamisch [N/mm^2]

$\sigma_{zul,statisch}$, $\sigma_{zul,dynamisch}$ zulässige Zug-Druck-Spannung statisch, dynamisch nach (5.19) bzw. (5.20) [N/mm^2]

$\tau_{zul,statisch}$, $\tau_{zul,dynamisch}$ zulässige Scherspannung statisch, dynamisch nach (5.19) bzw. (5.20) [N/mm^2]

Beanspruchbarkeit von Lötverbindungen

$$\sigma_{zul,statisch} = \frac{\sigma_{l,B}}{S_{statisch}} \qquad \tau_{zul,statisch} = \frac{\tau_{l,B}}{S_{statisch}} \tag{5.19}$$

$$\sigma_{zul,dynamisch} = \frac{\sigma_{l,B}}{S_{dynamisch}} \qquad \tau_{zul,dynamisch} = \frac{\tau_{l,B}}{S_{dynamisch}} \tag{5.20}$$

$\sigma_{l,B}$ Zugfestigkeit der Lötverbindung nach [5.6] [N/mm^2]

$\tau_{l,B}$ Schwerfestigkeit der Lötverbindung nach [5.6] [N/mm^2]

$S_{statisch}$, $S_{dynamisch}$ Sicherheitsbeiwert ($S_{statisch}$ = 1,5 bis 2,5, $S_{dynamisch}$ = 2 bis 3,5 im Druckbehälterbau S = 4)

Überschlägige Ermittlung der Zugfestigkeit einer Lötverbindung

$$\sigma_{l,B} \approx (1{,}5\ldots2) \cdot \tau_{l,B} \tag{5.21}$$

Zug- und Scherfestigkeit von Hartlötverbindungen [5.6]

Hartlot nach DIN EN 1044	Arbeitstemperatur des Lotes [° C]	Zugfestigkeit $\sigma_{l,B}$ in N/mm^2 bei Grundwerkstoff					Scherfestigkeit $\tau_{l,B}$ in N/mm^2 bei Grundwerkstoff	
		S235	E295	E335	X10CrNi188	CuZn37	S235	E335
L-Ag40Cd	610	410	540	640	520	230	170	250
L-Ag30Cd	680	380	470	480	510	250	200	240
L-Ag44	730	390	480	520	530	280	205	280
L-Ag20Cd	750	370	420	440	500	260	170	260
L-Ag12	830	370	460	460	440	210	170	200

Erreichbare Wechselfestigkeiten ausgeführter Hartlötverbindungen bei dynamischer Beanspruchung

Schubwechselfestigkeit	$\tau_{aW} = 30\ N/mm^2$
Verdrehwechselfestigkeit	$\tau_{tW} = 30\ N/mm^2$
Biegewechselfestigkeit	$\sigma_{bW} = 50\ N/mm^2$

Einflussgrößen auf die Beanspruchbarkeit von Lötverbindungen

- Mechanische Eigenschaften der Lote und Fügeteilwerkstoffe
- Lötschichtdicke und Oberflächenqualität der Fügeflächen
- Herstellungsqualität der Lötung

Nieten

6

ÜBERBLICK

6.1 Herstellung und Gestaltung von Nietverbindungen

Herstellung und Bemaßung einer Nietverbindung [6.1]

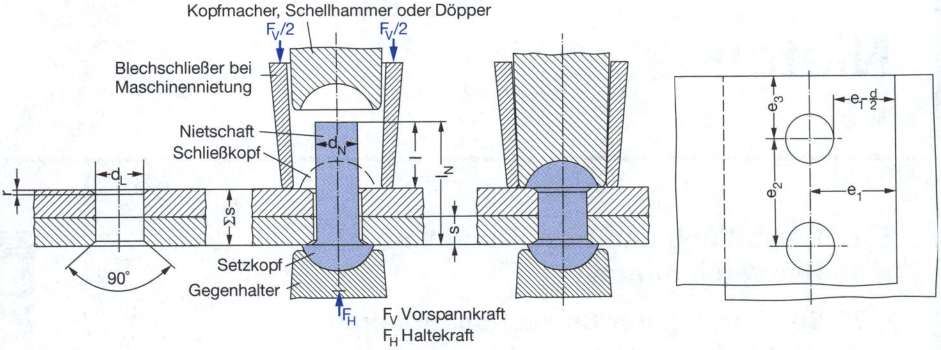

6

Rohnietdurchmesser in Abhängigkeit von der Blechdicke

Stahlbau	Leichtmetallbau	
$d_1 \approx \sqrt{50 \cdot s} - 2\,\text{mm}$ (6.1)	$d_1 \approx 2 \cdot s + 2\,\text{mm}$ (6.2)	Einschnittig bis $3{,}2 \cdot s$
	$d_1 \approx s + 2\,\text{mm}$ (6.3)	Zweischnittig bis $1{,}6 \cdot s$

d_1 Rohnietschaftdurchmesser $[mm]$

s Blechdicke $[mm]$

Nietlochdurchmesser d abhängig vom Rohnietdurchmesser d_1

Rohnietschaftdurchmesser d_1	Nietlochdurchmesser d
Für $d_1 < 10$ mm gilt generell	$d = d_1 + (0{,}1 \ldots 0{,}2)$ mm (6.4)
Für Stahlniete mit $d_1 \geq 10$ mm	$d = d_1 + 1$ mm (6.5)
Für Leichtmetallniete mit $d_1 \geq 10$ mm	$d = d_1 + 0{,}2$ mm (6.6)

Anhaltswerte für die Nietschaftlänge l

Nietart	Material	Nietschaftlänge l	
Kesselniete (DIN 123)	Stahl	$l \approx 1{,}3 \cdot \sum s + 1{,}5 \cdot d$	(6.7)
Stahlbauniete (DIN 124)	Stahl	$l \approx 1{,}2 \cdot \sum s + 1{,}2 \cdot d$	(6.8)
Halbrundkopf	Leichtmetall	$l \approx \sum s + 1{,}4 \cdot d$	(6.9)
Flachrundkopf	Leichtmetall	$l \approx \sum s + 1{,}8 \cdot d$	(6.10)
Tonnenkopf	Leichtmetall	$l \approx \sum s + 1{,}9 \cdot d$	(6.11)
Kegelstumpfkopf	Leichtmetall	$l \approx \sum s + 1{,}6 \cdot d$	(6.12)
Zur Vermeidung der Gefahr des Ausknickens der Niete muss gelten: $\sum s < 5 \cdot d$(6.13)			

d Nietlochdurchmesser $[mm]$

s Blechdicke $[mm]$

Erforderliche Nietanzahl und Randabstand e_1 (siehe auch [6.1])

$n_s \geq \frac{F}{\tau_{s,zul} \cdot n \cdot A}$ (6.14)	$n_l \geq \frac{F}{\sigma_{l,zul} \cdot d \cdot s_{min}}$ (6.15)	$e_1 \geq \frac{F}{\tau_{s,zul} \cdot n \cdot 2 \cdot s_{min}}$ (6.16)

F	Von der Nietverbindung zu übertragende Kraft in N in Abhängigkeit vom Lastfall
d	Durchmesser des geschlagenen Nietes in mm
n	Anzahl der Kraft übertragenden Niete
s_{min}	Kleinste Bauteildicke in mm
$\tau_{s,zul}$	Zulässige Schubspannung im Bauteil bzw. im Niet in N/mm^2
$\sigma_{l,zul}$	Zulässiger Lochleibungsdruck im Bauteil bzw. im Niet in N/mm^2

Loch- und Randabstände für Nietkonstruktionen entsprechend den gültigen Normen für Stahlbau, Kranbau und Aluminiumkonstruktionen (siehe auch [6.1])

	Stahlbau DIN 18800			Kranbau DIN 15018		Leichtmetallbau DIN 4113	
	min	max [1]		min	max [1]	min	max
		Druck	Zug				
Lochabstand e_2	$2{,}2\ d$ [2), 3)] $2{,}4\ s$ [3), 4)]	$6\ d$ $12\ s$	$10\ d$ $20\ s$	$3\ d$	$6\ d$ [5)] $12\ s$	$3\ d$	$15s$
Randabstand in Kraftrichtung e_1	$1{,}2\ d$ [6)]	$3\ d$ $6\ s$		$2\ d$	$4\ d$ $8\ s$	$2\ d$	$10\ s$
Randabstand senkrecht zur Kraftrichtung e_3	$1{,}2\ d$ [6)]	$3\ d$ $6\ s$		$1{,}5\ d$	$4\ d$ $8\ s$	$1{,}5\ d$	$10\ s$

1) Kleinerer Wert ist maßgebend
2) In Kraftrichtung
3) Bei gestanzten Löchern $3{,}0\ d$
4) Senkrecht zur Kraftrichtung
5) Abweichungen nach Art und Wichtigkeit der Verbindung möglich
6) Bei gestanzten Löchern $1{,}5\ d$

6.2 Berechnung der Beanspruchungen in Nietverbindungen

Bauteil- und Nietbeanspruchungen einer Nietverbindung

Zug-Druck-Spannung $\sigma_{z,d}$ im kritischen Bauteilquerschnitt [1)]

Zugstäbe	Kurze Druckstäbe	Lange Druckstäbe (l > 20)
$\sigma_z = \dfrac{F}{A_{red}} \le \sigma_{z,zul}$ (6.29)	$\sigma_d = \dfrac{F}{A_{red}} \le \sigma_{d,zul}$ (6.30)	$\sigma_d = \dfrac{F \cdot \omega}{A_{red}} \le \sigma_{d,zul}$ (6.31)
$A_{red} = A - n_{krit} \cdot d \cdot s$ (6.32)	$A_{red} = A$ (6.33)	

Scherspannung τ_s im kritischen Blechquerschnitt hinter dem Niet [1)]

$$\tau_s = \frac{F}{2 \cdot n_{krit} \cdot \left(e_1 - \dfrac{d}{2}\right) \cdot s_{min}} \le \tau_{s,zul} \qquad (6.34)$$

Scherspannung τ_s, Lochleibungsdruck σ_l und Zugspannung σ_z im Niet [1)]

$\tau_s = \dfrac{F}{n_{krit} \cdot m \cdot \dfrac{\pi \cdot d^2}{4}} \le \tau_{s,zul}$ (6.35)	$\sigma_l = \dfrac{F}{n_{krit} \cdot d \cdot s_{min}} \le \sigma_{l,zul}$ (6.36)	$\sigma_z = \dfrac{F_z}{\dfrac{\pi \cdot d^2}{4}} \le \sigma_{z,zul}$ [2)] (6.37)

Zug-Druck-Spannung $\sigma_{z,d}$ im kritischen Bauteilquerschnitt [1]

F	Von der Nietverbindung zu übertragende Kraft in N in Abhängigkeit vom Lastfall
ω	Knickzahl, hängt vom Schlankheitsgrad und Werkstoff ab (s.a. Abschnitt 3.1.4)
A_{red}	Kritischer Querschnitt des Bauteiles abzüglich der Bohrungsquerschnitte in mm^2
A	Kritischer Querschnitt des Bauteiles einschließlich der Bohrungsquerschnitte in mm^2
d	Durchmesser des geschlagenen Nietes in mm
e_1	Randabstand in Kraftrichtung (s.a. nach [6.1])
n_{krit}	Kritische Anzahl der Kraft übertragenden Niete
m	Anzahl der Scherfugen, $m = 1$ bei einschnittiger Verbindung, $m = 2$ bei zweischnittiger Verbindung
s_{min}	Minimum der Bauteildicken s_1 oder s_2 in mm bei einschnittiger Verbindung oder Minimum der Bauteildicken s oder s_1+s_2 bei zweischnittiger Verbindung. Bei Senknietverbindungen wird nur der zylindrische Teil des Niets berücksichtigt $0{,}8 \cdot s$ oder s_s (s.a. nach [6.11] bis [6.14]).

[1] Bei dynamischen Beanspruchungen sind die Spannungen σ und τ mit dem Index a (Ausschlag) zu versehen. Entsprechend sind dann auch die zulässigen dynamischen Spannungen $\sigma_{a,z,zul}$, $\sigma_{a,d,zul}$, $\sigma_{a,l,zul}$ und $\tau_{a,s,zul}$ zu verwenden, siehe hierzu [6.11] bis [6.14].

[2] Zugspannungen im Nietschaft aus äußeren Kräften nach Möglichkeit konstruktiv vermeiden

6.3 Beanspruchbarkeit einer Nietverbindung

Zulässige Wechselspannungen $\sigma_{W,zul}$ in $[N/mm^2]$ für gelochte Bauteile aus S235 und S355 nach DIN 15018

Häufigkeit der Höchstlast	Gesamte Anzahl der vorgesehenen Spannungsspiele							
	über $2 \cdot 10^4$ bis $2 \cdot 10^5$		über $2 \cdot 10^5$ bis $6 \cdot 10^5$		über $6 \cdot 10^5$ bis $2 \cdot 10^6$		über $2 \cdot 10^6$	
	Gelegentliche, nicht regelmäßige Benutzung mit langen Ruhezeiten		Regelmäßige Benutzung bei unterbrochenem Betrieb		Regelmäßige Benutzung im Dauerbetrieb		Regelmäßige Benutzung im angestrengten Dauerbetrieb	
Werkstoff	S235	S355	S235	S355	S235	S355	S235	S355
Selten	168	199	141	161	118	129	100	104
Mittel	141	161	119	129	100	104	84	84
Ständig	119	129	100	104	84	84	84	84

Zulässige Bauteilspannungen im Maschinenbau für statische und dynamische Belastungen nach DIN 15018 [6.11]

Bauteilwerkstoff		S235		S355		Höherfeste Stähle	
Beanspruchung		statisch	dynamisch	statisch	dynamisch	statisch	dynamisch
Zulässige Spannung [N/mm^2]	$\sigma_{z,zul}$ / $\sigma_{a,z,zul}$	160	80	240	120	$R_p / 1{,}5$	120
	$\sigma_{d,zul}$ / $\sigma_{a,d,zul}$	140	70	210	105	$R_p / 1{,}8$	105
	$\tau_{s,zul}$ / $\tau_{a,s,zul}$	92	46	138	69	$R_p / 2{,}6$	69
Für Stähle und Gusswerkstoffe gilt im statischen Fall (bei dynamischer Beanspruchung ist $\sigma_{a,z,zul}$ einzusetzen)							
Zulässige Lochleibung: $\sigma_{l,zul} = 2{,}0 \cdot \sigma_{z,zul}$				Zulässige Scherspannung: $\tau_{s,zul} = 1{,}0 \cdot \sigma_{z,zul}$			

Bauteil- und Nietwerkstoffe, zulässige Bauteilspannungen für vorwiegend ruhende Belastung im Stahlbau nach DIN 18800, Lastfälle H und HZ [6.12]

Werkstoff		Zulässige Spannung [N/mm^2]					
		$\sigma_{d,zul}$ 1)		$\sigma_{z,zul}$		$\tau_{s,zul}$	
Bauteil	Niet	H	HZ	H	HZ	H	HZ
S235JR	USt 36	140	160	160	180	92	104
S355J2G3	S275JR	210	240	240	270	139	156
Zulässige Lochleibung: $\sigma_{l,zul} = 2{,}0 \cdot \sigma_{z,zul}$				Zulässige Scherspannung: $\tau_{s,zul} = 1{,}0 \cdot \sigma_{z,zul}$			
1) Bei Druck- und Biegedruck, wenn Stabilitätsnachweis (gegen Knicken) erforderlich							

Zulässige Spannungen für Nieten im Leichtmetallbau in N/mm^2 (Klammerwerte: Durchmesser oder Wanddickenbereich in mm) [6.13]

Bauteilwerkstoff	Zulässige Spannung [N/mm^2]					
	$\tau_{s,zul}$		$\tau_{a,s,zul}$ wechselnd		$\tau_{a,s,zul}$ schwellend	
Leichtmetallbau (Werkstoffe nach DIN 4113) 1)	**H**	**HZ**	**H**	**HZ**	**H**	**HZ**
AlMgSi1, kalt ausgehärtet, F20 (< 15), F21 (< 80)	50	55	30	33	35	38
AlMgSi1, kalt ausgehärtet und gezogen, F25 (< 10)	60	70	36	42	42	49
AlMg5, weich, W27 (< 15)	65	75	39	45	27	52

Bauteilwerkstoff	**Zulässige Spannung [N/mm²]**					
	$\tau_{s,zul}$		$\tau_{a,s,zul}$ wechselnd		$\tau_{a,s,zul}$ schwellend	
Leichtmetallbau (Werkstoffe nach DIN 4113) [1]	**H**	**HZ**	**H**	**HZ**	**H**	**HZ**
AlMg5, gezogen, F31 (< 13)	75	85	45	51	52	59
Stahl [2], entsprechend Festigkeitsklasse 4.6, $d - d_N < 0{,}3$ mm	140	160	84	96	98	112
Flugzeugbau	$\tau_{s,zul}$		$\tau_{a,s,zul}$ wechselnd		$\tau_{a,s,zul}$ schwellend	
AlMg2 [3], kalt ausgehärtet	73		44		51	
Ti	120		–		–	

[1] Die Festigkeit von Leichtmetallhalbzeugen hängt stark von der Vorbehandlung ab.
[2] Nur in Ausnahmefällen verwendet
[3] Verarbeitung nur nach Glühbehandlung

Zulässige Bauteilspannungen in N/mm^2 im Leichtmetallbau bei vorwiegend ruhender Belastung [6.14]

Bauteilwerkstoff		**Zulässige Spannung [N/mm²]**					
		$\sigma_{z,zul}$		$\tau_{s,zul}$ [1), 2)]		$\sigma_{l,zul}$ [1), 2), 3)]	
Leichtmetallbau (Werkstoffe nach DIN 4113)		**H**	**HZ**	**H**	**HZ**	**H**	**HZ**
AlZn4,5Mg1 warm ausgehärtet	Bleche F35 (< 15), F34 (15 ... 60), Rohre F35 (< 20), Profile F35 (3 ... 30)	160	180	95	110	240	270
AlMgSi1 warm ausgehärtet	Bleche F32 (< 10), F30 (10 ... 100), Rohre F31 (< 20), Profile F31 (< 20)	145	165	90	100	210	240
AlMgSi1 warm ausgehärtet	Bleche F28 (< 20), Rohre F28 (alle), Profile F28 (< 10)	115	130	70	80	160	180
AlMg4,5Mn warm gewalzt	Bleche F27 (2 ... 30), W28 (< 50)	70	80	45	50	115	130
AlMg4,5Mn gepresst	Rohre F27 (≥ 3,5), F27 (alle)	80	90	50	55	125	140
AlMg3 gepresst	Rohre F18 (≥ 3), F18 (alle)	45	–	30	–	80	–

Bauteilwerkstoff		**Zulässige Spannung [N/mm²]**					
AlMg2Mn0,6 warm gewalzt	Bleche W19 (< 25), F19 (25 ... 50), Rohre W18 (< 10)	50	–	35	–	90	–
Flugzeugbau		$\sigma_{z,zul}$		$\tau_{s,zul}$ 1), 2)		$\sigma_{l,zul}$ 1), 2), 3)	
AlCuMg2 kalt ausgehärtet	Bleche F44	190 ... 215		114 ... 128		150	

F – ausgehärtet; *G* – rückgeglüht; *W* – weich:
Zahlenangaben hinter *F* bzw. *W*: Mindestzugfestigkeit R_m in $\mathrm{kp/mm^2}$
Klammerwerte: Durchmesser oder Wanddickenbereich in mm

1) Ausschlagsspannung bei dynamischer Beanspruchung: schwellend, Werte · 0,4; wechselnd, Werte · 0,6
2) Ausschlagsspannung bei dynamischer Beanspruchung: schwellend, Werte · 0,35; wechselnd, Werte · 0,6
3) Nur für $d - d_N \leq 0{,}3$ mm

6

Schweißen

ÜBERBLICK

7

7.1 Schweißeignung der Werkstoffe

Kohlenstoffäquivalent

$$C_{äqu}(\%) = \%C + \frac{\%Mn}{6} + \frac{\%Cr}{5} + \frac{\%Ni}{15} + \frac{\%Mo}{4} + \frac{\%Cu}{13} + \frac{\%P}{2} \tag{7.1}$$

$\% C, \% Mn, \ldots$: Prozentualer Anteil der jeweiligen Legierungselemente

$C_{äqu}$ bis 0,45 %: Gute Schweißeignung, Vorwärmen erst bei Bauteildicken über 30 mm

$C_{äqu}$ 0,45 % bis 0,6 %: Bedingte Schweißeignung, Vorwärmen auf 100° C bis 200° C

$C_{äqu}$ über 0,6 %: Nicht gewährleistete Schweißeignung, Vorwärmen auf 200° C bis 350° C, günstige konstruktive Gestaltung und Auswahl eines geeigneten Schweißverfahrens erforderlich

7.2 Festigkeit von Schweißverbindungen

7.2.1 Festigkeitsnachweis im allgemeinen Maschinenbau

Nahtform und Ansatz von rechnerischer Nahtdicke und -länge

Nahtart	Bild	Rechnerische Nahtdicke a bzw. -länge l
Stumpfnaht	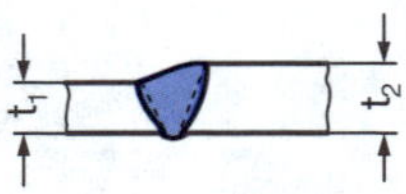	$a = t_1$, wenn $t_1 < t_2$
D(oppel)-HV-Naht (K-Naht)	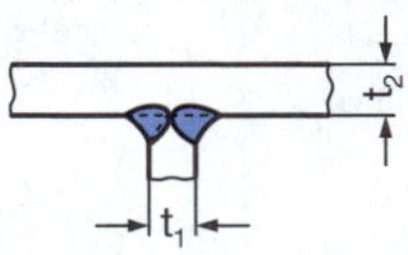	$a = t_1$
D(oppel)-HY-Naht (K-Stegnaht)	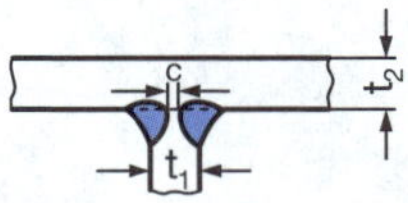	$a = t_1 - c \quad \text{mit} \quad c \begin{cases} \le \frac{t_1}{5} \\ \le 3\ \text{mm} \end{cases}$
Kehlnaht	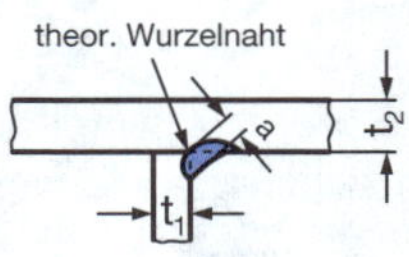	Nahtdicke a ist gemessene Höhe des einschreibbaren gleichschenkligen Dreiecks für Aluminium: $a \le 0{,}7 \cdot t_1$ einseitige Kehlnaht: $a_{max} = 0{,}7 \cdot t_1$, $a_{\min} = \sqrt{t_{\max}} - 0{,}5$ mm beidseitige Kehlnaht: $a_{max} = 0{,}5 \cdot t_1$, $a_{min} = 3$ mm

Nahtart	Bild	Rechnerische Nahtdicke a bzw. -länge l
Kehlnaht versenkt	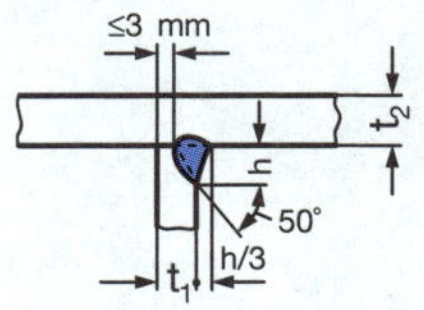	$t_1 \geq 10$ mm $a = t_1$
Dreiblechnaht	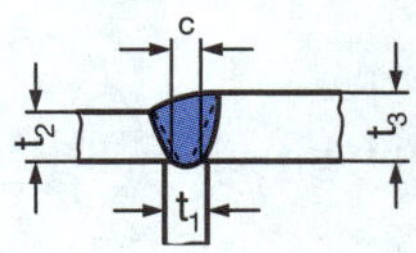	Kraftübertragung von: t_2 nach t_3: $a = t_2$ für $t_2 < t_3$ t_1 nach t_2 und t_3: $a = c$
Stumpfnaht Stirnkehlnaht	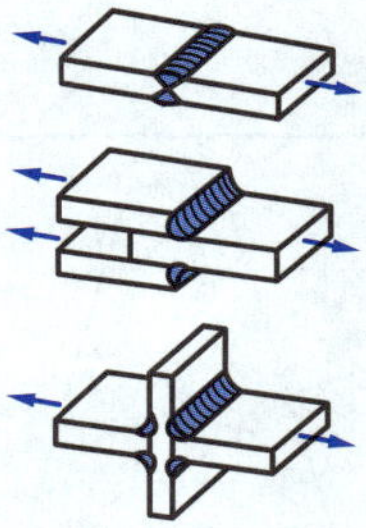	$l = b$, falls kraterfreie Ausbildung mit Auslaufblech nach Abbildung 7.29 im Buch, sonst $l = b - 2 \cdot a$

Zug-Druck-Beanspruchung von Schweißnähten

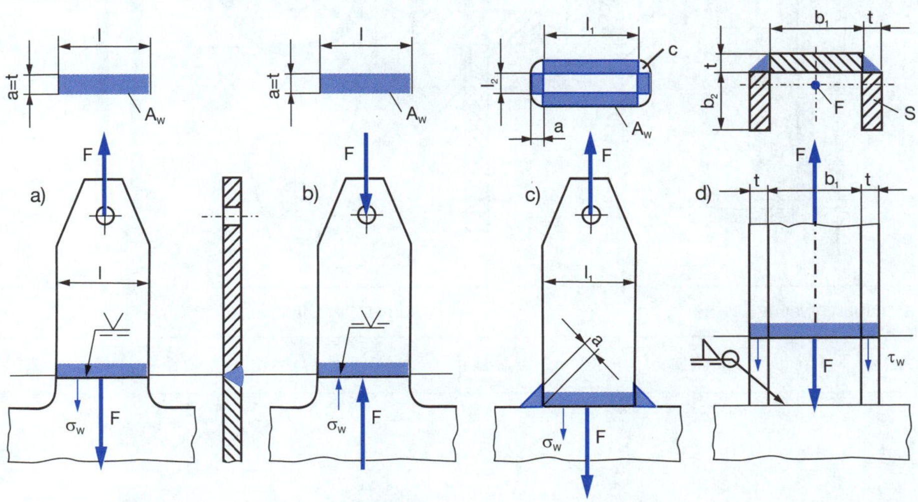

a) zugbeanspruchte Stumpfnaht b) druckbeanspruchte Stumpfnaht	c) zugbeanspruchte Kehlnaht	d) zugbeanspruchte Längskehlnaht
$A_w = a \cdot l$ (7.4)	$A_w = 2 \cdot a \cdot (l_1 + l_2)$ (7.5)	

$$\sigma_w = \frac{F}{A_w} = \frac{F}{\sum(a \cdot l)} \tag{7.3}$$

σ_w Zug- bzw. Druckspannung [N/mm^2]

F Schnittkraft [N]

A_w Schweißnahtfläche [mm^2]

a Nahtdicke [mm]

l Nahtlänge [mm]

Für die Schweißnahtlänge l ist die Länge der Nahtwurzeln maßgebend. In Beispiel d) ergibt sich $l = b_1 + 2 \cdot b_2$.

Schubbeanspruchung von Schweißnähten

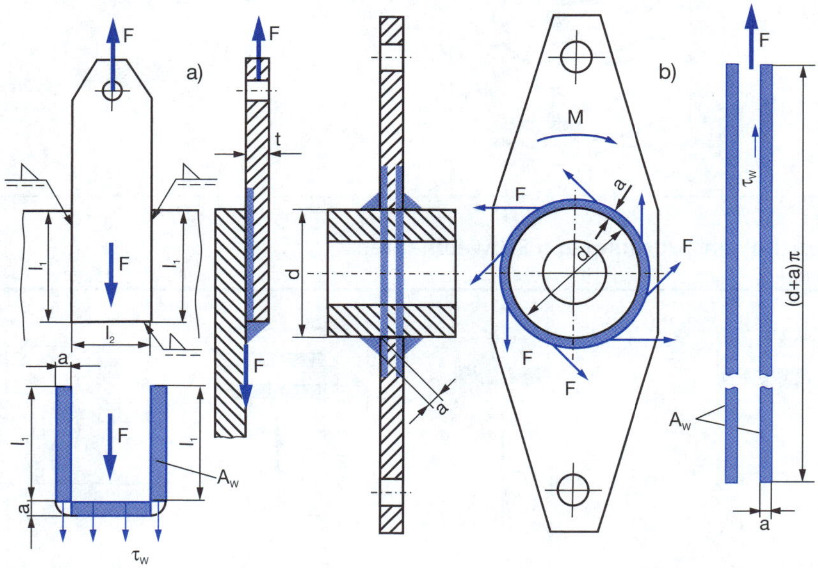

a) aufgeschweißte Lasche	b) aufgeschweißter Hebel
$A_w = \sum(a \cdot l) = a \cdot (2 \cdot l_1 + l_2)$ (7.8)	$A_w = \sum(a \cdot l) = 2 \cdot a \cdot (d + a) \cdot \pi$ (7.9)

$$\tau_w = \frac{F}{A_w} = \frac{F}{\sum(a \cdot l)} \tag{7.7}$$

τ_w Schubspannung [N/mm^2]

F Schnittkraft [N]

A_w Schweißnahtfläche [mm^2]

a Nahtdicke [mm]

l Nahtlänge [mm]

Biegebeanspruchung von Schweißnähten [7.35]

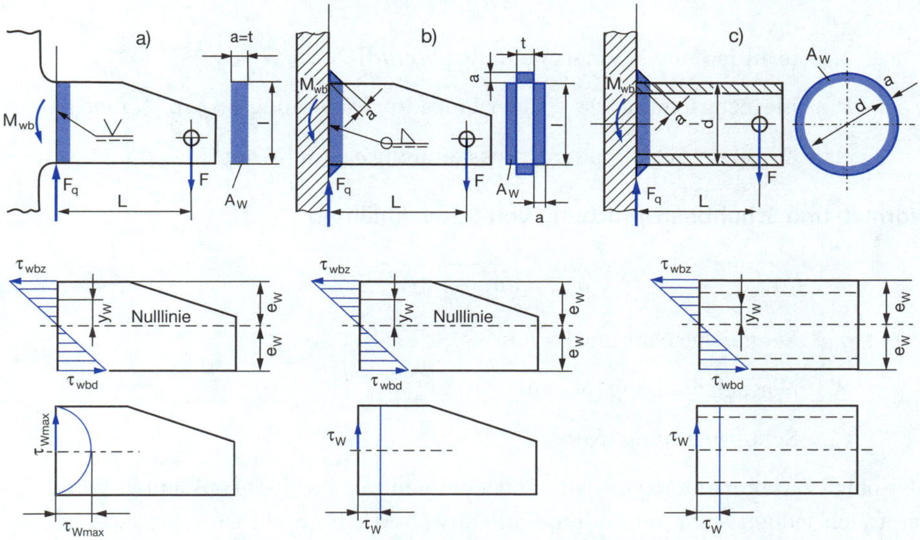

a) Stumpfnaht	b) Kehlnaht am Flachstahl	c) Kehlnaht am Rohr
$I_w = \frac{a \cdot l^3}{12}$ (7.12)	$I_w = 2 \cdot \frac{a \cdot l^3}{12} + 2 \cdot \frac{a \cdot t \cdot l^2}{4}$ (7.13)	$I_w = \pi \cdot \frac{(d + 2 \cdot a)^4 - d^4}{64}$ (7.14)

$$\sigma_{wb} = \frac{M_{wb}}{I_w} \cdot e_w \tag{7.11}$$

σ_{wb} Biegespannung $[N/mm^2]$

M_{wb} Biegemoment $[Nm]$

I_w Flächenmoment 2. Grades der Schweißnahtfläche $[mm^4]$

e_w Randabstand der Schweißnahtfläche von ihrer Schwerachse $[mm]$

Bei der Berechnung von Kehlnähten ist die Biegespannung in der Nahtwurzel maßgebend, auch wenn der Abstand des Nahtflächenrandes von der Schwerachse größer ist. Bei zusammengesetzten Nahtflächen können die Eigenflächenmomente der parallel zur Flächenschwerachse verlaufenden Nahtflächenanteile aufgrund ihres geringen Einflusses vernachlässigt werden. Nach dem Satz von Steiner sind nur die Verschiebeanteile einzusetzen. In [7.35] b) wurde z. B. der Anteil $2 \cdot t \cdot a^3/12$ nicht berücksichtigt.

Biegung und Zug-Druck-Beanspruchung von Schweißnähten

$$\sigma_{wr} = \sigma_{wb} \pm \sigma_{w} \qquad (7.18)$$

σ_{wr} resultierende Normalspannung $[N/mm^2]$

σ_{wb} Biegezugspannung σ_{wbz} oder Biegedruckspannung σ_{wbd} in $[N/mm^2]$

σ_{w} Zugspannung σ_{wz} oder Druckspannung σ_{wd} in $[N/mm^2]$

Normal- und Schubbeanspruchung von Schweißnähten

$$\sigma_{wv} = \sqrt{\sigma_w^2 + 1{,}8 \cdot \tau_w^2} \qquad (7.20)$$

σ_{wv} Vergleichsspannung $[N/mm^2]$

σ_{w} Normalspannung $[N/mm^2]$

τ_{w} Schubspannung $[N/mm^2]$

Der obige Zusammenhang gilt streng genommen nur für Stirnkehlnahtverbindungen, lässt sich jedoch auch auf andere Fälle anwenden. Im Stahlbau ist diese Gleichung nicht gültig!

Schubbeanspruchung in Flanken- und Stirnkehlnähten unter Drehmomentbelastung [7.38]

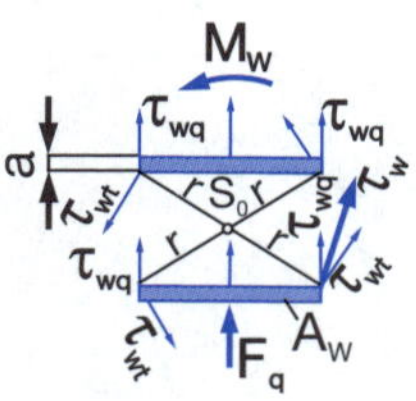	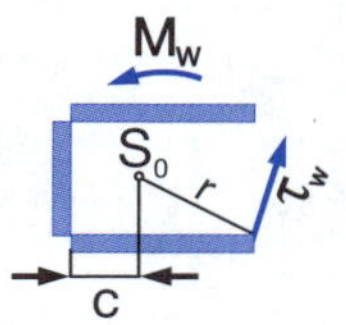 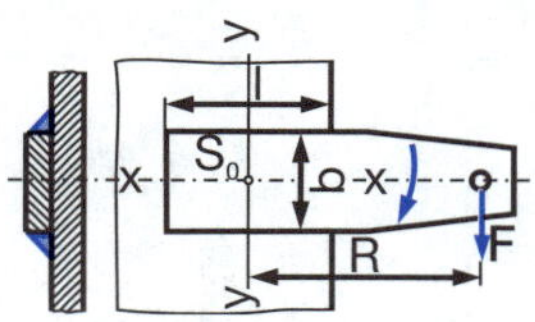
$I_{wx} = 2 \cdot a \cdot l \cdot \left(\frac{b}{2}\right)^2$ (7.21)	$I_{wx} = a \cdot l \cdot \frac{b^2}{2} + a \cdot \frac{b^3}{12}$ (7.23)
$I_{wy} = 2 \cdot a \cdot \frac{l^3}{12} = a \cdot \frac{l^3}{6}$ (7.22)	$I_{wy} = 2 \cdot a \cdot \frac{l^3}{3} - a \cdot (2 \cdot l + b) \cdot c^2$ (7.24)
$I_{wp} = \frac{a \cdot l}{6} \cdot \left(3 \cdot b^2 + l^2\right)$ (7.25)	$I_{wp} = \frac{a \cdot l}{6}\left(3 \cdot b^2 + \frac{b^3}{2 \cdot l} + 4 \cdot l^2\right) - a \cdot (2 \cdot l + b) \cdot c^2$ (7.26)

$$\tau_w = \sqrt{\tau_{wt}^2 + \tau_{wq}^2} = \sqrt{\left(\frac{M_W}{I_{wp}} \cdot r\right)^2 + \left(\frac{F_q}{A_W}\right)^2} \qquad (7.27)$$

τ_{w} resultierende Schubspannung $[N/mm^2]$

τ_{wt} Schubspannung aus Torsionsmoment $[N/mm^2]$

τ_{wq} Schubspannung aus Querkraft $[N/mm^2]$

M_w Torsionsmoment $[Nm]$

I_{wp} polares Flächenmoment 2. Grades der Schweißnahtfläche zum Schwerpunkt S_0 $[mm^4]$

r Abstand des am weitesten vom Schwerpunkt S_0 entfernten Nahtwurzelpunktes $[mm]$

F_q Querkraft in der Nahtfläche $[N]$

A_w Schweißnahtfläche $[mm^2]$

$$\tau_w = \sqrt{\tau_{wt}^2 + \tau_{wq}^2 + \tau_{wl}^2} \tag{7.28}$$

Greift die Last F nicht, wie in [7.38] dargestellt, vertikal sondern schräg an, muss sie in ihre Komponenten zerlegt werden. Die zusätzliche Schubspannungskomponente τ_{wl} in x-Richtung kann mit den anderen Schubspannungen τ_{wt} und τ_{wq} zu einer resultierenden Schubspannung τ_w verrechnet werden.

Kehlnähte an Biegeträgern unter Normal- und Schubbeanspruchung

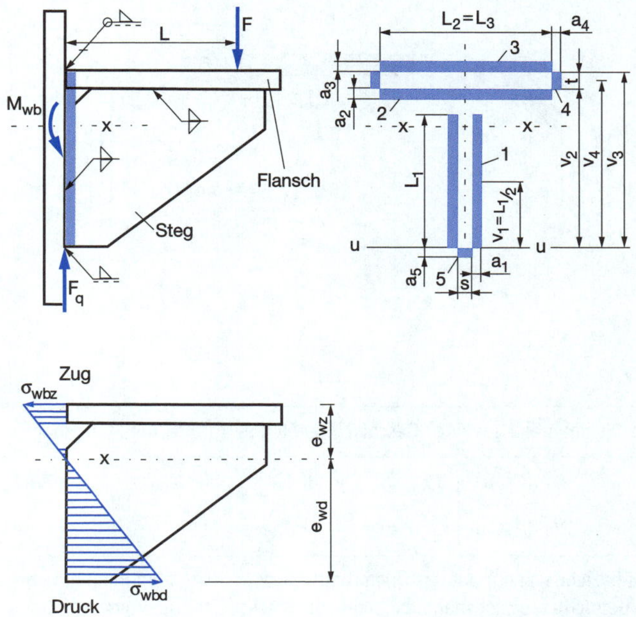

Flächenmomente von Naht 1 und Naht 5:

$$I_{wu1} = a_1 \cdot \frac{L_1^3}{3} \tag{7.29}$$

$$I_{wu5} = s \cdot \frac{a_5^3}{3} \tag{7.30}$$

Die Flächenmomente der Nähte 2, 3 und 4 werden wegen ihrer geringen Größe, bezogen auf die Achse u, vernachlässigt, so dass nur die Verschiebeanteile aus dem Satz von Steiner zu berücksichtigen sind:

$$I_{wu2} = a_2 \cdot L_2 \cdot v_2^2$$
$$I_{wu3} = a_3 \cdot L_3 \cdot v_3^2 \tag{7.31}$$
$$I_{wu4} = a_4 \cdot L_4 \cdot v_4^2$$

Gesamt-Flächenträgheitsmoment:

$$I_{wu} = \sum_{i=1}^{5} I_{wu,i} \tag{7.32}$$

$$e_w = \frac{\sum(A_{wi} \cdot v_i)}{\sum A_{wi}} \qquad (7.33)$$

$$I_w = I_{wu} - A_w \cdot e_{wd}^2 \qquad (7.34)$$

e_w Lage der Schwerachse der Schweißnahtfläche $[mm]$

A_{wi} Teilflächen der Schweißnaht $[mm^2]$

v_i Abstand der Wurzel bzw. des Schwerpunktes der Teilnähte von der Bezugsachse u $[mm]$

I_{wu} auf die Bezugsachse u bezogenes Flächenmoment 2. Grades

I_w auf die x-Achse bezogenes Flächenmoment 2. Grades

Biegespannung σ_{wb}, zu berechnen nach (7.11)

Schubspannung τ_w, zu berechnen nach (7.7) (mit $A_w = A_{w1} = 2 \cdot a_1 \cdot l_1$)

σ_{wb} und τ_w werden nach (7.20) zur Vergleichsspannung σ_{wv} zusammengefasst.

Längsnähte in Biegeträgern unter Normal- und Schubbeanspruchung [7.41]

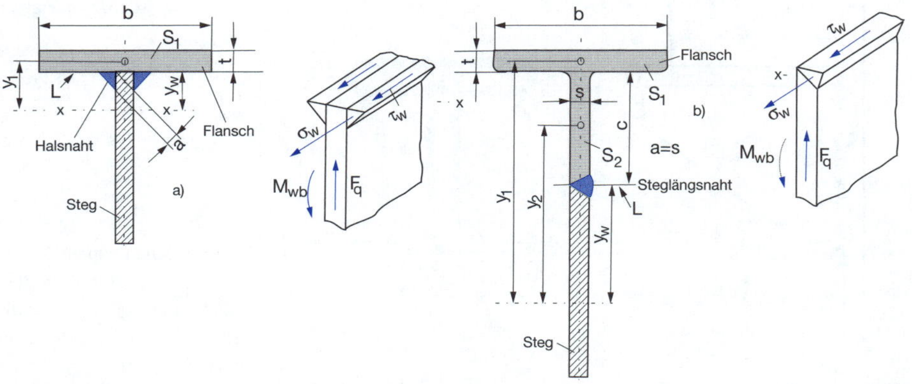

a) Geschweißter T-Träger mit zwei Kehlnähten		b) Geschweißter Stegblechträger mit Stumpfnaht	
$H = S_1 \cdot y_1$	(7.39)	$H = S_1 \cdot y_1 + S_2 \cdot y_2$	(7.41)
$\sum a = 2 \cdot a$	(7.40)	$\sum a = a$	(7.42)

Das Flächenmoment 1. Grades H bezieht sich nur auf das Querschnittsstück, das sich zum Rand hin oberhalb der Wurzellinien der jeweils betrachteten Längsnähte befindet (zur x-Achse des Trägerquerschnitts).

$$\tau_w = \frac{F_q \cdot H}{I \cdot \sum a} \qquad (7.38)$$

τ_w Schubspannung im Längsschnitt der Längsnähte $[N/mm^2]$

F_q Querkraft im betreffenden Trägerquerschnitt $[N]$

H Flächenmoment 1. Grades des Randflächenstücks zur x-Achse (nach [7.41]) [mm^2]

I Flächenmoment 2. Grades des gesamten Trägerquerschnittes zur x-Achse [mm^3]

Σa Summe der Nahtdicken der Längsnähte im Schweißanschluss [mm]

Die Querschnitte der Längsnähte gehören den Trägerquerschnitten an. Daher werden sie mit einer Zug- oder Druckspannung entsprechend dem Spannungsverlauf über den Trägerquerschnitt beansprucht. Da diese Spannung σ_w an dieser Stelle die Bauteilspannung nicht überschreitet, kann ihre Berechnung entfallen.

Stumpf und Kehlnähte in einem Anschluss

Die auf Schub beanspruchten Flankenkehlnähte sind entsprechend dem Verhältnis der zulässigen Spannungen für Zug-, Druck- bzw. Schubbelastung nur zu einem Bruchteil in der Schweißnahtquerschnittsfläche A_w zu berücksichtigen.

$$A_w = A_{wS} + c_1 \cdot A_{wK} \tag{7.43}$$

A_w Gesamtschweißnahtquerschnittsfläche [mm^2]

A_{wS} Schweißnahtquerschnittsfläche der Stumpfnaht [mm^2]

A_{wK} Schweißnahtquerschnittsfläche der Kehlnaht [mm^2]

Für den Faktor c_1 gilt:

$$c_1 = 0{,}5 \quad \text{für} \quad \frac{A_{wK}}{A_{wS}} \leq 1 \quad \text{und} \quad c_1 = 0{,}3 \quad \text{für} \quad \frac{A_{wK}}{A_{wS}} > 1 \tag{7.44}$$

Anhaltswerte für zulässige Spannungen in Schweißnähten in N/mm^2 von Bauteilen des Maschinenbaus

Nahtart	Spannungsart	Bewertungsgruppe	Lastfall: Ruhend		Schwellend		wechselnd	
			Bauteilwerkstoff					
			S235	S355	S235	S355	S235	S355
Stumpfnaht mit Gegenlage	Zug, Druck, Biegung	B	160	220	110	130	55	65
		C	130	175	85	105	45	50
		D	110	155	75	90	40	45
	Schub	B	100	140	70	80	35	40
		C	80	110	55	65	30	32
		D	70	100	50	55	25	28

Nahtart	Spannungsart	Bewertungsgruppe	Lastfall					
			Ruhend		Schwellend		wechselnd	
			Bauteilwerkstoff					
			S235	S355	S235	S355	S235	S355
Stumpfnaht ohne Gegenlage	Zug, Druck, Biegung	B C D	140 110 100	180 145 125	95 75 65	100 80 70	45 35 32	50 40 35
	Schub	B C D	90 70 60	110 85 75	60 50 40	70 55 50	30 25 20	35 30 25
Flachkehlnaht	jede	B C D	90 70 60	110 85 75	60 50 40	70 55 50	30 25 20	35 30 25
Hohlkehlnaht	jede	B C D	120 95 85	150 120 100	75 60 50	90 70 60	40 30 25	45 35 30
Doppel-Flachkehlnaht und umlaufende Kehlnaht	jede	B C D	140 110 100	190 150 130	90 70 60	120 95 85	50 40 35	55 45 40

Anhaltswerte für zulässige Spannungen in den Bauteilanschlussquerschnitten in N/mm^2 von Bauteilen des Maschinenbaus

Nahtart	Spannungsart	Bewertungsgruppe	Lastfall					
			Ruhend		Schwellend		Wechselnd	
			Bauteilwerkstoff					
			S235	S355	S235	S355	S235	S355
An der Kehlnaht	Zug, Druck	B C D	180 145 125	220 175 155	120 95 85	140 110 100	60 50 40	75 60 50
	Biegung	B C D	240 190 170	280 220 190	155 125 110	180 145 125	75 60 50	95 75 65
	Schub, Verdrehung	B C D	125 100 85	155 125 110	85 70 60	100 80 70	50 40 35	65 50 45

7.2.2 Festigkeitsnachweis nach DIN 15018 (Kranbau und Stahlbau)

Bei der Bemessung von Bauteilen und Verbindungen nach DIN 15018 werden verschiedene Lastfälle und deren Kombinationen unterschieden.

Lastfall H – Summe der Hauptlasten	Ständige Last als Summe der unveränderlichen Lasten (Eigengewicht), die Verkehrslast als veränderliche, bewegliche Belastung des Tragwerks (Hublasten), und Massenkräfte aus Antrieben und Aufprall von Schüttgut sowie Fliehkräfte
Lastfall HZ – Summe der Haupt- und Zusatzlasten	Zusatzlasten sind Windlasten, Kräfte aus Bremsen und Schräglauf (bei Kranen), Lasten auf Laufstegen, Treppen und Podesten und Wärmewirkungen (betriebliche und atmosphärische) sowie die Schneelast.
Lastfall HS – Summe der Haupt- und Sonderlasten	Sonderlasten sind z.B. die Einwirkungen aus möglichen Baugrundbewegungen, die Kippkraft bei Laufkatzen mit Hublastführung, Pufferkräfte und Prüflasten.

Maßgebend für die endgültige Bemessung ist der Lastfall, der aufgrund der größten Spannungen zum größten Querschnitt führt. Zu beachten ist, dass die Stabilität eines Stahltragwerkes nicht nur im vollendeten Zustand, sondern auch in jedem Bau- und Montagezustand gegeben sein muss.

7

Zulässige Spannungen in N/mm^2 für Schweißnähte beim allgemeinen Spannungsnachweis nach DIN 15018

Bauteilwerkstoff	S235		S355J2G3	
Lastfall	**H**	**HZ**	**H**	**HZ**
Zulässiger Vergleichswert für alle Nahtarten	160	180	240	270
Zulässige Zugspannung $\sigma_{wz,zul}$ für Querbeanspruchung				
Stumpfnaht DHV-Naht (K-Naht) in Sondergüte	160	180	240	270
DHV-Naht (K-Naht) in Normalgüte	140	160	210	240
Kehlnaht	113	127	170	191
Zulässige Druckspannung $\sigma_{wd,zul}$ für Querbeanspruchung				
Stumpfnaht DHV-Naht (K-Naht)	160	180	240	270
Kehlnaht	130	145	195	220
Zulässige Schubspannung $\tau_{w,zul}$ für alle Nahtarten	113	127	170	191

Anmerkungen:
Für den Lastfall HS sind im Kranbau die l,l-fachen Spannungen des Lastfalles HZ zulässig.
Die Nahtausführung als Normalgüte entspricht etwa der Bewertungsgruppe C nach Tabelle 7.3.
Die Sondergüte im Kranbau entspricht etwa der Bewertungsgruppe B nach Tabelle 7.3.

Grundwerte der zulässigen Spannungen in N/mm^2 beim Betriebsfestigkeitsnachweis nach DIN 15018 [7.12]

Stahlsorte	S235 (St 37)						S355J2G3 (St 52)					
Kerbfall	W0	K0	K1	K2	K3	K4	W0	K0	K1	K2	K3	K4
Beanspruchungsgruppe	Grundwerte der zulässigen Spannungen $\sigma_{D(-1)zul}$ in N/mm^2 für $\kappa = -1$											
B1	180	180	180	180	180	152,7	270	270	270	270	254	152,7
B2	180	180	180	180	180	108	270	270	270	252	180	108
B3	180	180	180	178,2	127,3	76,4	252,2	237,6	212,1	178,2	127,3	76,4
B4	169,7	168	150	126	90	54	203,2	168	150	126	90	54
B5	142,7	118,8	106,1	89,1	63,6	38,2	163,8	118,8	106,1	89,1	63,6	38,2
B6	120	84	75	63	45	27	132	84	75	63	45	27

Allgemeiner Spannungsnachweis

$$\sigma_{wv} = \sqrt{\overline{\sigma}_{\perp}^2 + \overline{\sigma}_{\parallel}^2 - \overline{\sigma}_{\perp} \cdot \overline{\sigma}_{\parallel} + 2 \cdot \left(\tau_{\perp}^2 + \tau_{\parallel}^2\right)} \leq \sigma_{z,zul} \quad (7.45)$$

mit:

$$\overline{\sigma}_{\perp} = \frac{\sigma_{z,zul}}{\sigma_{\perp z,zul}} \cdot \sigma_{\perp(z)} \quad \text{oder} \quad \overline{\sigma}_{\perp} = \frac{\sigma_{z,zul}}{\sigma_{\perp d,zul}} \cdot \sigma_{\perp(d)} \quad (7.46)$$

$$\overline{\sigma}_{\parallel} = \frac{\sigma_{z,zul}}{\sigma_{\perp z,zul}} \cdot \sigma_{\parallel(z)} \quad \text{oder} \quad \overline{\sigma}_{\parallel} = \frac{\sigma_{z,zul}}{\sigma_{\perp d,zul}} \cdot \sigma_{\parallel(d)} \quad (7.47)$$

Die Indizes geben die Wirkrichtung einer Spannung zum Nahtverlauf an. Index | | bedeutet in Nahtrichtung und ⊥ bedeutet quer zur Nahtrichtung.

- $\sigma_{z,zul}$ zulässige Zugspannung im Bauteil $[N/mm^2]$
- $\sigma_{\perp z,zul}$ zulässige Zugspannung in den Schweißnähten $[N/mm^2]$
- $\sigma_{\perp d,zul}$ zulässige Druckspannung in den Schweißnähten $[N/mm^2]$
- $\sigma_{\perp}, \sigma_{||}$ vorhandene rechnerische Zug- oder Druckspannung in den Schweißnähten $[N/mm^2]$
- $\tau_{\perp}, \tau_{||}$ vorhandene rechnerische Schubspannung in den Schweißnähten $[N/mm^2]$

Betriebsfestigkeitsnachweis

Nach DIN 15018 ist der Betriebsfestigkeitsnachweis nur für den Lastfall H bei Spannungsspielzahlen $N > 2 \times 10^4$ erforderlich. Es ist nachzuweisen, dass die größte Spannung eines Lastspiels die zulässige Oberspannung nicht überschreitet. Für den ebenen Spannungszustand in einer Schweißnaht mit zwei senkrecht aufeinander stehenden Normalspannungen σ_{wx} und σ_{wy} sowie einer Tangentialspannung τ_w erfolgt der Nachweis nach folgender Gleichung:

$$\left(\frac{\sigma_{wx}}{\sigma_{wxD,zul}}\right)^2 + \left(\frac{\sigma_{wy}}{\sigma_{wyD,zul}}\right)^2 - \frac{\sigma_{wx} \cdot \sigma_{wy}}{\left|\sigma_{wxD,zul}\right| \cdot \left|\sigma_{wyD,zul}\right|} + \left(\frac{\tau_w}{\tau_{wD,zul}}\right)^2 \leq 1{,}1 \qquad (7.48)$$

σ_{wx}, σ_{wy}	Normalspannungen in x- bzw. y-Richtung [N/mm^2]
τ_w	Tangentialspannung [N/mm^2]
$\sigma_{wxD,zul}, \sigma_{wyD,zul}$	zulässige Normalspannungen in x- bzw. y-Richtung [N/mm^2]
$\tau_{wD,zul}$	zulässige Tangentialspannung [N/mm^2]

Es ist zu beachten, dass es sich bei allen Spannungen um Oberspannungen, also der Summe aus Mittel- und Ausschlagsspannung, handelt.

Grenzspannungsverhältnis

$$\kappa = \frac{\sigma_{min}}{\sigma_{max}} \quad \text{bzw.} \quad \kappa = \frac{\tau_{min}}{\tau_{max}} \qquad (7.50)$$

σ_{min}, τ_{min}	kleinere Grenzspannung
σ_{max}, τ_{max}	größere Grenzspannung
$(-1 < \kappa < 0)$	Wechselbereich
$(0 < \kappa < +1)$	Schwellbereich
$\kappa = -1$	reine Wechselbeanspruchung
$\kappa = 0$	reine Zugschwellbeanspruchung
$(+0{,}8 < \kappa < +1)$	statische Beanspruchung

Beanspruchungsgruppen verschiedener Kranarten nach DIN 15018

Spannungsspielbereich	N1	N2	N3	N4
Gesamte Anzahl der vorgesehenen Spannungsspiele	über $2 \cdot 10^4$ bis $2 \cdot 10^5$	über $2 \cdot 10^5$ bis $6 \cdot 10^5$	über $6 \cdot 10^5$ bis $2 \cdot 10^6$	über $2 \cdot 10^6$
	Gelegentliche, nicht regelmäßige Benutzung mit langen Ruhezeiten	Regelmäßige Benutzung bei unterbrochenem Betrieb	Regelmäßige Benutzung im Dauerbetrieb	Regelmäßige Benutzung im angestrengten Dauerbetrieb
Spannungskollektiv nach Abbildung 7.43	**Beanspruchungsgruppe**			
S_0 – sehr leicht	B1	B2	B3	B4
S_1 – leicht	B2	B3	B4	B5
S_2 – mittel	B3	B4	B5	B6
S_3 – schwer	B4	B5	B6	B6

Beispiele für Beanspruchungsgruppen verschiedener Kranarten nach DIN 15018

Kranarten	Beanspruchungsgruppen
Handkrane, Montagekrane, Auto-Schwerlastkrane	B1, B2
Schwerlast-Schwimmkrane, Bockkrane, Montagekrane (Hakenbetrieb)	B2, B3
Werkstattkrane, Bordkrane, Dockkrane (Hakenbetrieb)	B3, B4
Verladebrücken, Halbportalkrane, Hafenkrane (Hakenbetrieb)	B4, B5
Hafenkrane, Drehkrane, Schwimmkrane (Greifer- oder Magnetbetrieb)	B5, B6
Gießkrane, Schmiedekrane, Schrottplatzkrane (Dauerbetrieb)	B5, B6

Normierte Spannungskollektive

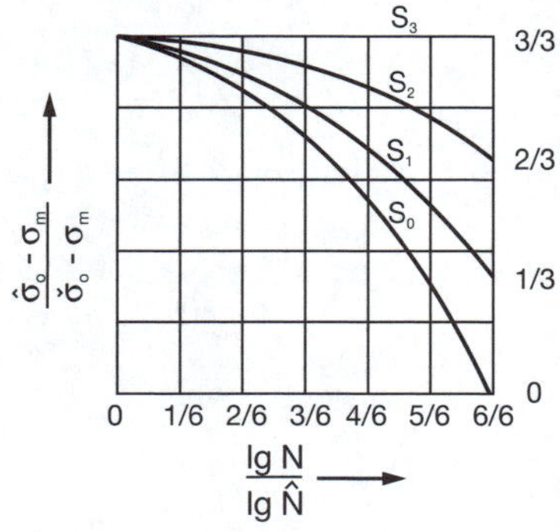

$\sigma_m = 0{,}5 \cdot (\sigma_{max} + \sigma_{min})$, Betrag der konstanten Mittelspannung

σ_o = Betrag der Oberspannung, die N-mal erreicht oder überschritten wird

$\hat{\sigma}_o$ = Betrag der Oberspannung des idealisierten Spannungskollektivs (entspricht σ_{max})

$\check{\sigma}_o$ = Betrag der kleinsten Oberspannung des idealisierten Spannungskollektivs

$\hat{N} = 10^6$ = Umfang des idealisierten Spannungskollektivs

S_0 für Bauteile, die sehr selten der Höchstbelastung ausgesetzt sind

S_1 für Bauteile, die in kleiner Häufigkeit der Höchstbelastung unterliegen

S_2 für Bauteile, die in annähernd gleicher Häufigkeit der kleinsten, mittleren und größten Belastung ausgesetzt sind

S_3 für Bauteile, die fast immer durch die Höchstbelastung beansprucht werden

Zulässige Oberspannungen für geschweißte Bauteile nach DIN 15018

	Beanspruchung	Zulässige Oberspannung	
Wechselbereich $(-1 < \kappa < 0)$	Zug	$\sigma_{Dz(\kappa)zul} = \frac{5}{3-2\cdot\kappa}\cdot\sigma_{D(-1)zul}$	(7.51)
	Druck	$\sigma_{Dd(\kappa)zul} = \frac{2}{1-\kappa}\cdot\sigma_{D(-1)zul}$	(7.52)
Schwellbereich $(0 < \kappa < +1)$	Zug	$\sigma_{Dz(\kappa)zul} = \frac{\sigma_{Dz(0)zul}}{1-\left(1-\frac{\sigma_{Dz(0)zul}}{0{,}75\cdot R_m}\right)\cdot\kappa}$	(7.53)
	Druck	$\sigma_{Dz(\kappa)zul} = \frac{\sigma_{Dd(0)zul}}{1-\left(1-\frac{\sigma_{Dd(0)zul}}{0{,}90\cdot R_m}\right)\cdot\kappa}$	(7.54)
Bauteile	Schub oder Torsion	$\tau_{D(\kappa)zul} = \frac{\sigma_{Dz(\kappa)zul}}{\sqrt{3}}$	(7.55)
Schweißnähte	Schub oder Torsion	$\tau_{wD(\kappa)zul} = \frac{\sigma_{Dz(\kappa)zul}}{\sqrt{2}}$	(7.56)

κ Grenzspannungsverhältnis nach Gleichung (7.50)
$\sigma_{D(-1)zul}$ Grundwert der zulässigen Spannungen für $\kappa = -1$ beim Betriebsfestigkeitsnachweis in N/mm^2
$\sigma_{Dz(0)zul}$ $= 1{,}67 \cdot \sigma_{D(-1)zul}$, zulässige Zug-Oberspannung für $\kappa = 0$ nach [7.12] in N/mm^2
$\sigma_{Dd(0)zul}$ $= 2 \cdot \sigma_{D(-1)zul}$, zulässige Druck-Oberspannung für $\kappa = 0$ nach [7.12] in N/mm^2
R_m Zugfestigkeit für S235 oder S355J2G3 in N/mm^2
$\sigma_{Dz(\kappa)zul}$ zulässige Oberspannung nach Glg. (7.51) oder (7.53) für den Kerbfall K0 (Bauteil: W0) in N/mm^2

Ist bei einer zusammengesetzten Belastung der ungünstigste Lastfall nicht zu erkennen, so ist der Festigkeitsnachweis nach DIN 15018 getrennt für alle maximal auftretenden Spannungen zu führen. Die entsprechenden Gleichungen sind der vollständigen Norm zu entnehmen.

Einfluss der Kerbwirkung

Kerbfall $K0$: keine oder geringe Kerbwirkung

Kerbfall $K1$: mäßige Kerbwirkung

Kerbfall $K2$: mittlere Kerbwirkung

Kerbfall $K3$: starke Kerbwirkung

Kerbfall $K4$: besonders starke Kerbwirkung

Die Kerbfälle sind auszugsweise im Buch in den Tabellen 7.16 – 7.20 dargestellt. Eine vollständige Zusammenstellung ist DIN 15018 zu entnehmen.

7.2.3 Festigkeitsnachweis von Pressschweißverbindungen

Schweißpunktdurchmesser

$$d = \sqrt{25\,\text{mm} \cdot t_{min}} \qquad (7.57)$$

d Schweißpunktdurchmesser [mm]

t_{min} minimale Blechdicke [mm]

Scherspannung

$$\tau_{wa} = \frac{F}{n \cdot m \cdot A_w} = \frac{4 \cdot F}{n \cdot m \cdot \pi \cdot d^2} \leq \tau_{wa,zul} \qquad (7.58)$$

τ_{wa} Scherspannung in der Schweißlinse [N/mm^2]

F zu übertragende Kraft [N]

n Anzahl der Schweißpunkte

m Schnittanzahl

A_w Querschnittsfläche einer Schweißlinse [mm^2]

d Schweißpunktdurchmesser [mm]

$\tau_{wa,zul}$ zulässige Scherspannung in der Schweißlinse [N/mm^2]

Maße für die Schweißpunktanordnung für Stahlbleche bis 3 *mm* Dicke bei statischer Beanspruchung

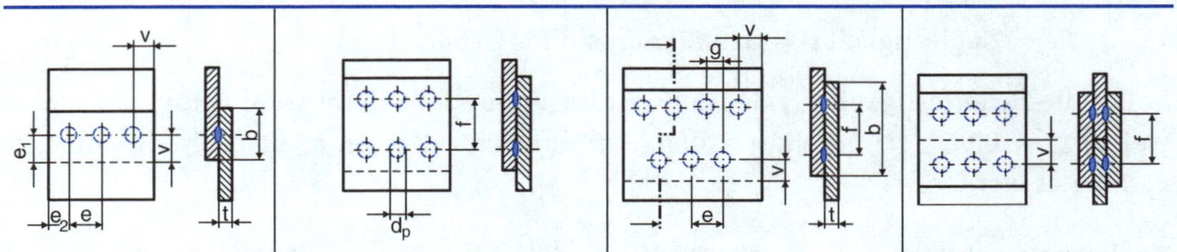

Blechdicke t [mm]	Punktdurchmesser d_p [mm]
0,5	2,5 ... 6,0
1,0	4,0 ... 9,0
1,5	5,0 ... 10,0
2,0	6,0 ... 11,0
2,5	6,5 ... 12,0
3,0	7,0 ... 13,0

Randabstand v:	$1{,}25 \cdot d_p$
Punktabstand e:	einreihig $\approx 3{,}5 \cdot d_p$, zweireihig $\approx 5 \cdot d_p$
Überlappung b:	einreihig: $2 \cdot v = 2{,}5 \cdot d_p$ zweireihig: $f + 2 \cdot v$
Punktreihenabstand f:	$> e$
Versatz g:	$0{,}5 \cdot e$

Lochleibungsdruck

$$\sigma_{wl} = \frac{F}{n \cdot A_l} = \frac{F}{n \cdot d \cdot t} \leq \sigma_{wl,zul} \tag{7.59}$$

σ_{wl} Lochleibungsdruck [N/mm^2]

F zu übertragende Kraft [N]

n Anzahl der Schweißpunkte

A_l maßgebende Fläche [mm^2]

d Schweißpunktdurchmesser [mm]

t maßgebende Blechdicke [mm]

Berechnung bei unbekannter Betriebskraft

$$F_{wB} = n \cdot m \cdot A_w \cdot \tau_{wB} \approx A \cdot R_m = F_B \tag{7.60}$$

F_{wb} Scherbruchkraft aller Schweißlinsen [N]

F_B Zugkraft des Bauteils [N]

n Anzahl der Schweißpunkte

m Schnittanzahl

A_w Querschnittsfläche einer Schweißlinse [mm^2]

A zugbeanspruchte Querschnittsfläche des Bauteils $[mm^2]$

τ_{wb} Scherfestigkeit der Schweißlinsen $[N/mm^2]$

R_m Zugfestigkeit des Bauteilwerkstoffes $[N/mm^2]$

Sollte die Scherfestigkeit τ_{wb} der Schweißlinsen nicht bekannt sein, kann näherungsweise $\tau_{wb} \approx 0{,}65 \cdot R_m$ gesetzt werden. Auf die Kontrolle von σ_{wl} kann in diesem Fall verzichtet werden.

Zugbeanspruchung

$$\tau_{ws} = \frac{F}{n \cdot d \cdot \pi \cdot t} \le \tau_{wa,zul} \tag{7.61}$$

τ_{ws} Schubspannung $[N/mm^2]$

F Zugkraft $[N]$

n Anzahl der Schweißpunkte

d Schweißpunktdurchmesser $[mm]$

t maßgebende Blechdicke $[mm]$

$\tau_{wa,zul}$ zulässige Scherspannung in der Schweißlinse $[N/mm^2]$

Buckelschweißverbindungen

Die Dimensionierung von Buckelschweißverbindungen erfolgt gemäß den Gleichungen (7.58) bis (7.61). Lang- und Ringbuckel werden nur auf Scherung nach Gleichung (7.58) oder (7.60) berechnet. Die Schnittanzahl ist $m = 1$ zu setzen. Die jeweiligen Querschnittsflächen sind folgender Übersicht zu entnehmen:

Rundbuckel	$A_w = d^2 \cdot \frac{\pi}{4}$	Langbuckel	$A_w \approx (l - 0{,}5 \cdot b) \cdot b$	Ringbuckel	$A_w = \left(d_1^2 - d_2^2\right) \cdot \frac{\pi}{4}$

Zulässige Spannungen in N/mm^2 für Punktschweißverbindungen nach DIN 18801

Bauteilwerkstoff			S235		S355	
Lastfall			**H**	**HZ**	**H**	**HZ**
Wenn Nachweis auf Knicken und Kippen nach DIN 4114 erforderlich ist	einschnittig	$\tau_{wa,zul}$ $\sigma_{wl,zul}$ $\sigma_{wl,zul}$	90 255 355	100 290 400	135 380 525	155 430 600
Wenn Knicken, Kippen oder Ausweichen nicht möglich ist	einschnittig zweischnittig	$\tau_{wa,zul}$ $\sigma_{wl,zul}$ $\sigma_{wl,zul}$	105 290 400	115 325 450	155 430 600	175 485 675

Anhaltswerte für zulässige Spannungen in N/mm^2 für Punktschweißverbindungen im allgemeinen Maschinen- und Gerätebau

Werkstoff-Zugfestigkeit R_m =			250	300	350	400	450	500	550	600
$\tau_{wa,zul}$	ruhend		60	75	90	100	110	125	135	150
	schwellend		40	50	55	65	70	80	90	95
	wechselnd		20	25	30	35	35	40	45	50
$\sigma_{wl,zul}$		ruhend	165	200	235	265	300	335	365	400
	einschnittig	schwellend	110	130	150	175	195	215	240	260
	zweischnittig	wechselnd	55	65	75	90	100	110	120	130
$\sigma_{wl,zul}$		ruhend	275	335	390	445	500	555	610	665
	einschnittig	schwellend	180	215	250	285	320	355	390	425
	zweischnittig	wechselnd	90	110	125	145	160	180	195	215
$\tau_{wa,zul}$	ruhend		75	90	105	120	135	150	165	180
	schwellend, wechselnd		50	60	70	80	90	100	110	120

Reibschweißverbindungen

Beim Reibschweißen entsteht in der Fügezone ein ausgeprägtes Feinkorngefüge. Dadurch werden sowohl bei statischer als auch dynamischer Belastung Festigkeitswerte erreicht, die im günstigsten Fall denen des Grundwerkstoffes entsprechen. Richtwerte gemäß folgender Zusammenstellung.

Beanspruchungsart	Schweißverfahren	Schweißgrat belassen	Schweißgrat bearbeitet
Statisch: R_P bzw. τ_F	Pressstumpf- oder Abbrennstumpfschweißen	90 ... 100 %	90 ... 100 %
	Reibschweißen	≥ 100 %	≥ 100 %
Dynamisch: σ_A bzw. τ_A	Pressstumpfschweißen	60 ... 80 %	60 ... 80 %
	Abbrennstumpfschweißen	60 ... 80 %	60 ... 80 %
	Reibschweißen	ca. 70 %	≥ 100 %

Schrauben und Schraubenverbindungen

8

ÜBERBLICK

8.1 Grundlagen

Steigungswinkel

$$\tan\varphi = \frac{P_h}{d_2 \cdot \pi} \tag{8.1}$$

φ Steigungswinkel [°]

P_h Steigung [mm]

d_2 Flankendurchmesser [mm]

Steigung

$$P_h = n \cdot P \tag{8.2}$$

n Gangzahl

P Steigung [mm]

Metrisches ISO-Gewinde (nach DIN 13)

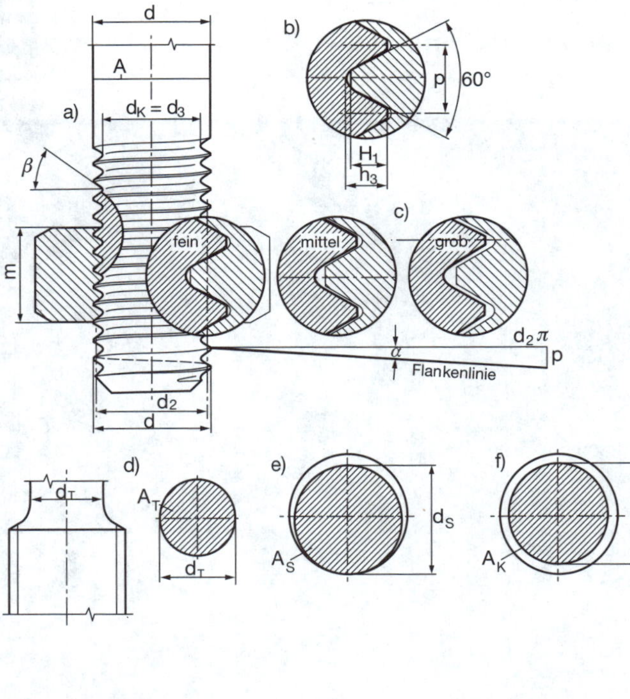

d: Außen- und Nenndurchmesser

d_2: Flankendurchmesser $= d - 0{,}64952 \cdot P$

d_3: Kerndurchmesser $= d - 1{,}22687 \cdot P$

H_1: Gewindetragtiefe $= 0{,}54127 \cdot P$

h_3: Gewindetiefe $= 0{,}61343 \cdot P$

R: Rundungsradius $= 0{,}14434 \cdot P$

m: Mutternhöhe

β: Teilflankenwinkel $= 30°$ (halber Flankenwinkel)

P: Steigung

d_s: Spannungsdurchmesser $= 0{,}5 \cdot (d_2 + d_3)$ zur Berechnung des Spannungsquerschnitts

d_T: Taillendurchmesser $\approx 0{,}9 \cdot d_3$

A_S: Spannungsquerschnitt

A_K: Kernquerschnitt

Schaftquerschnitt

$$A = d^2 \cdot \pi / 4$$

Taillenquerschnitt

$$A_T = d_T{}^2 \cdot \pi / 4$$

Kernquerschnitt

$$A_K = d_3^2 \cdot \pi / 4$$

Spannungsquerschnitt

$$A_S = (d_2 + d_3)^2 \cdot \pi / 16$$

Abmessungen für andere Gewindearten siehe Buch oder in der entsprechenden Norm.

Schrauben- und Mutternwerkstoffe

Festigkeitsklasse der Schraube

	3.6	4.6	4.8	5.6	5.8	6.8	8.8 ≤ M16	8.8 >M16	10.9	12.9
R_m in N/mm²	330	400	420	500	520	600	800	830	1040	1220
R_e in N/mm²	190	240	320	300	400	480	–	–	–	–
$R_{p0,2}$ in N/mm²	–	–	–	–	–	–	640	660	940	1100
Bruchdehnung A_B in %	25	22	14	20	10	8	12	12	9	8
Werkstoffe für Schrauben (Beispiele)	S185 9S2	S235 9S20		C35 E295 35S20		C35 E295 10S20	C35, C45, 34Cr4		41Cr4 34CrMo4	42CrMo4 30CrNiMo8

Festigkeit der Mutter

	4	5	6	8	10	12
Prüfspannung [1)] σ_{ZL} in N/mm²	510[2)]	520 ... 630[3)]	600 ... 720[3)]	800 ... 920[3)]	1040 ... 1060[3)]	1140 ... 1170[3)]
Werkstoffe für Muttern	S235 9S20	C35 E295	C35 E295	C35, C45, 35S20	C45	

1) Die Prüfspannung σ_{ZL} entspricht der größtmöglichen Zugfestigkeit einer Schraube, mit der die Mutter gepaart werden kann, wenn die Belastbarkeit der Verbindung bis zur Bruchlast der Schraube gewährleistet sein soll, d. h. bei Paarung einer noch festeren Schraube reißt dann die Mutter aus.

2) für M16...M39

3) abhängig vom Schraubendurchmesser

Festigkeitsklasse bei Schrauben und Muttern und Einfluss auf die Baugröße

Die Bezeichnung der Festigkeitsklassen von Schrauben erfolgt durch zwei Zahlen, z.B. 8.8, 10.9 oder 12.9. Die erste Zahl kennzeichnet verschlüsselt die Mindestzugfestigkeit R_m des Werkstoffs:

$$1.\ \text{Zahl} = \frac{R_m\,[MPa]}{100} \tag{8.3}$$

Die zweite Zahl gibt das zehnfache Verhältnis von Werkstoffstreckgrenze $R_{p0,2}$ zur Werkstoffzugfestigkeit R_m an:

$$2.\ \text{Zahl} = \frac{R_{p0,2}}{R_m} \cdot 10 \tag{8.4}$$

Beispiel: Festigkeitsklasse 10.9

$R_m = 10 \cdot 100\ \text{N/mm}^2 = 1000\ \text{N/mm}^2$

$R_{p0,2} = R_m / 10 \cdot 9\ \text{N/mm}^2 = 900\ \text{N/mm}^2$

Bei Muttern wird die Werkstoffzugfestigkeit R_m durch eine ein- oder zweistellige Kennzahl (5 bis 14) verschlüsselt angegeben:

Zahl = Prüfspannung / 100 in N/mm^2

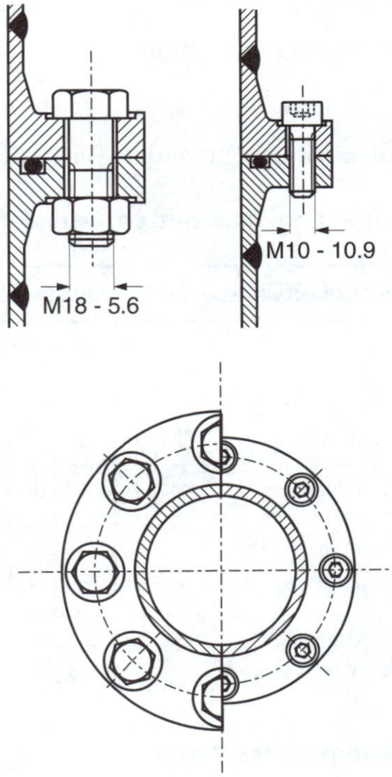

8.2 Kräfte und Momente im Gewinde

Wegübersetzung eines Gewindes

$$Wegübersetzung = \frac{Umfangsweg}{Axialweg} = \frac{\pi \cdot d_2}{P_h} = \frac{1}{\tan\varphi} \tag{8.5}$$

d_2 Flankendurchmesser $[mm]$

P_h Steigung $[mm]$

φ Steigungswinkel [°]

Reibungswinkel

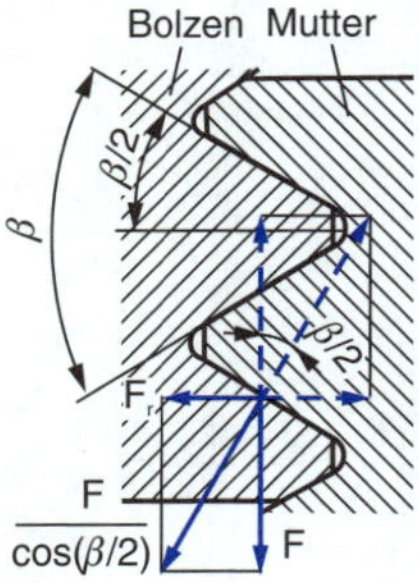

Da bei einem Spitzgewinde $\beta > 0°$ ist, ergeben sich der angepasste Reibungswinkel ρ' und die angepasste Reibungszahl μ' wie folgt:

$$\mu'_G = \tan\rho' = \frac{\tan\rho}{\cos\left(\frac{\beta}{2}\right)} = \frac{\mu_G}{\cos\left(\frac{\beta}{2}\right)} \qquad (8.10)$$

Richtigerweise wäre hier der Teilflankenwinkel β_N im Normalschnitt zur Gewinde-Ebene zu verwenden:

$$\tan\beta_N = \tan\beta \cdot \cos\varphi \approx \tan\beta \qquad (8.11)$$

Da der Neigungswinkel φ jedoch sehr klein ist (für metrische Gewinde M4 bis M30 ist $\varphi = 2{,}3° - 3{,}6°$), ist $\cos\varphi \approx 1$, so dass in erster Näherung β_N dem Winkel β im Achsschnitt entspricht.

μ'_G angepasste scheinbare Reibungszahl im Gewinde [−]

ρ' angepasster Reibwinkel [°]

μ_G Reibungszahl im Gewinde [−]

ρ Reibwinkel [°]

β Teilflankenwinkel [°]

Umfangskraft am metrischen Gewinde (Spitzgewinde)

Last heben	Last senken ($\varphi > \rho'$)	Last senken ($\varphi < \rho'$), Selbsthemmung
$F_U = F_S \cdot \tan(\varphi + \rho')$ (8.12)	$F_U = F_S \cdot \tan(\varphi - \rho')$ (8.13)	$F_U = F_S \cdot \tan(\rho_0 - \rho')$ (8.14)

F_U Umfangskraft [N]

F_S Betriebskraft (Bewegungsschraube) bzw. Vorspannkraft (Befestigungsschraube) [N]

φ Steigungswinkel [°]

ρ' angepasster Reibwinkel [°]

ρ_0 Reibungswinkel [°]

Gewinde-Anzugs- bzw. -Lösemoment

$$M_{GA} = F_U \cdot \frac{d_2}{2} = F_S \cdot \frac{d_2}{2} \cdot \tan(\varphi + \rho') \qquad M_{GL} = F_U \cdot \frac{d_2}{2} = F_S \cdot \frac{d_2}{2} \cdot \tan(\varphi - \rho') \qquad (8.15)$$

M_{GA}	Gewinde-Anzugsmoment $[Nm]$
M_{GL}	Gewinde-Lösemoment $[Nm]$
F_U	Umfangskraft $[N]$
d_2	Flankendurchmesser $[mm]$
F_S	Betriebskraft $[N]$
φ	Steigungswinkel [°]
ρ'	angepasster Reibwinkel [°]

Wird der Steigungswinkel φ kleiner als der Reibungswinkel ρ_0, wird F_U in obiger Gleichung negativ. Es liegt Selbsthemmung vor.

Reibungszahlen μ_G im Gewinde für Befestigungsschrauben

μ_G	Gewinde				Außengewinde (Schraube)								
	Werkstoff				Stahl								
		Oberfläche			schwarzvergütet oder phosphatiert				galvanisch verzinkt (zn6)		galvanisch cadmiert (Cd6)		Klebstoff
			Gewindefertigung		gewalzt			geschnitten	geschnitten oder gewalzt				
Gewinde	Werkstoff	Oberfläche	Gewindefertigung	Schmierung	trocken	geölt	MoS_2	geölt	trocken	geölt	trocken	geölt	trocken
Innengewinde (Mutter)	Stahl	blank	geschliffen	trocken	0,12 – 0,18	0,10 – 0,16	0,08 – 0,12	0,10 – 0,16	–	0,10 – 0,18	–	0,08 – 0,14	0,16 – 0,25
Innengewinde (Mutter)	Stahl	galvanisch verzinkt	geschliffen	trocken	0,10 – 0,16	–	–	–	0,12 – 0,20	0,10 – 0,18	–	–	0,14 – 0,25
Innengewinde (Mutter)	Stahl	galvanisch cadmiert	geschliffen	trocken	0,08 – 0,14	–	–	–	–	–	0,12 – 0,16	0,12 – 0,14	–
Innengewinde (Mutter)	GJL/GJM	blank	geschliffen	trocken	–	0,10 – 0,18	–	0,10 – 0,18	–	0,10 – 0,18	–	0,08 – 0,16	–
Innengewinde (Mutter)	AlMg	blank	geschliffen	trocken	–	0,08 – 0,20	–	–	–	–	–	–	–

Gewindewirkungsgrad von Schrauben beim Heben und Senken

Umwandlung Drehmoment in Längskraft

$$\eta_D = \frac{F_S \cdot P}{M_{GA} \cdot 2 \cdot \pi} = \frac{\tan\varphi}{\tan(\varphi + \rho')} \tag{8.18}$$

Umwandlung Längskraft in Drehmoment

$$\eta_F = \frac{M_{GL} \cdot 2 \cdot \pi}{F_S \cdot P} = \frac{\tan(\varphi - \rho')}{\tan\varphi} \tag{8.19}$$

η_D, η_F	Gewindewirkungsgrad [−]
F_S	Betriebskraft [N]
P	Steigung [mm]
M_{GA}	Gewinde-Anzugsmoment [Nm]
M_{GL}	Gewinde-Lösemoment [Nm]
φ	Steigungswinkel [°]
ρ'	angepasster Reibwinkel [°]

8

8.3 Beanspruchung von Schraubenverbindungen

8.3.1 Grundlagen

Nachgiebigkeit einer Schraube

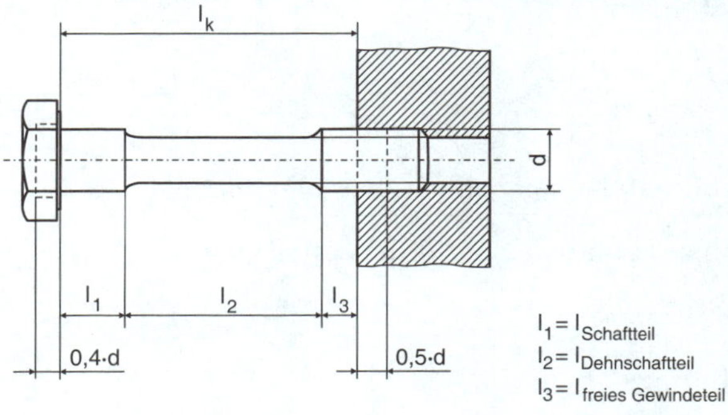

Nachgiebigkeit der Teilquerschnitte:

$$\delta_i = \sum_{i=1}^{n} \frac{l_i}{E_S \cdot A_i} \tag{8.22}$$

Nachgiebigkeit δ_S der gesamten Schraube mit den Teilnachgiebigkeiten von Schraubenkopf δ_K, Gewinde δ_G und Mutter δ_M, die nicht als Zylinder aufgefasst werden können:

$$\delta_S = \delta_K + \delta_1 + \delta_2 + \delta_3 + \ldots + \delta_G + \delta_M \tag{8.23}$$

$$\delta_S = \frac{1}{E_S}\left(\frac{0{,}4 \cdot d}{A_N} + \frac{l_1}{A_1} + \frac{l_2}{A_2} + \ldots + \frac{0{,}5 \cdot d}{A_3} + \frac{0{,}4 \cdot d}{A_N}\right) \text{ mit } A_N = \frac{\pi}{4} \cdot d^2 \text{ und } A_3 = \frac{\pi}{4} \cdot d_3^2 \quad (8.24)$$

δ_i elastische Nachgiebigkeit des jeweiligen Teilquerschnittes [mm/N]

δ_s elastische Gesamtnachgiebigkeit der Schraube [mm/N]

E_S Elastizitätsmodul der Schraube [N/mm^2]

d Nenndurchmesser der Schraube [mm]

A_i Fläche des jeweiligen Teilquerschnittes [mm^2]

A_N Nennquerschnitt der Schraube [mm^2]

A_3 Kernquerschnitt des Gewindes [mm^2]

l_i Länge des jeweiligen Teilquerschnittes [mm]

l_K Länge des Teilzylinders für den Schraubenkopf [mm]

Innenkraftangriff: $l_K = 0{,}4 \cdot d$

Außenkraftangriff: $l_K = 0{,}5 \cdot d$

l_G Länge des Teilzylinders des Gewindes [mm]

$l_G = 0{,}5 \cdot d$

l_M Länge des Teilzylinders der Mutter [mm]

Durchsteckverbindungen: $l_M = 0{,}4 \cdot d$

Einschraubverbindungen: $l_M = 0{,}33 \cdot d$

Nachgiebigkeit verspannter Teile

$$\delta_P = \frac{f}{F} = \frac{l_K}{A_{ers} \cdot E_P} \quad (8.25)$$

δ_P elastische Nachgiebigkeit der verspannten Bauteile [mm/N]

f Verformungsweg eines zylindrischen Körpers [mm]

F wirkende Kraft [N]

l_K Klemmlänge [mm]

A_{ers} Ersatzquerschnittsfläche [mm^2]

E_P Elastizitätsmodul der zu verspannenden Bauteile [N/mm^2]

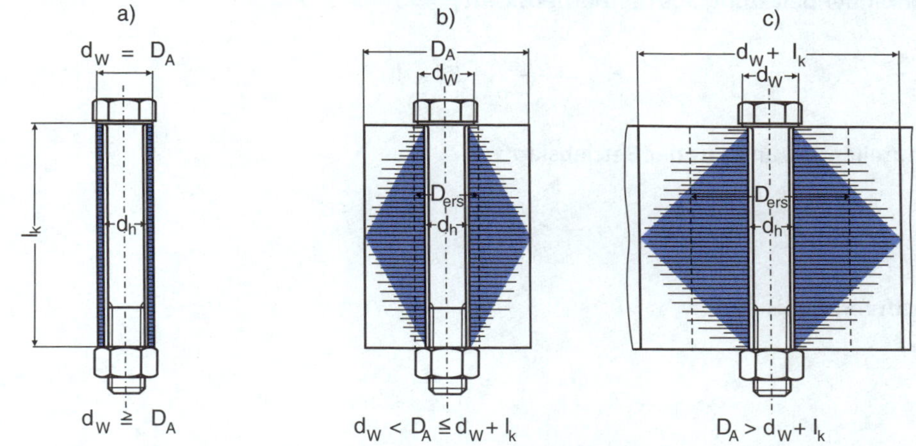

a)	b)		c)	
$d_w \geq D_A$	$d_w < D_A \leq d_w + l_K$		$D_A > d_w + l_K$	
$A_{ers} = \frac{\pi}{4}\left(D_A{}^2 - d_h{}^2\right)$	$A_{ers} = \frac{\pi}{4}\cdot\left(d_w{}^2 - d_h{}^2\right) + \frac{\pi}{8}\cdot d_w \cdot (D_A - d_w)\cdot\left[(x+1)^2 - 1\right]$		$A_{ers} = \frac{\pi}{4}\cdot\left(d_w{}^2 - d_h{}^2\right) + \frac{\pi}{8}\cdot d_w \cdot l_K \cdot\left[(x+1)^2 - 1\right]$	
	DSV: $x = \sqrt[3]{\frac{l_K \cdot d_w}{D_A{}^2}}$	ESV: $x = \left(\frac{l_K}{D_A}\right)^{0,2}$	DSV: $x = \sqrt[3]{\frac{l_K \cdot d_w}{(d_w + l_K)^2}}$	ESV: $x = \left(\frac{l_K}{d_w + l_K}\right)^{0,2}$

DSV: Durchsteckschraubenverbindung
ESV: In Grundkörper eingeschraubte Schraubenverbindung (Sacklochgewinde)

8.3.2 Schraubenbelastung bei statischer Betriebskraft als Längskraft

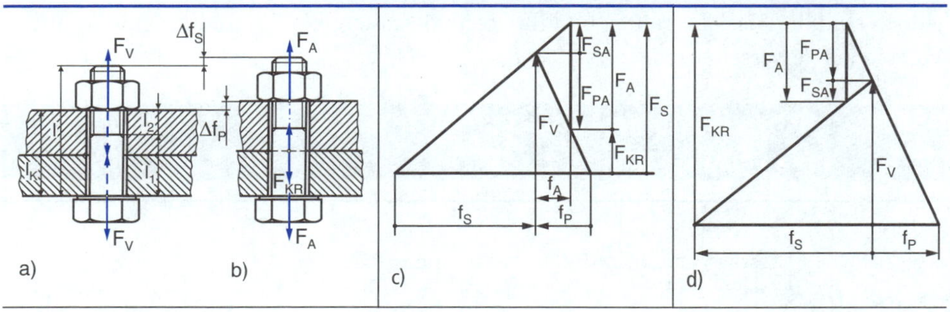

Schraubenkraft

$$F_S = F_V + F_{SA} \tag{8.27}$$

Schraubenbelastung aus der Betriebskraft

$$F_{SA} = \frac{\delta_P}{\delta_S + \delta_P} \cdot F_A = \Phi \cdot F_A \qquad (8.31)$$

Bauteilentlastung aus der Betriebskraft

$$F_{PA} = \frac{\delta_S}{\delta_S + \delta_P} \cdot F_A = (1 - \Phi) \cdot F_A \qquad (8.31)$$

Kraftverhältnis

$$\Phi = \frac{F_{SA}}{F_A} = \frac{\delta_P}{\delta_S + \delta_P} \qquad (8.30)$$

Restklemmkraft

$$F_{KR} = F_S - F_A = F_S - (F_{SA} + F_{PA}) = F_V - F_{PA} \qquad (8.28)$$

8

F_S	Schraubenkraft $[N]$
F_V	Vorspannkraft $[N]$
F_A	Betriebskraft $[N]$
F_{SA}	Schraubenbelastung aus der Betriebskraft F_A $[N]$
F_{PA}	Bauteilentlastung aus der Betriebskraft F_A $[N]$
F_{KR}	Restklemmkraft $[N]$
Φ	Kraftverhältnis $[-]$
δ_P	elastische Nachgiebigkeit der verspannten Bauteile $[mm/N]$
δ_s	elastische Gesamtnachgiebigkeit der Schraube $[mm/N]$

Wirkt anstelle der Zug- eine Druckkraft als Betriebskraft, gelten dieselben Gleichungen. Jedoch sind die Betriebskraft F_A und ihre beiden Kraftanteile F_{SA} und F_{PA} mit negativen Vorzeichen zu versehen.

8.3.3 Schraubenbelastung bei dynamischer Betriebskraft als Längskraft

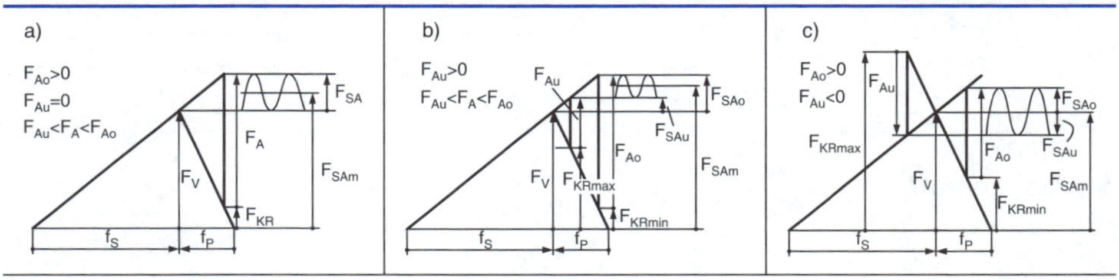

Mittlere statische Schraubenzusatzkraft

$$F_{SAm} = F_V + \Phi \cdot \frac{F_{Ao} + F_{Au}}{2} \tag{8.34}$$

Amplitude der Schraubenbelastung aus der Betriebskraft

$$F_{SAa} = \frac{F_{SAo} - F_{SAu}}{2} = \Phi \cdot \frac{F_{Ao} - F_{Au}}{2}. \tag{8.35}$$

Gesamtschraubenkraft

$$F_S = F_{SAm} \pm F_{SAa} \tag{8.36}$$

F_{SAm} mittlere statische Schraubenzusatzkraft $[N]$

F_V statische Vorspannkraft $[N]$

Φ Kraftverhältnis $[-]$

F_{Ao} Oberspannung der Betriebskraft $[N]$

F_{Au} Unterspannung der Betriebskraft $[N]$

F_{SAa} Amplitude der Schraubenbelastung aus der Betriebskraft F_A $[N]$

F_{SAo} Oberspannung der Schraubenbelastung aus der Betriebskraft F_A $[N]$

F_{SAu} Unterspannung der Schraubenbelastung aus der Betriebskraft F_A $[N]$

F_S gesamte Schraubenkraft $[N]$

8.3.4 Einfluss der Krafteinleitung

Kraftverhältnis

$$\Phi = n \cdot \Phi_K \quad \text{mit} \quad \Phi_K = \frac{\delta_P}{\delta_S + \delta_P} \tag{8.37}$$

Φ Kraftverhältnis $[-]$

Φ_K Kraftverhältnis bei Krafteinleitung in den Außenflächen $[-]$

δ_P elastische Nachgiebigkeit der verspannten Bauteile $[mm/N]$

δ_s elastische Gesamtnachgiebigkeit der Schraube $[mm/N]$

Richtwerte für Krafteinleitungsfaktoren

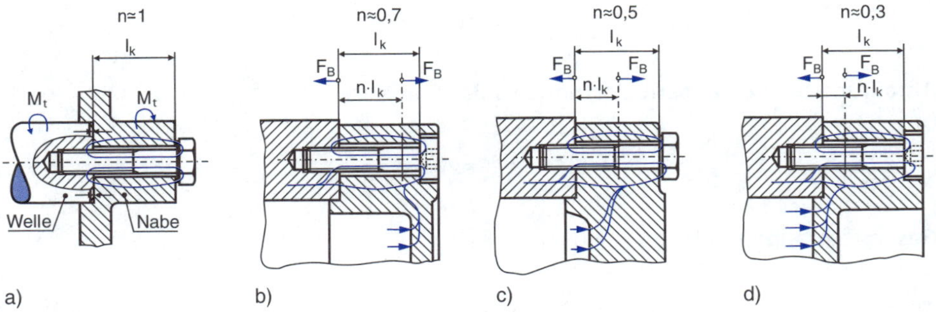

a) Quer beanspruchte reibschlüssige Schraubenverbindung
b) Deckelverschraubung mit weit von der Trennfuge liegendem Kraftangriffspunkt (ungünstig)
c) und d) Mit näher zur Trennfuge rückendem Kraftangriffspunkt (günstiger)

8.3.5 Setzen der Verbindung

Setzbetrag

$$f_Z = f_{Z,Gewinde} + f_{Z,Kopfauflage} + f_{Z,Mutterauflage} + f_{Z,Trennfuge} \tag{8.39}$$

f_z Setzbetrag $[mm]$

massive Verbindungen mit Sechskantschrauben nach DIN 24014:

$$f_Z \approx 3{,}29 \cdot \left(\frac{l_K}{d}\right)^{0{,}34} \cdot 10^{-3}\ \text{mm} \tag{8.40}$$

l_K Klemmlänge $[mm]$

d Nenndurchmesser der Schraube $[mm]$

Dehnschaftschrauben:

$$f_Z \approx 3{,}16 \cdot (l_K \cdot \delta_S \cdot E_S)^{0{,}17} \cdot 10^{-3}\ \text{mm} \tag{8.41}$$

l_K Klemmlänge $[mm]$

δ_s elastische Gesamtnachgiebigkeit der Schraube $[mm/N]$

E_S Elastizitätsmodul der Schraube $[N/mm^2]$

Richtwerte für Setzbeträge nach VDI 2230:

	Richtwerte für Setzbeträge f_z in μm					
	Im Gewinde		Je Kopf- oder Mutterauflage		Je innere Trennfuge	
Gemittelte Rautiefe R_z nach DIN 4768	Zug/Druck	Schub	Zug/Druck	Schub	Zug/Druck	Schub
< 10 µm	3	3	2,5	3	1,5	2
10 µm bis < 40 µm	3	3	3	4,5	2	3,5
40 µm bis < 160 µm	3	3	4	6,5	3	3,5

Vorspannkraftverlust

$$F_Z = \frac{f_Z}{\delta_S + \delta_P} = \frac{f_Z \cdot (1-\Phi)}{\delta_S} = \frac{f_Z \cdot \Phi}{\delta_P} \tag{8.43}$$

F_Z Vorspannkraftverlust $[N]$

f_z Setzbetrag $[mm]$

δ_P elastische Nachgiebigkeit der verspannten Bauteile $[mm/N]$

δ_s elastische Gesamtnachgiebigkeit der Schraube $[mm/N]$

Φ Kraftverhältnis $[-]$

Tatsächliche Vorspannkraft

$$F_V = F_M - F_Z \tag{8.44}$$

F_V Vorspannkraft $[N]$

F_M Montagevorspannkraft $[N]$

F_Z Vorspannkraftverlust $[N]$

8.3.6 Kräfte und Verformungen bei statischer oder dynamischer Querkraft

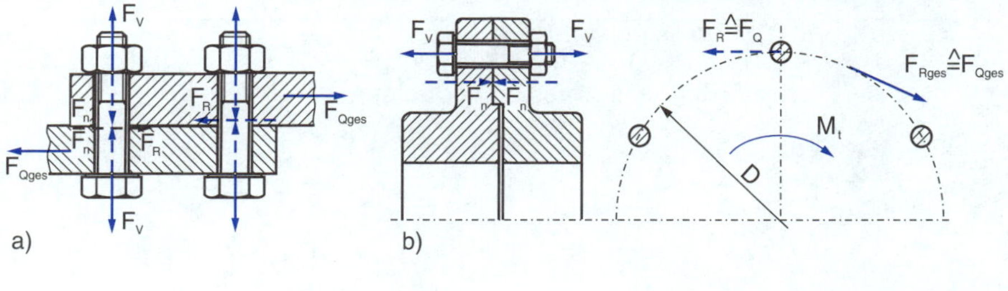

Minimale Restklemmkraft

$$F_{KR\,min} = F_{V\,min} = \frac{F_Q \cdot S_{H\,min}}{\mu_{Tr} \cdot z} \tag{8.46}$$

$F_{KR\,min}$	minimale Restklemmkraft [N]
$F_{V\,min}$	Mindestvorspannkraft [N]
F_Q	Querkraft [N]
z	Zähnezahl [–]
m_{Tr}	Haft-Reibungszahl in der Trennfuge zwischen den Bauteilen[–]
$S_{H\,min}$	Mindest-Rutsch-Sicherheit [–]

Haft-Reibungszahl in der Trennfuge zwischen den Bauteilen

μ_{Tr} für Anwendungen im Maschinenbau	
0,08 ... 0,12	Stahl gehärtet/Stahl gehärtet – geschliffen (R_z = 4 ... 8 μm) – trocken
0,15 ... 0,20	Stahl ungehärtet/Stahl ungehärtet – gefräst, gedreht (R_z = 25 ... 40 μm) – trocken
0,18 ... 0,25	Stahl ungehärtet/GJL oder Bronze – gefräst, gedreht – trocken
0,22 ... 0,30	GJL/GJL oder Bronze – gefräst, gedreht – trocken
μ_{Tr} für Anwendungen im Stahlbau nach DIN 18800	
0,5	Stahl oder GS ungehärtet/Stahl oder GS ungehärtet – gefräst, kiesgestrahlt oder flammgestrahlt oder sandgestrahlt oder gleitfester Anstrich – trocken

Mindest-Rutsch-Sicherheit

S_{Hmin} im Maschinenbau	
1,3	Bei ruhender Belastung
1,5	Bei schwingender Belastung
≥ 2,5	Bei großen Wellenkupplungen (Schrauben < M56) mit überlagerter Wechselbiegung
S_{Hmin} im Stahlbau (nach DIN 18800) für gleitfeste (GV) Verbindungen	
1,25	Für Lastfall H
1,1	Für Lastfall HZ

8.3.7 Quer beanspruchte Schraubenverbindungen (Stahlbau)

Abscherspannung

$$\tau_a = \frac{F_Q}{A} \leq \tau_{a,zul} \tag{8.47}$$

τ_a vorhandene Abscherspannung $[N/mm^2]$

F_Q Querkraft $[N]$

A Schaftquerschnittsfläche bzw. Spannungsquerschnitt (bei Gewinde in Trennfuge) $[mm^2]$

$\tau_{a,zul}$ zulässige Abscherspannung $[N/mm^2]$

Lochleibungsdruck

$$\sigma_l = \frac{F_Q}{d_{Sch} \cdot t_{min}} \leq \sigma_{l,zul} \tag{8.48}$$

σ_l vorhandener Lochleibungsdruck $[N/mm^2]$

F_Q Querkraft $[N]$

d_{sch} Schaftdurchmesser $[mm^2]$

t_{min} kleinste Summe der Bauteildicken (gleiche Richtung des Lochleibungsdruckes) $[mm]$

$\sigma_{l,zul}$ zulässiger Lochleibungsdruck $[N/mm^2]$

8.3.8 Gleitfeste Verbindungen (GV-Verbindungen) im Stahlbau

Grenzgleitkraft

$$F_{zul} = \mu \cdot \frac{F_V}{1{,}15 \cdot S_M} \tag{8.49}$$

F_{zul} Grenzgleitkraft (zulässige übertragbare Kraft) $[N]$

μ Reibungszahl $[-]$

F_V Schraubenvorspannkraft nach [8.7] $[N]$

S_M Teilsicherheitsbeiwert nach DIN 18800 $[-]$

Bei sorgfältiger Reibflächenvorbereitung ist die Reibungszahl immer mit $\mu = 0{,}5$ anzunehmen. Der Teilsicherheitsbeiwert nach DIN 18800 beträgt $S_M = 1$.

Vorspannkräfte für hochfeste Schrauben im Stahlbau nach DIN 18800 [8.7]

Schraubengröße	M12	M16	M20	M22	M24	M27	M30	M36
Vorspannkraft F_V in kN	50	100	160	190	220	290	350	510

Erforderliche Schraubenanzahl bei bekannter Kraft im Anschluss

$$n \geq \frac{F}{F_V} \cdot \frac{1{,}15 \cdot S_M}{\mu \cdot m} \tag{8.50}$$

n erforderliche Schraubenanzahl [−]

F zu übertragende Kraft im Anschluss [N]

μ Reibungszahl [−]

F_V Schraubenvorspannkraft nach [8.7] [N]

S_M Teilsicherheitsbeiwert nach DIN 18800 [−]

m Anzahl der Scher- bzw. Reibflächen zwischen den verspannten Bauteilen [−]

Grenzgleitkraft bei Zugbelastung in Richtung der Schraubenachse

$$F_{zul} = \mu \cdot \frac{F_V - F_z}{1{,}15 \cdot S_M} \tag{8.51}$$

F_{zul} Grenzgleitkraft (zulässige übertragbare Kraft) [N]

F_z äußere Zugbelastung [N]

μ Reibungszahl [−]

F_V Schraubenvorspannkraft nach [8.7] [N]

S_M Teilsicherheitsbeiwert nach DIN 18800 [−]

Zugspannung im Anschlussquerschnitt

$$\sigma_z = \frac{F}{A_n} = \frac{F}{A - d \cdot t \cdot z} \leq \sigma_{z,zul} = \frac{R_e}{S_M} = \frac{R_m}{S} \tag{8.53}$$

σ_z vorhandene Zugspannung [N/mm^2]

F Kraft im Anschlussquerschnitt [N]

A_n Fläche des Anschlussquerschnittes [mm^2]

A volle, ungeschwächte Fläche des Anschlussquerschnittes [mm^2]

d Lochdurchmesser [mm]

t Bauteildicke [mm]

z Anzahl der Löcher [−]

$\sigma_{z,zul}$ zulässige Zugspannung [N/mm^2]

R_e Streckgrenze [N/mm^2]

S_M Teilsicherheitsbeiwert

R_m Bruchfestigkeit [N/mm^2]

S Sicherheit

Im Stahlbau berechnet sich die zulässige Zugspannung über die Streckgrenze R_e und einen Teilsicherheitsbeiwert von S_M = 1,1. Im Maschinenbau ist die Bruchfestigkeit R_m mit einer Sicherheit von S = 2,0 zu verwenden.

8.3.9 Verbindungen mit hochfesten Passschrauben (GVP)

Zulässige Querkraft

$$F_{Qzul} = 0{,}5 \cdot F_{SLP} + F_{GV} \tag{8.54}$$

F_{Qzul} zulässige Querkraft [N]

F_{SLP} zulässige, durch Formschluss (Scherbeanspruchung) übertragbare Querkraft [N]

F_{GV} zulässige durch Reibschluss übertragbare Querkraft [N]

8.4 Montage von Schraubenverbindungen

8.4.1 Streuung der Montagevorspannkraft beim Anziehen

Anziehfaktor

$$\alpha_A = \frac{F_{Mmax}}{F_{Mmin}} > 1 \tag{8.61}$$

α_A Anziehfaktor [N]

$F_{M\,max}$ maximale Montagevorspannkraft [N]

$F_{M\,min}$ minimale Montagevorspannkraft [N]

Richtwerte für Anziehfaktoren nach VDI 2230

Anziehfaktor α_A	Streuung [%]	Anziehverfahren	Einstellverfahren
(1)*)	±5 bis ±12	Streckgrenzgesteuertes Anziehen, motorisch oder manuell	
(1)*)	±5 bis ±12	Drehwinkelgesteuertes Anziehen, motorisch oder manuell	Versuchsmäßige Bestimmung von Voranziehmoment und Drehwinkel
1,2 bis 1,6	±9 bis ±23	Hydraulisches Anziehen	Einstellung über Längen- bzw. Druckmessung

Anziehfaktor α_A	Streuung [%]	Anziehverfahren	Einstellverfahren
1,4 bis 1,6	±17 bis ±23	Drehmomentgesteuertes Anziehen mit Drehmomentschlüssel, signalgebendem Schlüssel oder Präzisionsschrauber mit dynamischer Drehmomentmessung	Versuchsmäßige Bestimmung der Soll-Anziehmomente am Originalverschraubungsteil, z. B. durch Längungsmessung der Schraube
1,6 bis 1,8	±23 bis ±28		Bestimmung des Soll-Anziehmomentes durch Schätzen der Reibungszahl (Oberflächen- und Schmierverhältnisse)
1,7 bis 2,5	±26 bis ±43	Drehmomentgesteuertes Anziehen mit Drehschrauber	Einstellen des Schraubers mit Nachziehmoment, das aus Soll-Anziehmoment (für geschätzte Reibungszahl) und einem Zuschlag gebildet wird
2,5 bis 4	±43 bis ±60	Impulsgesteuertes Anziehen mit Schlagschrauber	Einstellen des Schraubers über Nachziehmoment – wie oben

*) α_A ist zwar größer als 1, aber für die Dimensionierung wird $\alpha_A = 1$ gesetzt.

8.4.2 Kräfte und Momente beim Anziehen und Lösen

Anziehdrehmoment

$$M_{GA} = M_{GN} + M_{GR} \tag{8.62}$$

M_{GA} gesamtes Anziehdrehmoment der Schraube [Nm]

M_{GN} Gewindemoment [Nm]

M_{GR} Reibmoment an der Kopfauflage [Nm]

Gewindemoment

$$M_{GN} = F_M \cdot \frac{d_2}{2} \cdot \tan(\varphi \pm \rho') \tag{8.63}$$

M_{GN} Gewindemoment [Nm]

F_M Montagevorspannkraft [N]

d_2 Flankendurchmesser [mm]

φ Steigungswinkel [°]

ρ' Reibwinkel [°]

Reibmoment an der Kopfauflage

$$M_{GR} = \mu_K \cdot F_M \cdot \frac{d_K}{2} = \mu_K \cdot F_M \cdot \frac{(d_w + d_h)}{4} \tag{8.64}$$

M_{GR} Reibmoment an der Kopfauflage [Nm]

μ_K Reibungszahl der Kopfauflage [–]

F_M Montagevorspannkraft [N]

d_K mittlerer Reibdurchmesser der Auflage [mm]

d_w Durchmesser der Kopfauflage [mm]

d_h Durchmesser des Durchgangsloches [mm]

Anzugs- bzw. Losdrehmoment mit Flankendurchmesser d_2

$$M_{GA} = F_M \cdot \left[\frac{d_2}{2} \cdot \tan(\varphi + \rho') + \mu_K \cdot \frac{d_K}{2}\right] \quad M_{GL} = F_M \cdot \left[\frac{d_2}{2} \cdot \tan(\varphi - \rho') + \mu_K \cdot \frac{d_K}{2}\right] \tag{8.65}$$

M_{GA} Anziehdrehmoment der Schraube [Nm]

M_{GL} Losdrehmoment [Nm]

F_M Montagevorspannkraft [N]

d_2 Flankendurchmesser [mm]

φ Steigungswinkel [°]

ρ' Reibwinkel [°]

μ_K Reibungszahl der Kopfauflage [–]

d_K mittlerer Reibdurchmesser der Auflage [mm]

Anziehdrehmoment für metrisches ISO-Gewinde mit 60° Flankenwinkel

$$M_{GA} \approx F_M \cdot \left(0{,}16 \cdot P + 0{,}58 \cdot \mu_G \cdot d_2 + \mu_K \cdot \frac{d_K}{2}\right) \tag{8.66}$$

M_{GA} Anziehdrehmoment der Schraube [Nm]

P Steigung [mm]

μ_G Reibungszahl des Gewindes [–]

μ_K Reibungszahl der Kopfauflage [–]

d_2 Flankendurchmesser [mm]

d_K mittlerer Reibdurchmesser der Auflage [mm]

Reibungszahlen an Schraubenkopf- und Mutterauflage

μ_K	Auflagefläche				Schraubenkopf									
Auflagefläche	Werkstoff				Stahl									
		Oberfläche			schwarzvergütet oder phosphatiert						galvanisch verzinkt (zn6)		galvanisch cadmiert (Cd6)	
			Ferigung		gewalzt			gedreht		ge-schliffen	gepresst			
				Schmierung	trocken	geölt	MoS_2	geölt	MoS_2	geölt	trocken	geölt	trocken	geölt
Gegenlage	Stahl	blank	geschliffen	trocken	–	0,16 – 0,22	–	0,10 – 0,18	–	0,16 – 0,22	0,10 – 0,18	–	0,08 – 0,16	–
	Stahl	galvanisch verzinkt	spanend bearbeitet	trocken	0,12 – 0,18	0,10 – 0,18	0,08 – 0,12	0,10 – 0,18	0,08 – 0,12	–	0,10 – 0,18		0,08 – 0,16	0,08 – 0,14
	Stahl	galvanisch verzinkt	spanend bearbeitet	trocken	0,10 – 0,16		–	0,10 – 0,16	–	0,10 – 0,18	0,16 – 0,20	0,10 – 0,18	–	–
	Stahl	galvanisch cadmiert	spanend bearbeitet	trocken	0,08 – 0,16						–	–	0,12 – 0,20	0,12 – 0,14
	GJL/GJMB	blank	geschliffen	trocken	–	0,10 – 0,18	–	–	–	0,10 – 0,18			0,08 – 0,16	–
	GJL/GJMB	blank	spanend bearbeitet	trocken	–	0,14 – 0,20	–	0,10 – 0,18	–	0,14 – 0,22	0,10 – 0,18	0,10 – 0,16	0,08 – 0,12	–
	AlMg	blank	spanend bearbeitet	trocken	–	0,08 – 0,20				–	–	–	–	–

8.5 Festigkeit von Schraubenverbindungen

8.5.1 Grundsätzliche Vorgehensweise

1. Wahl der Schraubenart (Konstruktion, Montagemöglichkeit) und Festigkeitsklasse nach den Angaben in Abschnitt 8.6.2 (überschlägig) oder 8.6.3 im Buch (ausführlich). Daraus ergibt sich ein Schraubendurchmesser für den ersten Entwurf.
2. Bestimmung des Anziehfaktors α_A abhängig von der gewählten Montagemethode nach (8.61).
3. Bestimmung der erforderlichen Mindestklemmkraft aus den konstruktiven Anforderungen (Abdichtung, Aufnahme von Querkräften, Setzerscheinungen).
4. Bestimmung des Kraftverhältnisses Φ nach (8.37)
5. Bestimmung des Vorspannkraftverlustes durch Setzen nach Abschnitt 8.3.5
6. Bestimmung der erforderlichen Schraubengröße nach Abschnitt 8.5.3 durch Vergleich der maximalen mit der zulässigen Montagevorspannkraft anhand von Tabellenwerten unter Einhaltung der Bedingung $F_{Mzul} \geq F_{Mmax}$

7 Wiederholung der Rechenschritte 4 bis 6

8 Kontrolle auf Einhaltung der maximal zulässigen statischen Schraubenkraft nach Abschnitt 8.5.4

9 Kontrolle auf Einhaltung der maximal zulässigen Dauerschwingbeanspruchung nach Abschnitt 8.5.5

10 Nachrechnung der Flächenpressung unter der Kopf- und Mutterauflage nach Abschnitt 8.5.6

Zur ersten überschlägigen Auswahl einer Schraube bietet sich das Grobdimensionierungsverfahren nach VDI 2230 im folgenden Abschnitt an [8.152].

8.5.2 Überschlägige Berechnung nach VDI 2230

1	2	3	4
Kraft $F_{A,Q}$ in N	**Nenndurchmesser [mm]**		
	Festigkeitsklasse		
	12.9	**10.9**	**8.8**
250			
400			
630			
1.000			
1.600	3	3	3
2.500	3	3	4
4.000	4	4	5
6.300	4	5	5
10.000	5	6	8
16.000	6	8	8
25.000	8	10	10
40.000	10	12	14
63.000	12	14	16
100.000	16	16	20
160.000	20	20	24
250.000	24	27	30
400.000	30	36	
630.000	36		

Überschlägige Bestimmung eines Schraubendurchmessers ahängig von einer gegebenen Betriebskraft nach VDI 2230

1. In Spalte 1 ist die Zeile für die nächst größere Kraft $F_{A,Q}$ zu wählen.
2. Diese gewählte Mindestvorspannkraft gilt für eine statisch und zentrisch angreifende Kraft.
3. Greift die Kraft nicht zentrisch an, ist von der gewählten Zahl aus um x Zeilen weiterzugehen:
   - 1 Zeile bei dynamischer und zentrischer Axialkraft bzw. bei statischer und exzentrischer Axialkraft
   - 2 Zeilen bei dynamischer und exzentrischer Axialkraft
   - 4 Zeilen bei statischer oder dynamischer Querkraft
4. Erfolgt das Anziehen der Schraube durch Winkel- oder Streckgrenzenkontrolle per Computer, ist das die maximale Vorspannkraft, anderenfalls ist um x Zeilen weiterzugehen:
   - 1 Zeile bei Anziehen mit Drehmomentschlüssel oder Präzisionsschrauber, der mit Drehmoment- oder Längsmessung arbeitet
   - 2 Zeilen bei Anziehen mit einem einfachen Drehschrauber mit einstellbarem Nachziehmoment
5. In der so gefundenen Zeile steht in den Spalten 2 bis 4 der erforderliche Schraubendurchmesser für die gewählte Festigkeitsklasse.

Fall I (+ 4 Zeilen)	Fall II (+ 2 Zeilen)	Fall IIIa (+ 1 Zeile)	Fall IIIb (+ 1 Zeile)
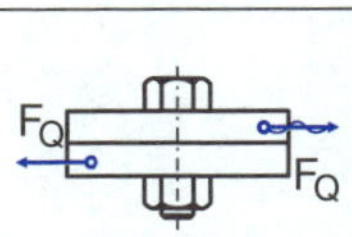	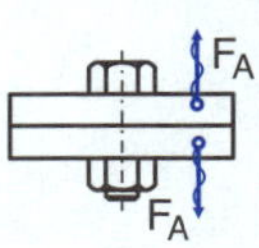	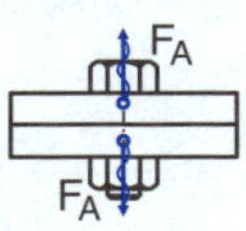	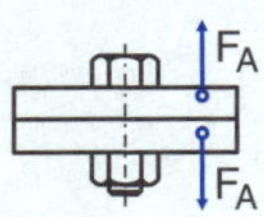

8.5.3 Schraubenauswahl und Beanspruchbarkeit im Maschinenbau

Erforderliche Montagevorspannkraft

$$F_{M\,min} = F_{KR\,min} + (1-\Phi)\cdot F_A + F_Z$$
$$F_{M\,max} = \alpha_A \cdot F_{M\,min} \quad (8.67)$$

$F_{M\,min}$	erforderliche minimale Montagevorspannkraft [N]
$F_{M\,max}$	erforderliche maximale Montagevorspannkraft [N]
$F_{KR\,min}$	erforderliche Mindestrestklemmkraft [N]
Φ	Kraftverhältnis [–]
F_A	Betriebskraft [N]
F_Z	Vorspannkraftverlust durch Setzen [N]
α_A	Anziehfaktor [–]

Beanspruchung der Schraube

$$\sigma_{red} = \sqrt{{\sigma_M}^2 + 3\cdot\tau_M^2} \le \nu\cdot R_{p0,2} = 0{,}9\cdot R_{p0,2} \quad (8.70)$$

σ_{red}	Vergleichsspannung [N/mm^2]
σ_M	Zugspannung [N/mm^2]
τ_M	Torsionsspannung [N/mm^2]
ν	Ausnutzungsgrad [–] (nach VDI 2230 90%)
$R_{p0,2}$	Streckgrenze [N/mm^2]

Zugspannung im Schraubenbolzen

$$\sigma_M = \frac{F_M}{A_s} \quad (8.71)$$

σ_M	Zugspannung [N/mm^2]
F_M	Montagevorspannkraft [N]
A_S	Spannungsquerschnitt [mm^2]

Spannungsquerschnitt einer Schraube

$$A_S = \frac{\pi}{4} \cdot d_S^2 = \frac{\pi}{4} \cdot \left(\frac{d_2 + d_3}{2} \right)^2 \tag{8.72}$$

A_S Spannungsquerschnitt $[mm^2]$

d_s Spannungsdurchmesser $[mm]$

d_2 Flankendurchmesser $[mm]$

d_3 Kerndurchmesser $[mm]$

Widerstandsmoment einer Schraube gegen Torsion

$$W_t = \pi \cdot \frac{d_s^3}{16} \tag{8.73}$$

W_t Widerstandsmoment $[mm^3]$

d_s Spannungsdurchmesser $[mm]$

Bei Schrauben mit Dehnschaft oder Taillenschrauben ist anstelle von d_S der kleinere Schaftdurchmesser $d_T = 0{,}9 \cdot d_3$ einzusetzen.

8

Torsionsspannung im Schraubenbolzen

$$\tau_M = \frac{M_G}{W_t} = \frac{F_M \cdot \frac{d_2}{2} \cdot \tan(\varphi + \rho')}{\pi \cdot \frac{d_s^3}{16}} \tag{8.74}$$

τ_M Torsionsspannung $[N/mm^2]$

M_G statisches Anzugsmoment

W_t Widerstandsmoment $[mm^3]$

F_M Montagevorspannkraft $[N]$

d_2 Flankendurchmesser $[mm]$

φ Steigungswinkel [°]

ρ' Reibwinkel [°]

d_s Spannungsdurchmesser $[mm]$ $d_s = 0{,}5 \cdot (d_2 + d_3)$

Zulässige Montagezugspannung

$$\sigma_{Mzul} = \frac{0{,}9 \cdot R_{p0,2}}{\sqrt{1 + 3 \cdot \left[\frac{2 \cdot d_2 \cdot \tan(\varphi + \rho')}{d_S} \right]^2}} \tag{8.75}$$

Zulässige Montagevorspannkraft

$$F_{Mzul} = \frac{0{,}9 \cdot R_{p0,2} \cdot A_S}{\sqrt{1+3 \cdot \left[\frac{4}{d_S} \cdot (0{,}16 \cdot P + 0{,}58 \cdot \mu_G \cdot d_2)\right]^2}} \tag{8.77}$$

F_{Mzul}	zulässige Montagevorspannkraft [N/mm^2]
$R_{p0,2}$	Streckgrenze [N/mm^2]
A_S	Spannungsquerschnitt [mm^2]
d_2	Flankendurchmesser [mm]
φ	Steigungswinkel [°]
ρ'	Reibwinkel [°]
d_s	Spannungsdurchmesser [mm]

Wird die Schraube torsionsfrei angezogen, entfällt in (8.70) der Anteil der Torsionsspannung. (8.77) vereinfacht sich zu $F_{Mzul} = 0{,}9 \cdot R_{p0,2} \cdot A_S$.

8

8.5.4 Einhaltung der maximal zulässigen Schraubenkraft

Zulässige Schraubenkraft F_A

$$\frac{\Phi \cdot F_A}{A_S} \leq 0{,}1 \cdot R_{p0,2} \quad \text{(Schaftschrauben)} \tag{8.80}$$

$$\frac{\Phi \cdot F_A}{A_T} \leq 0{,}1 \cdot R_{p0,2} \quad \text{(Dehnschrauben)} \tag{8.81}$$

Φ	Kraftverhältnis [−]
F_A	maximal zulässige Schraubenkraft [N]
A_S	Spannungsquerschnitt [mm^2]
$R_{p0,2}$	Streckgrenze [N/mm^2]

Die maximal zulässige Schraubenkraft wird nicht überschritten, wenn obige Bedingung erfüllt wird.

8.5.5 Einhaltung der maximal zulässigen Dauerschwingbeanspruchung

Berechnung Spannungsamplitude σ_a

$$\sigma_a = \Phi \cdot \frac{F_{SAa}}{A_3} = \Phi \cdot \frac{F_{Ao} - F_{Au}}{2 \cdot A_3} \leq \sigma_A \tag{8.82}$$

Ertragbare Spannungsamplitude σ_A

$$\sigma_{A,SV} \approx 0{,}75 \cdot \left(\frac{180}{d} + 52 \right) \quad [\text{N/mm}^2] \tag{8.83}$$

$$\sigma_{A,SG} \approx 0{,}75 \cdot \left(\frac{180}{d} + 52 \right) \cdot \left(2 - \frac{F_V}{F_{0,2}} \right) \quad [\text{N/mm}^2] \tag{8.84}$$

σ_a Spannungsamplitude $[N/mm^2]$

Φ Kraftverhältnis [–]

F_{SAa} Kraftamplitude $[N]$

A_3 Kernquerschnitt $[mm^2]$

F_{Ao} oberer Grenzwert der Kraft $[N]$

F_{Au} unterer Grenzwert der Kraft $[N]$

σ_A ertragbare Spannungsamplitude $[N/mm^2]$

$\sigma_{A,SV}$ ertragbare Spannungsamplitude schlussvergüteter Gewinde $[N/mm^2]$

$\sigma_{A,SG}$ ertragbare Spannungsamplitude schlussgewalzter Gewinde $[N/mm^2]$

F_V Vorspannkraft $[N]$

$F_{0,2}$ Schraubenkraft an der Mindestdehngrenze $R_{p0,2}$ des Werkstoffes $[N]$

Die Gültigkeit von (8.83) und (8.84) ist auf den Bereich $0{,}2 \cdot F_{0,2} < F_V < 0{,}8 \cdot F_{0,2}$ beschränkt.

Anhaltswerte für die Ausschlagdauerfestigkeit zugbelasteter Schrauben

Herstellung	Geschnitten und vergütet, gerollt und vergütet			Vergütet und dann gerollt		Vergütet, geschliffen und im Kern nachgedrückt	
Festigkeitsklasse	5.6	8.8	10.9 und 12.9	8.8	10.9 und 12.9	10.9	12.9
σ_A	30 ... 40	50	60	90	100	140	170

σ_A erhöht sich für Zugmuttern um 20 %, übergreifende Muttern um 5 % und ringförmig eingedrehte Muttern um 10 %. Für Schrauben < M8 kann σ_A um $\sim 10\ \text{N/mm}^2$ erhöht werden, für Schrauben > M18 wird σ_A um ca. $10\ \text{N/mm}^2$ kleiner.

Dauerfestigkeit schlussvergüteter Schrauben

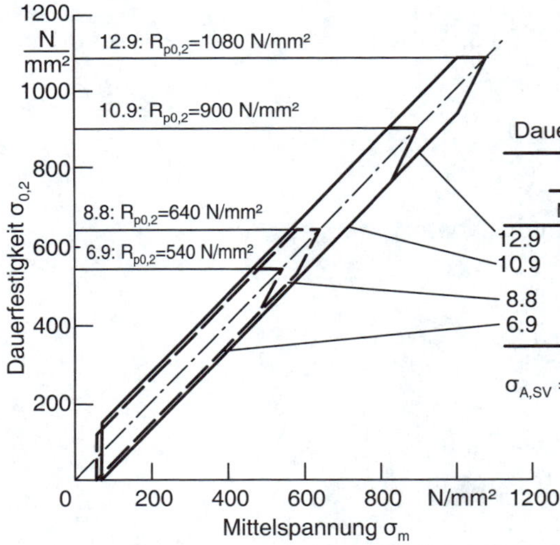

Dauerhaltbarkeit $\sigma_{A,SV}$ [N/mm²]

	Durchmesserbereich		
	M4-M8	M10-M16	M18-M30
12.9 10.9	70	60	50
8.8 6.9	60	50	40

$$\sigma_{A,SV} = 0{,}75 \cdot \left(\frac{180}{d\,in\,mm} + 52\right) in \frac{N}{mm^2}$$

Dauerfestigkeit schlussgerollter Schrauben

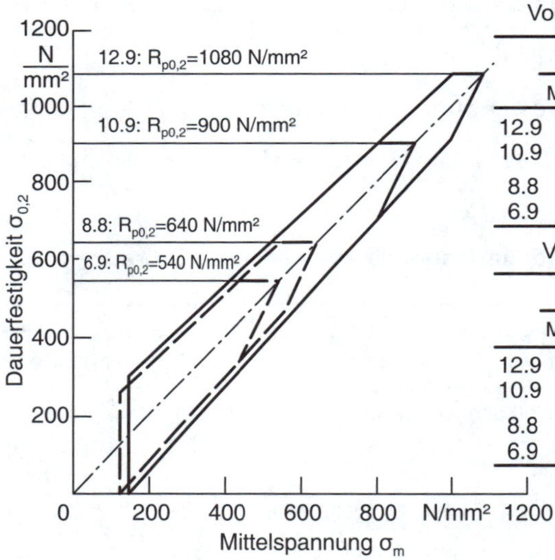

Dauerhaltbarkeit $\sigma_{A,SG}$ [N/mm²]

Vorspannung $\sigma_V \approx 0{,}2\text{-}0{,}8 R_{p0,2}$

	Durchmesserbereich		
	M4-M8	M10-M16	M18-M30
12.9 10.9	110	100	90
8.8 6.9	100	90	80

Vorspannung $\sigma_V \approx \sigma_A$

	Durchmesserbereich		
	M4-M8	M10-M16	M18-M30
12.9 10.9	150	140	130
8.8 6.9	130	120	110

$$\sigma_{A,SG} = 0{,}75\left(\frac{180}{d\,in\,mm} + 52\right)\cdot\left(2 - \frac{F_V}{F_{p0,2}}\right)$$

gültig für: $0{,}2\,F_{p0,2} < F_V < 0{,}8\,F_{p0,2}$

8.5.6 Einhaltung der Flächenpressung an der Schraubenkopf- und Mutterauflage sowie im Gewinde

Flächenpressung

$$p = f_a \cdot \frac{F_{S\max}}{A_p} = \frac{F_M + \Phi \cdot F_A}{A_P} \approx \frac{F_M}{0{,}9 \cdot A_p} \leq p_G \tag{8.85}$$

mit

$$A_P = \frac{\pi}{4} \cdot \left(d_w^2 - d_a^2\right) \quad \text{für } d_h < d_a \tag{8.86}$$

$$A_P = \frac{\pi}{4} \cdot \left(d_w^2 - d_h^2\right) \quad \text{für } d_h > d_a \tag{8.87}$$

p	Flächenpressung $[N/mm^2]$
p_G	zulässige Grenzflächenpressung $[N/mm^2]$
f_a	Anziehfaktor $[-]$
$F_{S\,max}$	maximale Schraubenkraft $[N]$
A_p	Querschnitt $[mm^2]$
F_M	Montagevorspannkraft $[N]$
Φ	Kraftverhältnis $[-]$
F_A	Betriebskraft $[N]$
d_w	Durchmesser der Kopfauflage $[mm]$
d_a	Innendurchmesser der ebenen Kopfauflage $[mm]$
d_h	Durchmesser des Durchgangsloches $[mm]$

Zulässige Grenzflächenpressung

Werkstoffgruppe	Werkstoffkurzname	$R_{p0,2,min}$ in N/mm²	Grenzflächenpressung p_G in N/mm²
Baustähle	S235JRG1 S355JO	230 355	490 760
Vergütungsstähle	34CrMo4 16MnCr5	800 850	870 900
Gusseisen	GJL-250 GJS-400-15	--- (R_m = 250) 250	900 700
Al-Knetlegierung	AlMgSiIF28 AlZnMgCu I,5	200 470	230 410
Magnesiumlegierung	GD-AZ91 (MgA19Znl)	150	180

Mindesteinschraubtiefe

	Empfohlene Einschraubtiefe				
Festigkeitsklasse	8.8	8.8	10.9	10.9	12.9
Gewindefeinheit d/P	< 9	≥ 9	< 9	≥ 9	< 9
AlCuMg 1 F40	$1{,}1 \cdot d$	$1{,}40 \cdot d$		–	
EN-GJL-250	$1{,}0 \cdot d$	$1{,}25 \cdot d$		$1{,}4 \cdot d$	
S235, Ck15	$1{,}0 \cdot d$	$1{,}25 \cdot d$		$1{,}4 \cdot d$	
E295, C35	$0{,}9 \cdot d$	$1{,}00 \cdot d$		$1{,}2 \cdot d$	
Stahl vergütet, $R_m > 800$ MPa	$0{,}8 \cdot d$	$0{,}90 \cdot d$		$1{,}0 \cdot d$	

8.5.7 Beanspruchbarkeit von Schrauben im Kran- und Stahlbau (als Überschrift formatieren)

benötigter Spannungsquerschnitt

$$A_S \geq \frac{F_{z,d}}{\sigma_{z,d\ zul}} \quad \text{mit} \quad \sigma_{z,d\ zul} = \frac{R_{p0,2}}{S} \tag{8.88}$$

A_S Spannungsquerschnitt $[mm^2]$

$F_{z,d}$ einwirkende Zug- oder Druckkraft $[N]$

$R_{p0,2}$ Dehngrenze des Schraubenwerkstoffes $[N/mm^2]$

S Sicherheitsfaktor $[-]$

$S = 1{,}5$ bis $2{,}0$ bei Anziehen unter Last

$S = 1{,}25$ bis $1{,}5$ in allen anderen Fällen

Kraftamplitude

$$F_{SAa} = \frac{F_{Ao} - F_{Au}}{2} \tag{8.89}$$

F_{SAa} Kraftamplitude $[N]$

F_{Ao} oberer Grenzwert der Kraft $[N]$

F_{Au} unterer Grenzwert der Kraft $[N]$

zulässige Scherspannung

$$\tau_{a,zul} = \alpha_a \cdot \frac{R_m}{S_M} \qquad (8.91)$$

$\tau_{a,zul}$ zulässige Scherspannung [N/mm^2]

R_m Zugfestigkeit des Schraubenwerkstoffes [N/mm^2]

S_m Teilsicherheitsbeiwert (S_m = 1,1)

α_a Beiwert

α_a = 0,60 für Schrauben der Festigkeitsklasse 4.6, 5.6 und 8.8

α_a = 0,55 für Schrauben der Festigkeitsklasse 10.9

α_a = 0,44 wenn eine Scherfuge im Gewinde vorliegt

zulässige Lochleibungsspannung

$$\sigma_{l,zul} = \alpha_1 \cdot \frac{R_e}{S_M} \qquad (8.92)$$

$\sigma_{l,zul}$ zulässige Lochleibungsspannung

R_e Streckgrenze der Bauteilwerkstoffe (z.B. S235 und S355 im Stahlbau)

S_m Teilsicherheitsbeiwert (S_m = 1,1)

α_1 Abstandsfaktor nach [8.15]

Abstandsfaktor α_1 für Schraubenlöcher in Stahlkonstruktionen nach DIN 18800

Abstandsfaktor α_1 [1)]	Randabstand in Kraftrichtung ist maßgebend	Lochabstand in Kraftrichtung ist maßgebend
$e_2 \geq 1{,}5 \cdot d$ und $e_3 \geq 3{,}0 \cdot d$	$\alpha_1 = 1{,}1 \cdot e_1/d - 0{,}3$	$\alpha_1 = 1{,}08 \cdot e/d - 0{,}77$
$e_2 = 1{,}2 \cdot d$ und $e_3 = 2{,}4 \cdot d$	$\alpha_1 = 0{,}73 \cdot e_1/d - 0{,}2$	$\alpha_1 = 0{,}72 \cdot e/d - 0{,}51$

[1)] Für Zwischenwerte von e_2 und e_3 darf linear interpoliert werden.

Tabelle 8.15: Abstandsfaktor α_1 für Schraubenlöcher in Stahlbaukonstruktionen nach DIN 18800

e_i Lochabstände nach [6.1]

Zur Berechnung von α_1 darf der Randabstand in Kraftrichtung e_1 höchstens mit $3 \cdot d$ und der Lochabstand in Kraftrichtung e höchstens mit $3{,}5 \cdot d$ in Rechnung gestellt werden. Es ist stets zu untersuchen, ob der Randabstand e_1 oder der Lochabstand e den kleineren Wert α_1 ergibt.

Zulässige Spannungen für Verbindungsmittel im Kranbau nach DIN 15018 beim allgemeinen Spannungsnachweis

Spannungsart		Passschrauben nach DIN 7968				Rohe Schrauben nach DIN 7990			
		4.6 für Bauteile aus S35		5.6 für Bauteile aus S355		4.6 für Bauteile aus S35		5.6 für Bauteile aus S355	
		H	HZ	H	HZ	H	HZ	H	HZ
Abscheren $\tau_{a,zul}$	einschnittig mehrschnittig	84 112	96 128	126 168	144 192	70	80	70	80
Lochleibung $\sigma_{a,zul}$	einschnittig mehrschnittig	210 280	240 320	315 420	360 480	160	180	160	180
Zugspannung σ_{zul}		100	110	140	154	100	110	140	154

Anhaltswerte zulässiger Spannungen für quer beanspruchte Schraubenverbindungen im Maschinenbau

Lastfall	Ruhend	Schwellend	Wechselnd
Zulässige Scherspannung $\tau_{a,zul}$ Für Spannhülsen $\approx 300\ \mathrm{N/mm^2}$ unabhängig vom Lastfall	$\approx 0{,}6 \cdot R_e$	$\approx 0{,}5 \cdot R_e$	$\approx 0{,}4 \cdot R_e$
	R_e: Streckgrenze des Schrauben- bzw. Scherbuchsenwerkstoffes		
Zulässige Lochleibung $\sigma_{a,zul}$ Für Grauguss etwa doppelte Werte	$\approx 0{,}75 \cdot R_m$ oder $\approx 1{,}2 \cdot R_e$	$\approx 0{,}60 \cdot R_m$ oder $\approx 0{,}9 \cdot R_e$	
	R_e und R_m: Streckgrenze und Zugfestigkeit des Schrauben-, Bauteil- oder Scherelementewerkstoffes		

8.6 Bewegungsschrauben und Spindeln

Lastheben mit einer Bewegungsschraube

a)

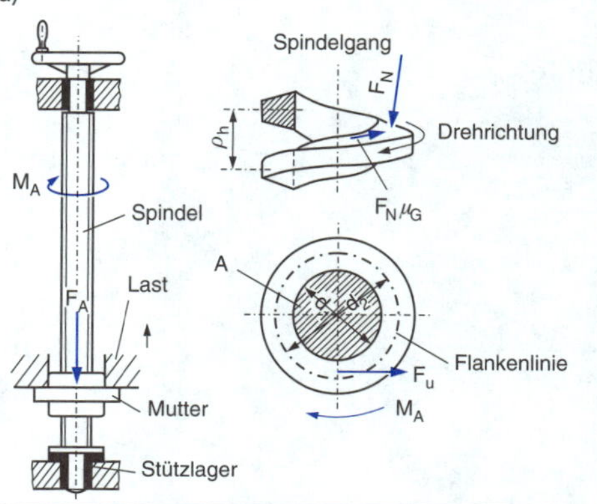

b)

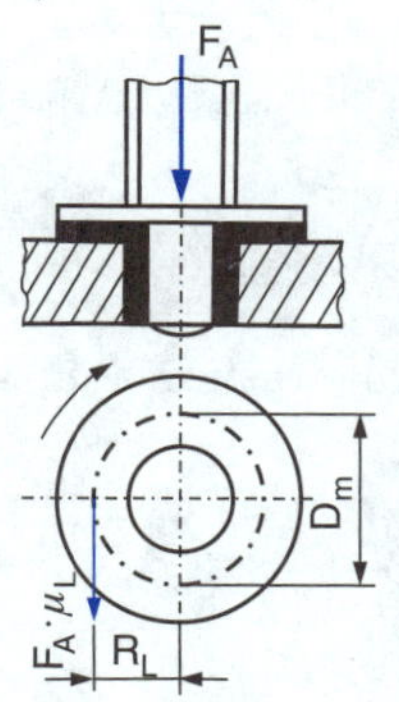

$$\tan\alpha = \frac{P_h}{d_2 \cdot \pi} \tag{8.93}$$

$$\tan\beta_N = \tan\beta \cdot \cos\alpha \tag{8.94}$$

$$\tan\rho_G = \frac{\mu_G}{\cos\beta_N} \tag{8.95}$$

c)

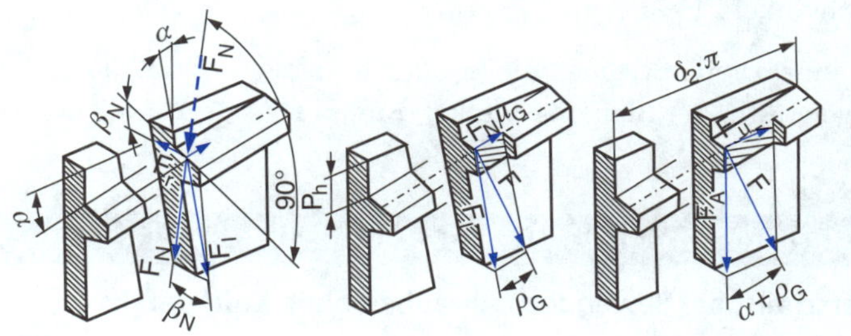

α: Steigungswinkel des Gewindes
P_h: Steigung des Gewindes
d_2: Flankendurchmesser des Gewindes
β_N: Flankenwinkel im Normalschnitt
β: Flankenwinkel im Achsschnitt
ρ_G: Reibungswinkel des Gewindes
μ_G: Reibungszahl im Gewinde

8.6.1 Kinematik der Bewegungsschraube

Antriebsmoment

$$M_t = M_{GN} + M_{GR} \tag{8.96}$$

M_t Antriebsmoment $[Nm]$

M_{GN} Nutzmoment $[Nm]$

M_{GR} Reibungsmoment $[Nm]$

Nutzmoment

$$M_{GN} = F_A \cdot \frac{d_2}{2} \cdot \tan\left(\alpha \pm \rho_G\right) \tag{8.97}$$

M_{GN} Nutzmoment $[Nm]$

F_A axial wirkende Längskraft $[N]$

8

d_2 Flankendurchmesser [mm]

α Steigungswinkel [°]

ρ_G Reibungswinkel [°]

Wirkungsgrad

Drehbewegung in Längsbewegung (Arbeitshub)

$$\eta_A = \frac{\tan\alpha}{\tan\left(\alpha + \rho_G\right)} \tag{8.99}$$

Längsbewegung in Drehbewegung (Rückhub)

$$\eta_R = \frac{\tan\left(\alpha - \rho_G\right)}{\tan\alpha} \tag{8.100}$$

η_A, η_R Wirkungsgrad [–]

α Steigungswinkel [°]

ρ_G Reibungswinkel [°]

Damit eine Längs- in eine Drehbewegung umgewandelt werden kann, darf keine Selbsthemmung vorliegen, d. h. der Steigungswinkel α muss stets größer als der Reibungswinkel ρ_G sein.

8.6.2 Auslegung und Berechnung von Spindel und Mutter

Erforderlicher Kernquerschnitt bei Bewegungsschrauben ohne Knickgefahr

$$A_3 \geq \frac{F}{\sigma_{z,d\ zul}} \tag{8.101}$$

A_3 Kernquerschnitt [mm^2]

F Axialkraft [N]

$\sigma_{z,d\ zul}$ zulässige Zug- bzw. Druckspannung [N/mm^2]

Zug- bzw. Druckbeanspruchung

$$\sigma_{z,d} = \frac{F}{A_3} \leq \sigma_{z,d\ zul} \tag{8.104}$$

$\sigma_{z,d}$ Zug- bzw. Druckspannung [N/mm^2]

F wirkende Zug- bzw. Druckkraft [N]

A_3 Kernquerschnitt [mm]

$\sigma_{z,d\ zul}$ zulässige Zug- bzw. Druckspannung (nach [8.18]) [N/mm^2]

Torsionsbeanspruchung

$$\tau_t = \frac{M_t}{W_p} = \frac{16 \cdot M_t}{\pi \cdot d_3^3} \le \tau_{t,zul} \qquad (8.103)$$

τ_t Torsionsspannung $[N/mm^2]$

M_t eingeleitetes Drehmoment $[N/mm^2]$

W_p polares Widerstandsmoment $[N/mm^2]$

d_3 Kerndurchmesser $[mm]$

$\tau_{t,zul}$ zulässige Torsionsspannung (nach [8.18]) $[N/mm^2]$

Vergleichsspannung

$$\sigma_v = \sqrt{{\sigma_{z,d}}^2 + 3 \cdot (\alpha_0 \cdot \tau_t)^2} \le \sigma_{v,zul} \qquad (8.105)$$

σ_v Vergleichsspannung $[N/mm^2]$

$\sigma_{v,zul}$ zulässige Vergleichsspannung $[N/mm^2]$

$\sigma_{z,d}$ Zug- bzw. Druckspannung $[N/mm^2]$

τ_t Torsionsspannung $[N/mm^2]$

α_0 Anstrengungsverhältnis $[-]$

Das Anstrengungsverhältnis α_0 zur Umwertung der Torsions- in eine Zug- bzw. Druckspannung ist bei schwellender Belastung mit $\alpha_0 = 1$ anzunehmen. In allen anderen Fällen beträgt $\alpha_0 = 0{,}7$.

Erforderlicher Kerndurchmesser bei Bewegungsschrauben mit Knickgefahr

$$d_3 \ge \sqrt[4]{\frac{64 \cdot F \cdot S \cdot l_k^2}{\pi^3 \cdot E}} \qquad (8.102)$$

d_3 Kerndurchmesser $[mm]$

F Druckkraft $[N]$

S Knicksicherheit $[-]$

l_K Knicklänge $[mm]$

E Elastizitätsmodul $[N/mm^2]$

8

Knickfälle für Bewegungsschrauben bzw. Spindeln

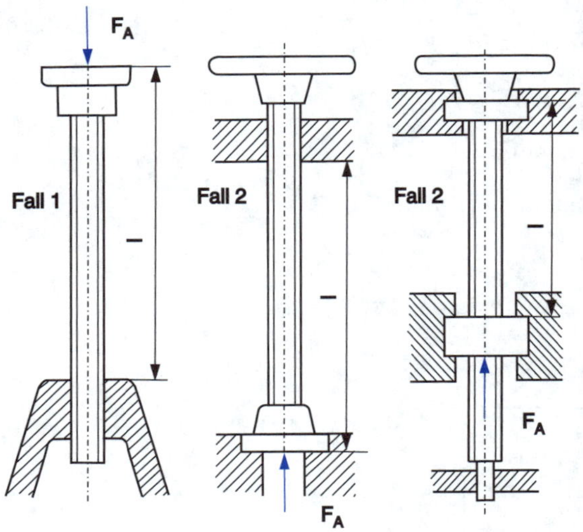

Schlankheitsgrad der Spindel:

$$\lambda = \frac{4 \cdot l_k}{d_3} \qquad (8.108)$$

Knickspannung nach Euler (elastisch, $\lambda \geq \lambda_0 = 105$ für S235 und $\lambda \geq \lambda_0 = 89$ für E295 und E335):

$$\sigma_K = \frac{E \cdot \pi^2}{\lambda^2} \qquad (8.109)$$

Knickspannung nach Tetmajer (unelastisch, $\lambda < \lambda_0 = 105$ für S235):

$$\sigma_K = 310 - 1{,}14 \cdot \lambda \qquad (8.110)$$

Knickspannung nach Tetmajer (unelastisch, $\lambda < \lambda_0 = 89$ für E295 und E335):

$$\sigma_K = 335 - 0{,}62 \cdot \lambda \qquad (8.111)$$

8

Knicksicherheit

$$S = \frac{\sigma_K}{\sigma_{vorh}} \geq S_{erf} \qquad (8.106)$$

S Knicksicherheit [−]

σ_K Knickspannung [N/mm^2]

σ_{vorh} vorhandene Spannung [N/mm^2]

S_{erf} erforderliche Knicksicherheit [−]

Bei elastischer Knickung sollte sich die erforderliche Knicksicherheit im Bereich von $S_{erf} \approx 3 \ldots 6$ bewegen. Bei unelastischer Knickung liegt der Bereich bei $S_{erf} \approx 4 \ldots 2$ mit abnehmendem Schlankheitsgrad. Bei Schlankheitsgraden $\lambda < 20$ kann der Nachweis der Knicksicherheit entfallen.

Zulässige Vergleichsspannung

Zulässige Vergleichsspannung $\sigma_{v,zul}$ Zulässige Zug-/Druck-Spannung $\sigma_{z,d\ zul}$ R_m: Zugfestigkeit des Spindelwerkstoffes	Beanspruchung	Schwellend	Wechselnd
	Trapezgewinde	$\approx 0{,}20 \cdot R_m$	$\approx 0{,}13 \cdot R_m$
	Sägengewinde	$\approx 0{,}25 \cdot R_m$	$\approx 0{,}16 \cdot R_m$

[8.18]

Mittlere Reibungszahlen für Bewegungsgewinde

Werkstoff der Mutter	Schmierung	Reibungszahlen Gewinde		Reibungszahlen Lagerung
		der Ruhe μ_{G0}	der Bewegung μ_G	
Bronze, Rotguss	Fett	0,24 (0,35)	0,12 (0,15)	$\mu_L \approx \mu_G$ bei Gleitlagerung $\mu_L \approx 0{,}0013$ bis $0{,}004$ für Axial-Wälzlager, bei Anlaufreibung ca. doppelte Werte
Bronze, Rotguss	Fett/Öl	0,19	0,08	
Polyamid PA6	Fett	0,19 (0,23)	0,07 (0,10)	

Mittlere Reibungszahlen für Bewegungsgewinde bei geschliffenen Spindeln aus Stahl ($R_a = 0{,}4$ µm) im eingelaufenen Zustand (Werte in Klammern bei Betriebsbeginn und nach Verschleiß)

Flächenpressung an den Gewindeflanken

$$p = \frac{F \cdot P}{l_1 \cdot d_2 \cdot \pi \cdot H_1} \leq p_{zul} \tag{8.107}$$

p Flächenpressung $[N/mm^2]$

p_{zul} zulässige Flächenpressung $[N/mm^2]$

F Axialkraft $[N]$

P Gewindeteilung $[-]$

l_1 Länge des Mutterngewindes $[mm]$

d_2 Flankendurchmesser $[mm]$

H_1 Flankenüberdeckung $[-]$

Zulässige Flächenpressungen

Werkstoffpaarung	Stahl Stahl	Stahl Grauguss	Stahl Bronze	Stahl gehärtet Bronze	Stahl – Kunststoff	
					$v = 30$ m/min	$v = 10$ m/min
Dauerbetrieb	8	5	10	15	2	5
Aussetzbetrieb	12	8	15	22	3	8
Seltener Betrieb	16	10	20	30	4	10

Stift-, Bolzenverbindungen und Sicherungselemente

9

ÜBERBLICK

9.1 Beanspruchungen in der Stiftverbindung

9.1.1 Steckstift unter Biegekraft F

Geometrische Größen Steckstiftverbindung

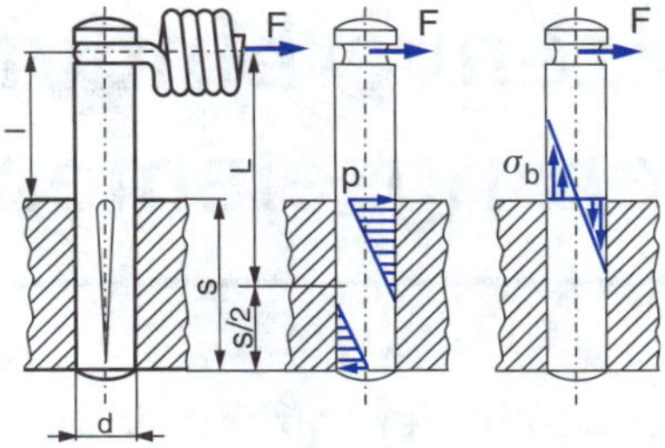

F	Kraft [N]
p	Flächenpressung [MPa]
σ_b	Biegespannung [N/mm^2]
$\sigma_{b,zul}$	zulässige Biegespannung [N/mm^2] nach [9.5]

Biegespannung σ_b im Stift

$$\sigma_b = \frac{M_b}{W_b} = \frac{F \cdot l}{W_b} = \frac{32 \cdot F \cdot l}{\pi \cdot d^3} \leq \sigma_{b,zul} \tag{9.1}$$

M_b Biegemoment [Nm]

W_b Widerstandsmoment gegen Biegung [mm^3]

Scherbeanspruchung τ_S im Stift

$$\tau_s = \frac{F}{A_s} = \frac{4 \cdot F}{\pi \cdot d^2} \leq \tau_{s,zul} \tag{9.2}$$

A_S	Querschnittsfläche Stift [mm^2]
$\tau_{S,zul}$	zulässige Scherspannung [N/mm^2] nach [9.5]

Flächenpressung p_{max} in der Stiftverbindung

$$p_{\max} = p_1 + p_2 = \frac{M_b}{W_b} + \frac{F}{A} = \frac{F \cdot \left(l + \frac{s}{2}\right)}{d \cdot s^2/6} + \frac{F}{d \cdot s} = \frac{F \cdot \left(4 + 6 \cdot \frac{l}{s}\right)}{d \cdot s} \leq p_{zul} \tag{9.3}$$

p_1 Anteil Flächenpressung aus Biegemoment M_b [MPa]

p_2 Anteil Flächenpressung aus Kraft F [MPa]

p_{zul} zulässige Flächenpressung [MPa] nach [9.5]

9.1.2 Querstiftverbindung unter Drehmoment M_t

Geometrische Größen Querstiftverbindung

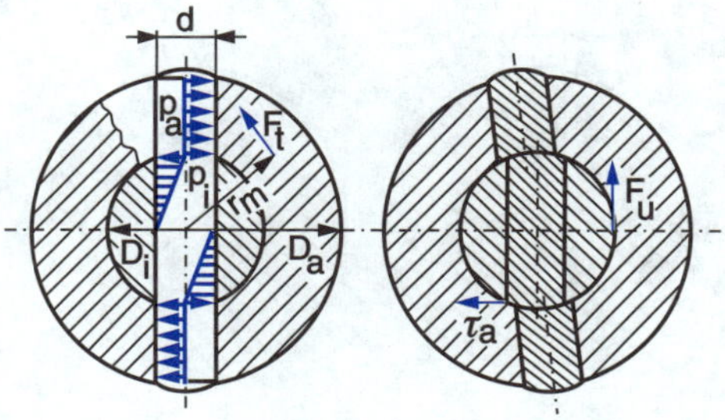

p_a Flächenpressung am Außenteil [MPa]

p_i Flächenpressung am Innenteil [MPa]

τ_a Scherspannung [N/mm^2]

Scherspannung τ_S im Stift

$$\tau_s = \frac{F_U}{2 \cdot A_s} = \frac{M_t}{2 \cdot \frac{D_i}{2} \cdot \frac{d^2 \cdot \pi}{4}} = \frac{4 \cdot M_t}{D_i \cdot d^2 \cdot \pi} \leq \tau_{s,zul} \tag{9.4}$$

F_u Umfangskraft [N]

A_S Querschnittsfläche Stift [mm^2]

$\tau_{S,zul}$ zulässige Scherspannung [N/mm^2] nach [9.5]

Flächenpressung p_i am Innenteil

$$p_i = \frac{M_t}{W_b} = \frac{M_t}{d \cdot D_i^2/6} = \frac{6 \cdot M_t}{d \cdot D_i^2} \leq p_{zul} \tag{9.5}$$

M_t Drehmoment [Nm]

W_b Widerstandsmoment gegen Biegung [mm^3]

Flächenpressung p_a am Außenteil

$$p_a = \frac{F_t}{A} = \frac{\frac{M_t}{r_m}}{d \cdot (D_a - D_i)} = \frac{\frac{M_t}{0{,}25 \cdot (D_a + D_i)}}{d \cdot (D_a - D_i)} = \frac{4 \cdot M_t}{d \cdot \left(D_a^2 - D_i^2\right)} \leq p_{zul} \tag{9.6}$$

F_t Tangentialkraft am mittleren Radius r_m [N]

A Projektionsfläche Bohrung [mm^2]

p_{zul} zulässige Flächenpressung [MPa] nach [9.5]

9.1.3 Längsstiftverbindung unter Drehmoment M_t

Geometrische Größen Längsstiftverbindung

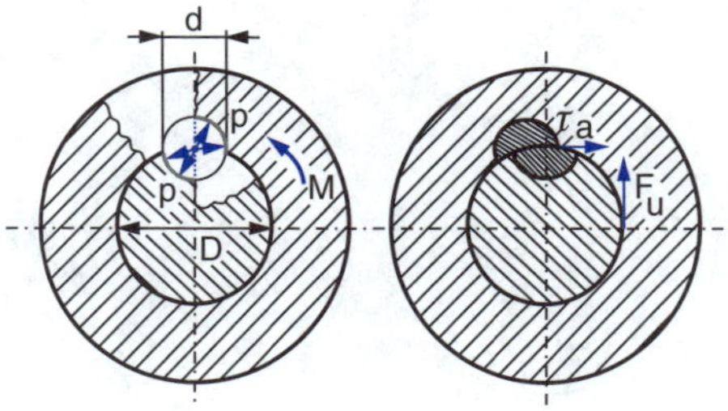

p Flächenpressung am Stift [MPa]

τ_a Scherspannung [N/mm^2]

Scherspannung τ_S im Stift

$$\tau_s = \frac{F_u}{A_s} = \frac{\frac{2 \cdot M_t}{D}}{d \cdot l} = \frac{2 \cdot M_t}{D \cdot d \cdot l} \leq \tau_{s,zul} \tag{9.8}$$

9

F_u Umfangskraft [N]

M_t Drehmoment [Nm]

A_S Querschnittsfläche Stift [mm^2]

$\tau_{S,zul}$ zulässige Scherspannung [N/mm^2] nach [9.5]

Flächenpressung p am Stift

$$p = \frac{F_u}{A} = \frac{\frac{2 \cdot M_t}{D}}{0{,}5 \cdot d \cdot l} = \frac{4 \cdot M_t}{D \cdot d \cdot l} \leq p_{zul} \tag{9.7}$$

A Projektionsfläche Bohrung [mm^2]

p_{zul} zulässige Flächenpressung [MPa] nach [9.5]

9.2 Beanspruchungen in der Bolzenverbindung

9.2.1 Bolzenverbindung im Maschinenbau

Beanspruchung querbelasteter zweischnittiger Bolzenverbindungen

<table>
<tr>
<td>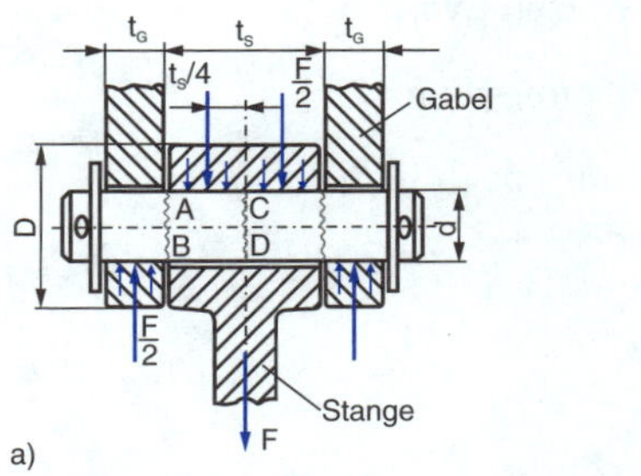
a)</td>
<td>Fall I:
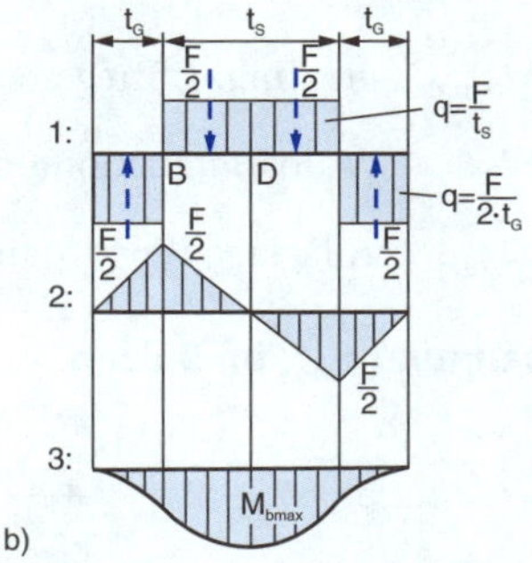
b)</td>
</tr>
<tr>
<td>Einbauverhältnisse</td>
<td>Gabel: Spielpassung
Stange: Spielpassung</td>
</tr>
<tr>
<td>Fall II:
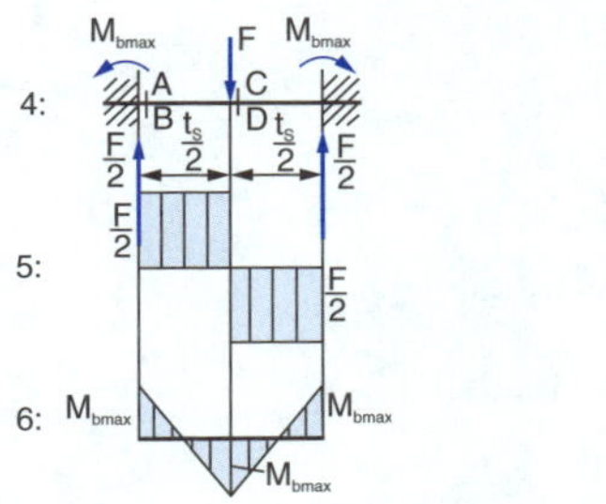
c)</td>
<td>Fall III:
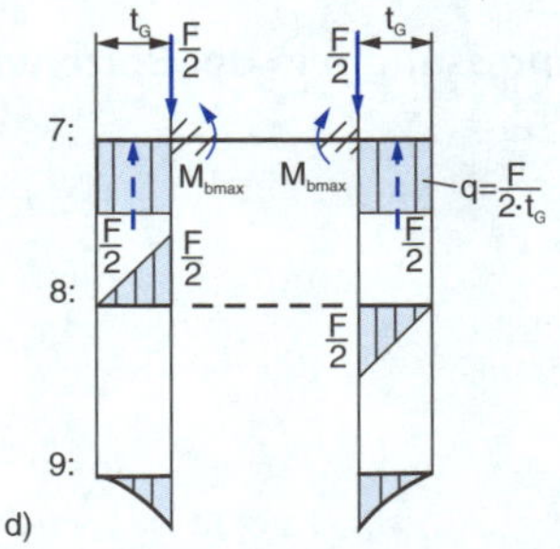
d)</td>
</tr>
<tr>
<td>Gabel: Presspassung
Stange: Spielpassung</td>
<td>Gabel: Spielpassung
Stange: Presspassung</td>
</tr>
</table>

F	Kraft $[N]$
$M_{b,max}$	maximales Biegemoment im Bolzen $[Nm]$
t_g	Wanddicke Gabel $[mm]$
t_s	Wanddicke Stange $[mm]$

Maximales Biegemoment $M_{b,max}$ im Bolzen

Fall I
$$M_{b,\max} = \frac{F \cdot (t_S + 2 \cdot t_G)}{8} \tag{9.9}$$

Fall II
$$M_{b,max} = \frac{F \cdot t_S}{8} \tag{9.10}$$

Fall III
$$M_{b,max} = \frac{F \cdot t_G}{4} \tag{9.11}$$

Biegespannung $\sigma_{b,max}$ im Bolzen

$$\sigma_{b,max} = \frac{M_{b,max}}{W_b} \le \sigma_{b,zul} \quad (9.12)$$

$$W_b = \frac{\pi \cdot d^3}{32} \quad (9.13)$$

$M_{b,max}$ maximales Biegemoment im Bolzen [Nm]

W_b Widerstandsmoment gegen Biegung [mm^3]

$\sigma_{b,zul}$ zulässige Biegespannung [N/mm^2] nach [9.5]

Scherspannung τ_{max} im Bolzen

$$\tau_{max} = \frac{4}{3} \cdot \frac{F}{A_S \cdot 2} \le \tau_{s,zul} \quad (9.14)$$

A_S Querschnittsfläche Bolzen [mm^2]

$\tau_{S,zul}$ zulässige Schubspannung [N/mm^2] nach [9.5]

Flächenpressung p in der Bolzenverbindung

9

$$p = \frac{F}{A_{proj}} \le p_{zul} \quad (9.15)$$

$$A_{proj} = d \cdot t_S \quad \text{(Stange)} \quad (9.16)$$

$$A_{proj} = 2 \cdot d \cdot t_G \quad \text{(Gabel)} \quad (9.17)$$

A_{proj} projizierte Bolzenfläche [mm^2]

p_{zul} zulässige Flächenpressung [MPa] nach [9.5]

Biegemoment M_b im Wangenquerschnitt

Annahme: Spiel zwischen Bolzen und Gabel

$$M_b = \frac{F \cdot (d_L + c)}{8} \quad (9.18)$$

F Kraft [N]

d_L Lochdurchmesser Gabel [mm]

c Wangenbreite der Gabel [mm]

Widerstandsmoment W_b des Wangenquerschnitts

$$W_b = \frac{c^2 \cdot t}{6} \quad (9.19)$$

c Wangenbreite der Gabel [mm]

t Dicke der Wange [mm]

Normalspannung σ im Wangenquerschnitt am Lochrand

Zusammengesetzte Beanspruchung aus Normalspannung und Biegespannung

$$\sigma = \frac{F}{A} + \frac{M_b}{W_b} = \frac{F}{2 \cdot c \cdot t} + \frac{6 \cdot F \cdot (d_L + c)}{8 \cdot c^2 \cdot t} = \frac{F}{2 \cdot c \cdot t} \cdot \left[1 + \frac{3}{2} \cdot \left(\frac{d_L}{c} + 1 \right) \right] \leq \sigma_{zul} \qquad (9.20)$$

F Kraft [N]

M_b Biegemoment im Wangenquerschnitt [Nm]

W_b Widerstandsmoment des Wangenquerschnitts [mm^3]

d_L Lochdurchmesser Gabel [mm]

c Wangenbreite der Gabel [mm]

t Dicke der Wange [mm]

σ_{zul} zulässige Normalspannung [N/mm^2] nach [9.5]

Bemessungsgleichung zur überschlägigen Bestimmung des Bolzendurchmessers d

$d \approx k \cdot \sqrt{\frac{F}{\sigma_{b,zul}}}$ (9.21)		Nicht gleitende Flächen: $t_s/d = 1{,}0$ und $t_g/d = 0{,}5$ Gleitende Flächen: $t_s/d = 1{,}6$ und $t_g/d = 0{,}6$				
Einbaufall	Fall I		Fall II		Fall II	
Gleitverhältnisse	Nicht gleitend	Gleitend	Nicht gleitend	Gleitend	Nicht gleitend	Gleitend
Einspannfaktor k	1,6	1,9	1,1	1,4	1,1	1,2
Für den Augendurchmesser (Nabendurchmesser) D gilt in Abhängigkeit vom Bolzendurchmesser d:						
$D \approx 2{,}5 \ldots 3{,}0 \cdot d$ (Stahl und GS) (9.22)			$D \approx 3{,}0 \ldots 3{,}5 \cdot d$ (GJL) (9.23)			
Da die Augen bzw. Bohrungen der Stange und Gabel in Abhängigkeit vom Spiel bzw. Übermaß zwischen Bolzen und Bohrung relativ hoch beansprucht werden, haben sich folgende Erfahrungswerte für die Geometrie zweischnittiger Bolzenverbindungen bewährt:						
$t_s/d = 1{,}5$ bis $1{,}7$ (9.24)			$t_s/t_g = 2{,}0$ bis $3{,}5$ (9.25)			

F Kraft [N]

$\sigma_{b,zul}$ zulässige Biegespannung [N/mm^2] nach [9.5]

D Augendurchmesser [mm]

t_s Wanddicke Stange [mm]

t_g Wanddicke Gabel [mm]

9.2.2 Bolzenverbindung im Stahlbau

Bolzenverbindung mit Augenlaschen im Stahlbau

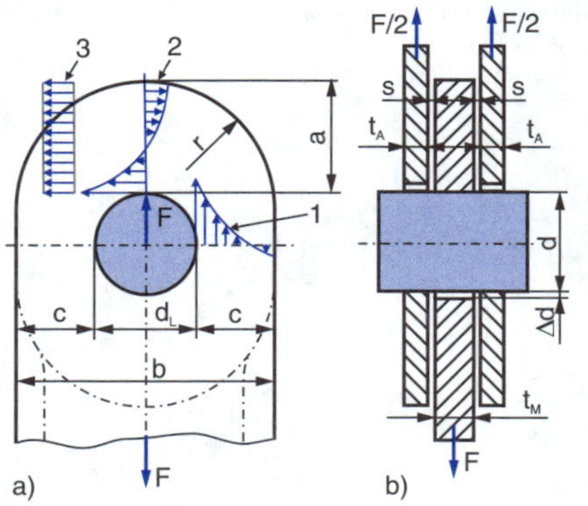

a) Abmessungen und Spannungen der Mittellasche
b) Schnittdarstellung der Verbindung
1 Normalspannungsverlauf in der Wange
2 Biegespannungsverlauf im Scheitel
3 Mittlere Schubspannung im Scheitel

F	Kraft $[N]$
d_L	Lochdurchmesser Augenlasche $[mm]$
Δd	Lochspiel $[mm]$
a	Scheitelhöhe des Augenstabes $[mm]$
b	Breite des Augenstabes $[mm]$
c	Wangenbreite des Augenstabes $[mm]$
s	Spiel zwischen Mittellasche und Augenlasche $[mm]$
t_M	Dicke der Mittellasche $[mm]$
t_A	Dicke der Augenlasche $[mm]$

9

Beanspruchungsgerechte Gestaltung der Mittellasche

$$t_m \geq 0{,}7 \cdot \sqrt{\frac{F}{R_e/S_M}} \tag{9.26}$$

$$a \geq \frac{F}{2 \cdot t_M \cdot R_e/S_M} + \frac{2}{3} \cdot d_L \tag{9.27}$$

$$c \geq \frac{F}{2 \cdot t_M \cdot R_e/S_M} + \frac{1}{3} \cdot d_L \tag{9.28}$$

F Kraft [N]

R_e Streckgrenze des Bauteilwerkstoffes [MPa]

S_M Sicherheitsbeiwert (S_M=1,1)

d_L Lochdurchmesser Augenlasche [mm]

a Scheitelhöhe des Augenstabes [mm]

c Wangenbreite des Augenstabes [mm]

t_M Dicke der Mittellasche [mm]

Maximales Biegemoment $M_{b,max}$ in Bolzenmitte

$$M_{b,\max} = \frac{F \cdot (t_M + 2 \cdot t_A + 4 \cdot s)}{8} \tag{9.29}$$

Biegespannung $\sigma_{b,max}$ im Bolzen

$$\sigma_{b,max} = \frac{M_{b,max}}{W_b} \leq \sigma_{b,zul} \tag{9.30}$$

$M_{b,max}$ maximales Biegemoment im Bolzen [Nm]

W_b Widerstandsmoment gegen Biegung [mm^3]

$\sigma_{b,zul}$ zulässige Biegespannung [N/mm^2] nach [9.8]

Mittlere Scherspannung τ_s im Bolzen

$$\tau_s = \frac{F}{2 \cdot A_S} \leq \tau_{s,zul} \tag{9.32}$$

F	Kraft [N]
A_S	Querschnittsfläche des Bolzen [mm^2]
$\tau_{s,zul}$	zulässige Scherspannung [N/mm^2] nach [9.8]

Mittlere Flächenpressung p in der Bolzenverbindung

$$p = \sigma_l = \frac{F}{A_{proj}} \leq p_{zul} = \sigma_{l,zul} \tag{9.33}$$

F	Kraft [N]
A_{proj}	Projizierte Bolzenfläche [mm^2]
p_{zul}	zulässige Flächenpressung [N/mm^2] nach [9.8]

Projizierte Bolzenfläche A_{proj}

Mittellasche

$$A_{proj} = d \cdot t_M \tag{9.34}$$

äußere Lasche

$$A_{proj} = 2 \cdot d \cdot t_A \tag{9.35}$$

Sicherheitsnachweis bei kombinierter Beanspruchung

$$\left(\frac{\sigma_{b,max}}{\sigma_{b,zul}}\right)^2 + \left(\frac{\tau_s}{\tau_{s,zul}}\right)^2 \leq 1 \tag{9.36}$$

$\sigma_{b,max}$	Biegespannung [N/mm^2]
τ_s	Scherspannung [N/mm^2]
$\sigma_{b,zul}$	zulässige Biegespannung [N/mm^2] nach [9.8]
$\tau_{s,zul}$	zulässige Scherspannung [N/mm^2] nach [9.8]

9.3 Beanspruchbarkeit von Stift- und Bolzenverbindungen

Zulässige Beanspruchungen von Stift- und Bolzenverbindungen in Abhängigkeit des vorliegenden Belastungszustandes [9.5]

Bauteilwerkstoff	Lastfall	Presssitz glatter Stifte			Sitz mit gekerbtem Teil (z. B. Kerbstift)			Gleitsitz glatter Bolzen		
		p_{zul}	$\sigma_{b,zul}$	$\tau_{s,zul}$	p_{zul}	$\sigma_{b,zul}$	$\tau_{s,zul}$	p_{zul}	$\sigma_{b,zul}$	$\tau_{s,zul}$
S235 (St 37)		98			69			30		
E295 (St 50)		104			73			30		
Stahlguss		83			58			30		
Grauguss	ruhend	68	190	80	48	160	65	40	200	80
CuSn-, CuZn-Leg.		40			28			40		
AlCuMg-Leg.		65			46			20		
AlSi-Leg.		45			32			20		

Bauteilwerkstoff	Lastfall	Presssitz glatter Stifte			Sitz mit gekerbtem Teil			Gleitsitz glatter Bolzen		
		p_{zul}	$\sigma_{b,zul}$	$\tau_{s,zul}$	p_{zul}	$\sigma_{b,zul}$	$\tau_{s,zul}$	p_{zul}	$\sigma_{b,zul}$	$\tau_{s,zul}$
S235 (St 37)		72			52			24		
E295 (St 50)		76			55			24		
Stahlguss		62			43			24		
Grauguss	schwellend	52	145	60	36	120	50	32	140	60
CuSn-, CuZn-Leg.		29			21			32		
AlCuMg-Leg.		47			35			16		
AlSi-Leg.		33			24			16		

Bauteilwerkstoff	Lastfall	Presssitz glatter Stifte			Sitz mit gekerbtem Teil			Gleitsitz glatter Bolzen		
		p_{zul}	$\sigma_{b,zul}$	$\tau_{s,zul}$	p_{zul}	$\sigma_{b,zul}$	$\tau_{s,zul}$	p_{zul}	$\sigma_{b,zul}$	$\tau_{s,zul}$
S235 (St 37)		36			26			12		
E295 (St 50)		38			28			12		
Stahlguss		31			21			12		
Grauguss	wechselnd	26	75	30	18	60	25	16	70	30
CuSn-, CuZn-Leg.		14			10			16		
AlCuMg-Leg.		23			17			8		
AlSi-Leg.		16			12			8		

Zulässige Beanspruchungen für Bolzenverbindungen auf Grundlage von R_m und K_t in Anlehnung an DIN 743 [9.6]

Lastfall	p_{zul} (nicht gleitende Flächen)	$\sigma_{b,zul}$	$\tau_{s,zul}$
Ruhend	$0{,}35 \cdot K_t \cdot R_m$	$0{,}30 \cdot K_t \cdot R_m$	$0{,}20 \cdot K_t \cdot R_m$
Schwellend	$0{,}25 \cdot K_t \cdot R_m$	$0{,}20 \cdot K_t \cdot R_m$	$0{,}15 \cdot K_t \cdot R_m$
Wechselnd	$0{,}15 \cdot K_t \cdot R_m$	$0{,}15 \cdot K_t \cdot R_m$	$0{,}10 \cdot K_t \cdot R_m$
$K_t = 1 - 0{,}23 \cdot \lg \dfrac{d}{100\,\text{mm}}$	Nitrierstähle und Baustähle	$K_t = 1 - 0{,}41 \cdot \lg \dfrac{d}{11\,\text{mm}}$	Einsatzstähle
$K_t = 1 - 0{,}26 \cdot \lg \dfrac{d}{16\,\text{mm}}$	Vergütungsstähle (gilt auch für CrNiMo-Einsatzstähle)		

Für nicht gehärtete Normbolzen und Normstifte (Härte 125 bis 245 HV) kann mit dem Richtwert für $R_m = 400\ \text{N/mm}^2$ gerechnet werden.

R_m Zugfestigkeit [MPa]

K_t technologischer Größeneinflussfaktor

9

Zulässige Beanspruchungen für Stangenköpfe unter statischer und dynamischer Belastung (Erfahrungswerte) [9.7]

Belastungsart	Stahl	GJL (GG)
Statisch	$0{,}50 \cdot K_t \cdot R_e$	$0{,}50 \cdot K_t \cdot R_m$
Dynamisch	$0{,}20 \cdot K_t \cdot R_e$	$0{,}20 \cdot K_t \cdot R_m$

Zur Berechnung von K_t siehe Tabelle 9.6.

R_e Streckgrenze [MPa]

K_t technologischer Größeneinflussfaktor

Zulässige Beanspruchungen für Bolzenverbindungen nach Stahlbaurichtlinie DIN 18800 [9.8]

$\sigma_{l,zul}$	$\sigma_{b,zul}$	$\tau_{s,zul}$
$1{,}5 \cdot R_e / S_M$	$0{,}8 \cdot R_e / S_M$	$\alpha_a \cdot R_e / S_M$

$\alpha_a = 0{,}6$ für Schraubenbolzen der Festigkeitsklassen 4.6, 5.6 und 8.8
$\alpha_a = 0{,}55$ für Schraubenbolzen der Festigkeitsklassen 10.9 oder vergleichbare Bolzenwerkstoffe
Für den Teilsicherheitsbeiwert ist $S_M = 1{,}1$ einzusetzen.

Unterliegt die Gelenkverbindung in der Stahlbaukonstruktion dynamischen Lastanteilen, so ist die zulässige Lochleibungsspannung nicht voll auszunutzen und der Bolzen sollte geschmiert werden (z.B. mit MoS_2).

R_e Streckgrenze $[MPa]$

S_M Sicherheitsbeiwert (S_M=1,1)

9.4 Beanspruchbarkeit von Sicherungselementen

Tragfähigkeit von Sicherungsringen (Auswahl) nach DIN 471 und 472

Wellen-∅ *d* [mm]	**10**	**20**	**30**	**40**	**50**	**60**	**70**	**80**	**90**	**100**	**120**	**150**
F [kN] Nut	1,01	5,06	10,73	25,3	38,0	46,0	53,8	71,6	80,8	90,0	123,5	193,0
F [kN] Ring	4,0	17,1	32,1	51,0	73,3	69,2	134,2	128,4	217,2	206,4	424,6	357,5

Bohrungs-∅ *d* [mm]	**16**	**22**	**32**	**40**	**52**	**62**	**72**	**80**	**90**	**100**	**120**	**150**
F [kN] Nut	3,4	5,9	14,6	27,0	42,0	49,8	58,0	74,6	84,0	93,1	127,0	191,0
F [kN] Ring	5,5	8,0	17,8	44,6	60,3	60,9	119,2	120,9	199,0	188,0	396,0	326,0

Federn

10

ÜBERBLICK

10.1 Allgemeine Größen zur Auslegung von Federn

Beispiele für Federkennlinien

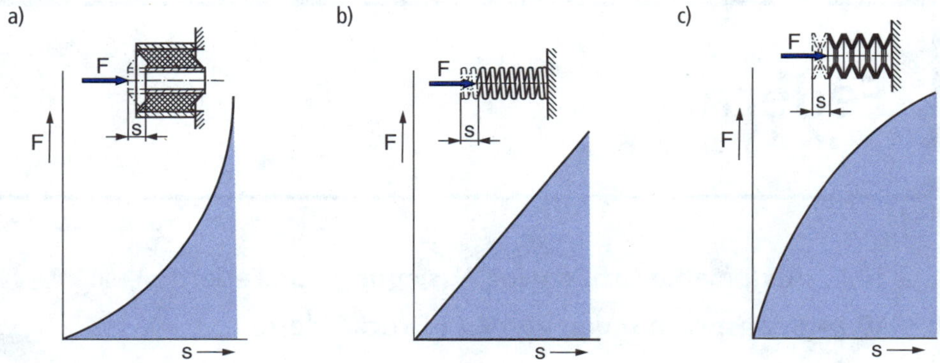

F Kraft $[N]$

s Federweg $[mm]$

Federsteifigkeit c bzw. Federrate R

$$R = c = \frac{dF}{ds} = \tan\alpha \quad \text{oder} \quad R = c = \frac{dM_t}{d\varphi} = \tan\alpha \tag{10.17}$$

dF Änderung der einwirkenden Kraft $[N]$

dM_t Änderung des einwirkenden Drehmomentes $[Nm]$

ds Änderung des Federweges aufgrund von dF $[mm]$

$d\varphi$ Änderung des Federweges aufgrund von dM_t $[rad]$

Federnachgiebigkeit δ

$$\delta = \frac{1}{c} = \frac{ds}{dF} \quad \text{oder} \quad \delta = \frac{1}{c} = \frac{d\varphi}{dM_t} \tag{10.18}$$

c Federsteifigkeit $[N/mm]$ bzw $[Nm/rad]$

Federarbeit W_{el}

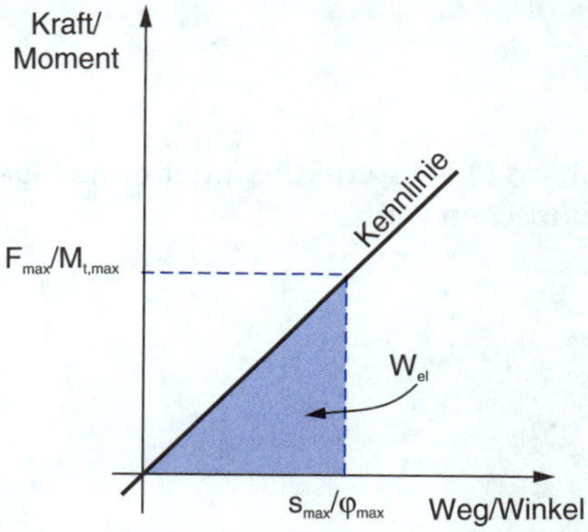

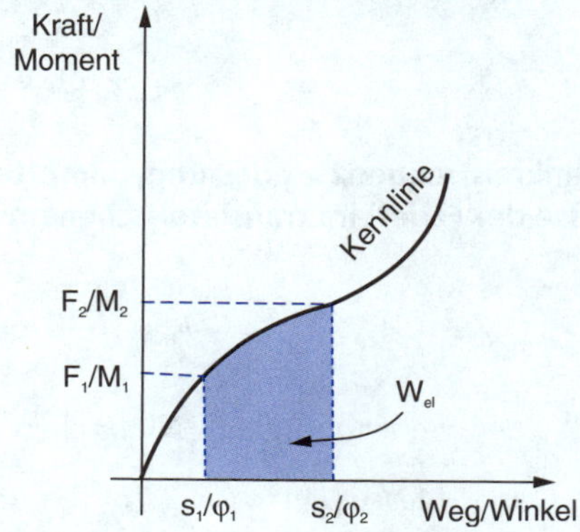

Berechnung allgemein

$$W_{el} = \int_{s_1}^{s_2} F(s) \cdot ds \quad \text{oder} \quad W_{el} = \int_{\varphi_1}^{\varphi_2} M_t(\varphi) \cdot d\varphi \tag{10.19}$$

Berechnung mit konst. Federkennlinie ($c = R = \text{const.}$)

$$W_{el} = \frac{1}{2} \cdot F_{max} \cdot s_{max} = \frac{1}{2} \cdot c \cdot s_{max}^2 \quad \text{oder} \quad W_{el} = \frac{1}{2} \cdot M_{t,max} \cdot \varphi_{max} = \frac{1}{2} \cdot c \cdot \varphi_{max}^2 \tag{10.20}$$

Zusammenschaltung von Federn

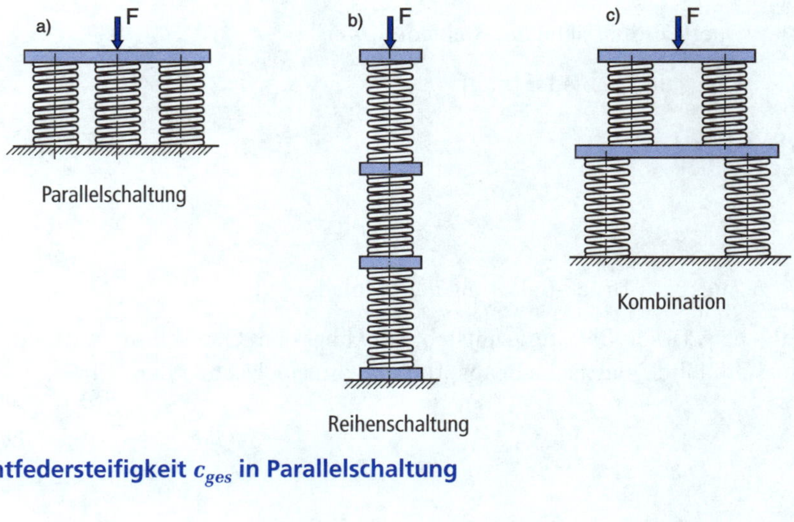

Gesamtfedersteifigkeit c_{ges} in Parallelschaltung

$$c_{ges} = \sum_{i=1}^{n} c_i \tag{10.37}$$

Gesamtfedersteifigkeit c_{ges} in Reihenschaltung

$$\frac{1}{c_{ges}} = \sum_{i=1}^{n} \frac{1}{c_i} \tag{10.41}$$

Eigenkreisfrequenz ω_0 des ungedämpften Systems (1-Massen-Schwinger ohne Eigenmasse der Feder) im translatorischen und rotatorischen Fall

$$\omega_0 = \sqrt{\frac{c}{m}} \quad \text{oder} \quad \omega_0 = \sqrt{\frac{c}{J}} \tag{10.2}$$

c Federsteifigkeit $[N/mm]$ bzw. $[Nm/rad]$

m Masse $[kg]$

J Trägheitsmoment $[kgm^2]$

10.2 Beanspruchungen von Zug-Druckfedern

10.2.1 Stabfedern

Federsteifigkeit c bei linearer Federkennlinie

$$c = \frac{A \cdot E}{l} \tag{10.43}$$

E Elastizitätsmodul der Stabfeder $[N/mm^2]$

A Querschnittsfläche der Stabfeder $[mm^2]$

l Länge der Stabfeder $[mm]$

Federarbeit W_{el}

$$W = \frac{1}{2} \cdot \frac{F^2 \cdot l}{E \cdot A} \tag{10.44}$$

F Zug- bzw. Druck-Belastung der Stabfeder $[N]$

Unter Zug- bzw. Druck-Belastung entsteht eine über dem Querschnitt konstante Spannung (ausschließlich elastische Beanspruchung im Hook'schen Bereich).

10.2.2 Ringfedern

Aufbau und Kennlinie einer Ringfeder

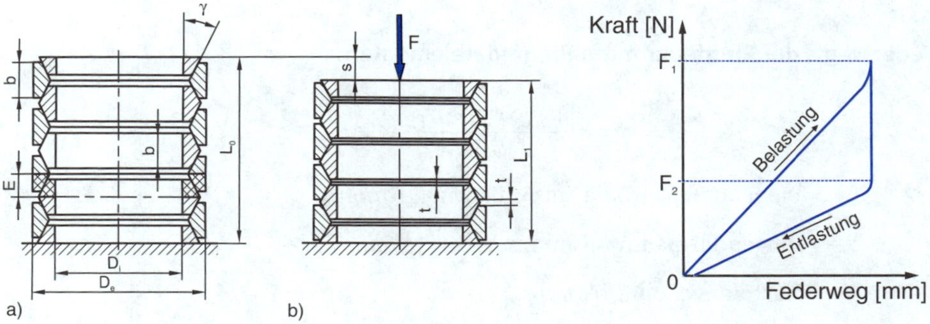

F, F_1	Federkraft bei Belastung [N]
F_2	Federkraft bei Entlastung [N]

Belastungszustände bei Ringfedern mit bzw. ohne Reibungseinfluss

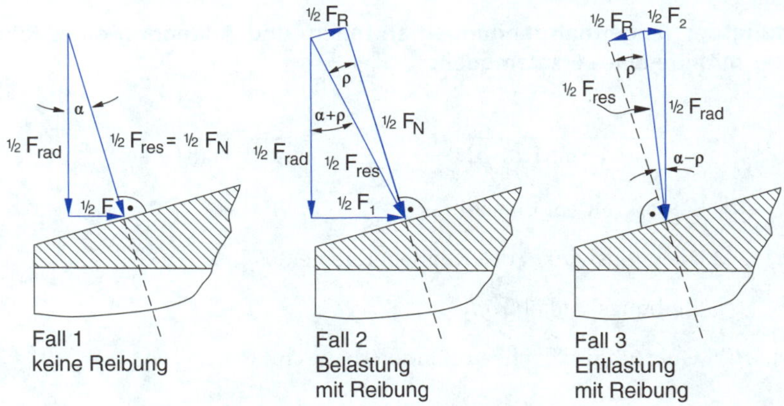

F_N	Normalkraft auf Ringfederelement [N]
F_{rad}	Radialkraft auf Ringfederelement [N]
F_{res}	resultierende Kraft auf Ringfederelement [N]

Radialkraft bei Belastung der Ringfederelemente

$$F_{rad} = \frac{F_1}{\tan(\alpha + \rho)} \tag{10.47}$$

α	Neigungswinkel des Ringfederelementes [rad]
ρ	Reibungswinkel [rad]

Federkraft bei Entlastung der Ringfederelemente

$$F_2 = F_{rad} \cdot \tan(\alpha - \rho) = F_1 \cdot \frac{\tan(\alpha - \rho)}{\tan(\alpha + \rho)} \qquad (10.48)$$

Federweg s der Ringfeder mit n Ringfederelementen

$$s = n \cdot \frac{\sigma_{T,a} \cdot r_{m,a} + \sigma_{T,i} \cdot r_{m,i}}{E \cdot \tan \alpha} \qquad (10.57)$$

$\sigma_{T,a}$ Tangentialspannung am Außenring $[N/mm^2]$

$\sigma_{T,i}$ Tangentialspannung am Innenring $[N/mm^2]$

E Elastizitätsmodul $[N/mm^2]$

α Neigungswinkel des Ringfederelementes $[rad]$

$r_{m,a}$ mittlerer Radius Außenring $[mm]$

$r_{m,i}$ mittlerer Radius Innenring $[mm]$

n Anzahl der Ringfederelemente

Berechnung der Tangentialspannungen an Innen- und Außenring eines Ringfederelementes mithilfe eines Ersatzmodells

$$\sigma_{T,i} = -\frac{F_1}{\pi \cdot A_i \cdot \tan(\alpha + \rho)} \quad \text{bzw.} \quad \sigma_{T,a} = \frac{F_1}{\pi \cdot A_a \cdot \tan(\alpha + \rho)} \qquad (10.53)$$

F_1 Federkraft bei Belastung $[N]$

α Neigungswinkel des Ringfederelementes $[rad]$

ρ Reibungswinkel $[rad]$

A_i, A_a Querschnittsfläche von Innen- bzw. Außenring $[N]$

Prüfung auf Selbsthemmung der Ringfeder

Eine Rückfederung kann nur bei einer vorhandenen rückstellenden Kraft stattfinden. Hierzu darf keine Selbsthemmung vorliegen, d. h. der halbe Kegelwinkel α muss größer sein als der Reibungswinkel ρ:

$$\alpha > \rho \quad \text{bzw.} \quad \alpha > \arctan \mu \qquad (10.49)$$

10.3 Beanspruchungen von Biegefedern

10.3.1 Blattfedern

Ausgewählte Blattfederbauarten

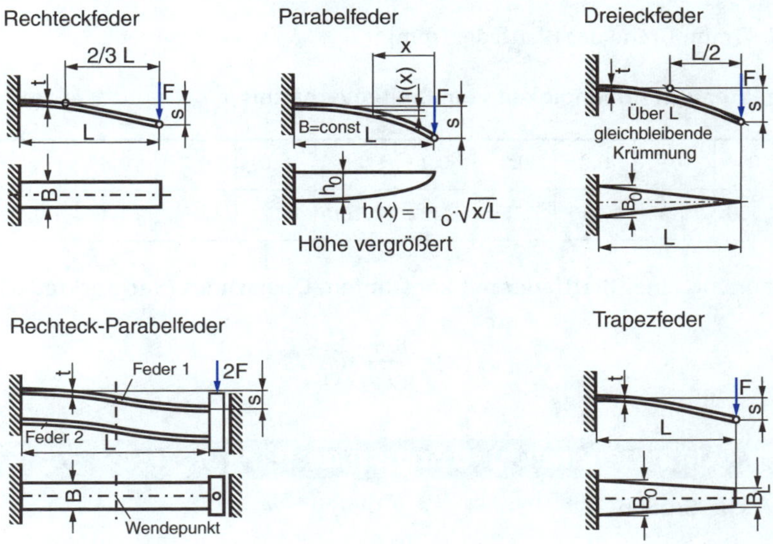

Federweg *s*

(Biegelinie eines eingespannten Balkens mit konstantem Querschnitt in Abhängigkeit des Einflussfaktors ψ)

$$s = \psi \cdot \frac{4 \cdot F \cdot L^3}{B_0 \cdot t^3 \cdot E} \tag{10.77}$$

F Belastung der Blattfeder $[N]$

E Elastizitätsmodul $[N/mm^2]$

L Blattfederlänge $[mm]$

B_0 max. Breite der Blattfeder $[mm]$

t Dicke der Blattfeder $[mm]$

ψ Einflussfaktor bei veränderlichem Querschnitt der Blattfeder

Breitenverhältnis β

$$\beta = \frac{B_L}{B_0} \tag{10.76}$$

B_0 max. Breite der Blattfeder $[mm]$

B_L min. Breite der Blattfeder $[mm]$

Einflussfaktor ψ in Abhängigkeit vom Breitenverhältnis β

β	0	0,1	0,2	0,3	0,4	0,5	0,6	0,7	0,8	0,9	1,0
ψ	1,500	1,390	1,315	1,250	1,202	1,160	1,121	1,085	1,045	1,025	1,000

Biegespannung einer Blattfeder mit konstantem Querschnitt (Rechteckfeder)

$$\sigma_b(x) = \frac{6 \cdot F \cdot x}{B \cdot t^2} \tag{10.75}$$

10.3.2 Schraubendreh- und Spiralfedern

Geometrische Größen

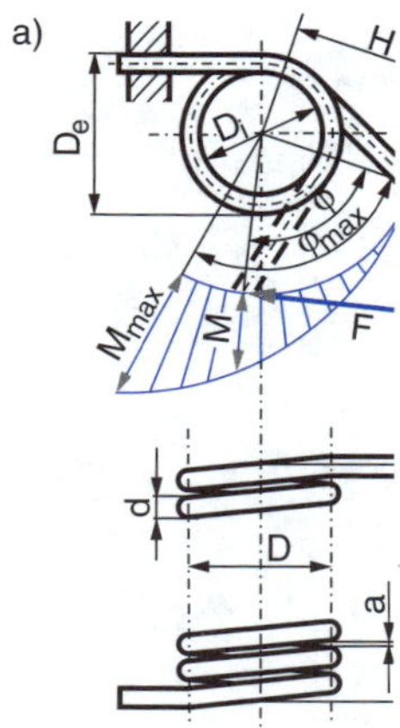

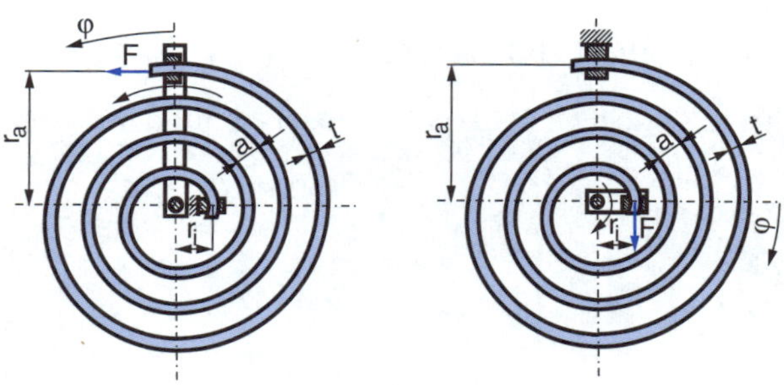

Endung der Windungszahl in Abhängigkeit der Federnausführung

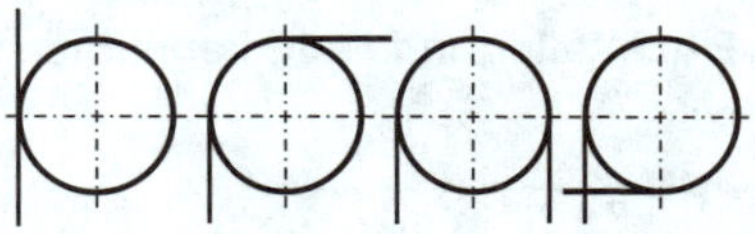

n=...,0 ...,25 ....,5 ....,75

Grundgleichungen zur Berechnung von Schrauben- und Spiralfedern

	Schraubendrehfeder	**Spiralfeder**
Drehmoment	$M = F \cdot r$ (10.87)	$M = F \cdot r_{e,i}$ (10.88) Mit r_e bei Außenbetätigung und r_i bei Innenbetätigung gemäß Buchabbildung 10.20
Biegespannung	$\sigma_{b,max} = \frac{M}{W_b}$ (10.89)	
Widerstandsmoment	$W_b = \frac{\pi \cdot d^3}{32}$ (10.90)	$W_b = \frac{b \cdot t^2}{6}$ (10.91)
Verdrehwinkel	$\varphi = \frac{M \cdot l}{E \cdot I_{äq}}$ (10.92)	
Drehfedersteifigkeit	$c_t = \frac{dM}{d\varphi} = \frac{E \cdot I_{äq}}{l}$ (10.93)	
Flächenträgheitsmoment	$I_{äq} = \frac{\pi \cdot d^4}{64}$ (10.94)	$I_{äq} = \frac{b \cdot t^3}{12}$ (10.95)
Federlänge	$l = \pi \cdot D_m \cdot n$ (10.96)	$l \approx 2 \cdot \pi \cdot n \cdot \left(r_i + \frac{n}{2} \cdot (t + a) \right)$ (10.97)
Federarbeit	$W = \frac{1}{2} \cdot M \cdot \varphi = \eta_A \cdot \frac{\sigma_{b,max}^2 \cdot V}{2 \cdot E}$ (10.98)	
Artnutzgrad	$\eta_A = \frac{1}{4}$ (Kreisquerschnitt) (10.99)	$\eta_A = \frac{1}{3}$ (Rechteckquerschnitt) (10.100)

Spannungsüberhöhung $\sigma_{b,korr}$ bei Schraubendrehfedern aufgrund der Drahtkrümmung bei dynamischer Beanspruchung

$$\sigma_{b,korr} = q \cdot \sigma_{b,max} \qquad (10.85)$$

$$q = \frac{w + 0{,}07}{w - 0{,}75} \quad \text{mit} \quad w = \frac{D_m}{d} \qquad (10.86)$$

D_m mittlere Federdurchmesser $[mm]$

d Drahtdurchmesser $[mm]$

q Korrekturfaktor nach DIN EN 13906

w Wickelverhältnis

10.3.3 Tellerfedern

Geometrische Größen am Einzelteller und Federkennlinien von Tellerfedern

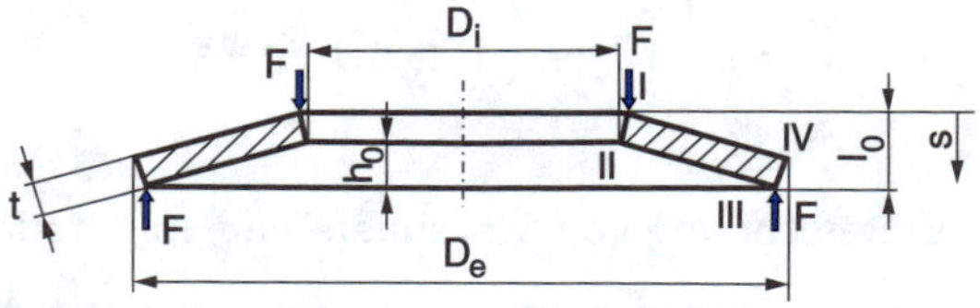

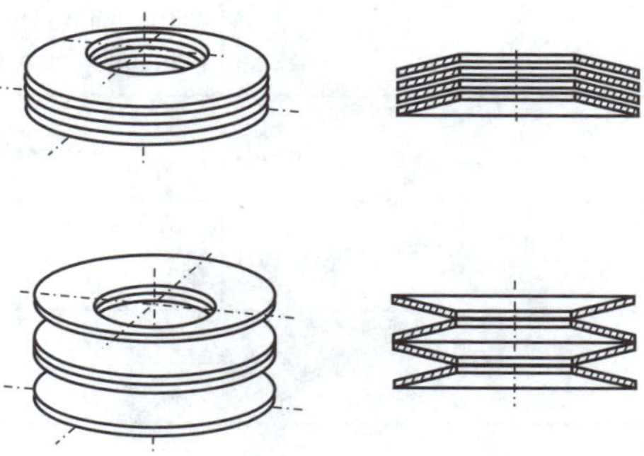

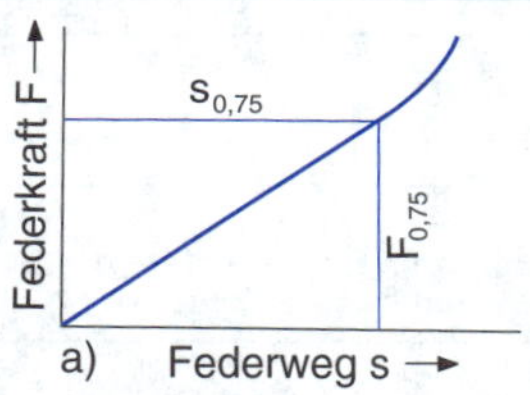

Für h_0/t nahezu linearer Verlauf bis $s_{0,75} \approx 0{,}75 \cdot h_0$

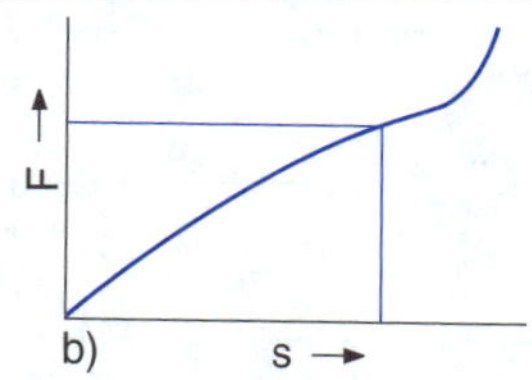

Für größere h_0/t zunehmend degressiver Verlauf

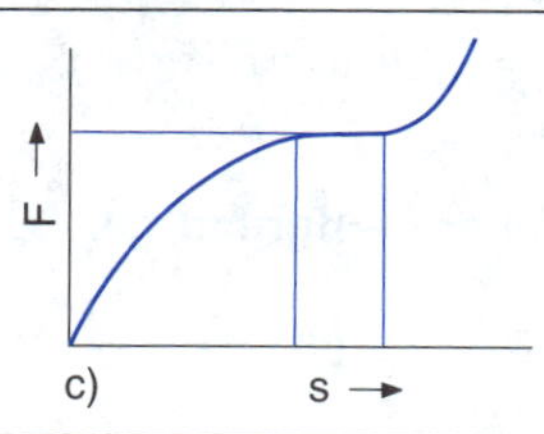

Für $h_0/t = 1{,}4$ verläuft oberer Kennlinienteil nahezu waagerecht, d. h. $F = const.$ bei zunehmendem s

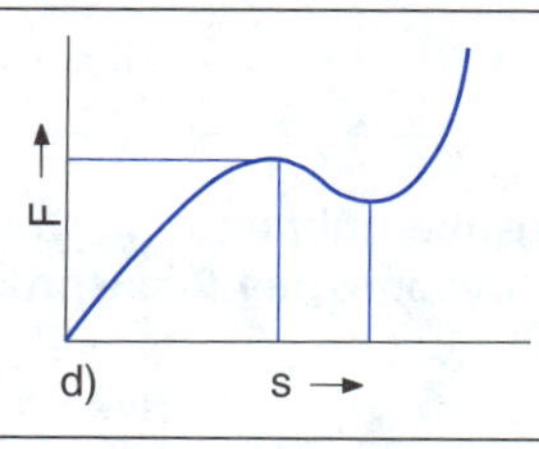

Für $h_0/t > 1{,}4$ erfolgt nach Erreichen eines Kraftmaximums mit zunehmendem s ein Kraftabfall

Eingruppierung von Tellerfedern [10.7]

Gruppe 1	$t \leq 1{,}25\ \mathrm{mm}$, kalt geformt, $R_a < 12{,}5\ \mu$m
Gruppe 2	$t \leq 1{,}25$ bis $6\ \mathrm{mm}$, kalt geformt, D_e und D_i gedreht mit $R_a < 6{,}3\ \mu$m, bzw. fein geschnitten mit $R_a < 3{,}2\ \mu$m
Gruppe 3	$t > 6$ bis $14\ \mathrm{mm}$, kalt oder warm geformt, allseits gedreht mit $R_a < 12{,}5\ \mu$m, mit Auflageflächen von ca. $D_e/150$ an den Stellen I und III sowie einer reduzierten Tellerdicke $t' = 0{,}94 \cdot t$ der Reihen A und B bzw. $t' = 0{,}96 \cdot t$ der Reihe C

Federkraft F

$$F = \frac{4 \cdot E}{1-\nu^2} \cdot \frac{t^4}{K_1 \cdot D_e^2} \cdot K_4^2 \cdot \frac{s}{t} \cdot \left[K_4^2 \cdot \left(\frac{h_0}{t} - \frac{s}{t} \right) \cdot \left(\frac{h_0}{t} - \frac{s}{2 \cdot t} \right) + 1 \right] \tag{10.103}$$

E	Elastizitätsmodul $[N/mm^2]$
ν	Querkontraktionszahl $[N/mm^2]$
s	Federweg $[mm]$
t	Dicke des Einzeltellers $[mm]$
h_0	Federweg bis zur Planlage $[mm]$
D_e	Außendurchmesser des Einzeltellers $[mm]$
K_1, K_4	Kennwerte nach (10.104) und (10.105)

Federsteifigkeit c

$$c = \frac{dF}{ds} = \frac{4 \cdot E}{1-\upsilon^2} \cdot \frac{t^3}{K_1 \cdot D_e^2} \cdot K_4^2 \cdot \left[K_4^2 \cdot \left[\left(\frac{h_0}{t} \right)^2 - 3 \cdot \frac{h_0}{t} \cdot \frac{s}{t} + \frac{3}{2} \cdot \left(\frac{s}{t} \right)^2 \right] + 1 \right] \tag{10.108}$$

Federarbeit W

$$W = \int_0^s F \cdot ds = \frac{2 \cdot E}{1-\upsilon^2} \cdot \frac{t^5}{K_1 \cdot D_e^2} \cdot K_4^2 \left(\frac{s}{t} \right)^2 \cdot \left[K_4^2 \cdot \left[\frac{h_0}{t} - \frac{s}{2 \cdot t} \right] + 1 \right] \tag{10.109}$$

Berechnung der Beanspruchungen an fünf Stellen des Einzeltellers

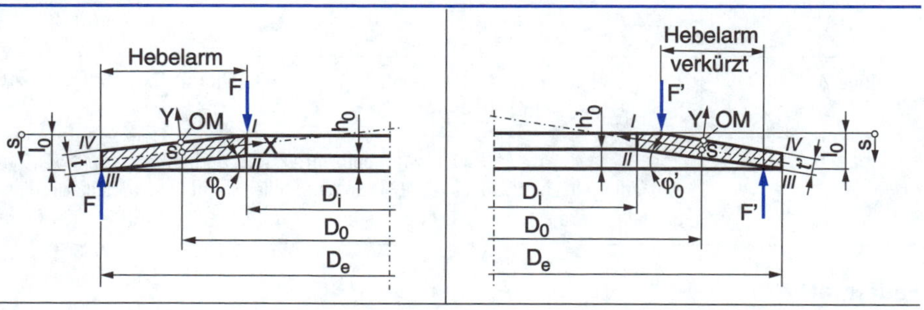

$$\sigma_{OM} = -\frac{4 \cdot E}{1-\upsilon^2} \cdot \frac{t^2}{K_1 \cdot D_e^2} \cdot K_4 \cdot \frac{s}{t} \cdot \frac{3}{\pi} \tag{10.110}$$

$$\sigma_{I,II} = -\frac{4 \cdot E}{1-\upsilon^2} \cdot \frac{t^2}{K_1 \cdot D_e^2} \cdot K_4 \cdot \frac{s}{t} \cdot \left[K_4 \cdot K_2 \left[\frac{h_0}{t} - \frac{s}{2 \cdot t} \right] \pm K_3 \right] \tag{10.111}$$

An der Stelle I ist K3 positiv und an der Stelle II negativ einzusetzen.

$$\sigma_{III,IV} = -\frac{4 \cdot E}{1-\upsilon^2} \cdot \frac{t^2}{K_1 \cdot D_e^2} \cdot K_4 \cdot \frac{s}{t} \cdot \frac{1}{\delta} \cdot \left[K_4 \cdot (K_2 - 2 \cdot K_3) \cdot \left[\frac{h_0}{t} - \frac{s}{2 \cdot t} \right] \mp K_3 \right] \tag{10.112}$$

An der Stelle III ist K3 negativ und an der Stelle IV positiv einzusetzen.

Berechnung der Hubspannung σ_h an den Stellen I bis IV

$$\sigma_h = \sigma_2 - \sigma_1 < \sigma_H \tag{10.114}$$

σ_1 Beanspruchung der Feder bei Vorspannkraft F_1 und Vorspannfederweg s_1[N/mm^2]

σ_2 Beanspruchung der Feder bei Belastung F_2 und Federweg s_2[N/mm^2]

σ_H zul. Dauerhubfestigkeit nach [10.14] und [10.48] [N/mm^2]

Kennwert K_1 in Abhängigkeit vom Durchmesserverhälnis δ

$$K_1 = \frac{1}{\pi} \cdot \frac{\left(\frac{\delta - 1}{\delta} \right)^2}{\frac{\delta + 1}{\delta - 1} - \frac{2}{\ln \delta}} \quad \text{mit} \quad \delta = \frac{D_e}{D_i} \tag{10.104}$$

D_e Außendurchmesser des Einzeltellers [mm]

D_i Innendurchmesser des Einzeltellers [mm]

Kennwert K_2 und K_3 in Abhängigkeit vom Durchmesserverhälnis δ

$$K_2 = \frac{6}{\pi} \cdot \frac{\frac{\delta - 1}{\ln \delta} - 1}{\ln \delta} \quad \text{und} \quad K_3 = \frac{3}{\pi} \cdot \frac{\delta - 1}{\ln \delta} \quad \text{mit} \quad \delta = \frac{D_e}{D_i} \tag{10.113}$$

Kennwert K_4 in Abhängigkeit der Tellerfedergruppe

Tellerfedern ohne Auflagefläche (Gruppe 1 und 2)

$$K_4 = 1$$

Tellerfedern mit Auflagefläche (Gruppe 3)

$$K_4 = \sqrt{-0{,}5 \cdot c_1 + \sqrt{(0{,}5 \cdot c_1)^2 + c_2}} \tag{10.105}$$

$$c_1 = \frac{\left(t'/t\right)^2}{\left(0{,}25 \cdot l_0/t - t'/t + 0{,}75\right) \cdot \left(0{,}625 \cdot l_0/t - t'/t + 0{,}375\right)} \tag{10.106}$$

$$c_2 = \left[0{,}156 \cdot \left(l_0/t - 1\right)^2 + 1\right] \cdot \frac{c_1}{\left(t'/t\right)^3} \tag{10.107}$$

l_0 Höhe des Einzeltellers $[mm]$

t Dicke des Einzeltellers $[mm]$

t' Dicke nach [10.7] $[mm]$

10.4 Beanspruchungen von Torsions- (Dehnungs-)federn

10.4.1 Drehstabfedern

Geometrische Größen und Federkennlinie

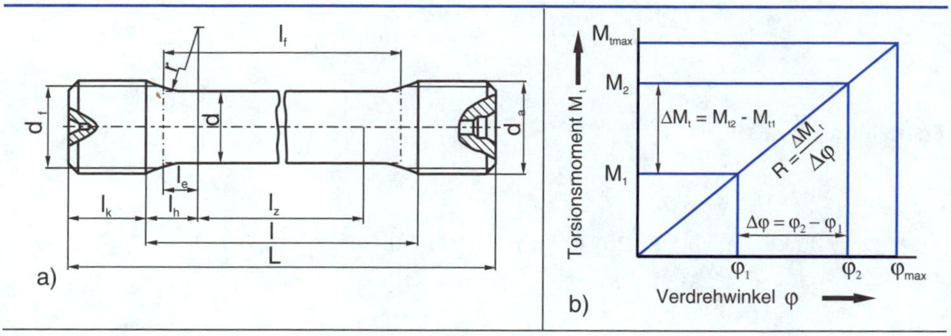

Verdrehwinkel φ

$$\varphi = \frac{M_t \cdot l_f}{G \cdot I_t} \tag{10.117}$$

M_t Drehmoment [Nm]

G Schubmodul [N/mm^2]

I_t Flächenträgheitsmoment gegen Torsion (Kreisquerschnitt) [mm^4]

l_f federnde Länge [mm]

Federsteifigkeit c

$$c = \frac{dM_t}{d\varphi} = \frac{G \cdot I_t}{l_f} \tag{10.118}$$

Flächenträgheits- I_t und Widerstandsmoment W_t gegen Torsion

$$I_t = \frac{\pi \cdot \left(d_a^4 - d_i^4\right)}{32} \quad \text{und} \quad W_t = \frac{\pi \cdot \left(d_a^4 - d_i^4\right)}{16 \cdot d_a} \tag{10.119}$$

d_i Innendurchmesser Drehstabfeder [mm]

d_a Außendurchmesser Drehstabfeder [mm]

10

Federnde Länge l_f

$$l_f = l - 2 \cdot \left(l_h - l_e\right)$$

l nicht eingespannte Länge der Drehstabfeder [mm]

l_h Hohlkehlenlänge der Drehstabfeder [mm]

l_e Ersatzlänge der Drehstabfeder [mm]

Hohlkehlenlänge l_h

$$l_h = 0{,}5 \cdot \left(d_f - d\right) \cdot \sqrt{\frac{4 \cdot r}{\left(d_f - d\right)} - 1} \quad \text{mit} \quad \frac{d_f}{d} \geq 1{,}3$$

Ersatzlänge l_e

$$l_e = v \cdot l_h$$

v Faktor nach DIN 2091, Anhaltswerte: $0{,}46 < v < 0{,}76$)

10.4.2 Zylindrische Schraubenfedern

Gesamtwindungszahl n_t bei Schraubenfedern

warm geformte Federn mit wirksamen Windungszahlen n 3

$$n_t = n + 1{,}5 \tag{10.122}$$

kalt geformte Federn mit wirksamen Windungszahlen n 2

$$n_t = n + 2 \tag{10.123}$$

Aufweitung der Windungsdurchmesser (Außen- und Innendurchmesser) ΔD_a beim Zusammendrücken der Feder

$$\Delta D_a = 0{,}1 \cdot \frac{m^2 - 0{,}8 \cdot m \cdot d - 0{,}2 \cdot d^2}{D_m} \tag{10.124}$$

bei angelegten, plangearbeiteten Federenden

$$m = \frac{L_0 - d}{n} \tag{10.125}$$

bei unbearbeiteten Federenden

$$m = \frac{L_0 - 2{,}5 \cdot d}{n} \tag{10.126}$$

D_m mittlere Federdurchmesser [mm]

d Drahtdurchmesser [mm]

L_0 Länge der unbelasteten Feder [mm]

n Windungszahl

Druck- und Zugfederdiagramme zylindrischer Schraubenfedern

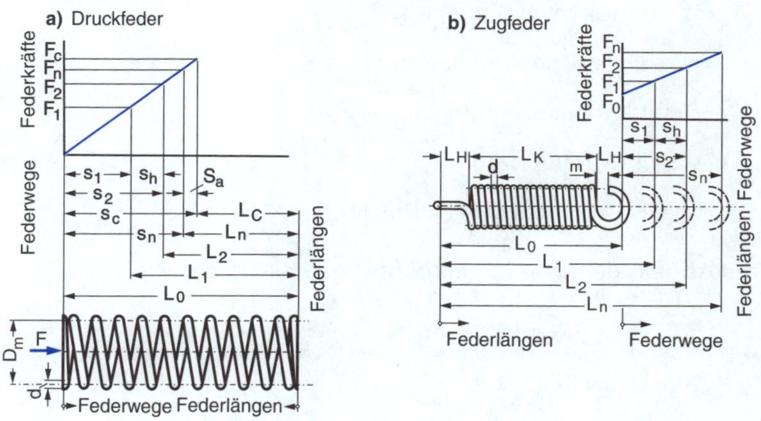

Erforderliche Windungsmindestabstände s_a bei maximaler Federkraft

Kalt geformte Druckfedern		
bei statischer Beanspruchung	$s_a = n \cdot \left(0{,}0015 \cdot \frac{D_m^2}{d} + 0{,}1 \cdot d\right)$	(10.127)
bei dynamischer Beanspruchung	$s_a' \approx 1{,}5 \cdot s_a$	(10.128)
Warm geformte Druckfedern		
bei statischer Beanspruchung	$s_a = n \cdot 0{,}02 \cdot (D_m + d)$	(10.129)
bei dynamischer Beanspruchung	$s_a' \approx 2 \cdot s_a$	(10.130)

D_m mittlere Federdurchmesser $[mm]$

d Drahtdurchmesser $[mm]$

n Windungszahl

Blocklängen L_C in Abhängigkeit vom Fertigungsverfahren

Kalt geformt, Federenden		
angelegt und geschliffen	$L_C \leq n_t \cdot d_{max}$	(10.132)
angelegt und unbearbeitet	$L_C \leq (n_t + 1{,}5) \cdot d_{max}$	(10.133)
Warm geformt, Federenden		
angelegt und planbearbeitet	$L_C \leq (n_t - 0{,}3) \cdot d_{max}$	(10.134)
unbearbeitet	$s_a' \approx 2 \cdot s_a \; L_C \leq (n_t + 1{,}1) \cdot d_{max}$	(10.135)

$$d_{max} = d + es \qquad (10.131)$$

s_a Windungsabstand $[mm]$

d_{max} maximaler Drahtdurchmesser $[mm]$

d Drahtdurchmesser $[mm]$

n_t Gesamtwindungszahl

es oberes Grenzabmaß nach DIN EN 10270 $[mm]$

Kleinste zulässige Federlänge L_n bei größter zulässiger Federkraft

$$L_N \geq L_C + s_a \quad \text{bzw.} \quad L_N' \geq L_C + s_a' \qquad (10.136)$$

L_C Blocklänge $[mm]$

s_a Windungsabstand $[mm]$

Länge L_0 der unbelasteten Druckfeder

$$L_0 = s_c + L_c = s_n + L_c + s_a \quad \text{bzw.} \quad L_0' = s_c + L_c = s_n + L_c + s_a' \tag{10.137}$$

L_C Blocklänge $[mm]$

s_a Windungsmindestabstand $[mm]$

s_c Federweg im Blockzustand $[mm]$

s_n Federweg bei zulässiger Federkraft F_n $[mm]$

Länge des Federkörpers L_K der unbelasteten Zugfeder mit eingewundener Vorspannung

$$L_K \approx (n_t + 1) \cdot d_{max} \tag{10.138}$$

d_{max} maximaler Drahtdurchmesser $[mm]$

n_t Gesamtwindungszahl

Länge der unbelasteten Zugfeder L_0 zwischen den Innenkanten der Ösen

$$L_0 \approx L_K + 2 \cdot L_H \tag{10.139}$$

L_K Länge des Federkörpers $[mm]$

L_H Ösenlänge $[mm]$

10

Innere Vorspannkraft F_0 zum Öffnen der Windungen einer Zugfeder

$$F_0 = F - c \cdot s = F - \frac{G \cdot d^4 \cdot s}{8 \cdot D_m^3 \cdot n} \tag{10.140}$$

Wickeln auf Wickelbank

$$F_0 = (0{,}3 - 0{,}0139) \cdot w \cdot \tau_{zul} \cdot \frac{\pi \cdot d^3}{8 \cdot D_m} \tag{10.141}$$

Winden auf Federwindenautomat

$$F_0 = (0{,}167 - 0{,}0083) \cdot w \cdot \tau_{zul} \cdot \frac{\pi \cdot d^3}{8 \cdot D_m} \tag{10.142}$$

Wickelverhältnis w

$$w = \frac{D_m}{d} \tag{10.143}$$

F Federkraft $[N]$

G Schubmodul $[N/mm^2]$

c Federsteifigkeit nach (10.148) $[N/mm]$

τ_{zul} zulässige Schubspannung [N/mm^2]

s Federweg [mm]

D_m mittlere Federdurchmesser [mm]

d Drahtdurchmesser [mm]

n Windungszahl

Geometrische Größen und Aufteilung der Belastung längs des Drahtes

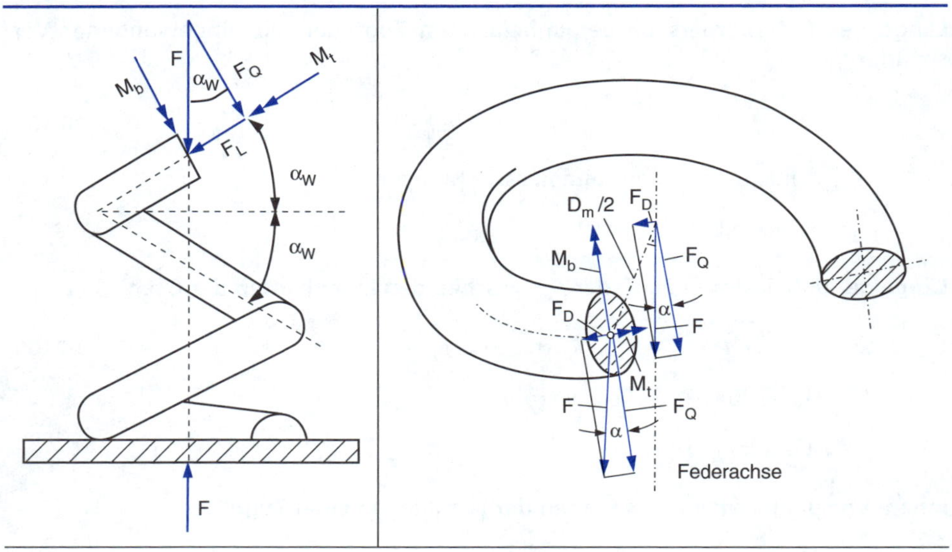

Steigungswinkel α_w auf dem mittleren Wickelzylinder einer unbelasteten Feder

$$\tan\alpha_W = \frac{a_0 + d}{\pi \cdot D_m} \tag{10.144}$$

D_m mittlere Federdurchmesser [mm]

d Drahtdurchmesser [mm]

a_0 Abstand zwischen den Windungen [mm]

Torsionsbelastung M_t des Federdrahtes

$$M_t = F_q \cdot \frac{D_m}{2} = F \cdot \cos\alpha_W \cdot \frac{D_m}{2} \approx F \cdot \frac{D_m}{2} \tag{10.145}$$

F Belastung der Feder [N]

F_q Querkraft [N]

α_w Steigungswinkel [$Grad$]

D_m mittlerer Federdurchmesser [mm]

Federweg s

$$s = \varphi \cdot \frac{D_m}{2} = \frac{M_t \cdot l}{G \cdot I_t} \cdot \frac{D_m}{2} \approx \frac{8 \cdot F \cdot D_m^3}{G \cdot d^4} \cdot n \qquad (10.146)$$

- G Schubmodul [N/mm^2]
- φ Verdrehwinkel [rad]
- d Drahtdurchmesser [mm]
- l federnde Länge des Drahtes [mm]
- n Anzahl der federnden Windungen

Federsteifigkeit c (lineare Federkennlinie)

$$c = \frac{F}{s} \approx \frac{G \cdot d^4}{8 \cdot D_m^3 \cdot n} \qquad (10.148)$$

Torsionsbeanspruchung des Federdrahtes bei statischer Belastung

$$\tau_{t,max} = \tau_i = \frac{M_t}{W_t} = \frac{16 \cdot F \cdot D_m}{2 \cdot \pi \cdot d^3} = \frac{8 \cdot F \cdot D_m}{\pi \cdot d^3} \qquad (10.150)$$

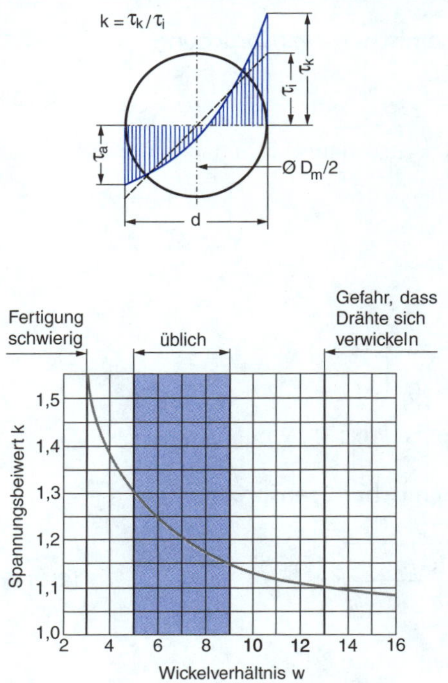

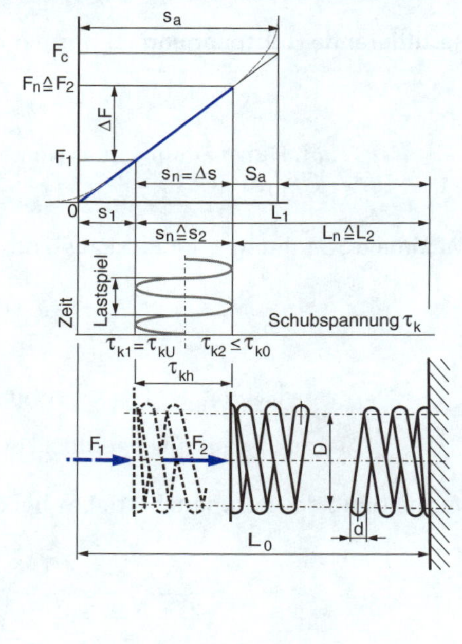

- M_t Torsionsmoment nach (10.145) [Nm]
- W_t Widerstandsmoment gegen Torsion [mm^3]

Korrigierte Torsionsbeanspruchung des Federdrahtes bei dynamischer Belastung

$$\tau_k = k \cdot \tau_i \qquad (10.151)$$

$$k = \frac{w + 0{,}5}{w - 0{,}75} \quad \text{mit} \quad w = \frac{D_m}{d} \qquad (10.152)$$

τ_t Torsionsspannung nach (10.150) [N/mm^2]

k Korrekturfaktor abhängig vom Wickelverhältnis w

D_m mittlerer Federdurchmesser [mm]

d Drahtdurchmesser [mm]

Der dynamische Festigkeitsnachweis von Schraubenfedern erfolgt über die Bestimmung der sinusförmig schwankenden Federkraft F ($F_1 = F_{max}$; $F_2 = F_{min}$) mit den zugehörenden Schubspannungen τ_{k1} bzw. τ_{k2}.

$$\tau_{k1} = \tau_{kU} \leq \tau_{kO} \quad \text{und} \quad \tau_{k2} \leq \tau_{kO} \qquad (10.154)$$

τ_{kU} zul. Unterspannung aus Dauerfestigkeitsschaubildern [10.50] [N/mm^2] in Abhängigkeit der Schwingspielzahl N

τ_{kO} zul. Oberspannung aus Dauerfestigkeitsschaubildern [10.50] [N/mm^2] in Abhängigkeit der Schwingspielzahl N

Resultierende Hubspannung τ_{kh} aus der dynamischen Beanspruchung

10

$$\tau_{kh} = \tau_{k2} - \tau_{k1} \leq \tau_{kH} \qquad (10.155)$$

τ_{kH} zul. Hubspannung aus Dauerfestigkeitsschaubildern nach [10.50] [N/mm^2]

Maximale Spannung τ_c im Blockzustand

$$\tau_c = \frac{8 \cdot F_c \cdot D_m}{\pi \cdot d^3} \leq \tau_{c,zul} \qquad (10.156)$$

F_c Belastung der Feder bei Blocklänge [N]

$\tau_{c,zul}$ zul. Spannung bei Blocklänge nach [10.15] [N/mm^2]

Vermeidung des Resonanzbetriebes bei dynamischer Beanspruchung

$$f_E = \frac{1}{2 \cdot \pi} \cdot \sqrt{\frac{c}{m}} = \frac{1}{2 \cdot \pi} \cdot \sqrt{\frac{G \cdot d^4}{8 \cdot n \cdot m \cdot D_m^3}} > 1{,}2 \cdot f_F \qquad (10.157)$$

f_E Anregungsfrequenz [Hz]

f_F Eigenfrequenz [Hz]

c Federsteifigkeit nach (10.148) [N/mm]

m Masse [kg]

Ausknicken von Schraubenfedern – Knicksicherheit

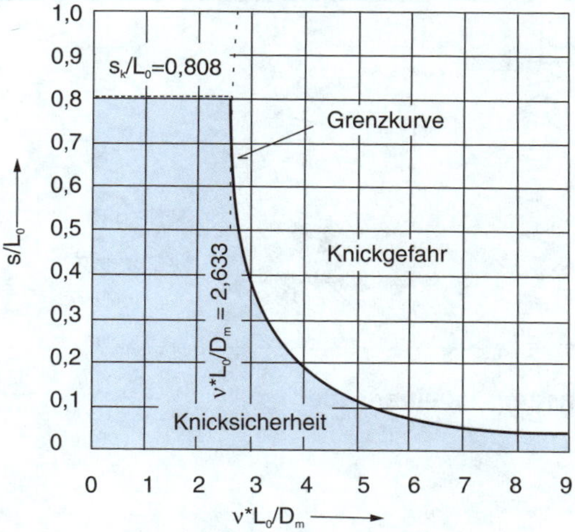

v Lagerungsbeiwert nach [10.38]

D_m mittlerer Federdurchmesser [mm]

L_0 Länge der unbelasteten Feder [mm]

s Federweg [mm]

Knickfederweg s_k

$$s_k = \frac{L_0}{2 \cdot \left(1 - \frac{G}{E}\right)} \cdot \left(1 - \sqrt{\frac{1 - \frac{G}{E}}{0{,}5 + \frac{G}{E}} \cdot \left(\frac{\pi}{v \cdot \lambda}\right)^2}\right) \tag{10.159}$$

G Schubmodul [N/mm^2]

E Elastizitätsmodul [N/mm^2]

Schlankheitsgrad λ und bezogener Federweg ξ

$$\lambda = \frac{L_0}{D_m} \quad \text{und} \quad \xi = \frac{s}{L_0} \tag{10.163}$$

Lagerungsbeiwerte v Knickproblem [10.38]

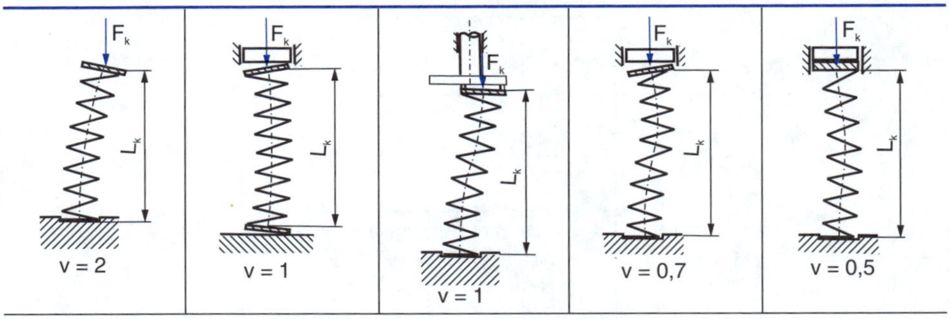

Axial- F und Querbelastung F_Q einer Feder

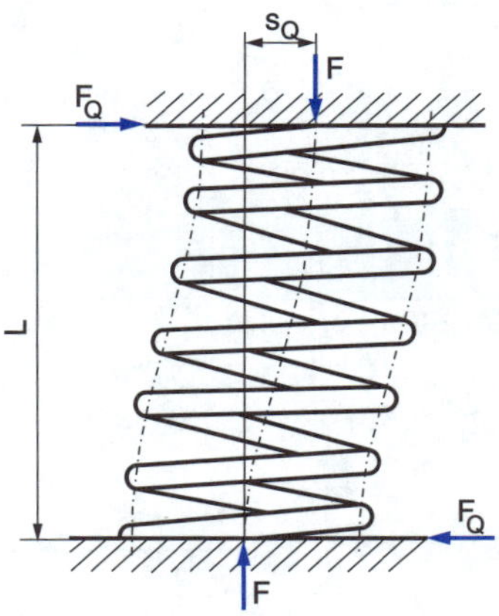

L gespannte Länge der Feder [mm]

s_Q Querfederweg [mm]

Schubspannung τ_t unter Axial- und Querbelastung einer Feder

$$\tau_t = \frac{8}{\pi \cdot d^3} \cdot \left[F \cdot \left(D_m + s_Q \right) + F_Q \cdot (L - d) \right] \qquad (10.164)$$

F Längskraft [N]

F_Q Querkraft [N]

d Drahtdurchmesser [mm]

Maximale Querfederung aufgrund von F_Q

$$F_Q \cdot \frac{L}{2} \le F \cdot \frac{D_m - s_Q}{2} \qquad (10.165)$$

10

Querfedersteifigkeit c_Q

$$c_Q = c \cdot \frac{\xi}{\xi - 1 + \frac{\frac{1}{\lambda}}{A} \cdot \sqrt{A \cdot B} \cdot \tan\left(\lambda \cdot \xi \cdot \sqrt{A \cdot B}\right)} \qquad (10.161)$$

$$A = \frac{1}{2} + \frac{G}{E} \quad \text{und} \quad B = \frac{G}{E} + \frac{1-\xi}{\xi} \qquad (10.162)$$

G Schubmodul $[N/mm^2]$

E Elastizitätsmodul $[N/mm^2]$

c Federsteifigkeit nach (10.148) $[N/mm]$

λ Schlankheitsgrad nach (10.163)

ξ bezogener Federweg nach (10.163)

10.5 Gummifedern

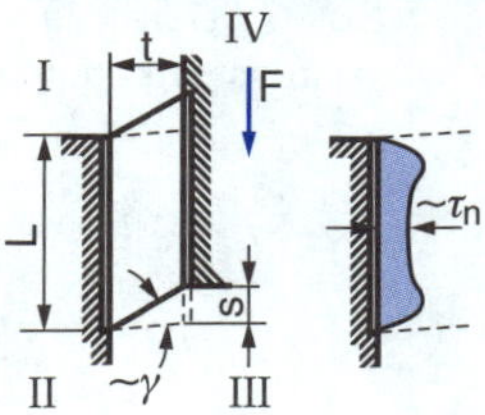

Schubspannung:

$$\tau = \frac{F}{b \cdot L} \qquad (10.170)$$

Winkel:

$$\tan\gamma = \frac{s}{t} \quad (\tan\gamma \approx \gamma) \qquad (10.171)$$

Federsteifigkeit:

$$c = \frac{b \cdot L \cdot G}{t} \qquad (10.172)$$

Federweg:

$$s = L \cdot \gamma = \frac{F \cdot t}{b \cdot G \cdot L} \qquad (10.173)$$

Federungsarbeit:

$$W = \frac{r^2 \cdot b \cdot h \cdot L}{2 \cdot G} \qquad (10.174)$$

Artnutzgrad:

$\eta_A = 1$ für $t << 1$ (10.175)

Bis $\gamma \approx 20°$ bzw. bis $s \approx 0{,}35 \cdot t$ (etwa konstante Federrate)
Bei I und III treten zusätzlich Zug-, bei II und IV zusätzlich Druckspannungen auf.

10

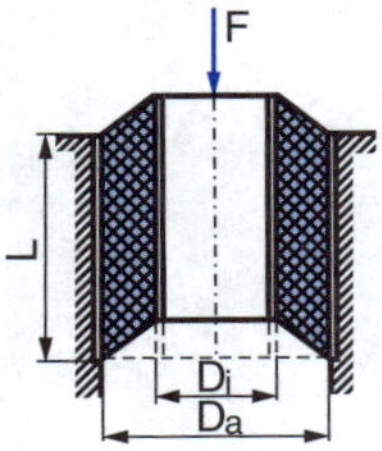	Schubspannung: $\tau_i = \dfrac{F}{\pi \cdot D_i \cdot L}$ (10.176) $\tau_a = \dfrac{F}{\pi \cdot D_a \cdot L}$ (10.177) Winkel: $\gamma_i = \dfrac{\tau_i}{G}$ (10.178) Federsteifigkeit: $c = \dfrac{2 \cdot \pi \cdot G \cdot L}{\ln\left(D_a / D_i\right)}$ (10.179) Federweg: $s = \dfrac{F \cdot \ln\left(D_a / D_i\right)}{2 \cdot \pi \cdot G \cdot L}$ (10.180)	Bis $\gamma \approx 20°$ bzw. bis 25 % Verschiebung von $\frac{1}{2} \cdot (D_a - D_i)$
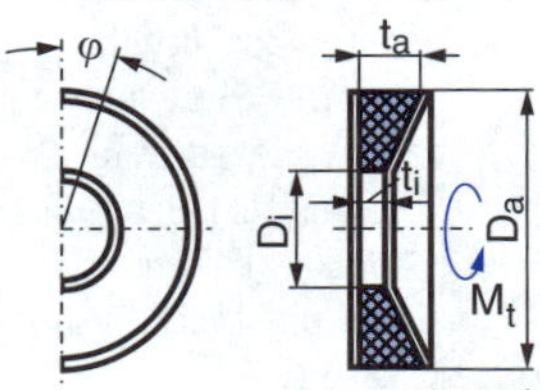($t_a/t_i = D_a/D_i$)	Schubspannung: $\tau_i = \tau_a = \dfrac{12 \cdot M_t}{\pi \cdot \left(D_a^3 - D_i^3\right)}$ (10.181) Winkel: $\varphi = \dfrac{24 \cdot M_t \cdot t_a}{\pi \cdot G \cdot \left(D_a^4 - D_i^3 \cdot D_a\right)}$ (10.182) Federsteifigkeit: $c = \dfrac{\pi \cdot G \cdot \left(D_a^4 - D_i^3 \cdot D_a\right)}{24 \cdot t_a}$ (10.183) Federungsarbeit: $W = \dfrac{\tau^2 \cdot \pi \cdot \left(D_a^3 - D_i^3\right) \cdot t_a}{12 \cdot G \cdot D_a}$ (10.184) Artnutzgrad: $\eta_A = 1$ (10.185)	Bis 20° Verdrehung (Konstante Federrate)

<table>
<tr>
<td>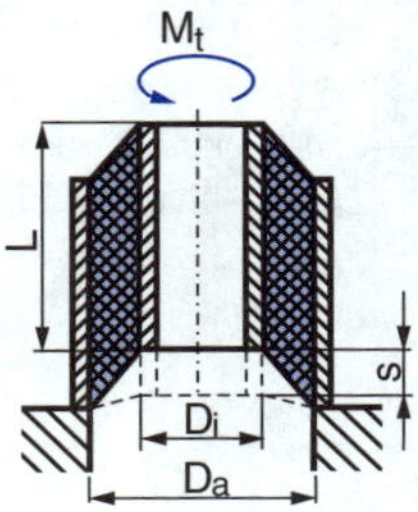
</td>
<td>Schubspannung:

$$\tau_i = \frac{2 \cdot M_t}{\pi \cdot D_i^2 \cdot L} \qquad (10.186)$$

$$\tau_a = \frac{2 \cdot M_t}{\pi \cdot D_a^2 \cdot L} \qquad (10.187)$$

Winkel:

$$\varphi = \frac{M_t}{\pi \cdot L \cdot G} \cdot \left(\frac{1}{D_i^2} - \frac{1}{D_a^2} \right) \qquad (10.188)$$

Federsteifigkeit:

$$c = \frac{\pi \cdot L \cdot G}{\left(\frac{1}{D_i^2} - \frac{1}{D_a^2} \right)} \qquad (10.189)$$</td>
<td>Bis 40° Verdrehung (Linearität)</td>
</tr>
<tr>
<td>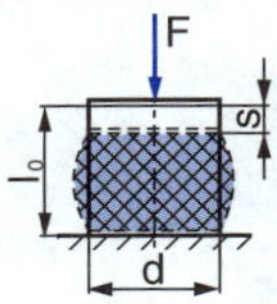
</td>
<td>Druckspannung:

$$\sigma = \frac{F}{A} = \frac{4 \cdot F}{\pi \cdot d^2} \qquad (10.190)$$

Federweg:

$$s = \frac{4 \cdot F \cdot L_0}{k' \cdot E \cdot \pi \cdot d^2} \qquad (10.191)$$

Formfaktor:

$$k' = \frac{d}{4 \cdot L_0} \qquad (10.192)$$

Federsteifigkeit:

$$c = \frac{k' \cdot E \cdot \pi \cdot d^2}{4 \cdot L_0} \qquad (10.193)$$

Federungsarbeit:

$$W = \frac{1}{8} \cdot \frac{\sigma^2 \cdot \pi \cdot d^2 \cdot L_0}{k' \cdot E} \qquad (10.194)$$

Artnutzgrad:

$$\eta_A = 1 \qquad (10.195)$$</td>
<td>Bis 20 % Zusammendrückung ($s/L_0 \approx 0{,}2$), bei Dauerbelastung $s/L_0 < 0{,}1$, sonst Kriechen
Formfaktor k' siehe im Buch Abbildung 10.45</td>
</tr>
</table>

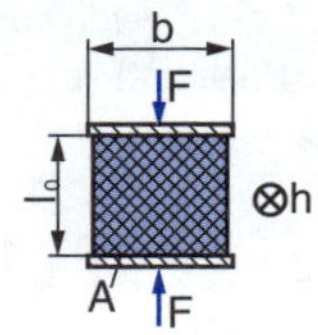 	Druckspannung: $\sigma = \frac{F}{b \cdot h}$ (10.196) Federweg: $s = \frac{F \cdot L_0}{k' \cdot E \cdot b \cdot h}$ (10.197) Formfaktor: $k' = \frac{b \cdot h}{2 \cdot L_0 \cdot (b + h)}$ (10.198) Federsteifigkeit: $c = \frac{k' \cdot E \cdot b \cdot h}{L_0}$ (10.199) Federungsarbeit: $W = \frac{\sigma^2 \cdot b \cdot h \cdot L_0}{2 \cdot k' \cdot E}$ (10.200) Artnutzgrad: $\eta_A = 1$ (10.201)	Bis 20 % Zusammendrückung ($s/L_0 \approx 0{,}2$) Formfaktor k' siehe im Buch Abbildung 10.45
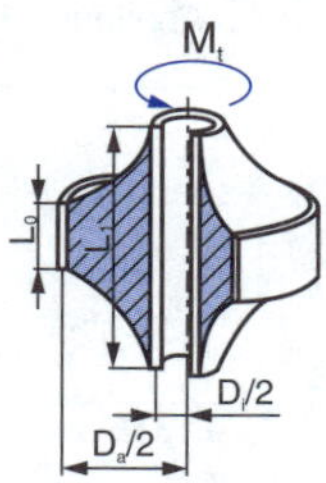 	Schubspannung: $\tau_i = \frac{2 \cdot M_t}{\pi \cdot D_i^2 \cdot L_i}$ (10.202) $\tau_a = \frac{2 \cdot M_t}{\pi \cdot D_a^2 \cdot L_a}$ (10.203) Winkel: $\varphi = \frac{2 \cdot M_t}{\pi \cdot L_i \cdot D_i^2 \cdot G} \cdot \ln \frac{D_a}{D_i}$ (10.204) Federsteifigkeit: $c = \frac{\pi \cdot L_i \cdot D_i^2 \cdot G}{2 \cdot \ln \frac{D_a}{D_i}}$ (10.205) Artnutzgrad: $\eta_A = 1$ (10.206)	Bis 40 % Verdrehung (Linearität)

10.6 Festigkeit von Federn

Festigkeitsbedingung unter statischer Beanspruchung

$$\sigma_2 \leq \sigma_{zul} \quad \text{bzw.} \quad \tau_2 \leq \tau_{zul} \tag{10.207}$$

Die Werte σ_{zul} und τ_{zul} bezeichnen die jeweiligen Kennwerte der statischen Beanspruchbarkeit $\sigma_{z,zul}$, $\sigma_{d,zul}$, $\sigma_{b,zul}$, τ_{zul} und $\tau_{c,zul}$ nach [10.12].

Festigkeitsbedingung unter dynamischer Beanspruchung

$$\sigma_{kh} \leq \sigma_{kH,zul} = \frac{\sigma_{DH}}{S_D} \quad \text{bzw.} \quad \tau_{kh} \leq \tau_{kH,zul} = \frac{\tau_{DH}}{S_D} \tag{10.208}$$

$$\sigma_o = \sigma_u + \sigma_h = \sigma_m + \sigma_a \leq \sigma_{zul,statisch} \quad \text{bzw.} \quad \tau_o = \tau_u + \tau_h = \tau_m + \tau_a \leq \tau_{zul,statisch} \tag{10.209}$$

Die Werte σ_{DH} und τ_{DH} bezeichnen die jeweiligen Kennwerte der dynamischen Beanspruchbarkeit $\sigma_{A,zzul}$, $\sigma_{a,b,zul}$ und $\tau_{A,t,zul}$ nach [10.12].

Statische und dynamische Festigkeitskennwerte für Zug-/Druck- und Biegefedern

Federart, Werkstoff und Behandlungszustand	**Statische Kennwerte der Beanspruchbarkeit [N/mm²]**		**Dynamische Kennwerte der Beanspruchbarkeit [N/mm²]**
Ringfedern			
	$\sigma_{z,zul} = 1000$ $\sigma_{d,zul} = 1200$	Zug Druck	$\sigma_{A,zzul} = 0{,}35 \cdot \sigma_{zzul}$ (Dauerschwellend) $p_{zul} = 0{,}10 \cdot \sigma_{zzul}$
Blattfedern			
Federstahl, DIN 17221 60CrSi7 (vergütet) 50CrV4 (vergütet) Stahlbänder DIN EN 10132 71Si7 (kalt gewalzt) 50CrV4 (kalt gewalzt) Walzhaut Walzhaut entfernt, vergütet Geschliffen $E = 200000$, $G = 80000$	$\sigma_{b,zul} = 0{,}7 \cdot R_m$ $R_m = 1320 \ldots 1570$ $R_m = 1370 \ldots 1670$ $R_m = 1500 \ldots 2200$ $R_m = 1400 \ldots 2000$	Biegung $R_p = 1130$ $R_p = 1180$	$\sigma_{a,b,zul} = 0{,}5 \cdot R_m$ (schwellend) $\sigma_{a,b,zul} = 0{,}30 \cdot R_m$ (wechselnd) $\sigma_{b,zul} = \sigma_m \pm \sigma_A$ $\sigma_{b,zul} = 500 \pm 120 \ldots 200$ $\sigma_{b,zul} = 500 \pm 300$ $\sigma_{b,zul} = 500 \pm 400$
Drehfedern			
Federstahldraht DIN EN 10270 Drahtsorten A,B,C, D; $E = 206000$, $G = 81500$ DIN 17224 nicht rostend X12CrNi177K $E = 185000$, $G = 70000$	$\sigma_{b,zul} = 0{,}70 \cdot R_m$	Biegung	$\sigma_{a,b,zul} \approx \sigma_{A,b} - 0{,}125 \cdot \sigma_u$ $\sigma_{A,b} = 345$

[10.12]

Federart, Werkstoff und Behandlungszustand	Statische Kennwerte der Beanspruchbarkeit [N/mm²]		Dynamische Kennwerte der Beanspruchbarkeit [N/mm²]
Spiralfedern			
Stahlbänder DIN EN 10132 C67, Ck67, 67SiCr5, 50CrV4 $E = 206000$, $G = 78000$	$\sigma_{b,zul} = 0{,}70 \cdot R_m$	Biegung	$\sigma_{a,b,zul} \approx \sigma_{A,b} - 0{,}125 \cdot \sigma_u$ $\sigma_{A,b} = 345$
Tellerfedern			
DIN 17221, DIN EN 10132 Ck67, 50CrV4 $E = 206000$, $G = 78000$	Für $R_e = 1400 \ldots 1600$ und $s_c = h_0$ ist $\sigma_{Ic} = -3400$ $\sigma_{OM} < R_e$		Siehe im Buch Abbildung 10.48

Statische und dynamische Festigkeitskennwerte für Torsionsfedern

Federart, Werkstoff und Behandlungszustand	Statische Kennwerte der Beanspruchbarkeit [N/mm²]	Dynamische Kennwerte der Beanspruchbarkeit [N/mm²]
Drehstabfedern		
Warm gewalzte Stähle nach DIN 17221, vergütet, z. B. 55Cr3, 50CrV4, Oberfläche geschliffen und kugelgestrahlt $E = 200000$, $G = 80000$	$\tau_{t,zul} = 700$ (nicht vorgesetzt) $\tau_{t,zul} = 1020$ (vorgesetzt) $R_m = 1600 \ldots 1800$	$N = 2 \cdot 10^6$ $\tau_{A,t,zul} = 740$ ($d = 20$ mm) $\tau_{A,t,zul} = 550$ ($d = 60$ mm) $N = 2 \cdot 10^5$ $\tau_{A,t,zul} = 900$ ($d = 20$ mm) $\tau_{A,t,zul} = 680$ ($d = 60$ mm)
Zylindrische Schraubenfedern (Druck- und Zugfedern aus rundem Federdraht)		
Runder Federstahldraht, patentiert gezogen DIN EN 10270-1, z. B. Draht A, B, C, D; vergütet DIN EN 10270-2, z. B. Draht FD, VD, warm gewalzt DIN 17221, z. B. 55Cr3, 50CrV4, $E = 206000$, $G = 81500$ nicht rostend nach DIN 17224 z.B. X7CrNiAl177 K+A $E = 195000$, $G = 73000$ X5CrNiMo1810 K, $E = 180000$, $G = 68000$	$\tau_{zul} = 0{,}5 \cdot R_m$ (Druckfeder) $\tau_{c,zul} = 0{,}58 \cdot R_m$ bei Blocklänge $\tau_{zul} = 0{,}45 \cdot R_m$ (Zugfeder) $\tau_{zul} \leq 600$ für warm geformte Zugfedern bei Federkraft F_n $R_m = 1370 \ldots 1670$, $d = 0{,}2 \ldots 6$ mm $R_m = 2250 \ldots 1300$ Für $d \leq 0{,}2 \ldots 6$ mm $R_m = 1900 \ldots 1050$ Für $d \leq 0{,}2 \ldots 8$ mm	s.a. im Buch Tabelle 10.17 sowie im Buch Abbildung 10.50 und weitere Goodman-Diagramme nach DIN 2089

Federart, Werkstoff und Behandlungszustand	**Statische Kennwerte der Beanspruchbarkeit [N/mm²]**	**Dynamische Kennwerte der Beanspruchbarkeit [N/mm²]**
Aus Cu-Knetlegierung DIN 17682, kalt verfestigt, angelassen z. B.		
CuZn36 F70, $E = 110000$, $G = 39000$	$R_m = 930 \ldots 700$, $d \leq 3$ mm	Nach Herstellerangaben
CuSn6 F95, $E = 115000$, $G = 42000$	$R_m = 900 \ldots 1180$, $d \leq 3$ mm	
Aushärtbar (ausgehärtet), z. B.		
CuBe2 F95, $E = 120000$, $G = 47000$	$R_m = 950 \ldots 1150$, $d \leq 3$ mm	
CuBe2 F140, $E = 135000$, $G = 47000$	$R_m = 1400 \ldots 1550$, $d \leq 3$ mm	

Hubfestigkeiten (σ_O bei $\sigma_U = 0$) und zulässige Oberspannungen für Tellerfedern [10.14]

σ_H für Dauerfestigkeit ($N \geq 2 \cdot 10^6$)

Zeitfestigkeit ($N = 10^4$ bis $2 \cdot 10^6$)

Tellerdicke *t*	**< 1,25 mm**	**1,25 … 6 mm**	**> 6 … 14 mm**	**Lastpielzahl**
σ_O in N/mm²	730 840 980	710 820 950	640 700 770	$N \geq 2 \cdot 10^6$ $N = 5 \cdot 10^5$ $N = 10^5$
$\sigma_{2,zul}$ in N/mm²	1300	1250	1200	

Goodman-Diagramme für Dauer- und Zeitfestigkeit von nicht kugelgestrahlten Tellerfedern [10.48]

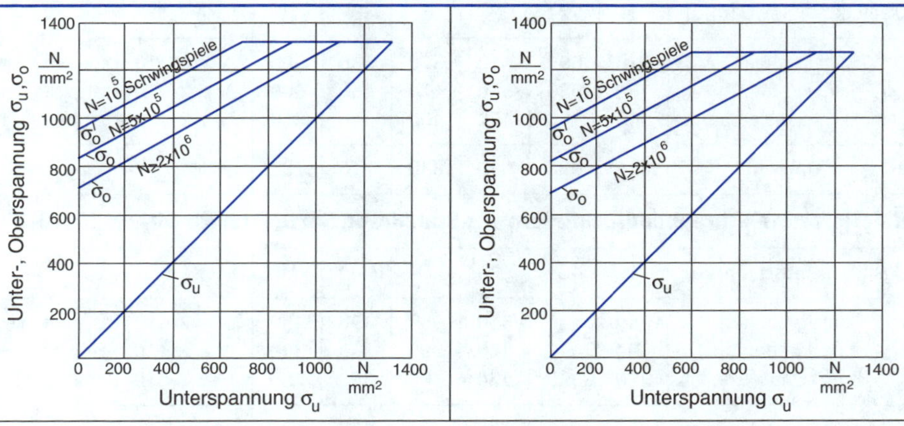

Zulässige Schubspannungen für zylindrische Schraubenfedern bei statischer Beanspruchung [10.15]

Druckfedern bei der Blocklänge L_c

Kalt geformt	$\tau_{c,zul} = 0{,}58 \cdot R_m$						
Warm geformt aus Edelstahl DIN 17221	D in mm $\tau_{c,zul}$ in $\mathrm{N/mm^2}$	10 925	20 840	30 790	40 760	50 735	60 720

Zugfedern bei der größten Federkraft F_n

Kalt geformt	$\tau_{zul} = 0{,}45 \cdot R_m$
Warm geformt	$\tau_{zul} \approx 600\ \mathrm{N/mm^2}$ bei $d = 10 \ldots 35$ mm

Zulässige Schubspannungen für warm geformte Schraubendruckfedern aus Edelstahl unter statischer Belastung nach DIN EN 13906

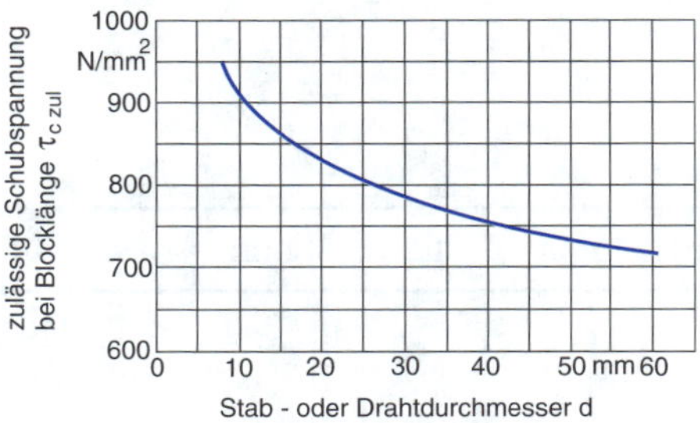

Hubfestigkeiten $\tau_{k,O}$ in N/mm^2 bei $\tau_{k,O} = 0$ und zulässige Schubspannungen $\tau_{k2,zul}$ für Schraubendruckfedern nach DIN EN 13906

Kalt geformte Schraubendruckfedern aus Stahldraht, Sorten C und D nach DIN EN 10270-1

Drahtdurchmesser d [mm]		1	2	3	5	8	10	nach
τ_{kO}	kugelgestrahlt	710	660	610	570	530	500	$N = 2 \cdot 10^6$ Lastspielzahlen
	kugelgestrahlt	590	550	510	470	430	400	$N \geq 2 \cdot 10^7$ Lastspielzahlen
	nicht kugelgestrahlt	500	460	430	400	340	330	$N \geq 2 \cdot 10^7$ Lastspielzahlen
$\tau_{k2,zul} = 0{,}5 \cdot R_m$		1115	990	920	830	745	705	

Kalt geformte Schraubendruckfedern aus Stahldraht, Sorte FD nach DIN EN 10270-2

Drahtdurchmesser d [mm]		1	2	3	5	8	10	nach
τ_{kO}	kugelgestrahlt	640	590	560	530	490	490	$N = 2 \cdot 10^6$ Lastspielzahlen
	kugelgestrahlt	500	440	420	390	360	360	$N \geq 2 \cdot 10^7$ Lastspielzahlen
	nicht kugelgestrahlt	370	340	330	300	260	260	$N \geq 2 \cdot 10^7$ Lastspielzahlen
$\tau_{k2,zul} = 0{,}5 \cdot R_m$		880	810	760	700	630	630	

Kalt geformte Schraubendruckfedern aus Stahldraht, Sorte VD nach DIN EN 10270-2

Drahtdurchmesser d [mm]	1	2	3	5	7		nach
τ_{kO} kugelgestrahlt nicht kugelgestrahlt	630 530	590 490	570 450	540 410	530 390		$N \geq 10^7$ Lastspielzahlen $N \geq 10^7$ Lastspielzahlen
$\tau_{k2,zul} = 0{,}5 \cdot R_m$	835	760	715	670	650		

Hubfestigkeiten $\tau_{k,O}$ in N/mm^2 bei $\tau_{k,O} = 0$ und zulässige Schubspannungen $\tau_{k2,zul}$ für Schraubendruckfedern aus Edelstahl und nicht rostendem Stahl nach DIN EN 13906

Warm geformte Schraubendruckfedern aus Edelstahl, nach DIN EN 10270-2

Stabdurchmesser d [mm]	10	15	25	35	50	nach
τ_{kO} kugelgestrahlt kugelgestrahlt	760 640	670 550	590 470	520 410	430 330	$N = 10^5$ Lastspielzahlen $N = 2 \cdot 10^6$ Lastspielzahlen
$\tau_{k2,zul} = 0{,}5 \cdot R_m$	890	830	780	740	690	

Kalt geformte Schraubendruckfedern aus nicht rostendem Stahl, nach DIN 17224

Drahtdurchmesser d [mm]	1	2	3	4	6	nach $N = 10^7$ Lastspielzahlen
τ_{kO} nicht kugelgestrahlt	490	440	390	330	330	Sorte X12 CrNi 17 7
$\tau_{k2,zul} = 0{,}5 \cdot R_m$	890	830	780	740	690	
τ_{kO} nicht kugelgestrahlt	490	440	390	330	330	Sorte X12 CrNi 17 7
$\tau_{k2,zul} = 0{,}5 \cdot R_m$	890	830	780	740	690	

Goodman-Diagramm für Schraubendruckfedern bei einer Bruchschwingspielzahl von $N = 10^6$ [10.50]

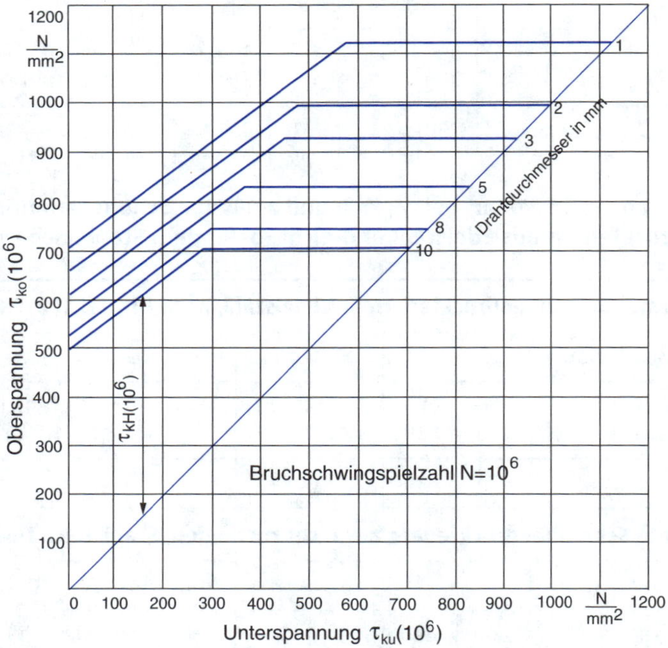

Goodman-Diagramm für Schraubendruckfedern bei einer Grenzschwingspielzahl von $N = 10^7$ [10.50]

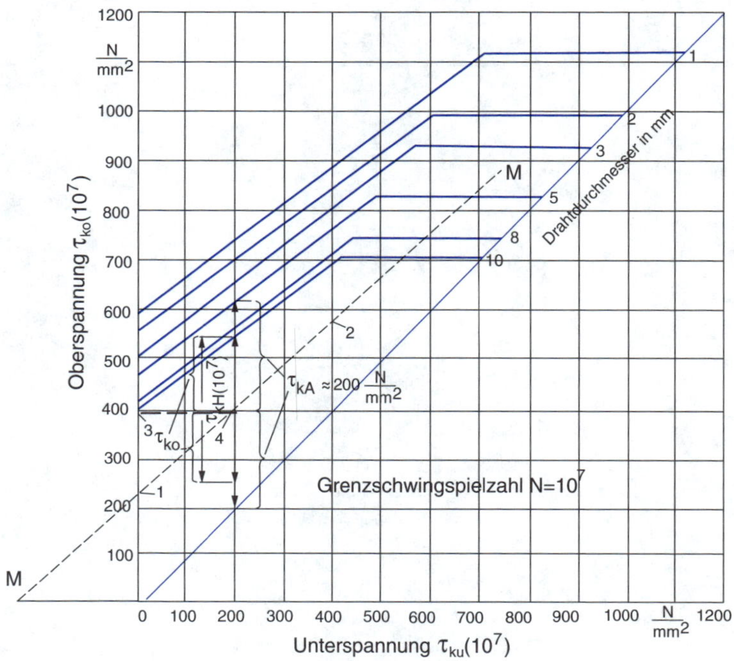

10.6.1 Beanspruchbarkeit von Gummifedern

Zulässige Spannungen von Gummifedern

Im Gegensatz zu Metallfedern hängen die erzielbaren statischen und dynamischen Kennwerte der Beanspruchbarkeit von Gummifedern sehr stark von der jeweiligen Federbauart, der Beanspruchungsart und dem eingesetzten Werkstoff ab. Einige Anhaltswerte für zulässige Spannungen sind in der nachfolgenden Tabelle zu finden. Durch Versuche abgesicherte Daten werden in der Regel vom jeweiligen Hersteller angegeben.

Beanspruchungsart	Zug	Druck	Parallelschub	Drehschub
Beanspruchbarkeit in N/mm^2	σ_{zul}	σ_{zul}	τ_{zul}	τ_{zul}
Gleich bleibend	2	5	2	2
Zeitweiser Stoß	1,5	4	2	2
Schwingende Dauerbelastung	1	1,5	0,5	1
Sonderfälle mit Anschlagbegrenzung	2	5	1	1,5

Wellen und Achsen

11

ÜBERBLICK

11.1 Entwurfsrechnung

Querschnittsflächen und Widerstandsmomente von Voll- und Hohlwellen

	Querschnittsfläche $m \approx A$	Widerstandsmoment äquatorial, $M_b \approx W$	Widerstandsmoment polar, $M_t \approx W_p$
Vollwelle	$A_V = \frac{\pi}{4} \cdot d_V^2$ (11.2)	$W_V = \frac{\pi}{32} \cdot d_V^3$ (11.3)	$W_{pV} = \frac{\pi}{16} \cdot d_V^3$ (11.4)
Hohlwelle	$A_H = \frac{\pi}{4} \cdot \left(d_H^2 - d_i^2\right) = \frac{\pi}{4} \cdot d_H^2 \left(1 - k_H^2\right)$ (11.5)	$W_H = \frac{\pi}{32} \cdot \frac{\left(d_H^4 - d_i^4\right)}{d_H} = \frac{\pi}{32} \cdot d_H^3 \left(1 - k_H^4\right)$ (11.6)	$W_{pH} = \frac{\pi}{16} \cdot \frac{\left(d_H^4 - d_i^4\right)}{d_H} = \frac{\pi}{16} \cdot d_H^3 \left(1 - k_H^4\right)$ (11.7)

d_V Durchmesser Vollwelle $[mm]$

d_H Durchmesser Hohlwelle $[mm]$

d_i Innendurchmesser Hohlwelle $[mm]$

Überschlägiger Wellendurchmesser $d_{üb}$ für Voll- und Hohlwellen

Zugrunde liegende Beanspruchung	Biegung (Achsen)	Torsion (Wellen)	Torsion und Biegung (Wellen)
Überschlägiger Durchmesser	$d_{üb} = \sqrt[3]{\frac{32 \cdot M_b}{\pi \cdot \sigma_{b,üb} \cdot k_T}}$ (11.25)	$d_{üb} = \sqrt[3]{\frac{16 \cdot M_t}{\pi \cdot \tau_{t,üb} \cdot k_T}}$ (11.26)	$d_{üb} = \sqrt[3]{\frac{32 \cdot M_v}{\pi \cdot \sigma_{b,üb} \cdot k_T}}$ (11.27)
Überschlägiger Festigkeitswert	$\sigma_{b,üb} =$ 90 ... 150 N/mm^2 [1)] $\sigma_{b,üb} =$ 45 ... 100 N/mm^2 [2)] $\sigma_{b,üb} =$ 0,15 ... 0,25 $\sigma_{b,w}$	$\tau_{t,üb} =$ 30 ... 60 N/mm^2 $\tau_{t,üb} =$ 0,27 ... 0,47 $\tau_{t,w}$	$\sigma_{b,üb} =$ 45 ... 100 N/mm^2 $\sigma_{b,üb} =$ 0,15 ... 0,25 $\sigma_{b,w}$
Für Vollwellen	$k_T = 1$		

Zugrunde liegende Beanspruchung	Biegung (Achsen)	Torsion (Wellen)	Torsion und Biegung (Wellen)
Für Hohlwellen	$k_T = 1 - k_H^4 = 1 - \left(\frac{d_i}{d_H}\right)^4$	k_H: Verhältnis von Innendurchmesser d_i zu Außendurchmesser d_H bei Hohlwellen	

Das bei Berücksichtigung von Torsion und Biegung verwendete Vergleichsmoment M_v kann näherungsweise über die Ermittlung der Vergleichsausschlagsspannung erfolgen (die Momente dürfen nicht direkt miteinander verrechnet werden):

$\sigma_{a,v} = \sqrt{\sigma_{a,b}^2 + 3 \cdot \tau_{a,t}^2}$ führt unter Einsetzen von $\sigma_{a,v} = \frac{M_v}{W_b}$ $\sigma_{a,b} = \frac{M_b}{W_b}$ $\tau_{a,t} = \frac{M_t}{W_t}$ auf:

$$M_v = \sqrt{M_b^2 + 3 \cdot M_t^2 \cdot \frac{W_b^2}{W_t^2}} = \sqrt{M_b^2 + \frac{3}{4} \cdot M_t^2} \text{ mit } W_b = \frac{\pi \cdot d^3}{32} \text{ und } W_t = \frac{\pi \cdot d^3}{16} \quad (11.28)$$

$\tau_{t,w}$: Torsionswechselfestigkeit
$\sigma_{b,w}$: Biegewechselfestigkeit

1) ruhende Achsen, jeweils kleinere Werte für schweren Betrieb
2) umlaufende Achsen, jeweils kleinere Werte für schweren Betrieb

Überschlägiger Wellendurchmesser aus maximal zulässiger Verdrehung

$$d_{üb} = \sqrt[4]{\frac{32 \cdot 180°}{\pi^2} \cdot \frac{M_t \cdot l}{G \cdot \varphi_T}} \quad (11.30)$$

l verdrehbare Länge [mm]

G Schubmodul ($G = 8{\cdot}104\ N/mm^2$ für Vollwelle aus Stahl)

M_t Torsionsmoment [Nmm]

φ_T Verdrehwinkel, Grad ° (sollte 0,25° bis 0,5° je 1000 mm nicht übersteigen)

11.2 Dauerfestigkeitsnachweis nach DIN 743

Schematischer Ablauf des Tragfähigkeitsnachweises nach DIN 743

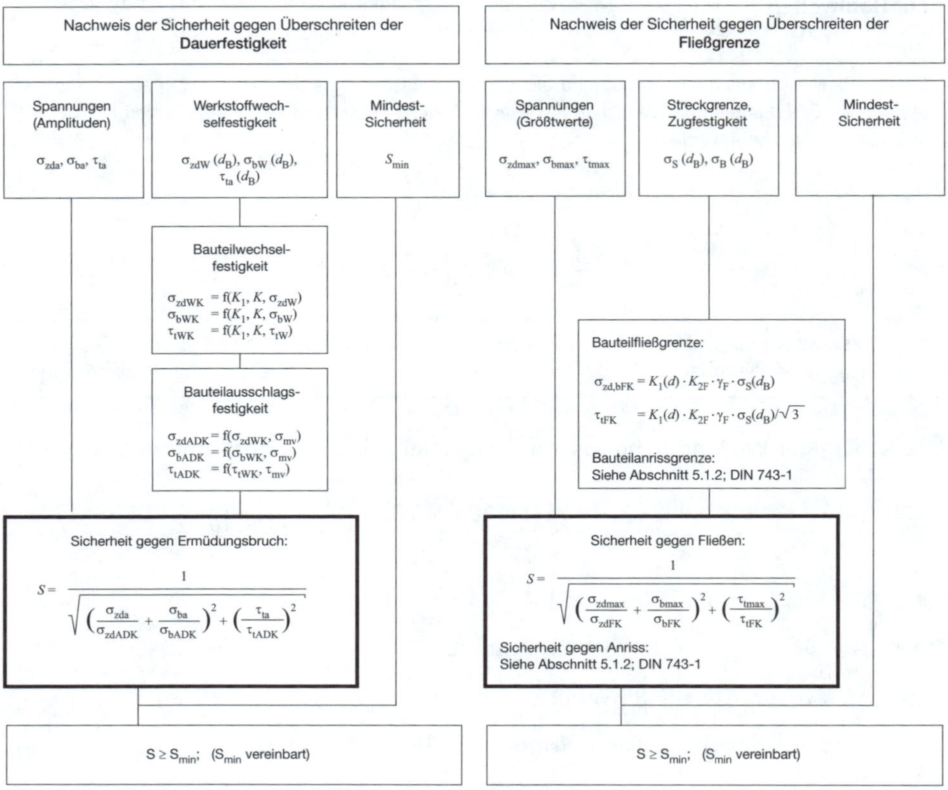

Sicherheit gegen Überschreiten der Dauerfestigkeit nach DIN 743

$$S = \frac{1}{\sqrt{\left(\frac{\sigma_{zda}}{\sigma_{zdADK}} + \frac{\sigma_{ba}}{\sigma_{bADK}}\right)^2 + \left(\frac{\tau_{ta}}{\tau_{tADK}}\right)^2}} \qquad (11.34)$$

$\sigma_{zd,ba}, \tau_{ta}$ — (Nenn-)Spannungsamplitude nach [11.9] $[N/mm^2]$

$\sigma_{zd,bADK}, \tau_{tADK}$ — Spannungsamplitude der Bauteildauerfestigkeit für bestimmte Mittelspannung nach [11.12] und [11.13] $[N/mm^2]$

Berechnung der wirkenden Ausschlags- und Mittelspannungen (Nennspannungen) [11.9]

Beanspruchungsart	Wirkende Spannung		Querschnittsfläche bzw. Widerstandsmoment
	Amplitude	Mittelwert	
Zug-Druck	$\sigma_{zda} = \frac{F_{zda}}{A}$ (11.35)	$\sigma_{zdm} = \frac{F_{zdm}}{A}$ (11.36)	$A = \frac{\pi}{4} \cdot \left(d^2 - d_i^2\right)$ (11.37)
Biegung	$\sigma_{ba} = \frac{M_{ba}}{W_b}$ (11.38)	$\sigma_{bm} = \frac{M_{bm}}{W_b}$ (11.39)	$W_b = \frac{\pi}{32} \cdot \left(\frac{d^4 - d_i^4}{d}\right)$ (11.40)
Torsion	$\tau_{ta} = \frac{M_{ta}}{W_t}$ (11.41)	$\tau_{tm} = \frac{M_{tm}}{W_t}$ (11.42)	$W_t = \frac{\pi}{16} \cdot \left(\frac{d^4 - d_i^4}{d}\right)$ (11.43)

Gestalt-Wechselfestigkeiten des Bauteils für Zug-Druck-, Biege- und Torsionsbeanspruchung

[11.10]

Zug-Druck-Beanspruchung	Biegebeanspruchung	Torsionsbeanspruchung
$\sigma_{zdWK} = \frac{\sigma_{zdW}(d_B) \cdot K_1(d_{eff})}{K_\sigma}$ (11.46)	$\sigma_{bWK} = \frac{\sigma_{bW}(d_B) \cdot K_1(d_{eff})}{K_\sigma}$ (11.47)	$\tau_{tWK} = \frac{\tau_{tW}(d_B) \cdot K_1(d_{eff})}{K_\tau}$ (11.48)

$\sigma_{zd,bW}, \tau_{tW}$	Wechselfestigkeiten des glatten Probestabes (Bezugsdurchmesser d_B) nach DIN 743-3 oder [11.10] [N/mm^2]
$K_1(d_{eff})$	Technologischer Größeneinflussfaktor nach [11.22]
K_σ, K_τ	Gesamteinflussfaktor nach (11.49) bzw. (11.50)

Liegen genauere Erkenntnisse über die Vergütungsfestigkeit (Härte) bzw. Kernhärte vor, so können die Zähler der Gleichungen (11.46) bis (11.48) wie folgt ersetzt werden (H_{HB} Härte in Brinell, Bruchfestigkeit R_m in N/mm^2):

[11.10]

Zug-Druck-Beanspruchung	Biegebeanspruchung	Torsionsbeanspruchung
$\sigma_{zdW} \approx 0{,}4 \cdot R_m$	$\tau_{tW} \approx 0{,}3 \cdot R_m$	
$\sigma_{bW} \approx 0{,}5 \cdot R_m$	$R_m \approx 3{,}2 \ldots 3{,}4 \cdot H_{HB}$ [1)]	

1) 3,2 für vergütete Stähle und Kernbereich einsatzgehärteter Stähle; 3,4 für weich geglühte, normalisierte Stähle

Technologischer Größeneinfluss $K_1(d_{eff})$ [11.22]

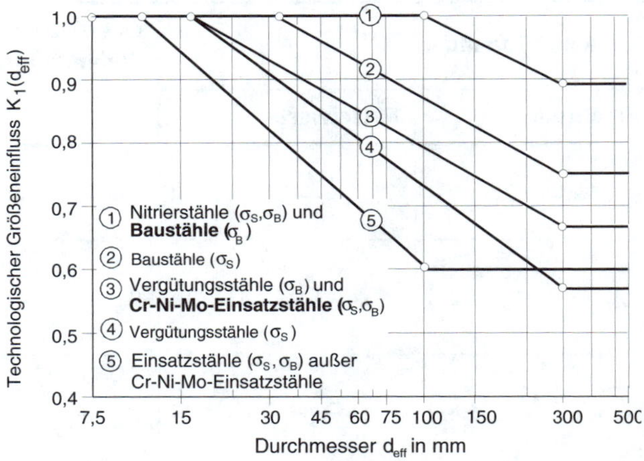

$K_1(d_{eff})$ berücksichtigt näherungsweise, dass die erreichbare Härte (damit auch Streckgrenze und Ermüdungsfestigkeit) beim Vergüten bzw. die Kernhärte beim Einsatzhärten mit steigendem Durchmesser abnimmt. Er ist für alle Beanspruchungsarten gleich und wird mit dem für die Wärmebehandlung maßgebenden Durchmesser d_{eff} berechnet. d_{eff} ist von der Bauteilform und -größe abhängig. Durch ihn soll der Größen- bzw. Bauteilformeinfluss auf den Abkühlvorgang beim Härten/Vergüten berücksichtigt werden. Liegen keine speziellen Untersuchungsergebnisse vor, ist $d_{eff} = D$ (D größter Durchmesser der Welle bzw. des Wellenabsatzes) zu setzen. $K_1(d_{eff})$ ist anzuwenden, wenn die wirkliche Festigkeit des Bauteils nicht bekannt ist, sondern für einen Bezugsdurchmesser (z.B. $d_B = 16$ mm) den Normen entnommen wurde.

Gesamt-Einflussfaktor K_σ für Zug-Druck und Biegung, bzw. K_τ für Torsion

$$K_\sigma = \left(\frac{\beta_\sigma}{K_2(d)} + \frac{1}{K_{F\sigma}} - 1 \right) \cdot \frac{1}{K_V} \tag{11.49}$$

$$K_\tau = \left(\frac{\beta_\tau}{K_2(d)} + \frac{1}{K_{F\tau}} - 1 \right) \cdot \frac{1}{K_V} \tag{11.50}$$

β_σ, β_τ	Kerbwirkungszahlen nach (11.55) bzw. (11.58)
$K_2(d)$	geometrischer Größeneinflussfaktor nach [11.23]
K_V	Einflussfaktor der Oberflächenverfestigung (Kugelstrahlen oder Randschichthärtung) nach [11.24]
$K_{F\sigma}$, $K_{F\tau}$	Einflussfaktor der Oberflächenrauheit nach [11.24] bzw. (11.51) bis (11.54)

Einflussfaktor der Oberflächenrauheit $K_{F\sigma}$ für Zug-Druck und Biegung

$$K_{F\sigma} = 1 - 0{,}22 \cdot \lg\left(\frac{R_z}{\mu m} \right) \cdot \left(\lg\left(\frac{\sigma_B(d)}{20\ N/mm^2} \right) - 1 \right) \tag{11.51}$$

σ_B Zugfestigkeit des Bauteils, $\sigma_B = \sigma_B(d_B) \cdot K_1(d_{eff})$

Die Auswertung dieser Gleichung mit der mittleren Rauhtiefe R_z in μm führt zu dem folgenden Diagramm. (Bei Walzhaut ist die mittlere Rauheit von $R_z = 200\ \mu m$ einzusetzen.) [11.24]

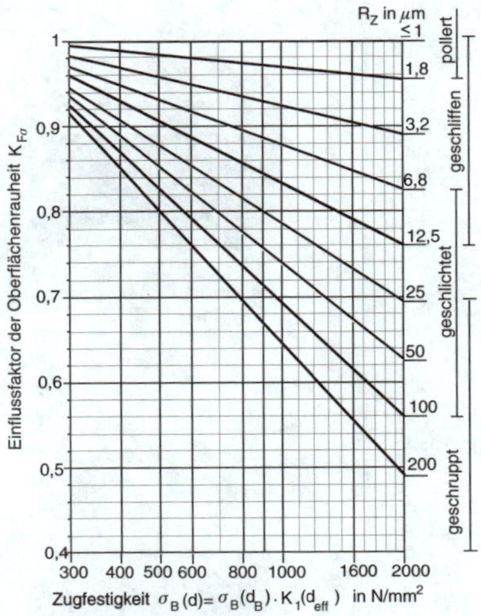

Für Torsion wird $K_{F\tau}$ wie folgt ermittelt:

$$K_{F\tau} = 0{,}575 \cdot K_{F\sigma} + 0{,}425 \qquad (11.52)$$

Wird die Berechnung mit einer experimentell bestimmten Kerbwirkungszahl durchgeführt (mit der Oberflächenrauheit der Probe R_{zB}), das Bauteil selbst hat aber die Oberflächenrauheit R_z, so wird folgende Umbewertung erforderlich:

$$K_{F\sigma} = \frac{K_{F\sigma}(R_z)}{K_{F\sigma}(R_{zB})} \qquad (11.53)$$

$$K_{F\tau} = \frac{K_{F\tau}(R_z)}{K_{F\tau}(R_{zB})} \qquad (11.54)$$

Geometrischer Größeneinflussfaktor $K_2(d)$ [11.23]

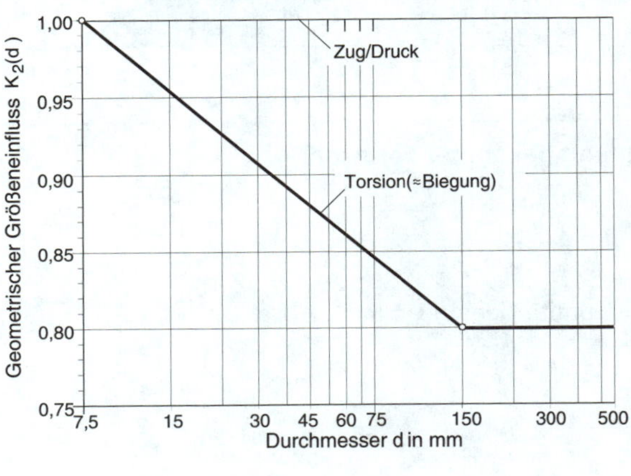

Der geometrische Größeneinflussfaktor $K_2(d)$ berücksichtigt, dass bei größer werdendem Durchmesser oder entsprechenden Dicken die Biegewechselfestigkeit in die Zug-/Druck-Wechselfestigkeit übergeht und analog auch die Torsionswechselfestigkeit sinkt.

Faktor für Oberflächenverfestigung K_V [11.24]

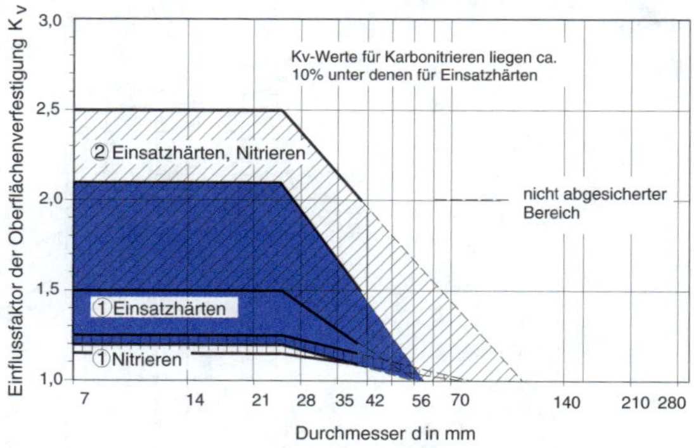

Anmerkungen zu den Diagrammen rechts:

Es wird empfohlen, beim Tragfähigkeitsnachweis die unteren (kleineren) Werte von K_V zu benutzen. Die oberen Werte sind zur Orientierung angegeben und müssen experimentell bestätigt werden.

Liegen keine anderen Erfahrungen vor, ist bei Durchmessern $d > 40$ mm für ungekerbt bzw. schwach gekerbt $K_V = 1$ zu setzen, sonst kann im Bereich $40 \text{ mm} < d < 250 \text{ mm}$ $K_V = 1{,}1$ angenommen werden.

Bei $d \geq 250$ mm ist $K_V = 1$ zu setzen.

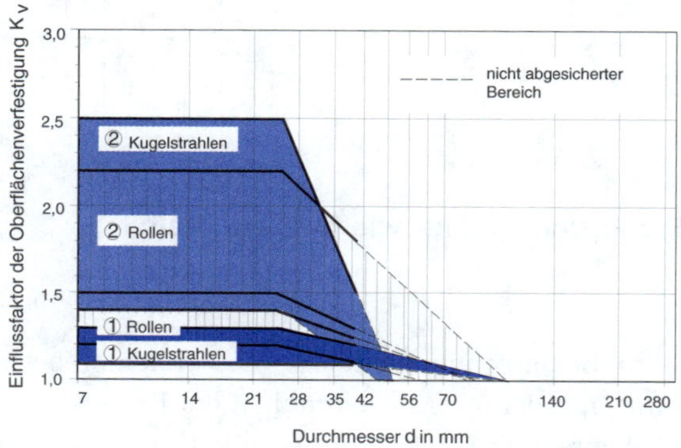

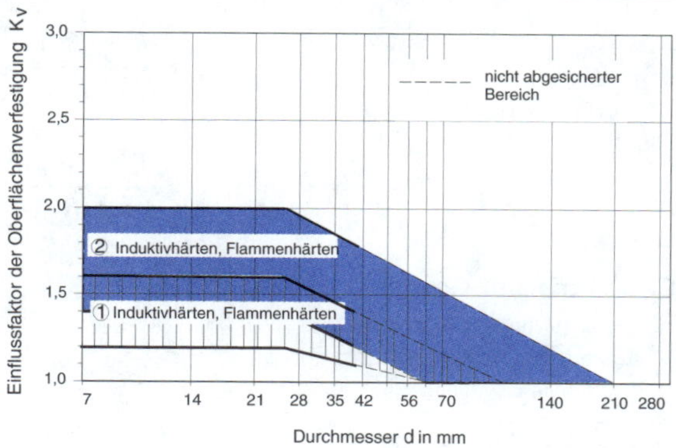

Kerbwirkungszahlen $\beta_{\sigma,\tau}$ für Kerben mit bekannter Formzahl

$$\beta_{\sigma,\tau} = \frac{\alpha_{\sigma,\tau}}{n} \qquad (11.55)$$

α_σ, α_τ Kerbformzahl für bestimmte Geometrie nach Abschnitt 11.4

n Stützzahl nach (11.56) oder (11.57)

Stützzahl *n* für Werkstoffe ohne harte Randschicht (normalisiert, vergütet):

$$n = 1 + \sqrt{G' \cdot \text{mm}} \cdot 10^{-\left(0{,}33 + \frac{\sigma_S(d)}{712\ \text{N/mm}^2}\right)} \tag{11.56}$$

Für Werkstoffe mit harter Randschicht: (einsatzgehärtet, nitriert):

$$n = 1 + \sqrt{G' \cdot \text{mm}} \cdot 10^{0{,}7} \tag{11.57}$$

σ_S Bauteilstreckgrenze nach [11.25] [N/mm^2]

G' Bezogenes Spannungsgefälle nach [11.25] [N/mm^2]

[11.25]

Stützzahl *n*	Bauteilform	Belastung	Bezogenes Spannungsgefälle G'
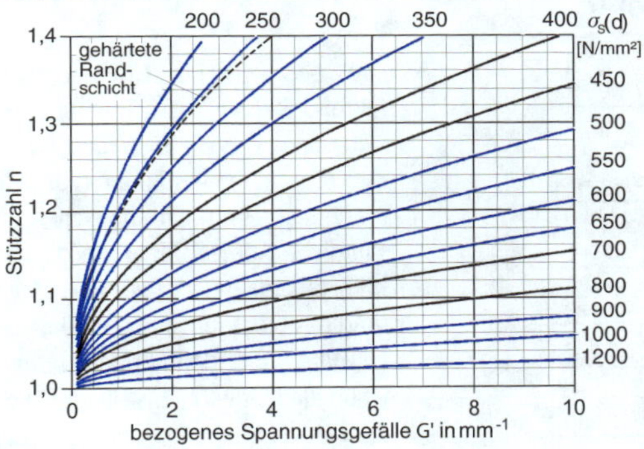 $\sigma_s \approx K_1(d_{eff}) \cdot \sigma_S(d_B)$; $K_1(d_{eff})$ gemäß nach [11.22]	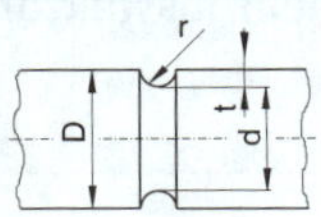	Zug-Druck	$\frac{2 \cdot (1+\varphi)}{r}$
		Biegung	$\frac{2 \cdot (1+\varphi)}{r}$
		Torsion	$\frac{1}{r}$
	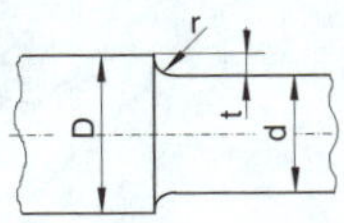	Zug-Druck	$\frac{2{,}3 \cdot (1+\varphi)}{r}$
		Biegung	$\frac{2{,}3 \cdot (1+\varphi)}{r}$
		Torsion	$\frac{1{,}15}{r}$
Unter gehärteter Randschicht werden durch Einsatzhärten, Nitrieren, Flamm- oder Induktionshärten entstehende harte Schichten verstanden, die Druckeigenspannungen erzeugen.	Für Rundstäbe gelten die Formeln näherungsweise auch dann, wenn eine Längsbohrung vorliegt. Für $d/D > 0{,}67$; $r > 0$: $\varphi = \frac{1}{4 \cdot \sqrt{t/r} + 2}$ sonst: $\varphi = 0$		

Berechnung der Kerbwirkungszahl $\beta_{\sigma,\tau}$ mit experimentell bestimmten Kerbwirkungszahlen $\beta_{\sigma,\tau}(d_{BK})$

Liegen für ein Bauteil ausschließlich experimentell ermittelte Kerbwirkungszahlen $\beta_{\sigma,\tau}(d_B)$ vor und weicht der Bezugsdurchmesser d_{BK} (der Probe) vom Bauteildurchmesser d ab, so ist eine Korrektur mithilfe des geometrischen Größeneinflussfaktors $K_3(d)$ gemäß [11.23] wie folgt vorzunehmen, so dass sich die zu verwendende Kerbwirkungszahl $\beta_{\sigma,\tau}$ berechnet zu:

$$\beta_{\sigma,\tau} = \beta_{\sigma,\tau}\left(d_{BK}\right) \cdot \frac{K_3\left(d_{BK}\right)}{K_3\left(d\right)} \tag{11.58}$$

$\beta_{\sigma,\tau}(d_{BK})$ experimentelle Kerbwirkungszahlen mit Bezugsdurchmesser (dBK) nach [11.27] bis [11.30]

K_3 geometrische Größeneinflussfaktor nach [11.23]

Geometrischer Größeneinflussfaktor $K_3(d)$

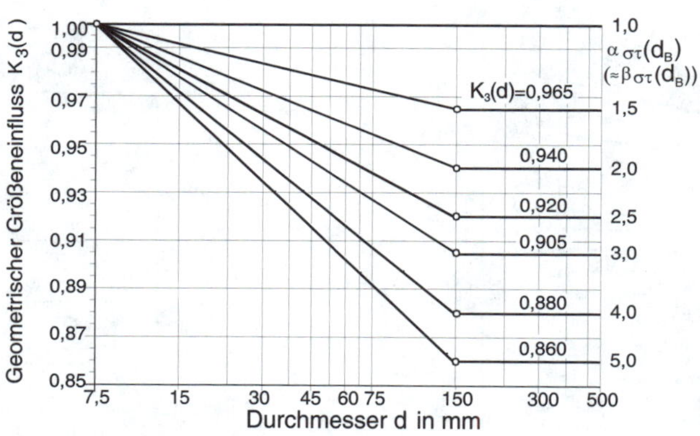

Der geometrische Größeneinflussfaktor $K_3(d)$ berücksichtigt die Änderung der Kerbwirkung, wenn die Bauteilabmessungen von den Probenabmessungen abweichen und sämtliche Abmessungen im gleichen Maßstab geändert wurden (Änderung des Spannungsgradienten). **[11.23]**

Er wird nur dann berücksichtigt, wenn die Kerbwirkungszahlen $\beta_\sigma(d_B)$ oder $\beta_\tau(d_B)$ experimentell für diesen Werkstoff bestimmt wurden und der Bezugsdurchmesser d_{BK} vom Bauteildurchmesser d abweicht. $K_3(d)$ ist in Abhängigkeit von der Form- bzw. Kerbwirkungszahl zu ermitteln.

Experimentell bestimmte Kerbwirkungszahlen $\beta_{\sigma,\tau}(d_{BK})$ für Keilwellen, Kerbzahnwellen und Zahnwellen [11.26]

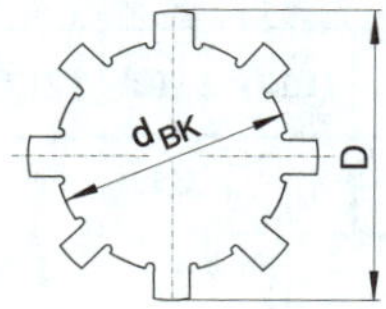

Bezugsdurchmesser $d_{BK} = 29\ \mathrm{mm}$

Kerbwirkungszahlen:

$$\beta_\tau^*(\mathrm{d_{BK}}) = \exp\left(4{,}2\cdot 10^{-7}\cdot\left(\frac{\sigma_\mathrm{B}(\mathrm{d})}{\mathrm{N/mm^2}}\right)^2\right)$$

Einflussfaktor der Oberflächenrauheit:

$K_{F\tau} = 1$ oder $K_{F\sigma} = 1$

Einsatzstähle einsatzgehärtet:

$\beta_\tau(d_{BK}) = 1{,}0;\ \beta_\sigma(d_{BK}) = 1{,}0;\ K_V = 1$

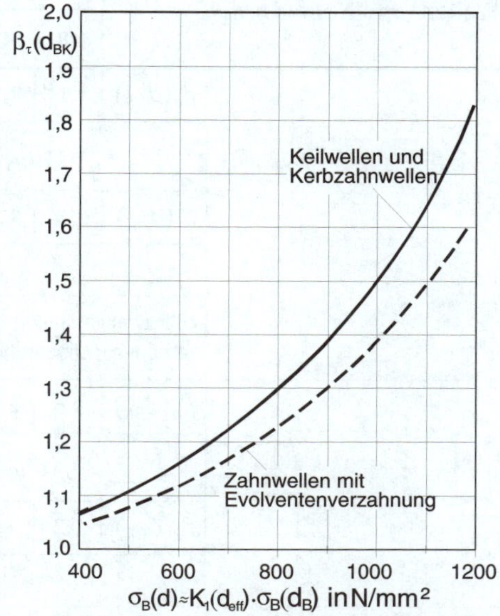

Torsion: - Keilwellen und Kerbzahnwellen:	$\beta_\tau(d_{BK}) = \beta_\tau^*(d_{BK})$
- Zahnwellen mit Evolventenverzahnung:	$\beta_\tau(d_{BK}) = 1 + 0{,}75\cdot(\beta_\tau^*(d_{BK}) - 1)$
Biegung: - Keilwellen	$\beta_\sigma(d_{BK}) = 1 + 0{,}45\cdot(\beta_\tau^*(d_{BK}) - 1)$
- Kerbzahnwellen	$\beta_\sigma(d_{BK}) = 1 + 0{,}65\cdot(\beta_\tau^*(d_{BK}) - 1)$
- Zahnwellen mit Evolventenverzahnung:	$\beta_\sigma(d_{BK}) = 1 + 0{,}49\cdot(\beta_\tau^*(d_{BK}) - 1)$
Zug-Druck:	Für Zug-Druck gelten näherungsweise dieselben Werte wie für Biegung.

Anmerkung: Die angegebenen Werte gelten für die Welle ohne Nabeneinfluss. Die Kerbwirkungszahlen können bei relativ steifer Nabe und ungünstiger Gestaltung aufgrund der konzentrierten Lasteinleitung am Übergang von Welle zu Nabe wesentlich größer sein.

Experimentell bestimmte Kerbwirkungszahlen $\beta_{\sigma,\tau}(d_{BK})$ für Welle-Nabe-Verbindungen [11.27]

Wellen- und Nabenform		$\sigma_B(d)$ in N/mm²								
		400	500	600	700	800	900	1000	1100	1200
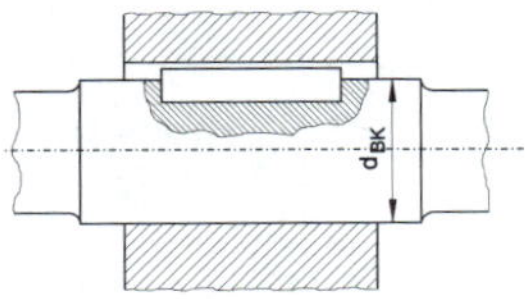	$\beta_\sigma(d_{BK})$	2,1[1)]	2,3[1)]	2,5[1)]	2,6[1)]	2,8[1)]	2,9[1)]	3,0[1)]	3,1[1)]	3,2[1)]
		$\beta_\sigma(d_{BK}) \approx 3{,}0 \cdot \left(\sigma_B(d)/\left(1000\ \text{N/mm}^2\right)\right)^{0{,}38}$								
	$\beta_\tau(d_{BK})$	1,3	1,4	1,5	1,6	1,7	1,8	1,8	1,9	2,0
		$\beta_\tau(d_{BK}) \approx 0{,}56 \cdot \beta_\sigma(d_{BK}) + 0{,}1$								
		Bei zwei Passfedern ist die Kerbwirkungszahl $\beta_{\sigma,\tau}$ mit dem Faktor 1,15 zu erhöhen. (Minderung des Querschnittes) β_σ (2 Passfedern) $= 1{,}15 \cdot \beta_\sigma$								
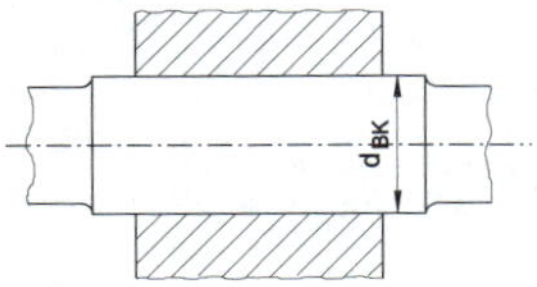	$\beta_\sigma(d_{BK})$	1,8	2,0	2,2	2,3	2,5	2,6	2,7	2,8	2,9
		$\beta_\sigma(d_{BK}) \approx 2{,}7 \cdot \left(\sigma_B(\text{d})/\left(1000\ \text{N/mm}^2\right)\right)^{0{,}43}$								
	$\beta_\tau(d_{BK})$	1,2	1,3	1,4	1,5	1,6	1,7	1,8	1,8	1,9
		$\beta_\tau(d_{BK}) \approx 0{,}65 \cdot \beta_\sigma(d_{BK})$								
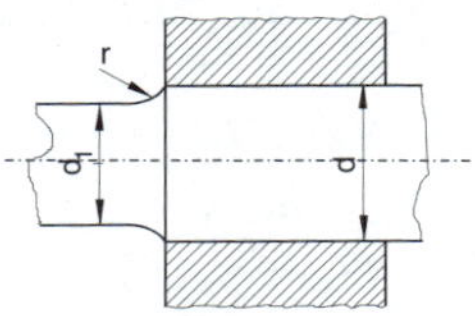		Die Kerbwirkungszahl des Absatzes (Übergang d zu d_1) ist nach (11.55) zu bestimmen. Es ist dabei ein Durchmesserverhältnis von $d_1 / (1{,}1 \cdot d)$ für die Ermittlung der Formzahl anzunehmen. Der Presssitz beeinflusst die Kerbwirkung des Wellenübergangs im Allgemeinen nur wenig. Nur bei ungünstiger Gestaltung kann es zur gegenseitigen Beeinflussung der Kerbwirkung im Wellenübergang (Radius r) und Nabensitz kommen. Dieses kann bei sehr kleinen Unterschieden zwischen d_1 und d und direkt am Nabensitzende liegenden Wellenübergängen eintreten. Bei kleinen rechnerischen Sicherheiten und großer Bedeutung der Anlage ist die Haltbarkeit der Welle dann gesondert zu überprüfen (z.B. mittels FEM oder experimentell). Hinsichtlich des minimalen Gesamtvolumens der Welle im Bereich der Welle-Nabe-Verbindung sind die Abmessungen für maximale Übertragbarkeit $d / d_1 \approx 1{,}1$ und $r / (d - d_1) \approx 2$. Weitere Hinweise zu Kerbwirkungszahlen und Einflüssen siehe DIN 7190.								
Anmerkungen:		Bezugsdurchmesser $d_{BK} = 40\ \text{mm}$ Bei Zug-Druck: gleiche Werte wie für Biegung Einflussfaktor der Oberflächenrauheit: $K_{F\sigma} = 1$ oder $K_{F\tau} = 1$ Biege- oder Torsionsmoment wird auf die Nabe übertragen. Die Kerbwirkungszahlen gelten für die Enden des Nabensitzes.								

1) Die angegebenen β_σ-Werte gelten für $\tau_{tm}/\sigma_{ba} = 0{,}5$. Es sind Richtwerte. Abhängig von der Passung, der Wärmebehandlung (z.B. einsatzgehärtete Nabe) und den Abmessungen der Nabe können Abweichungen entstehen. Für $\tau_{tm}/\sigma_{ba} > 0{,}5$ sinken die Kerbwirkungszahlen. Bei reiner Umlaufbiegung sind dagegen Erhöhungen von β_σ um den Faktor 1,3 möglich. Weitere Angaben zu Kerbwirkungszahlen und Einflüssen siehe DIN 6892.

Experimentell bestimmte Kerbwirkungszahlen $\beta_{\sigma,\tau}(d_{BK})$ für Rundstäbe mit umlaufender Spitzkerbe [11.28]

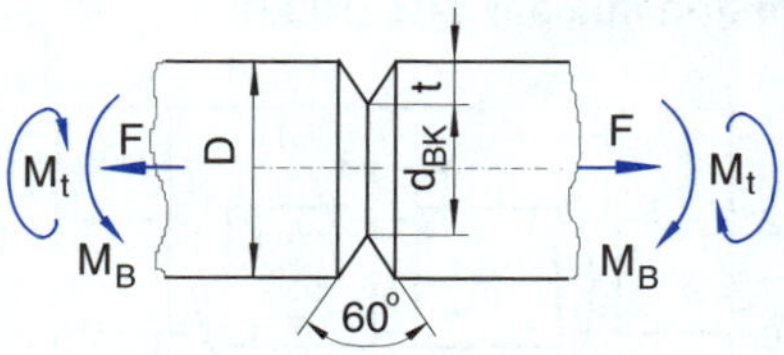

Bezugsdurchmesser: $d_{BK} = 15\ \text{mm}$

Kerbwirkungszahlen:

Zug-Druck:

$$\beta_\sigma(d_{BK}) = 0{,}109 \cdot \frac{\sigma_B(d)}{100\ \text{N/mm}^2} + 1{,}074$$

Biegung:

$$\beta_\sigma(d_{BK}) = 0{,}0923 \cdot \frac{\sigma_B(d)}{100\ \text{N/mm}^2} + 0{,}985$$

Torsion:

$$\beta_\tau(d_{BK}) = 0{,}80 \cdot \beta_{\sigma,Biegung}(d_{BK})$$

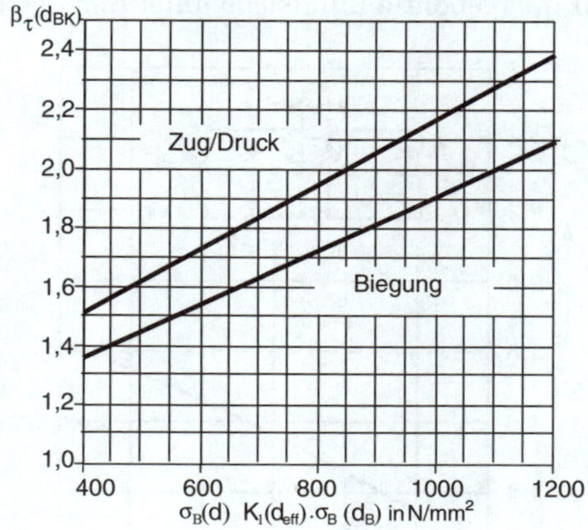

Anmerkung: Radius im Kerbgrund: $r = 0{,}1\ \text{mm}$, $t/d = 0{,}05$ bis $0{,}20$; für andere Werte weichen die Kerbwirkungszahlen von diesen Angaben ab, mittlere Rauheit der Kerbe: $R_{zB} = 20\ \mu\text{m}$

Experimentell bestimmte Kerbwirkungszahlen $\beta_{\sigma,\tau}(d_{BK})$ für umlaufende Rechtecknuten [11.29]

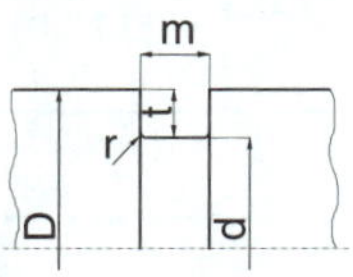

Kerbwirkungszahlen:

Zug-Druck:

$$\beta_\sigma^*(d_{BK}) = 0{,}9 \cdot \left(1{,}27 + 1{,}17 \cdot \sqrt{t/r_f}\right)$$

Biegung:

$$\beta_\sigma^*(d_{BK}) = 0{,}9 \cdot \left(1{,}14 + 1{,}08 \cdot \sqrt{t/r_f}\right)$$

Torsion:

$$\beta_\tau^*(d_{BK}) = \left(1{,}48 + 0{,}45 \cdot \sqrt{t/r_f}\right)$$

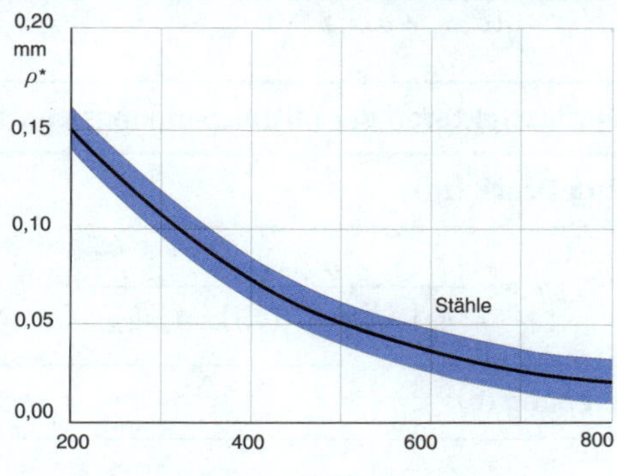

$$\sigma_S(d) \approx \sigma_S(d_B) \cdot K_1(d_{eff})\ \text{in N/mm}^2$$

Zug-Druck, Biegung: $r_f = r + 2{,}9 \cdot \rho^*$ Torsion: $r_f = r + \rho^*$ $m/t \geq 1{,}4$: $\beta_{\sigma,\tau} = \beta_{\sigma,\tau}^*$ $m/t < 1{,}4$: $\beta_{\sigma,\tau} = \beta_{\sigma,\tau}^* \cdot 1{,}08 \cdot (m/t)^{-0{,}2}$	ρ^* Strukturradius nach Neuber $\rho^* = 10^{-(0{,}514 + 0{,}00152 \cdot \sigma_s(d)/(\text{N/mm}^2))} \cdot \text{mm}$ (Stähle) Anmerkung: Ergibt sich bei Zug-Druck oder Biegung $\beta_\sigma > 4$, ist mit $\beta_\sigma = 4$ zu rechnen. Ergibt sich bei Torsion $\beta_\tau > 2{,}5$, ist mit $\beta_\tau = 2{,}5$ zu rechnen.

Kerbwirkungszahlen $\beta_{\sigma,\tau}$ von quergebohrten Rundstäben unter Biegung und Torsion [11.30]

In Erweiterung zur DIN 743 enthalten die Diagramme in [11.30] Kerbwirkungszahlen für quergebohrte Rundstäbe unter Biegung und Torsion aus der TGL 19340.

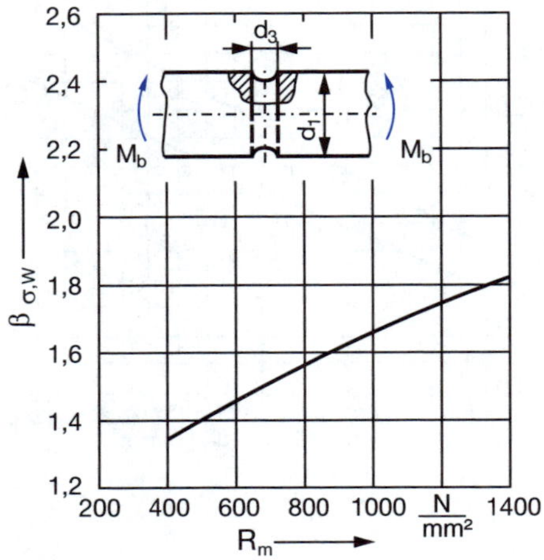

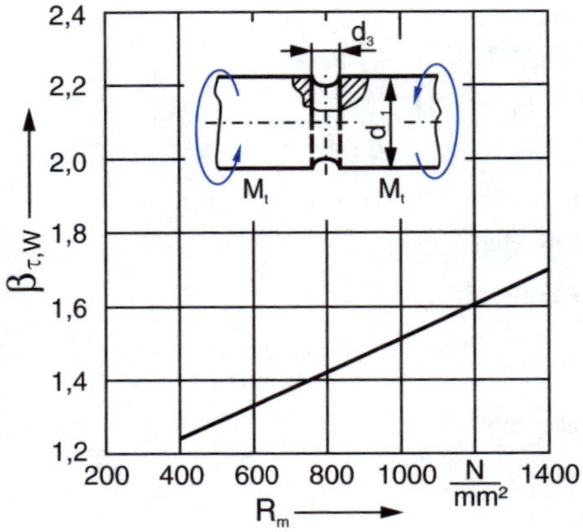

Mittelspannungen σ_{mv}, τ_{mv} und Einflussfaktoren der Mittelspannungsempfindlichkeit Ψ

Mittelspannung für Zug-Druck, Biegung und Torsion	Mittelspannung für Torsion
$\sigma_{mv} = \sqrt{(\sigma_{zdm} + \sigma_{bm})^2 + 3 \cdot \tau_{tm}^2}$ (11.59)	$\tau_{mv} = \frac{\sigma_{mv}}{\sqrt{3}}$ (11.60)

Einflussfaktoren der Mittelspannungsempfindlichkeit

Zug-Druck (zd)

$$\Psi_{zd\sigma K} = \frac{\sigma_{zdWK}}{2 \cdot K_1(d_{eff}) \cdot R_m(d_B) - \sigma_{zdWK}} \qquad (11.61)$$

Biegung (b)

$$\Psi_{b\sigma K} = \frac{\sigma_{bWK}}{2 \cdot K_1(d_{eff}) \cdot R_m(d_B) - \sigma_{bWK}} \qquad (11.62)$$

Torsion (t)

$$\Psi_{tK} = \frac{\tau_{tWK}}{2 \cdot K_1(d_{eff}) \cdot R_m(d_B) - \tau_{tWK}} \qquad (11.63)$$

σ_{WK}, τ_{WK}: Bauteilwechselfestigkeiten [11.10]	d_B: Bezugsdurchmesser
d_{eff}: Maßgebender Durchmesser für die Wärmebehandlung	R_m: Zugfestigkeit
Ψ: Einflussfaktor der Mittelspannungsempfindlichkeit	K_1: Technologischer Größeneinflussfaktor

Beanspruchungsfälle F1 und F2 (dargestellt im Smith-Diagramm)

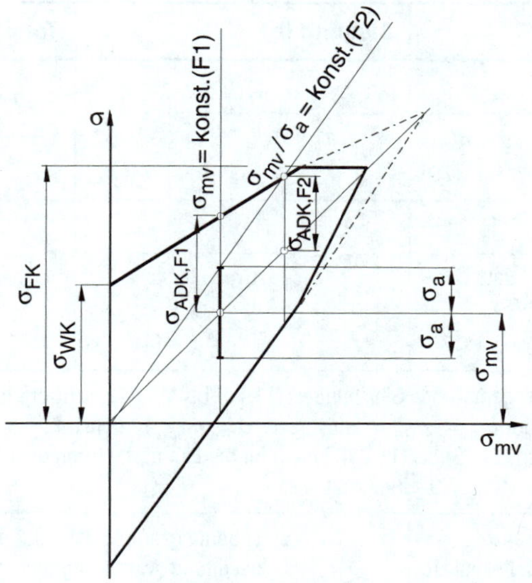

Ertragbare Spannungsamplitude der Bauteildauerfestigkeit unter Mittelspannungseinfluss s_{zdADK}, s_{bADK}, t_{tADK}

Fall 1 (σ_{mv} = konst., bzw. τ_{mv} = konst.):

Zug-Druck (zd)	Biegung (b)	Torsion (t)	[11.12]
$\sigma_{mv} \le \dfrac{\sigma_{zdFK} - \sigma_{zdWK}}{1 - \Psi_{zd\sigma K}}$ (11.64)	$\sigma_{mv} \le \dfrac{\sigma_{bFK} - \sigma_{bWK}}{1 - \Psi_{b\sigma K}}$ (11.65)	$\tau_{mv} \le \dfrac{\tau_{tFK} - \tau_{tWK}}{1 - \Psi_{tK}}$ (11.66)	
$\sigma_{zdADK} = \sigma_{zdWK} - \Psi_{zd\sigma K} \cdot \sigma_{mV}$ (11.67)	$\sigma_{bADK} = \sigma_{bWK} - \Psi_{b\sigma K} \cdot \sigma_{mV}$ (11.68)	$\tau_{tADK} = \tau_{tWK} - \Psi_{tK} \cdot \tau_{mV}$ (11.69)	

Werden die Bedingungen gemäß der Gleichungen (11.64) bis (11.66) nicht erfüllt, so berechnen sich die ertragbaren Amplituden für σ_{mv} = konst. (τ_{mv} = konst.) unter Verwendung der Gleichungen (11.67) bis (11.69), indem für die Einflussfaktoren der Mittelspannungsempfindlichkeit $\Psi_{zd\sigma K} = \Psi_{b\sigma K} = \Psi_{tK} = 1$ eingesetzt wird.

σ_{FK}, τ_{FK}: Bauteilfließgrenze σ_{WK}, τ_{WK}: Bauteilwechselfestigkeit	σ_{ADK}, τ_{ADK}: Spannungsamplitude der Bauteildauerfestigkeit für bestimmte Mittelspannung Ψ: Einflussfaktor der Mittelspannungsempfindlichkeit

11

Fall 2 (σ_{mv}/σ_{zda} = konst., σ_{mv}/σ_{ba} = konst., τ_{mv}/τ_{ta} = konst.):

[11.13]

Zug-Druck (zd)	Biegung (b)	Torsion (t)
$\frac{\sigma_{mV}}{\sigma_{zda}} \le \frac{\sigma_{zdFK} - \sigma_{zdWK}}{\sigma_{zdWK} - \Psi_{zd\sigma K} \cdot \sigma_{zdFK}}$ (11.70)	$\frac{\sigma_{mV}}{\sigma_{ba}} \le \frac{\sigma_{bFK} - \sigma_{bWK}}{\sigma_{bWK} - \Psi_{b\sigma K} \cdot \sigma_{bFK}}$ (11.71)	$\frac{\tau_{mV}}{\tau_{ta}} \le \frac{\tau_{tFK} - \tau_{tWK}}{\tau_{tWK} - \Psi_{tK} \cdot \tau_{tFK}}$ (11.72)
$\sigma_{zdADK} = \frac{\sigma_{zdWK}}{1+\Psi_{zd\sigma K} \cdot \frac{\sigma_{mv}}{\sigma_{zda}}}$ (11.73)	$\sigma_{bADK} = \frac{\sigma_{bWK}}{1+\Psi_{b\sigma K} \cdot \frac{\sigma_{mv}}{\sigma_{ba}}}$ (11.74)	$\tau_{tADK} = \frac{\tau_{tWK}}{1+\Psi_{tK} \cdot \frac{\tau_{mv}}{\tau_{ta}}}$ (11.75)

Werden die Bedingungen gemäß der Gleichungen (11.70) bis (11.72) nicht erfüllt, so berechnen sich die ertragbaren Amplituden für $\sigma_{mv} / \sigma_{zda}$ = konst. bzw. $\sigma_{mv} / \sigma_{ba}$ = konst. (τ_{mv} / τ_{ta} = konst.) unter Verwendung der Gleichungen (11.73) bis (11.75), indem für die Einflussfaktoren der Mittelspannungsempfindlichkeit $\Psi_{zd\sigma K} = \Psi_{b\sigma K} = \Psi_{tK} = 1$ eingesetzt wird.

σ_{FK}, τ_{FK}: Bauteilfließgrenze σ_{WK}, τ_{WK}: Bauteilwechselfestigkeit	σ_{ADK}, τ_{ADK}: Spannungsamplitude der Bauteildauerfestigkeit für bestimmte Mittelspannung Ψ: Einflussfaktor der Mittelspannungsempfindlichkeit

Erweiterung auf den Druckbereich im Smith-Diagramm

Die Gleichungen in [11.12] und [11.13] sind nicht anzuwenden, wenn für die Summe der Mittelspannungen für Zug-Druck- und Biegebeanspruchung gilt:

$$\sigma_{zdm} + \sigma_{bm} < 0 \quad (11.76)$$

[11.33]

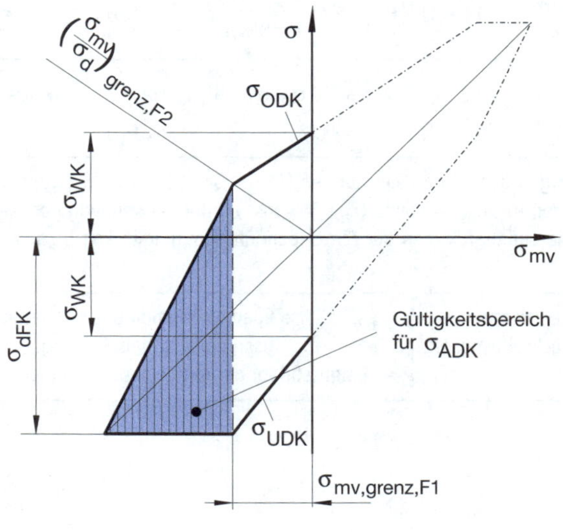

Berechnung von σ_{bADK} im Druckbereich für die Fälle F1 und F2

Die Vergleichsmittelspannung für Torsion τ_{mv} ergibt sich zwar ebenfalls aus Gleichung (11.60), die Vergleichsmittelspannung σ_{mv} ist jedoch wie folgt zu berechnen:

$$\sigma_{mv} = \frac{\Sigma}{|\Sigma|} \cdot \sqrt{|\Sigma|} \quad \text{mit} \quad \Sigma = \frac{(\sigma_{bm} + \sigma_{zdm})^3}{|\sigma_{bm} + \sigma_{zdm}|} + 3 \cdot \tau_{tm}^2 \tag{11.77}$$

Wird $\sigma_{mv} < 0$, so ist $\tau_{mv} = 0$ zu setzen. Für den Fall 1 behalten dann die Gleichungen (11.67) bis (11.69) weiterhin ihre Gültigkeit, wenn folgende Bedingung erfüllt wird:

$$\sigma_{mv} \geq \sigma_{mv,grenz,F1} \tag{11.78}$$

Für den Fall 2 gelten ebenfalls die Gleichungen (11.76) und (11.77). Ferner ist $\tau_{mv} = 0$ zu setzen, wenn $\sigma_{mv} < 0$ wird. Für den Fall 2 behalten dann die Gleichungen (11.73) bis (11.75) weiterhin ihre Gültigkeit, wenn folgende Bedingung erfüllt wird:

$$\frac{\sigma_{mv}}{\sigma_{zda}} \geq \left(\frac{\sigma_{mv}}{\sigma_{zda}}\right)_{grenz,F2} \quad \text{bzw.} \quad \frac{\sigma_{mv}}{\sigma_{ba}} \geq \left(\frac{\sigma_{mv}}{\sigma_{ba}}\right)_{grenz,F2} \tag{11.79}$$

Werden die Bedingungen der Gleichungen (11.78) und (11.79) nicht erfüllt, so sind die Beziehungen gemäß [11.14] und [11.33] anzuwenden.

[11.14]

Fall 1 (σ_{mv} = konst.) für $\sigma_{mv} < \sigma_{mv,grenz,F1}$	$\sigma_{mv,grenz,F1} = (\sigma_{zdWK} - \sigma_{dFK}) \cdot \left(1 - \frac{\sigma_{zdWK}}{2 \cdot R_m(d)}\right)$ (11.80)	$\sigma_{ADK} = \sigma_{mv} + \sigma_{dFK}$ (11.81)
	$\sigma_{mv,grenz,F1} = (\sigma_{bWK} - \sigma_{dFK}) \cdot \left(1 - \frac{\sigma_{bWK}}{2 \cdot R_m(d)}\right)$ (11.82)	$\sigma_{ADK} = \sigma_{mv} + \sigma_{dFK}$ (11.83)
Fall 2 (σ_{mv} / σ_a = konst.) für $\frac{\sigma_{mv}}{\sigma_a} < \left(\frac{\sigma_{mv}}{\sigma_a}\right)_{grenz,F2}$	$\left(\frac{\sigma_{mv}}{\sigma_{zda}}\right)_{grenz,F2} = \frac{\sigma_{zdWK} - \sigma_{dFK}}{\Psi_{zd\sigma K} \cdot \sigma_{dFK} + \sigma_{zdWK}}$ (11.84)	$\sigma_{ADK} = \frac{\sigma_{dFK} \cdot \sigma_{zda}}{\sigma_{zda} - \sigma_{mv}}$ (11.85)
	$\left(\frac{\sigma_{mv}}{\sigma_{ba}}\right)_{grenz,F2} = \frac{\sigma_{bWK} - \sigma_{dFK}}{\Psi_{b\sigma K} \cdot \sigma_{dFK} + \sigma_{bWK}}$ (11.86)	$\sigma_{ADK} = \frac{\sigma_{dFK} \cdot \sigma_{ba}}{\sigma_{ba} - \sigma_{mv}}$ (11.87)

Liegen keine anderen Erfahrungen oder Versuchswerte vor, kann für $\sigma_{dFK} = \sigma_{zFK}(d)$ gesetzt werden. $\sigma_{zFK}(d) = \sigma_{zdFK}(d)$ ist nach (11.95), σ_{dFK} und σ_{WK} sind immer positiv einzusetzen.

11.3 Sicherheitsnachweis gegen Überschreiten der Fließgrenze und Gewaltbruch

Sicherheit gegen Überschreiten der Fließgrenze

$$S = \frac{1}{\sqrt{\left(\frac{\sigma_{zdmax}}{\sigma_{zdFK}} + \frac{\sigma_{bmax}}{\sigma_{bFK}}\right)^2 + \left(\frac{\tau_{tmax}}{\tau_{tFK}}\right)^2}} \qquad (11.88)$$

$\sigma_{zd,bmax}$, τ_{tmax}	wirkende Maximalspannung (Nennspannung) nach [11.15] [N/mm^2]
$\sigma_{zd,bFK}$, τ_{tFK}	Bauteilfließgrenze nach [11.16] [N/mm^2]

Berechnung der Maximalspannungen (maximale Nennspannungen) [11.15]

Beanspruchungsart	Zug-Druck	Biegung	Torsion
Wirkende Spannung	$\sigma_{zdmax} = \frac{F_{zdmax}}{A}$ (11.89)	$\sigma_{bmax} = \frac{M_{bmax}}{W_b}$ (11.90)	$\tau_{tmax} = \frac{M_{tmax}}{W_t}$ (11.91)
Querschnittsfläche bzw. Widerstandsmoment	$A = \frac{\pi}{4} \cdot \left(d^2 - d_i^2\right)$ (11.92)	$W_b = \frac{\pi}{32} \cdot \left(\frac{d^4 - d_i^4}{d}\right)$ (11.93)	$W_t = \frac{\pi}{16} \cdot \left(\frac{d^4 - d_i^4}{d}\right)$ (11.94)

Berechnung der Bauteilfließgrenze σ_{FK} [11.16]

Zug-Druck	$\sigma_{zdFK} = K_1\left(d_{eff}\right) \cdot K_{2F} \cdot \gamma_F \cdot \sigma_S\left(d_B\right)$ (11.95)
Biegung	$\sigma_{bFK} = K_1\left(d_{eff}\right) \cdot K_{2F} \cdot \gamma_F \cdot \sigma_S\left(d_B\right)$ (11.96)
Torsion	$\tau_{tFK} = K_1\left(d_{eff}\right) \cdot K_{2F} \cdot \gamma_F \cdot \sigma_S\left(d_B\right) \cdot \frac{1}{\sqrt{3}}$ (11.97)
$K_1(d_{eff})$	Technologischer Größeneinflussfaktor nach [11.22]
K_{2F}	Statische Stützwirkung nach [11.17] infolge örtlicher plastischer Verformung an der Randschicht. Bei harten Randschichten ist $K_{2F} = 1$ (für die zu erfolgende Berechnung unter der Randschicht)
γ_F	Erhöhungsfaktor der Fließgrenze durch mehrachsigen Spannungszustand bei Umdrehungskerben (Fließbehinderung) und örtlicher Verfestigung gemäß [11.18]. Liegen harte Randschichten oder keine Umdrehungskerben vor, so ist $\gamma_F = 1$.
$\sigma_S(R_{p0,2}, R_e)$	Streckgrenze für den Bezugsdurchmesser d_B nach DIN 743-3 Bei harter Randschicht gelten die Werte für den Kern.

Statische Stützwirkung K_{2F} [11.17]

Beanspruchungsart		Zug-Druck	Biegung	Torsion
K_{2F}	Vollwelle	1,0	1,2	1,2
	Hohlwelle	1,0	1,1	1,0

Erhöhungsfaktor für Umdrehungskerben γ_F [11.18]

Beanspruchungsart	Zug-Druck oder Biegung				Torsion
α_σ oder β_σ	bis 1,5	1,5 bis 2,0	2,0 bis 3,0	über 3,0	beliebig
γ_F	1,0	1,05	1,10	1,15	1,00

Anmerkung: Infolge der Mehrachsigkeit des Spannungszustandes, u.a. auch bei Umdrehungskerben, wird die Bauteilfließgrenze zwar erhöht, allerdings steigt die Gefahr von verformungsarmen Brüchen.

Sicherheit des Vermeidens von Anrissen (oder Gewaltbruch) bei harten Randschichten unter Nutzung der Normalspannungs-Hypothese

$$S = \frac{1}{0{,}5 \cdot \left[\frac{\alpha_{\sigma zd} \cdot \sigma_{zdmax}}{\sigma_{zd\,B\,Rand}} + \frac{\alpha_{\sigma b} \cdot \sigma_{bmax}}{\sigma_{b\,B\,Rand}} + \sqrt{\left(\frac{\alpha_{\sigma zd} \cdot \sigma_{zdmax}}{\sigma_{zd\,B\,Rand}} + \frac{\alpha_{\sigma b} \cdot \sigma_{bmax}}{\sigma_{b\,B\,Rand}} \right)^2 + \left(\frac{2 \cdot \alpha_\tau \cdot \tau_{tmax}}{\tau_{b\,B\,Rand}} \right)^2} \right]} \quad (11.98)$$

$\sigma_{zd,bBRand}$, τ_{tBRand} Zugfestigkeiten der Randschicht nach [11.20] $[N/mm^2]$

$\alpha_{\sigma zd,b}$, α_τ Kerbformzahlen nach Abschnitt 11.4

Sicherheiten bei einzeln wirkenden Beanspruchungen

Zug-Druck	Biegung	Torsion
$S = \frac{\sigma_{zd\,B\,Rand}}{\alpha_{\sigma zd} \cdot \sigma_{zdmax}}$ (11.99)	$S = \frac{\sigma_{b\,B\,Rand}}{\alpha_{\sigma b} \cdot \sigma_{bmax}}$ (11.100)	$S = \frac{\tau_{t\,B\,Rand}}{\alpha_\tau \cdot \tau_{tmax}}$ (11.101)

Bauteilanrissgrenze σ_{bRand} [11.20]

Zug-Druck	Biegung	Torsion
$\sigma_{zd\,B\,Rand} = \sigma_{B\,Rand}$ (11.102)	$\sigma_{b\,B\,Rand} = \sigma_{B\,Rand}$ (11.103)	$\tau_{t\,B\,Rand} = \sigma_{B\,Rand}$ (11.104)

Die Bruchfestigkeit $\sigma_{B\,Rand}$ entspricht der Zugfestigkeit R_m und kann z.B. den Werkstofftabellen in DIN 743-3 entnommen werden. Alternativ kann die Zugfestigkeit in der Randschicht abhängig von der Oberflächenbehandlung bzw. Oberflächenhärte nach DIN EN ISO 18265 bestimmt werden.

11.4 Kerbformzahlen [11.21]

Formzahlen $\alpha_{\sigma,\tau}$ für Absatz und Rundnut

Kerbform	umlaufende Rundnut			Absatz		
Beanspruchung	**Zug-Druck**	**Biegung**	**Torsion**	**Zug-Druck**	**Biegung**	**Torsion**
A	0,22	0,2	0,7	0,62	0,62	3,4
B	1,37	2,75	10,3	3,5	5,8	19
C	–	–	–	–	0,2	1
z	–	–	–	–	3	2

$$\alpha_{\sigma,\tau} = 1 + \frac{1}{\sqrt{A \cdot \frac{r}{t} + 2 \cdot B \cdot \frac{r}{d} \cdot \left(1 + 2\frac{r}{d}\right)^2 + C \cdot \left(\frac{r}{t}\right)^z \cdot \frac{d}{D}}} \quad (11.105)$$

$r/t \geq 0{,}03$; $d/D \leq 0{,}98$; $\alpha_{\sigma,\tau} \leq 6$

Formzahlen $\alpha_{\sigma,\tau}$ für Rundstäbe mit umlaufender Kerbe unter Zug-Druck, Biegung und Torsion

Zug-Druck

$$\sigma_{n,zd} = \frac{4 \cdot F}{\pi \cdot d^2}$$

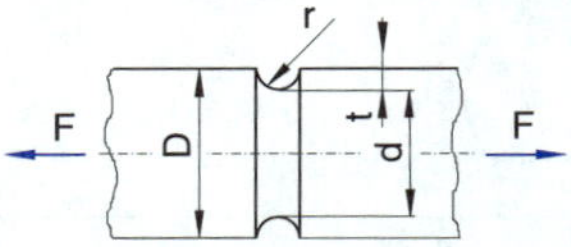

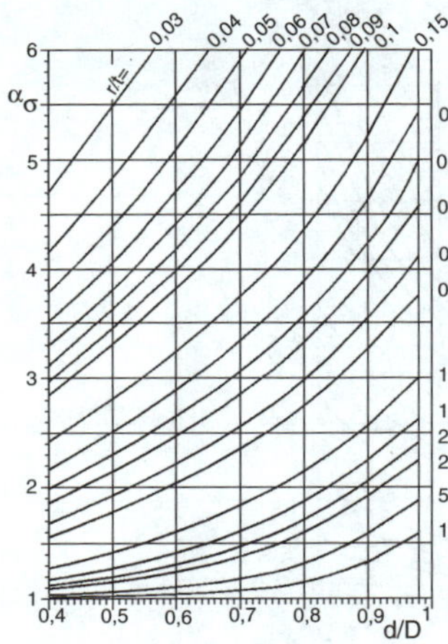

$$\alpha_\sigma = 1 + \frac{1}{\sqrt{0{,}22 \cdot \frac{r}{t} + 2{,}74 \cdot \frac{r}{d} \cdot \left(1 + 2 \cdot \frac{r}{d}\right)^2}}$$

Biegung

$$\sigma_{n,b} = \frac{32 \cdot M_b}{\pi \cdot d^3}$$

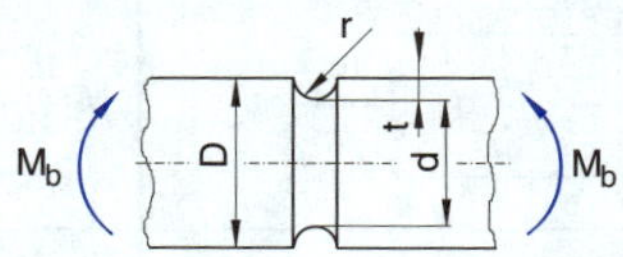

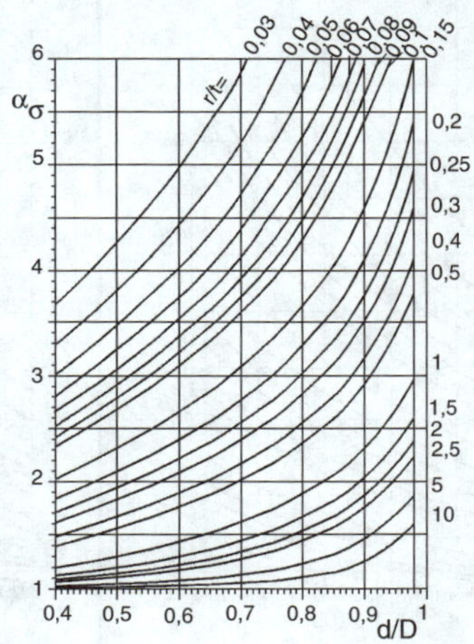

$$\alpha_\sigma = 1 + \frac{1}{\sqrt{0{,}2 \cdot \frac{r}{t} + 5{,}5 \cdot \frac{r}{d} \cdot \left(1 + 2 \cdot \frac{r}{d}\right)^2}}$$

Torsion

$$\tau_{n,t} = \frac{16 \cdot M_t}{\pi \cdot d^3}$$

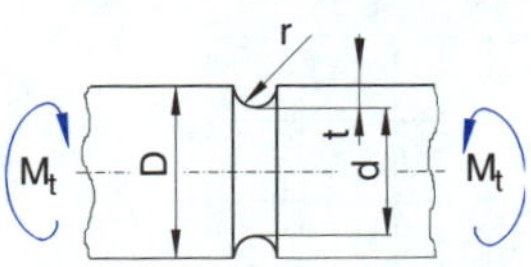

$$\alpha_\tau = 1 + \frac{1}{\sqrt{0{,}7 \cdot \frac{r}{t} + 20{,}6 \cdot \frac{r}{d} \cdot \left(1 + 2 \cdot \frac{r}{d}\right)^2}}$$

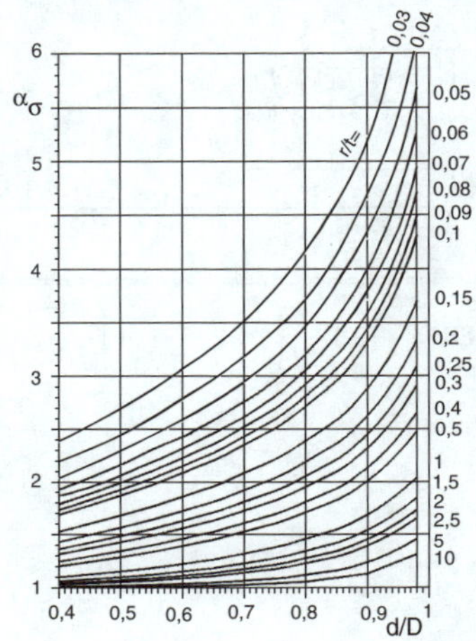

Formzahlen $\alpha_{\sigma,\tau}$ für abgesetzte Rundstäbe unter Zug-Druck, Biegung und Torsion

Zug-Druck

$$\sigma_{n,zd} = \frac{4 \cdot F}{\pi \cdot d^2}$$

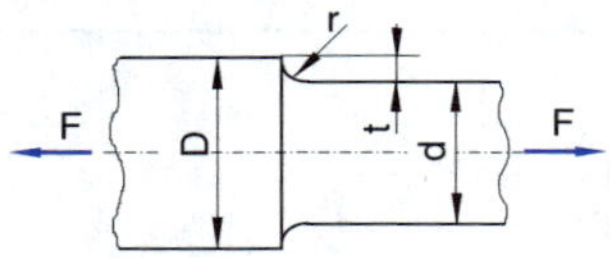

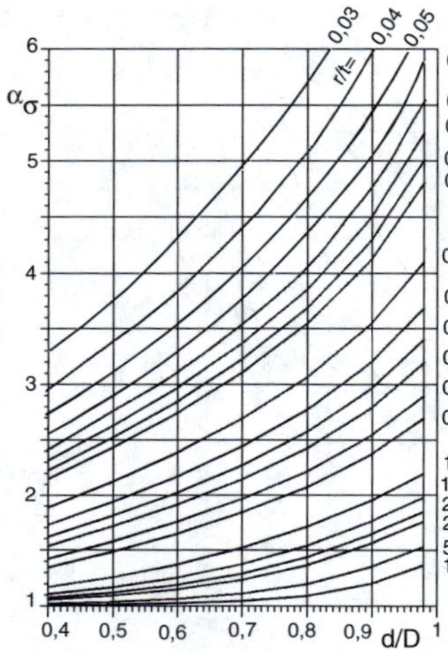

$$\alpha_\sigma = 1 + \frac{1}{\sqrt{0{,}62 \cdot \frac{r}{t} + 7 \cdot \frac{r}{d} \cdot \left(1 + 2 \cdot \frac{r}{d}\right)^2}}$$

Biegung

$$\sigma_{n,b} = \frac{32 \cdot M_b}{\pi \cdot d^3}$$

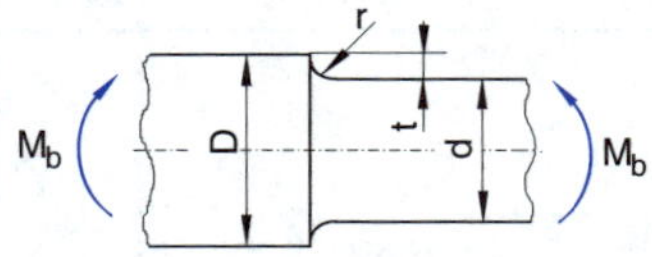

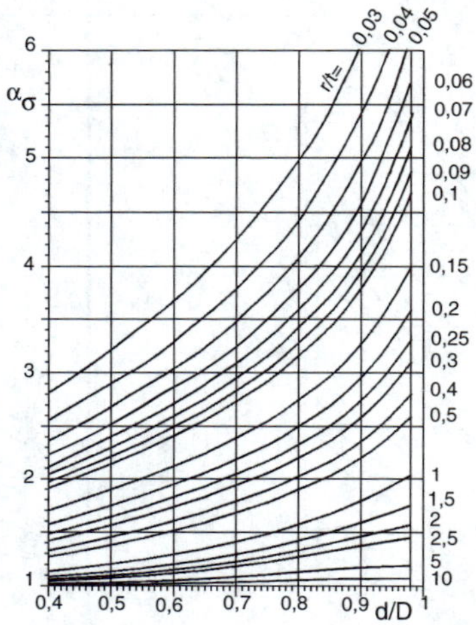

$$\alpha_\sigma = 1 + \frac{1}{\sqrt{0{,}62 \cdot \frac{r}{t} + 11{,}6 \cdot \frac{r}{d}\left(1 + 2 \cdot \frac{r}{d}\right)^2 + 0{,}2 \cdot \left(\frac{r}{t}\right)^3 \cdot \frac{d}{D}}}$$

Torsion

$$\tau_{n,t} = \frac{16 \cdot M_t}{\pi \cdot d^3}$$

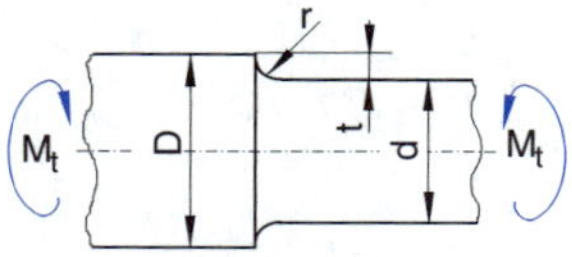

$$\alpha_\tau = 1 + \frac{1}{\sqrt{3{,}4 \cdot \frac{r}{t} + 38 \cdot \frac{r}{d}\left(1 + 2 \cdot \frac{r}{d}\right)^2 + \left(\frac{r}{t}\right)^2 \cdot \frac{d}{D}}}$$

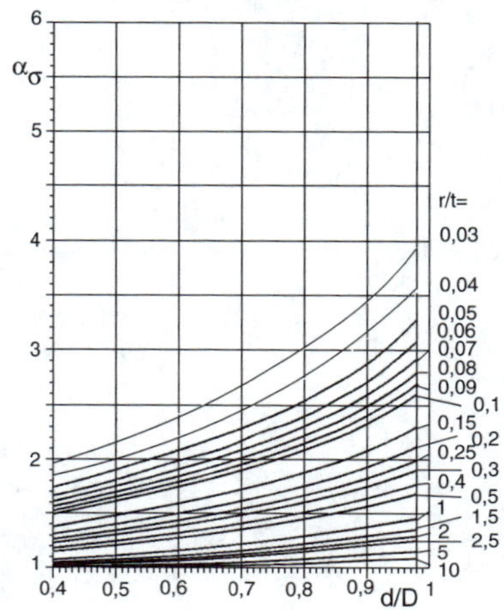

Formzahlen $\alpha_{\sigma,\tau}$ für Absatz mit Freistich

Liegt ein Absatz mit Freistich nach DIN 509 gemäß [11.36] vor, so können die Formzahlen in ausreichender Näherung für Wellen mit Absatz nach [11.21] berechnet werden. Die geometrischen Größen *D*, *d*, *t* und *r* sind entsprechend [11.36] in (11.105) einzusetzen. Bei gefügten Bauteilen (z.B. Pressverband nach DIN 7190) ist zusätzlich noch die radiale Pressung zu beachten. Gefügte Teile hoher Pressung sind aufgrund der Wirkung von Tribokorrosion und mehrachsigem Spannungszustand gesondert zu überprüfen. Die Formzahlen für Rundstäbe mit Querbohrung bei unterschiedlichen Beanspruchungsarten sind in [11.37] zusammengestellt.

[11.36]

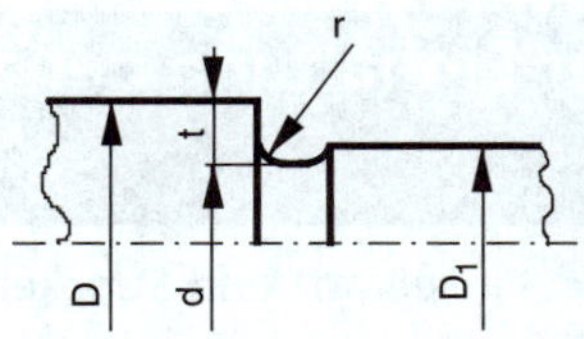

Formzahlen $\alpha_{\sigma,\tau}$ für Rundstäbe mit Querbohrung unter Zug-Druck, Biegung und Torsion: [11.37]

Zug-Druck: $\alpha_\sigma = 3 - \frac{2 \cdot r}{d}$

Biegung: $\alpha_\sigma = 3 + 1{,}4 \cdot \frac{2 \cdot r}{d} - 2{,}8 \cdot \sqrt{\frac{2 \cdot r}{d}}$

Torsion: $\alpha_\tau = 2{,}023 - 1{,}125 \cdot \sqrt{\frac{2 \cdot r}{d}}$

Zug-Druck: $\sigma_n = \frac{F}{\pi \cdot \frac{d^2}{4} - 2 \cdot r \cdot d}$ $\quad G' = \frac{2{,}3}{r}$

Biegung: $\sigma_n = \frac{M_b}{\pi \cdot \frac{d^3}{32} - \frac{r \cdot d^2}{3}}$ $\quad G' = \frac{2{,}3}{r} + \frac{2}{d}$

Torsion: $\tau_n = \frac{M_t}{\pi \cdot \frac{d^3}{16} - \frac{r \cdot d^2}{3}}$ $\quad G' = \frac{1{,}15}{r} + \frac{2}{d}$

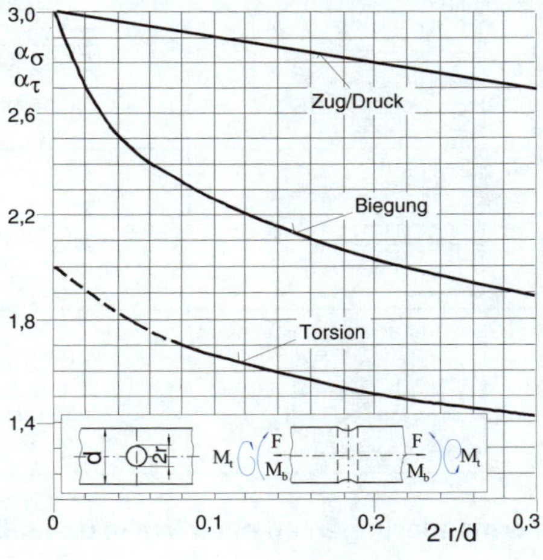

Abschätzung der Formzahl $\alpha_{\sigma,\tau}$ aus der Kerbwirkungszahl $\beta_{\sigma,\tau}$

Weitere Angaben zu Formzahlen für spezielle Geometrien (z.B. symmetrische und einseitige Kerben an Flachstäben) sind in der nicht mehr gültigen TGL 19340, in der FKM-Richtlinie sowie bei Neuber, Petersen, Wellinger, Hinz und Rühl (z.B. für Augenschrauben) zu finden. Der Vollständigkeit halber sei auch noch auf eine Abschätzungsmöglichkeit für die Kerbformzahl $\alpha_{\sigma,\tau}$ aus der Kerbwirkungszahl $\beta_{\sigma,\tau}$ hingewiesen:

$$\alpha_{\sigma,\tau} \approx \beta_{\sigma,\tau} + (0{,}5 \ldots 0{,}7) \tag{11.106}$$

11.5 Nachweis der Einhaltung der zulässigen Verformung

Maximale Durchbiegungen bei Einzelkraft und Streckenlast

Belastungsfall	maximale Durchbiegung f_{max}	Neigungswinkel α, β, γ
Punktlast 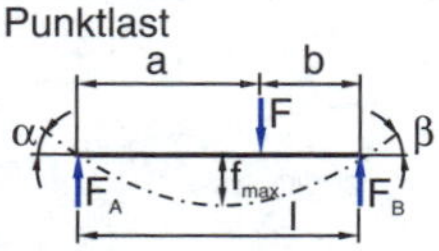	$f_{max} = \frac{F \cdot x \cdot \sqrt{(l^2 - x^2)^3}}{15{,}58 \cdot E \cdot I \cdot l}$ $x = \max(a,b)$	$\tan\alpha = \frac{F \cdot a \cdot b \cdot (l+b)}{6 \cdot E \cdot I \cdot l}$ $\tan\beta = \frac{F \cdot a \cdot b \cdot (l+a)}{6 \cdot E \cdot I \cdot l}$
Streckenlast 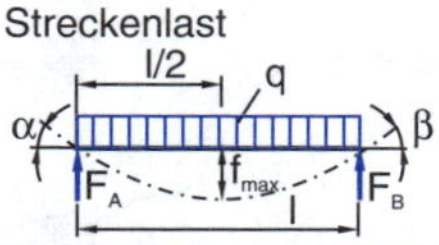	$f_{max} = \frac{5 \cdot q \cdot l^4}{384 \cdot E \cdot I}$	$\tan\alpha = \tan\beta = \frac{q \cdot l^3}{24 \cdot E \cdot I}$
Fliegende Lagerung, Punktlast 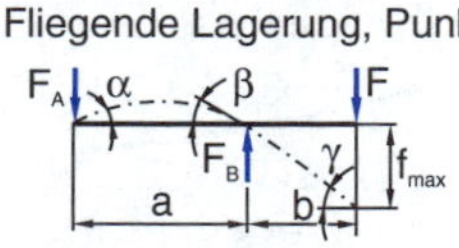	$f_{max} = \frac{F \cdot a \cdot l^2}{15{,}58 \cdot E \cdot I}$	$\tan\alpha = \frac{F \cdot a \cdot (2 \cdot l + 3 \cdot a)}{6\,E\,I}$ $\tan\beta = \frac{F \cdot a \cdot l}{6 \cdot E \cdot I}$; $\tan\gamma = \frac{F \cdot a \cdot l}{3 \cdot E \cdot I}$

E = Elastizitätsmodul
E = 210.000 N/mm² für Stahl

I = Flächenträgheitsmoment

$I = \frac{\pi \cdot d^4}{64}$ für Kreisquerschnitt

$I = \frac{\pi \cdot (D^4 - d^4)}{64}$ für Kreisringquerschnitt

Formänderungen an einer Welle und mögliche Auswirkungen

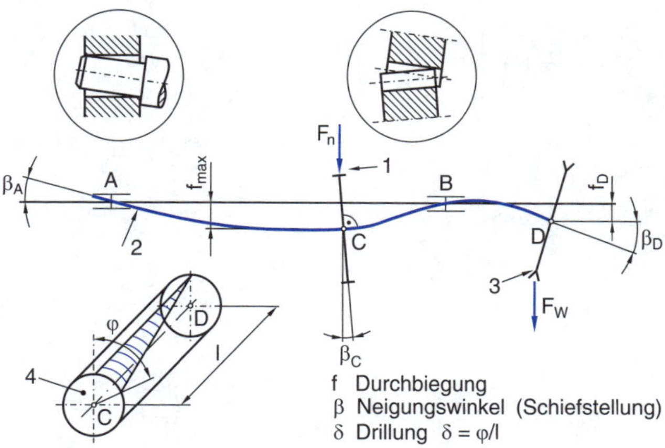

f Durchbiegung
β Neigungswinkel (Schiefstellung)
δ Drillung $\delta = \varphi / l$

1 Eingriffsstörungen mit Gegenrad bei einer Verzahnung
2 Kantenpressung in Gleitlagern
3 Schrägzug bei Zugmittelgetrieben
4 Schlechte Qualität von Bearbeitungsflächen bei Bearbeitungsmaschinen (Werkzeugmaschinen)

Zulässige Verformungen für Wellen und Achsen

Wellen und Achsen allgemein, Maximalwert bezogen auf Stützlänge (Biegung)	$f_{max} \approx 0{,}33$ mm/m
Wellen allgemein, Maximalwert bezogen auf Verdrilllänge (Verdrehung)	$\delta_{max} \approx 0{,}25°/\text{m}$
Wellen und Achsen im allgemeinen Maschinenbau	$f_{zul} \approx 0{,}3$ mm/m
Wellen und Achsen im Werkzeugmaschinenbau	$f_{zul} \approx 0{,}2$ mm/m
Wellen und Achsen im Landmaschinenbau	$f_{zul} \approx 0{,}5$ mm/m
Lagerabstand bei gegebenem Wellendurchmesser d (z.B. bei Fahrantrieben für Laufkrane bzw. vergleichbaren Antrieben)	$l = (300\ldots400)\cdot\sqrt{d}$
Wellen von Elektromotoren (x_L – Luftspalt)	$f_{max} \approx 0{,}2 \ldots 0{,}3 \cdot x_L$
Gleitlager, einstellbar	$\tan\beta_{max} \approx 10 \cdot 10^{-4} \approx (\beta_{max} \approx 3')$
Gleitlager, nicht einstellbar	$\tan\beta_{max} \approx 3 \cdot 10^{-4} \approx (\beta_{max} \approx 1')$
Wälzlager, (Radial-) Rillenkugellager	$\tan\beta_{max} \approx 10 \cdot 10^{-4} \approx (\beta_{max} \approx 3')$
Wälzlager, (Radial-) Zylinderrollenlager	$\tan\beta_{max} \approx 2 \cdot 10^{-4} \approx (\beta_{max} \approx 0{,}6')$
Wälzlager, (Radial-) Pendelrollenlager	$\beta_{max} \approx 2°$
Wellen mit Zahnrad, Maximalwert an Eingriffsstelle (m_n – Normalmodul)	$f_{max} \approx 0{,}005 \cdot m_n$
Wellen mit Zahnrad, Maximalwert an Eingriffsstelle, ungehärtete Zahnräder	$\tan\beta_{max} \approx 2 \cdot 10^{-4} \approx (\beta_{max} \approx 0{,}6')$
Wellen mit Zahnrad, Maximalwert an Eingriffsstelle, gehärtete Zahnräder	$\tan\beta_{max} \approx 1 \cdot 10^{-4} \approx (\beta_{max} \approx 0{,}3')$
Industriegetriebe für schwere Anwendungen, Modul $m = 5$ oder Zahnbreite $b = 50$ mm, DIN-Qualität = 7	$\tan\beta_{max} \approx 4 \cdot 10^{-4} \approx (\beta_{max} \approx 1{,}2')$
Industriegetriebe für schwere Anwendungen, Modul $m > 5$ oder Zahnbreite $b > 50$ mm, DIN-Qualität > 7	$\tan\beta_{max} \approx 1{,}5 \cdot 10^{-3} \approx (\beta_{max} \approx 5')$
Schneckenwelle, Maximalwert an Eingriffsstelle (d_m – Mittenkreisdurchmesser der Schnecke)	$f_{max} \approx 0{,}001 \cdot d_m$

$f_{max,zul}$ maximale, zulässige Durchbiegung

β_{max} maximaler Neigungswinkel

11

Wärmeausdehnungskoeffizienten und Elastizitätsmodule verschiedener Werkstoffe

Werkstoff	Stahl, Stahlguss	Gusseisen, Temperguss	Hartmetalle	Kupfer, Rotguss, Messing	Aluminium, Magnesium	Kunstharz
Wärmeausdehnungskoeffizient $\alpha \cdot [10^{-6}\ 1/K]$	11	10	5,5	16 ... 17 ... 18	23 ... 26	40 ... 70
E-Modul – $10^3\ N/mm^2$	200 ... 210	75 ... 100	540 ... 620	125 ... 85 ... 80	65 ... 75	40 ... 16

11.6 Dynamisches Verhalten von Achsen und Wellen

11.6.1 Biegeschwingungen

Berechnung der biegekritischen Drehzahl

$$\omega_k = \sqrt{\frac{c}{m}} = \sqrt{\frac{F_G}{f_G \cdot m}} = \sqrt{\frac{g}{f_G}} \tag{11.128}$$

$$\omega_k = \frac{2 \cdot \pi \cdot n_k}{60} = \sqrt{\frac{g}{f_G}} \tag{11.129}$$

$$n_k = \frac{60}{2 \cdot \pi} \cdot \sqrt{\frac{g}{f_G}} \approx 946 \cdot \frac{1}{\sqrt{f_G}} \tag{11.130}$$

n_k kritische Drehzahl $[min^{-1}]$

f_G kritische Durchbiegung $[m]$

g Erdbeschleunigung $[m/s^2]$

m Masse $[kg]$

F_G angreifende Kraft $[N]$

Näherungsgleichung zur Bestimmung der niedrigsten, kritischen Eigenkreisfrequenz ω_k

$$\left(\frac{1}{\omega_k}\right)^2 = \left(\frac{1}{\omega_W}\right)^2 + \sum_{i=1}^{n} \left(\frac{1}{\omega_{0i}}\right)^2 \tag{11.135}$$

ω_W Eigenkreisfrequenz der nur durch ihre Eigenmasse m_w beanspruchten Welle $[1/s]$

ω_{0i} Eigenkreisfrequenz der masselos gedachten Welle unter dem Einfluss der jeweiligen Einzelmasse m_i $[1/s]$

n Anzahl der zwischen den Lagern angeordneten Massen [–]

Die Gleichung (11.135) stammt von Dunkerley und gilt für die niedrigste, kritische Eigenkreisfrequenz von zweifach gestützten Wellen mit konstantem Querschnitt und mit n zwischen den Lagern angeordneten Massen.

11.6.2 Torsionsschwingungen

Drehschwingungssysteme mit den Diagrammen der Verdrehwinkel

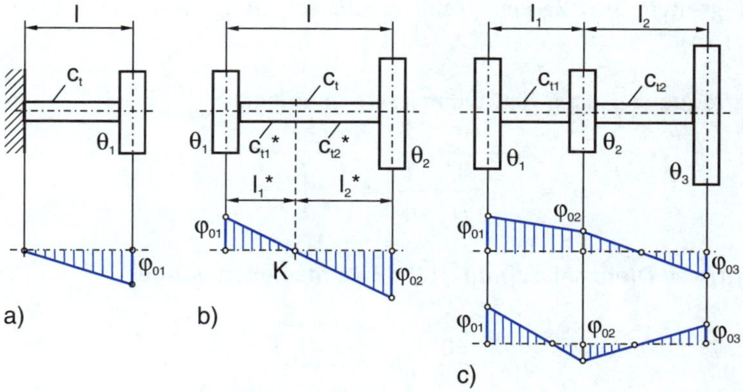

Eigenkreisfrequenz ω_e [1/s] für Einmassenschwinger

$$\omega_e = \frac{2 \cdot \pi \cdot n_e}{60} = \sqrt{\frac{c_t}{J_1}} = \sqrt{\frac{G \cdot I_p}{l \cdot J_1}} \tag{11.138}$$

Torsionskritische Drehzahl n_e [min^{-1}] für Einmassenschwinger

$$n_e = \frac{60}{2 \cdot \pi} \cdot \sqrt{\frac{M_t}{\varphi_t \cdot J_1} \cdot \frac{180°}{\pi}} = \frac{60}{2 \cdot \pi} \cdot \sqrt{\frac{c_t}{J_1}} \tag{11.140}$$

Torsionssteifigkeit (Verdrehsteifigkeit) c_t [Nm]

$$c_t = \frac{I_p \cdot G}{l} = \frac{M_t \cdot 180°}{\varphi_t \cdot \pi} \tag{11.139}$$

- J_1 Trägheit [$kg \cdot m^2$]
- G Schubmodul [N/m^2]
- I_p polares Widerstandsmoment [m^4]
- l verdrehbare Länge [m]
- M_t Torsionsmoment [Nm]
- φ_t Verdrehwinkel [°]

11

Ermittlung der Verdrehsteifigkeit einer Welle oder Achse

$$\frac{1}{c_t} = \sum_{i=1}^{n} \frac{1}{c_i} \quad \text{(Reihenschaltung)} \qquad c_t = \sum_{i=1}^{n} c_i \quad \text{(Parallelschaltung)} \tag{11.141}$$

Verfügt eine Welle oder Achse über n Absätze unterschiedlichen Durchmessers, so sind die Verdrehsteifigkeiten c_i des jeweiligen Absatzes gemäß Gleichung (11.139) zu ermitteln. Die Verknüpfung zu einer Gesamtsteifigkeit erfolgt dann mithilfe der Gesetzmäßigkeiten zur Reihen- und Parallelschaltung von Federn (siehe auch Abschnitt 10.1).

Eigenkreisfrequenz ω_e $[1/s]$ für Zweimassenschwinger

$$\omega_e = \sqrt{c_t \cdot \left(\frac{1}{J_1} + \frac{1}{J_2}\right)} = \sqrt{c_t \cdot \left(\frac{J_1 + J_2}{J_1 \cdot J_2}\right)} \tag{11.146}$$

Torsionskritische Drehzahl n_e $[min^{-1}]$ für Zweimassenschwinger

$$n_e = \frac{60}{2 \cdot \pi} \cdot \sqrt{c_t \cdot \left(\frac{J_1 + J_2}{J_1 \cdot J_2}\right)} \tag{11.147}$$

$J_{1,2}$ Trägheiten $[kg \cdot m^2]$

c_t Verdrehsteifigkeit nach (11.139) bzw. (11.141) $[Nm]$

Berechnung der Eigenkreisfrequenz ω_e $[1/s]$ eines Dreimassenschwingers

11

$$\frac{J_1 \cdot J_2 \cdot J_3}{c_{t1} \cdot c_{t2}} \cdot \omega_e^4 - \left(\frac{J_1 \cdot J_2 + J_1 \cdot J_3}{c_{t1}} + \frac{J_2 \cdot J_3 + J_1 \cdot J_3}{c_{t2}}\right) \cdot \omega_e^2 + (J_1 + J_2 + J_3) = 0 \tag{11.156}$$

$J_{1,2,3}$ Trägheiten $[kg \cdot m^2]$

$c_{t1,2}$ Verdrehsteifigkeiten zwischen Drehmasse 1 und 2 bzw. 2 und 3 nach (11.139) bzw. (11.141) $[Nm]$

Hieraus ergibt sich die allgemeine Form der quadratischen Gleichung, deren Lösung die Eigenkreisfrequenzen ω_{e1} und ω_{e2} enthält:

$$A \cdot q^2 - B \cdot q + C = 0 \quad \text{mit} \quad \omega_e^4 = q^2 \tag{11.157}$$

$$q_{1,2} = \frac{B \pm \sqrt{B^2 - 4 \cdot A \cdot C}}{2 \cdot A} \tag{11.158}$$

$$\omega_{e1} = \sqrt{q_1} \quad \text{und} \quad \omega_{e2} = \sqrt{q_2} \tag{11.159}$$

11.6.3 Auswuchten

Berechnung der Schwerpunktgeschwindigkeit v_s

$$v_s = e \cdot \omega = e \cdot 2 \cdot \pi \cdot f = e \cdot \frac{2 \cdot \pi \cdot n}{60} \qquad (11.161)$$

e Schwerpunktexzentrizität $[mm]$

ω Winkelgeschwindigkeit im Betrieb $[1/s]$

f Betriebsfrequenz $[1/s]$

n Betriebsdrehzahl $[min^{-1}]$

Die verbleibende Restunwucht wird durch die Auswuchtgüte G beschrieben, die sich aus der Schwerpunktgeschwindigkeit v_s ableiten lässt.

Gütegruppen für starre Rotoren nach DIN ISO 1940

Gütegruppe	v_s in mm/s	Beispiele
G 40	> 16 bis 40	Autoräder, Felgen, Radsätze
G 16	> 6,3 bis 16	Gelenkwellen; Teile von Zerkleinerungsmaschinen, landwirtschaftliche Maschinen
G 6,3	> 2,5 bis 6,3	Gelenkwellen mit besonderen Anforderungen. Teile der Verfahrenstechnik, Zentrifugentrommeln, Schwungräder, Kreiselpumpen, Ventilatoren, Maschinenbau- und Werkzeugmaschinenteile, Elektromotoren-Anker ohne besondere Anforderungen
G 2,5	> 1 bis 2,5	Gas- und Dampfturbinen, Gebläse und Turbinenläufer, Turbogeneratoren, Werkzeugmaschinen-Antriebe, mittlere und größere Elektromotoren-Anker mit besonderen Anforderungen; Kleinmotoren-Anker, Pumpen mit Turbinenantrieb
G 1	> 0,4 bis 1,0	Strahltriebwerke, Schleifmaschinen-Antriebe, Magnetofon- und Fono-Antriebe, Kleinmotoren-Anker mit besonderen Anforderungen
G 0,4	> 0,16 bis 0,4	Feinstschleifmaschinen-Anker, -Wellen und -Scheiben, Kreisel

Zulässige Schwerpunktexzentrizität e_{zul}

$$e_{zul} = \frac{v_s}{\omega} = \frac{v_s \cdot 60}{2 \cdot \pi \cdot n} \qquad (11.162)$$

Zulässige Restunwucht U_{zul}

$$U_{zul} = m \cdot e_{zul} \tag{11.163}$$

v_s Schwerpunktgeschwindigkeit $[mm/s]$

ω Winkelgeschwindigkeit im Betrieb $[1/s]$

n Betriebsdrehzahl $[min^{-1}]$

m Rotormasse $[kg]$

Für starre Körper mit zwei Ausgleichsebenen kann dann je Ebene die Hälfte des betreffenden Richtwertes genutzt werden:

$$U_1 = U_2 = \frac{1}{2} \cdot U_{zul} \tag{11.164}$$

Welle-Nabe-Verbindungen

12

ÜBERBLICK

Richtwerte für den Entwurf von Welle-Nabe-Verbindungen bei gegebenem Wellendurchmesser d

Verbindungsart	Nabendurchmesser D		Nabenlänge L	
	Grauguss	Stahl, GS	Grauguss	Stahl, GS
Passfederverbindung	$(2{,}0 \dots 2{,}2) \cdot d$	$(1{,}8 \dots 2{,}0) \cdot d$	$(1{,}6 \dots 2{,}1) \cdot d$	$(1{,}1 \dots 1{,}4) \cdot d$
Keilwelle, Zahnwelle	$(1{,}8 \dots 2{,}0) \cdot d$	$(1{,}8 \dots 2{,}0) \cdot d$	$(1{,}0 \dots 1{,}3) \cdot d$	$(0{,}6 \dots 0{,}9) \cdot d$
Längsbewegliche Nabe	$(1{,}8 \dots 2{,}0) \cdot d$	$(1{,}6 \dots 1{,}8) \cdot d$	$(2{,}0 \dots 2{,}2) \cdot d$	$(1{,}8 \dots 2{,}0) \cdot d$
Polygonverbindung	$(1{,}6 \dots 1{,}8) \cdot d$	$(1{,}3 \dots 1{,}6) \cdot d$	$(1{,}8 \dots 2{,}0) \cdot d$	$(1{,}6 \dots 1{,}8) \cdot d$
Pressverband (zylindrisch oder kegelig)	$(2{,}2 \dots 2{,}6) \cdot d$	$(2{,}0 \dots 2{,}5) \cdot d$	$(1{,}2 \dots 1{,}5) \cdot d$	$(0{,}8 \dots 1{,}0) \cdot d$
Spannverbindung, Klemm-, Keilverbindung	$(2{,}0 \dots 2{,}2) \cdot d$	$(1{,}8 \dots 2{,}0) \cdot d$	$(1{,}6 \dots 2{,}0) \cdot d$	$(1{,}2 \dots 1{,}5) \cdot d$

Werte für Keilwelle und Kerbverzahnung bei einseitig wirkendem Moment für die leichte Reihe, bei mittlerer Reihe ≈ 70 %, bei schwerer Reihe ≈ 45 % der Werte annehmen
Bei größeren Scheiben oder Rädern mit seitlichen Kippkräften ist die Nabenlänge zu vergrößern.
Größere Werte bei Werkstoffen geringerer Festigkeit, kleinere Werte bei höherer Festigkeit

Richtwerte für die zulässige Fugenpressung $p_{F,zul}$ [12.4]

Verbindungsart	Nabenwerkstoff	
	Stahl, GS, $p_{F,zul} = R_e / S_F$ mit $S_F =$	Grauguss $p_{F,zul} = R_m / S_B$ mit $S_B =$
Passfeder, M_t einseitig	1,1 ... 1,5	1,5 ... 2,0
Gleitfeder [1)] und Keile	3,0 ... 4,0	3,0 ... 4,0
Polygonverbindung	1,5 ... 2,0	2,0 ... 3,0
Profilwelle [1)], M_t einseitig, ohne Stöße	1,3 ... 1,5	1,7 ... 1,8
Profilwelle [1)], M_t wechselnd, mit Stößen	2,7 ... 3,6	3,4 ... 4,0
Pressverband, Kegelpressverband	2,5 ... 3,0	2,5 ... 3,0
Spannverbindung, Keilverbindung	1,5 ... 3,0	2,0 ... 3,0

[1)] S_F bzw. S_B sind zu erhöhen, für unbelastet verschiebbare Radnabe um Faktor ≥ 3.
[1)] S_F bzw. S_B sind zu erhöhen, für unter Last verschiebbare Radnabe um Faktor ≥ 6 bzw. ≥ 12.

12.1 Formschlüssige Welle-Nabe-Verbindungen

Festigkeitsnachweis Passfederverbindungen (Pressung p)

$$p = \frac{2 \cdot M_t}{D_F \cdot (h - t_1) \cdot l_{tr} \cdot i \cdot \varphi} \leq p_{zul} \qquad (12.1)$$

Gleichung gilt für die Pressung an Nabe und Passfeder. Für die Pressung an der Welle ist $(h - t_1)$ durch t_1 zu ersetzen.

- M_t Torsionsmoment [Nmm]
- D_F Fügedurchmesser (Wellendurchmesser) [mm]
- h Höhe der Passfeder [mm]
- t_1 Wellennuttiefe [mm]
- l_{tr} tragende Passfederlänge (ohne Rundungen) [mm]
- i Anzahl der Passfedern
- φ Tragfaktor für Anzahl der Passfedern ($\varphi = 1$ für $i = 1$ und $\varphi = 0{,}75$ für $i > 1$)
- p_{zul} zulässige Flächenpressung des schwächsten Werkstoffs [N/mm^2] nach [12.4]

Festigkeitsnachweis Keilwellenverbindungen (Pressung)

$$p = \frac{2 \cdot M_t}{d_m \cdot h \cdot l_{tr} \cdot i \cdot \varphi} \leq p_{zul} \qquad (12.2)$$

- M_t Torsionsmoment [Nmm]
- d_m mittlerer Profildurchmesser $d_m = 0{,}5 \cdot (D + d)$ [mm]
- h Keilhöhe [mm]
- l_{tr} tragende Länge der Verbindung [mm]
- i Anzahl der Keile
- φ Tragfaktor ($\varphi = 0{,}75$ bei Innenzentrierung und $\varphi = 0{,}9$ bei Flankenzentrierung)
- p_{zul} zulässige Flächenpressung des schwächsten Werkstoffs [N/mm^2] nach [12.4]

Festigkeitsnachweis Zahnwellenverbindungen (Pressung)

$$p = \frac{2 \cdot M_t}{d_m \cdot h \cdot l_{tr} \cdot i \cdot \cos\alpha \cdot \varphi} \leq p_{zul} \qquad (12.3)$$

M_t Torsionsmoment [Nmm]

d_m mittlerer Profildurchmesser $d_m = 0{,}5 \cdot (D + d)$ [mm]

h Zahnhöhe [mm]

l_{tr} tragende Länge der Verbindung [mm]

i Zähnezahl

α Eingriffswinkel der Verzahnung, [°]

φ Tragfaktor ($\varphi = 0{,}75$ bei Kerbverzahnung und $\varphi = 0{,}9$ bei Evolventenverzahnung)

p_{zul} zulässige Flächenpressung des schwächsten Werkstoffs [N/mm^2] nach [12.4]

Festigkeitsnachweis Polygonwellenprofil-P3G (Pressung p)

$$p = \frac{M_t}{l_{tr} \cdot (c \cdot \pi \cdot d_r \cdot e_r + 0{,}05 \cdot d_r^2)} \leq p_{zul} \qquad (12.4)$$

M_t Torsionsmoment [Nmm]

l_{tr} tragende Nabenlänge [mm]

e_r rechnerische Exzentrizität ($e_r = e$ für P3G-Profil, $e_r = (d_1 - d_2)/4$ für P4C-Profil) [mm]

c Faktor ($c = 0{,}75$ für P3G, $c = 1$ für P4C)

d_r rechnerischer Durchmesser ($d_r = d_1$ für P3G-Profil, $d_r = (d_2 + 2 \cdot e_r)$ für P4C-Profil) [mm]

Kleinste Nabenwanddicke s für Polygon-Profile

$$s \approx k \cdot \sqrt{\frac{M_t}{l_{tr} \cdot R_e}} \qquad (12.5)$$

k Beiwert nach [12.5]

l_{tr} tragende Nabenlänge [mm]

R_e Streckgrenze des Nabenwerkstoffs [N/mm^2]

Beiwert k zur Berechnung der Nabenwanddicke von Polygon-Profilen [12.5]

Profil	$d_1 < 35$	$d_1 \geq 35$	Profil	$d_1 < 35$	$d_1 \geq 35$
P3G	1,44	1,20	P4C	0,70	0,70

Kerbwirkungszahlen β_c für Polygon-Profile

Profilart	β_{ct} (Torsion)	β_{cb} (Biegung)	Profilart	β_{ct} (Torsion)	β_{cb} (Biegung)
P3G	3,0	3,8	P4C	3,7	5,1

12.2 Reibschlüssige Welle-Nabe-Verbindungen

Übertragbares Drehmoment M_t und übertragbare Axialkraft F_a bei zylindrischen Pressverbindungen

$$M_t = \frac{\pi}{2} \cdot D_F^2 \cdot L_F \cdot \mu_{ru} \cdot \frac{p_F}{S_r} \qquad (12.7)$$

$$F_a = \pi \cdot D_F \cdot L_F \cdot \mu_{rl} \cdot \frac{p_F}{S_r} \qquad (12.8)$$

D_F Fügedurchmesser (Wellendurchmesser) [mm]

L_F Länge der Verbindung (Nabenlänge) [mm]

μ_{ru}, μ_{rl} Haftbeiwerte in Umfangs- und Längsrichtung nach [12.7] und [12.8]

p_F Fugendruck [N/mm^2]

S_r Sicherheit gegen Rutschen nach [12.9]

Haftbeiwerte für Stahlwellen in Längspressverbänden unter zügiger Beanspruchung nach DIN 7190 [12.7]

Naben-Werkstoffe	Haftbeiwerte			
	trocken		geschmiert	
	μ_{ll}	μ_{rl}	μ_{ll}	μ_{rl}
E335, GS-60	0,11	0,08	0,08	0,07
S 235 IR G2, EN-GJS-600-3	0,10	0,09	0,07	0,06
EN-GJL-250	0,12	0,11	0,06	0,05
G-AlSi12(Cu)	0,07	0,06	0,05	0,04
G-CuPb10Sn	0,07	0,06	–	–
TiAl6V4	–	–	0,05	–

μ_{ll} Haftbeiwert beim Lösen in Längsrichtung
μ_{rl} Haftbeiwert beim Rutschen in Längsrichtung

Haftbeiwerte für Stahlwellen in Querpressverbänden in Längs- und Umfangsrichtung (μ_{ru}, μ_{rl}) beim Rutschen nach DIN 7190 [12.8]

Werkstoffpaarung, Schmierung, Fügung	Haftbeiwerte μ_{rl}, μ_{ru}
Stahl-Stahl-Paarungen	
Druckölverbände normal gefügt mit Mineralöl	0,12
Druckölverbände mit entfetteten Pressflächen mit Glyzerin gefügt	0,18
Schrumpfverband normal nach Erwärmung des Außenteiles bis zu 300° C im Elektro-Ofen	0,14
Schrumpfverband mit entfetteten Pressflächen nach Erwärmung im Elektro-Ofen bis 300° C	0,20
Stahl-Gusseisen-Paarungen	
Druckölverbände normal gefügt mit Mineralöl	0,10
Druckölverbände mit entfetteten Pressflächen	0,16
Stahl-MgAl-Paarung, trocken	0,10 ... 0,15
Stahl-CuZn-Paarung, trocken	0,17 ... 0,25

Mindestwerte für Rutschsicherheiten $S_{r,min}$ von Pressverbindungen

Bedingung	$S_{r,min}$
Axialer Kraftfluss (z.B. Kupplungsnaben), konstantes Drehmoment, sichere Reibungszahl	1,3 ... 1,5
Lastkollektiv bekannt – Berechnung mit dem Maximalmoment	2,0 ... 2,5
Auf Welle aufgeschrumpfte Zahnräder mit örtlichem Kraftangriff am Umfang – Berechnung mit Maximalmoment	2,5 ... 3,5
Für aufgeschrumpfte Zahnradbandagen mit örtlichem Kraftangriff bei umlaufender Welle, Gefahr des Mikrowanderns, s. [12.59]: Hohe Sicherheiten insbesondere bei dünnen Bandagen, d.h. wenn der Fußkreisdurchmesser der Verzahnung im Vergleich zum Fugendurchmesser klein ist (etwa $< 1{,}2$)	5,0 ... 50

[12.9]

Anmerkungen:
Bei Wechselbiegung sind ca. zweifache Werte für $S_{r,min}$ erforderlich [12.41], [12.42].
Hohe Werte bei unsicheren Angaben über Belastung, Betriebstemperatur, Haftbeiwert, Werkstoff, Fertigungsqualität, kurze Naben (kleines L_F / D_F), kleine Übermaße (ca. $< 10\,\mu m$) (Messunsicherheit!) und erheblichen Folgen eines Schadensfalls (s. auch Kap. 1)
Kleinere Werte genügen für Rutschen in Umfangsrichtung, wenn Rutschen in Axialrichtung durch ein Wellenbund o.ä. verhindert wird.
Rutschsicherheiten sind nicht zu knapp anzusetzen, denn ein Schaden infolge Durchrutschens bedeutet, dass der Verband immer durchrutscht oder aber die Haftflächen fressen und der Verband nicht mehr lösbar ist.

Spannungsverläufe im zylindrischen Querpressverband – a) elastisch, b) elastisch-plastisch, c) Spannungen an einem Ringelement [12.20]

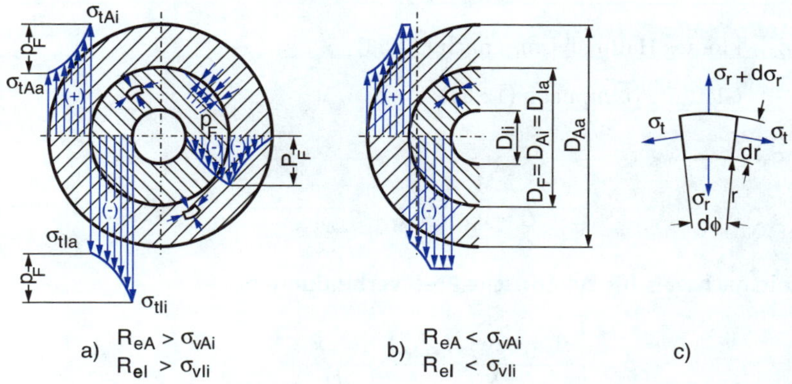

Tangentialspannung am Außen- (Index A) und Innenteil (Index I)

Indizierung: *t* (Tangentialspannungen), *r* (Radialspannungen), *i* (an der Innenseite), *a* (an der Außenseite)

$$\sigma_{tAi} = p_F \cdot \frac{1+Q_A^2}{1-Q_A^2}; \quad \sigma_{tAa} = p_F \cdot \frac{2 \cdot Q_A^2}{1-Q_A^2} - p_F\,; \quad |\sigma_{rAi}| = |p_F| \tag{12.42}$$

$$-\sigma_{tIi} = p_F \cdot \frac{2}{1-Q_I^2} + p_F\,; \quad -\sigma_{tIa} = p_F \cdot \frac{1+Q_I^2}{1-Q_I^2}; \quad |\sigma_{rIa}| = |p_F| \tag{12.43}$$

p_F Fugendruck [N/mm^2]

Q_A Durchmesserverhältnis, $Q_A = (D_F / D_{Aa}) < 1$ nach [12.20]

Q_I Durchmesserverhältnis, $Q_I = (D_{Ii} / D_F) < 1$ nach [12.20]

Kleinstes Haftmaß Z_k

$$Z_k = \frac{p_{Fk} \cdot D_F}{E_A} \cdot K \tag{12.53}$$

mit der Hilfsgröße *K*:

$$K = \frac{E_A}{E_I} \cdot \left(\frac{1+Q_I^2}{1-Q_I^2} - \nu_I \right) + \frac{1+Q_A^2}{1-Q_A^2} + \nu_A \tag{12.52}$$

p_{Fk} Fugendruck [N/mm^2]

D_F Fügedurchmesser (Wellendurchmesser) [mm]

Q_A, Q_I Durchmesserverhältnis nach [12.20]

E_A, E_I Elastizitätsmodul Außen- und Innenteil [N/mm^2]

ν_A, ν_I Querdehnzahl

12

Kleinstes Übermaß $\ddot{U}_u$

$$\ddot{U}_u = Z_k + G \tag{12.55}$$

Z_k kleines Haftmaß [mm] nach (12.53)

G Glättung [mm] nach (12.54)

Glättung G

$$G \approx 0{,}8 \cdot \left(R_{zAi} + R_{zIa}\right) \tag{12.54}$$

Festigkeitsnachweis für zylindrische Pressverbindungen

$$p_{Fg} \le \frac{R_{e\,A}(\text{bzw. } R_{p0{,}2A})}{S_{pA}} \cdot \frac{1-Q_A^2}{\sqrt{3}} \tag{12.56}$$

$$p_{FgI} \le \frac{R_{e\,I}(\text{bzw. } R_{p0{,}2I})}{S_{pI}} \cdot \frac{1-Q_I^2}{\sqrt{3}} \quad \text{(Hohlwelle)} \tag{12.57}$$

$$p_{FgI} \le \frac{R_{e\,I}(\text{bzw. } R_{p0{,}2I})}{S_{pI}} \cdot \frac{2}{\sqrt{3}} \quad \text{(Vollwelle)} \tag{12.58}$$

p_{Fg}, p_{FgI} Fugendruck Außen- und Innenteil [N/mm^2]

$R_{eA,I}$ ($R_{p0,2A,I}$) Streckgrenze (0,2-Dehngrenze) der Werkstoffe von Außen- (A) und Innenteil (I) [N/mm^2], bei spröden Werkstoffen ist R_e durch (0,3...0,5) · R_m zu ersetzen

S_{pA}, S_{pI} Sicherheit gegen plastische Verformung nach [12.4]

Q_A Durchmesserverhältnis, $Q_A = (D_F / D_{Aa}) < 1$ nach [12.20]

Q_I Durchmesserverhältnis, $Q_I = (D_{Ii} / D_F) < 1$ nach [12.20]

Größtes zulässiges Haftmaß Z_g

$$Z_g = \frac{p_{Fg} \cdot D_F}{E_A} \cdot K \tag{12.59}$$

p_{Fg} Fugendruck [N/mm^2], es ist der kleinste Wert für p_{Fg} oder p_{FgI} aus (12.56) bis (12.58) zu entnehmen

D_F Fügedurchmesser (Wellendurchmesser) [mm]

K Hilfsgröße nach (12.52)

Größtes zulässiges Übermaß $\ddot{U}_o$

$$\ddot{U}_o = Z_g + G \tag{12.60}$$

Z_g größtes zulässiges Haftmaß (12.59) $[mm]$

G Glättung (12.54)

Passtoleranz P_T

$$P_T = \ddot{U}_o - \ddot{U}_u \tag{12.61}$$

$\ddot{U}_o$ größtes zulässiges Übermaß (12.60) $[mm]$

$\ddot{U}_u$ kleinstes Übermaß (12.55) $[mm]$

Fügetemperatur des Außenteils ϑ_A

$$\vartheta_A \approx \vartheta + \frac{\ddot{U}_o' + S_u}{\alpha_A \cdot D_F} - \frac{\alpha_A}{\alpha_I} \cdot (\vartheta_I - \vartheta) \tag{12.66}$$

ϑ Raumtemperatur $[K]$

$\ddot{U}_o'$ vorhandenes Größtübermaß (Passung) $[mm]$

ϑ_I Fügetemperatur des Innenteils $[K]$

S_u notwendiges Fügespiel ($S_u = {}_{DF} / 1000$) $[mm]$

D_F Fügedurchmesser (Wellendurchmesser) $[mm]$

$\alpha_{A,I}$ Wärmeausdehnungskoeffizienten $[1/K]$

Maximale Fügetemperatur für Pressverbände nach DIN 7190

Werkstoff der Nabe	Fügetemperatur
Baustahl niedriger Festigkeit, Stahlguss, Gusseisen mit Kugelgrafit	350° C
Stahl oder Stahlguss vergütet	300° C
Stahl randschichtgehärtet	250° C
Stahl einsatzgehärtet oder hoch vergüteter Baustahl	200° C

Methoden und erreichbare Temperaturen zum Abkühlen des Innenteils (Welle)

Medium zum Unterkühlen	Temperatur in °C minimal	Anwendung, Beispiele, Besonderheiten
Trockeneis, Kohlensäureschnee	−78	Langsames Abkühlen, Gefahr der Vereisung erfordert Gegenmaßnahmen
Flüssige Luft, (Sauerstoff)	−150	Gefahr der Frostschädigung, Explosionsgefahr
Flüssiger Stickstoff	−196	Gefahr der Frostschädigung, gute Entlüftung erforderlich

Maßverhältnisse und Kräfte an einer Kegelpressverbindung [12.23]

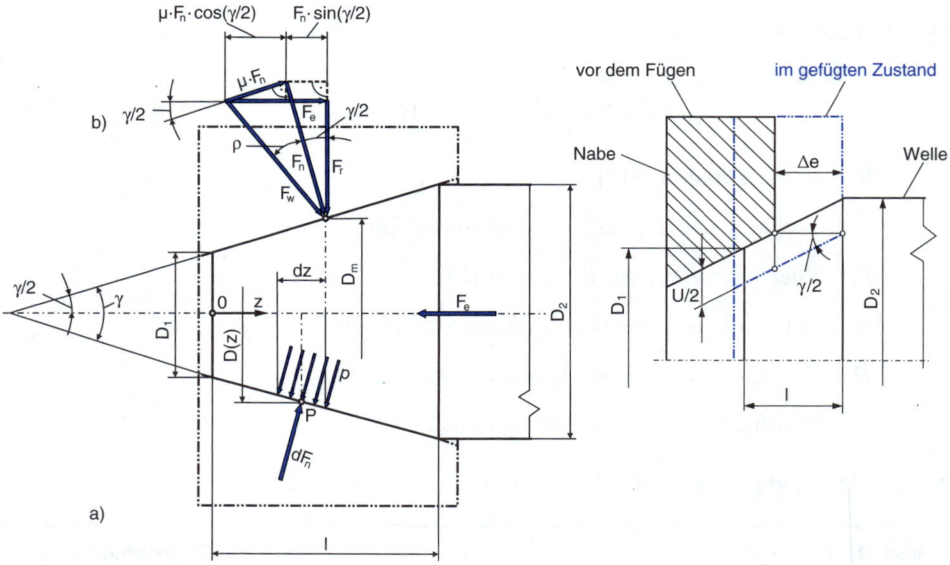

Wirkende Fugenpressung p_F einer Kegelpressverbindung

$$p_F = \frac{F_n}{A_F} = \frac{F_N}{D_{mF} \cdot \pi \cdot l_F} = \frac{F_e \cdot \cos\rho \cdot \cos{}^{\gamma}\!/_{2}}{D_{mF} \cdot \pi \cdot l \cdot \sin\left({}^{\gamma}\!/_{2} + \rho\right)} \qquad (12.81)$$

F_e	Einpresskraft $[N]$
D_{mF}	mittlerer Fügedurchmesser nach [12.23] $[mm]$
l	tragende Kegellänge nach [12.23] $[mm]$
ρ	Reibungswinkel nach [12.23]
γ	Kegelöffnungswinkel nach [12.23]

Erforderliche Fugenpressung p_{FK} einer Kegelpressverbindung

$$p_{Fk} = \frac{2 \cdot S_H \cdot M_t \cdot \cos^{\gamma}/_{2}}{D_{mF}^2 \cdot \pi \cdot \mu \cdot l} \leq p_{Fg} \tag{12.82}$$

S_H	Haftsicherheit ($S_H = 1{,}2 \ldots 1{,}5$)
M_t	Torsionsmoment [Nmm]
D_{mF}	mittlerer Fügedurchmesser nach [12.23] [mm]
l	tragende Kegellänge nach [12.23] [mm]
μ	Haftbeiwert gegen Rutschen ($\mu = \tan\rho$)
γ	Kegelöffnungswinkel nach [12.23]
p_{FK}	zulässige Fugenpressung [N/mm^2]

Kräfteverhältnisse bei Klemmsitzverbindungen [12.27]

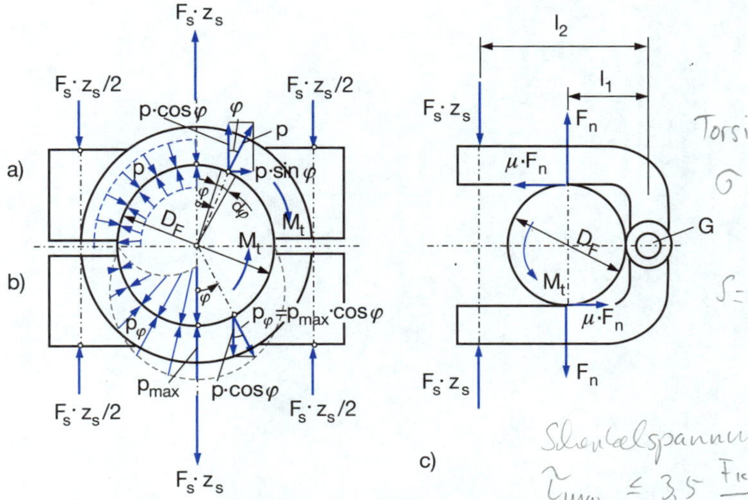

Auftretende Flächenpressung p_F von Klemmverbindungen

$$p_F = \frac{F_s \cdot z_S}{D_F \cdot l_F} \cdot \frac{l_1}{l_2} \leq p_{Fzul} \tag{12.98}$$

F_s	Schraubenkraft [N]
z_s	Anzahl der Schrauben
l_F	Nabenlänge [mm]
l_1	Länge 1 am Ersatzmodell nach [12.27] [mm]
l_2	Länge 2 am Ersatzmodell nach [12.27] [mm]
p_{zul}	zulässige Flächenpressung nach [12.27] [N/mm^2]

Kippkraft Klemmverbindung

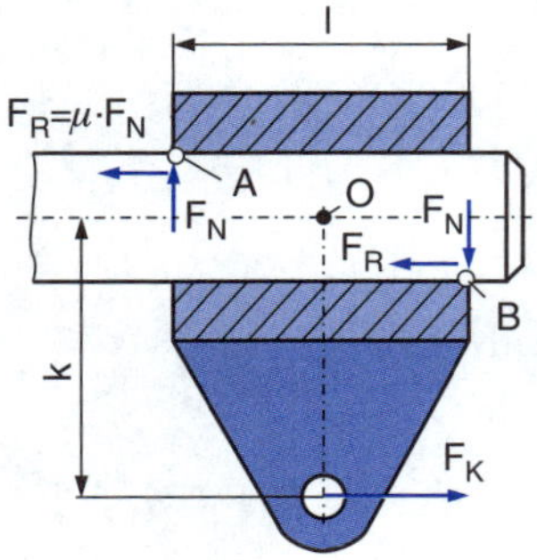

Selbsthemmung liegt vor, wenn für die Kippkraft gilt:

$$F_K \leq 2 \cdot F_R \quad \text{bzw.} \quad F_N \geq \frac{F_K}{2 \cdot \mu} \tag{12.99}$$

Aus dem Momentengleichgewicht um den Punkt O folgt:

$$2 \cdot F_N \cdot \frac{l}{2} = F_K \cdot k \quad \text{bzw.} \quad F_N = F_K \cdot \frac{k}{l} \tag{12.100}$$

Aus den Gleichungen (12.99) und (12.100) folgt:

$$\frac{k}{l} \geq \frac{1}{2 \cdot \mu} \tag{12.101}$$

12

Kupplungen und Bremsen

ÜBERBLICK

13

13.1 Auslegung von nicht schaltbaren Kupplungen

Schematischer Aufbau eines Triebstranges mit Kupplungen K_1 und K_2 und deren prinzipielle Ausgleichsmöglichkeiten

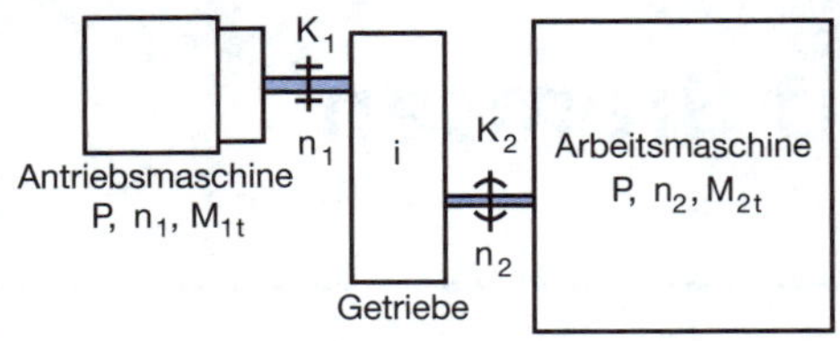

Einfacher Aufbau eines Triebstranges, bestehend aus Antriebsmaschine, Getriebe und Arbeitsmaschine. Die jeweiligen Wellenenden werden über die Kupplungen K_1 und K_2 miteinander verbunden. Dabei lassen sich auch die nachfolgend aufgeführten Fehlstellungen der Wellen zueinander ausgleichen.

Schema	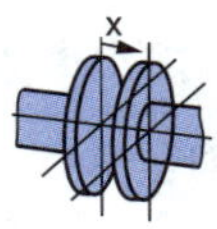	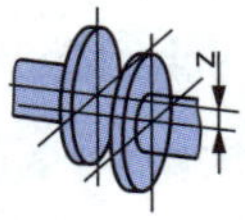	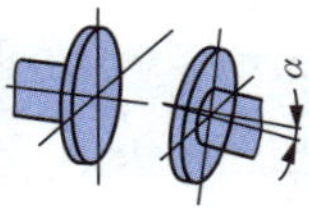	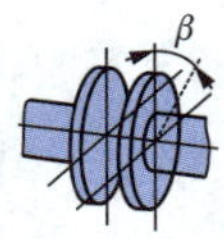
Nachgiebigkeit	Axial	Radial	Winkel	Dreh
Rückstellreaktion	Längskraft $F_a = c_a \cdot x$ (13.1)	Querkraft $F_r = c_r \cdot z$ (13.2)	Biegemoment $M_{Tw} = c_w \cdot \alpha$ (13.3)	Torsionsmoment $M_T = c_T \cdot \beta$ (13.4)

Nennbetrieb einer drehstarren oder drehelastischen Kupplung

$$M_K = M_L = M_A \tag{13.18}$$

M_K Kupplungsmoment $[Nm]$

M_L Lastmoment $[Nm]$

M_A Antriebsmoment $[Nm]$

Kupplungsmoment bei Anlauf einer drehstarren oder drehelastischen Kupplung unter Last

Bedingung (stoßfreier Anlauf)

$$M_K = \frac{J_2}{J_1 + J_2} \cdot M_A + \frac{J_1}{J_1 + J_2} \cdot M_L \tag{13.19}$$

J_1, J_2 Massenträgheitsmoment, Antrieb und Abtrieb $[kg \cdot m^2]$

Kupplungsmoment einer drehstarren oder drehelastischen Kupplung bei Auftreten von kurzzeitigen Stößen

$$M_K = \Delta\varphi \cdot c_K = \frac{J_2}{J_1 + J_2} \cdot (1 - \cos\omega_e \cdot t_i) \cdot M_A \tag{13.29}$$

M_K Kupplungsmoment $[Nm]$

M_A Antriebsmoment $[Nm]$

J_1, J_2	Massenträgheitsmoment, Antrieb und Abtrieb $[kg \cdot m^2]$
$\Delta\varphi$	relativer Verdrehwinkel $[rad]$
c_K	Elastizität der Kupplung $[Nm/rad]$

Da der Term $(1 \cdot cos\, \omega_e \cdot t_i)$ sein Maximum bei 2 hat, folgt das maximale Kupplungsmoment nach (13.30).

Maximales Kupplungsmoment

$$M_K = 2 \cdot \frac{J_2}{J_1 + J_2} \cdot M_A \qquad (13.30)$$

Eigenkreisfrequenz ω_e (Antriebseinheit reduziert auf Zweimassenschwinger)

$$\omega_e = \sqrt{c_K \cdot \left(\frac{1}{J_1} + \frac{1}{J_2}\right)} = \sqrt{c_K \cdot \frac{J_1 + J_2}{J_1 \cdot J_2}} \qquad (13.27)$$

Kupplungsmoment einer drehstarren oder drehelastischen Kupplung bei periodisch schwankenden Antriebsmomenten

$$M_K = M_L + V \cdot \frac{J_2}{J_1 + J_2} \cdot M_W \qquad (13.32)$$

M_K	Kupplungsmoment $[Nm]$
M_L	Lastmoment $[Nm]$
M_W	wirkendes Wechseldrehmoment $[Nm]$
V	Vergrößerungsfunktion nach [13.2] [–]
J_1, J_2	Massenträgheitsmoment, Antrieb und Abtrieb $[kg \cdot m^2]$

Vergrößerungsfunktion und Vergrößerungsfaktoren in Abhängigkeit von der Kupplungssteifigkeit ohne Dämpfungseinfluss [13.2]

13

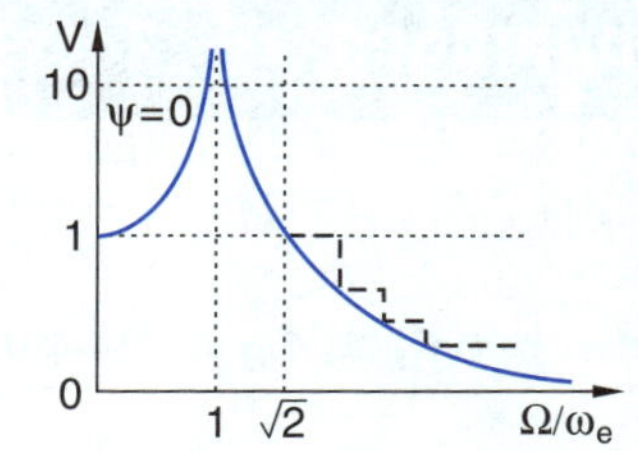

$c_{K,ist} / c_{K,soll}$	> 32	32...8	8...1	1...0,75
V	1,2	1,4	∞	1
$c_{K,ist} / c_{K,soll}$	0,75...0,6	0,6...0,3	< 0,3	
V	0,75	0,5	0,25	

Schematische Darstellung eines einfachen, ausgelenkten Kreuzgelenkes [13.23]

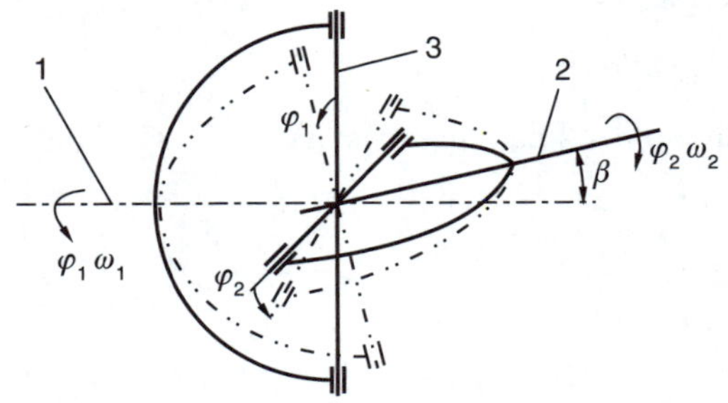

1 treibende Welle
2 getriebene Welle
3 Zapfenkreuz
β: Ablenkungswinkel (Beugewinkel)
ω_1, ω_2: Winkelgeschwindigkeiten der An- bzw. Abtriebswelle
φ_1, φ_2: Drehwinkel der An- bzw. Abtriebswelle

Abtriebswinkelgeschwindigkeit ω_2 eines Kreuzgelenkes

$$\omega_2 = \frac{\cos\beta}{1-\cos^2\varphi_1 \cdot \sin^2\beta} \cdot \omega_1 \quad \text{mit} \quad \tan\varphi_2 = \frac{\tan\varphi_1}{\cos\beta} \tag{13.69}$$

Alle Größen nach [13.23]

Maximale und minimale Winkelgeschwindigkeit am Abtrieb und Ungleichförmigkeitsgrad an einem Kreuzgelenk

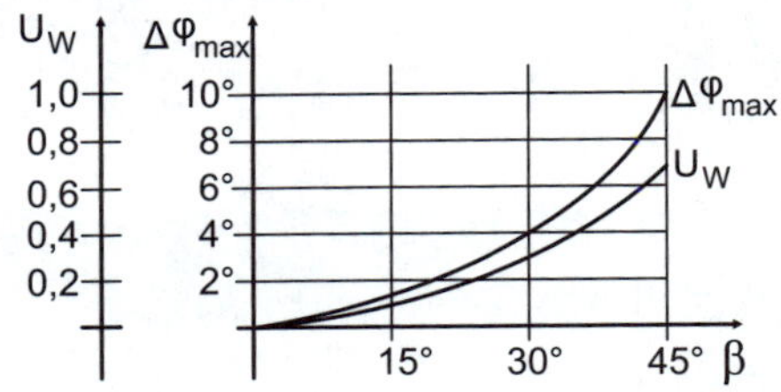

Maximale und minimale Winkelgeschwindigkeit am Abtrieb:

$$\omega_{2max} = \frac{\omega_1}{\cos\beta} \quad \text{und} \quad \omega_{2min} = \omega_1 \cdot \cos\beta \tag{13.70}$$

Ungleichförmigkeitsgrad:

$$U_W = \frac{\omega_{2max} - \omega_{2min}}{\omega_1} = \frac{1}{\cos\beta} - \cos\beta = \frac{\sin^2\beta}{\cos\beta} \tag{13.71}$$

13.2 Auslegung von schaltbaren Kupplungen

Schaltbare Drehmomente M_{Ks} für Antriebs- und Lastseite

$$M_{Ks} = -J_1 \cdot \frac{\omega_{syn} - \omega_{10}}{t_r} + M_A \le M_{KNs} \qquad M_{Ks} = J_2 \cdot \frac{\omega_{syn} - \omega_{20}}{t_r} + M_L \le M_{KNs} \tag{13.49}$$

Rutschzeit t_r

$$t_r = \frac{J_1 \cdot J_2}{J_1 \cdot (M_{KNs} - M_L) + J_2 \cdot (M_{KNs} - M_A)} \cdot (\omega_{10} - \omega_{20}) \tag{13.51}$$

Erforderliches Kupplungsmoment M_{KNs}

$$M_{KNs} = \frac{J_1 \cdot J_2}{J_1 + J_2} \cdot \frac{(\omega_{10} - \omega_{20})}{t_r} + \left(\frac{J_2}{J_1 + J_2} \cdot M_A + \frac{J_1}{J_1 + J_2} \cdot M_L \right) \quad (13.53)$$

Schaltarbeit W

$$W = \frac{1}{2} \cdot M_{KNs} \cdot (\omega_{10} - \omega_{20}) \cdot t_R = \frac{1}{2} \cdot J_2 \cdot (\omega_{10} - \omega_{20})^2 \cdot \frac{M_{KNs}}{M_{KNs} - M_L} < W_{zul} \quad (13.55)$$

M_{KNs} schaltbares (maximal mögliches) Kupplungsnenndrehmoment $[Nm]$

M_{Ks} schaltbares Kupplungsmoment $[Nm]$

J_1 ,J_2 Massenträgheitsmoment, Antrieb und Abtrieb $[kg \cdot m^2]$

M_L Lastmoment $[Nm]$

M_A Antriebsmoment $[Nm]$

ω_{syn} Winkelgeschwindigkeit bei Synchronisation $[rad/s]$

ω_{10} Winkelgeschwindigkeit der Kupplungswelle Antriebsseite $[rad/s]$

ω_{20} Winkelgeschwindigkeit der Kupplungswelle Lastseite $[rad/s]$

W_{zul} zulässige Schaltarbeit der Kupplung $[Nm]$

13.3 Auslegung von mechanischen Bremsen

Bremsmoment M_B

$$M_B = J_L \cdot \frac{\omega}{t_b} \pm M_L \quad (13.57)$$

Bremsarbeit W_{BD} für Dauerbremsung mit Winkelgeschwindigkeit $\omega_0 = konst.$

$$W_{BD} = M_B \cdot \omega_0 \cdot t_b \quad (13.59)$$

Bremsarbeit W_{BS} für Stoppbremsung (ω_0 – Winkelgeschwindigkeit bei Bremsbeginn)

$$W_{BS} = M_B \cdot \frac{1}{2} \cdot \omega_0 \cdot t_b \quad (13.60)$$

M_B Bremsmoment $[Nm]$

M_L Lastmoment $[Nm]$

J_L Massenträgheitsmoment der Lastseite $[kg \cdot m^2]$

t_b Bremszeit $[s]$

Bremsmoment M_B einer Doppelbackenbremse

$$M_B = F_r \cdot \mu \cdot d_B = \lambda \cdot \sin \varphi_0 \cdot \mu \cdot p \cdot d_b^3 \qquad (13.100)$$

F_r Radialkraft [N]

μ Reibzahl [–]

d_B Bremstrommeldurchmesser [mm]

λ Breitenverhältnis ($\lambda = b / d_b$)

b Bremsbelagsbreite [mm]

φ_0 halber Backenwinkel [°]

p Flächenpressung [Nm]

Bauformen von Innenbackenbremsen [13.46]

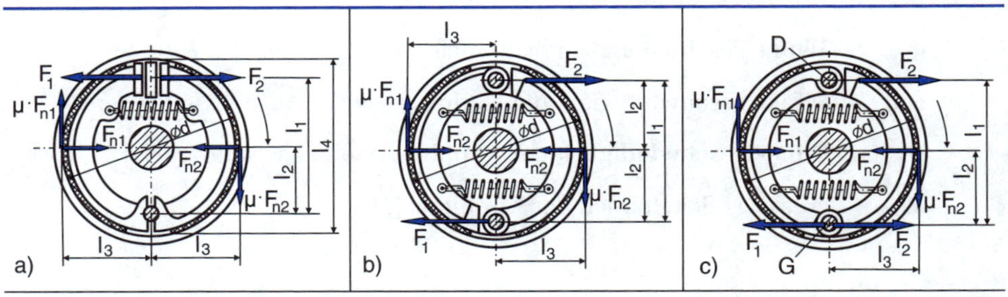

a) Simplex-Bremse, b) Duplex-Bremse, c) Servo-Bremse

Bremsmoment M_B von Innenbackenbremsen

$$M_B = \mu \cdot (F_{n1} + F_{n2}) \cdot \frac{d}{2} \qquad p_{1,2} = \frac{F_{n1,2}}{b \cdot l_4} \qquad (13.105)$$

μ Reibzahl [–]

F_{n1}, F_{n2} Normalkräfte der Trommelbacken nach [13.46] [N]

d Trommeldurchmesser nach [13.46] [mm]

b Bremsbelagsbreite [mm]

l_4 Bremsbelagslänge nach [13.46] [mm]

Bremsmoment M_B einer Scheibenbremse

$$M_B = 2 \cdot \frac{2}{3} \cdot F_a \cdot \mu \cdot \frac{r_a^3 - r_i^3}{r_a^2 - r_i^2} \tag{13.106}$$

F_a axiale Anpresskraft [N]

μ Reibzahl [–]

$r_{a,i}$ Außen-/Innenradius der Bremsscheibe [mm]

Bremsmoment M_B einer Kegelbremse

$$M_B = F_n \cdot \mu \cdot r = F_B \cdot \frac{\mu \cdot r}{\sin \gamma} \tag{13.107}$$

F_n Normalkraft [N]

μ Reibungszahl [−]

r mittlerer Radius [mm]

F_B Bremskraft [N]

γ halber Kegelwinkel [°]

Gleitlager und Gleitlagerungen

ÜBERBLICK

14

14.1 Funktion und Wirkung von Gleitlagern

Stribeck-Kurve und Abhängigkeit von der Lagerbelastung

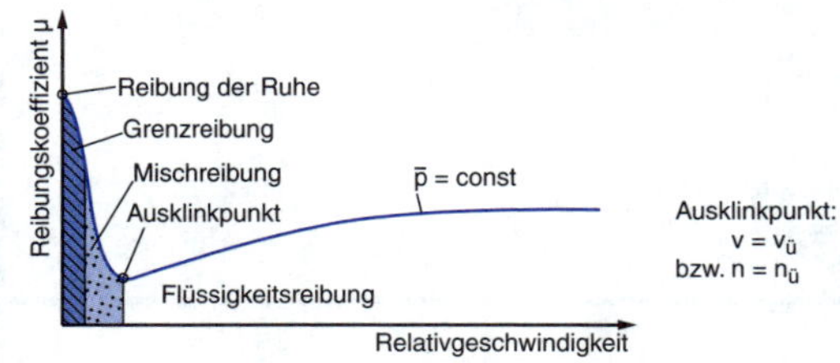

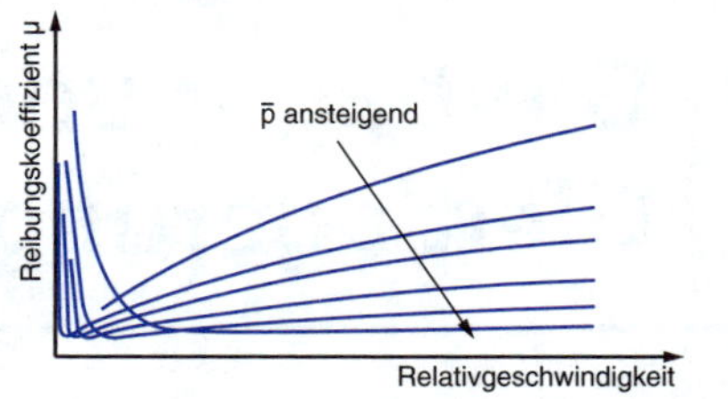

Zulässige Betriebsbereiche für wartungsfreie bzw. -arme Gleitlager

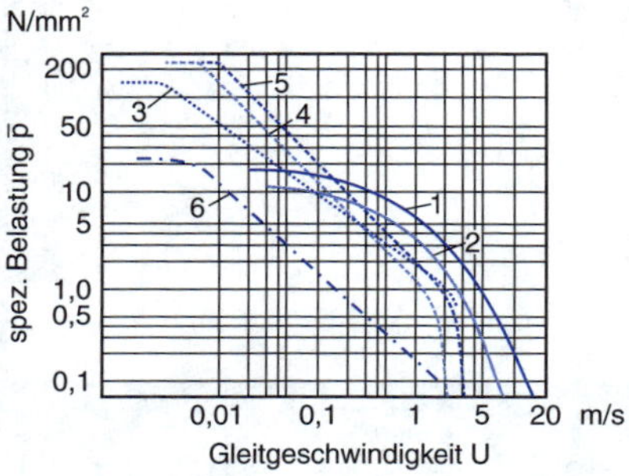

1 Gleitlager aus Sinterbronze
2 Gleitlager aus Sintereisen
3 metallkeramische Gleitlager
4 Verbundgleitlager mit Acetatharz
5 Verbundgleitlager mit PTFE-Schicht
6 Vollkunststoff-Gleitlager (Polyamid)

Allgemeine Eigenschaften von Gleitlagerwerkstoffen

Forderung nach	Guss-eisen	Sinter-metall	CuSn-Guss-bzw. Knetlegie-rungen	G-CuPb-Legie-rungen	PbSn-Legie-rungen	Kunst-stoffe	Holz	Gummi	Kohle Graphit
Gleiteigenschaften	◑	◑	◕	●	●	●	●	●	●
Notlaufverhalten	◑	●	◑	◕	◕	●	◔	○	●
Verschleißwiderstand	●	◑	●	◑	◔	◑	◔	○	◔
stat. Tragfähigkeit	●	◑	◕	◔	◔	◔	○	○	◔
dyn. Belastbarkeit	◕	◔	◕	◔	◔	◔	○	○	○
hoher Gleitgeschw.	◔	○	◕	●	●	○	○	○	◕
Unempfindlichkeit gegen Kantenpressung	○	○	◕	◕	●	●	◕	●	◑
Einbettfähigkeit	○	○	◕	◕	●	◕	◕	●	◕
Wärmeleitfähigkeit	◑	◑	◕	◑	◔	○	○	○	◕
kleiner Wärmedehnung	●	●	◕	◑	◑	○	◔	○	●
Beständigkeit gegen hohe Temperaturen	◑	◑	◑	○	○	○	○	○	●
Öl-(Fett-)Schmierung	●	●	●	●	●	●	●	◑	●
Wasserschmierung	○	○	○	○	○	●	●	●	●
Trockenlauf	○	○	○	○	○	●	○	○	●

Funktionsmerkmal wird vom Lager:

● sehr gut erfüllt
◕ gut erfüllt
◑ ausreichend erfüllt
◔ unter bestimmten Bedingungen erfüllt
○ nicht erfüllt

14.2 Beanspruchung und Beanspruchbarkeit

Berechnungsablauf zur Gleitlagerberechnung nach DIN 31652 [14.54]

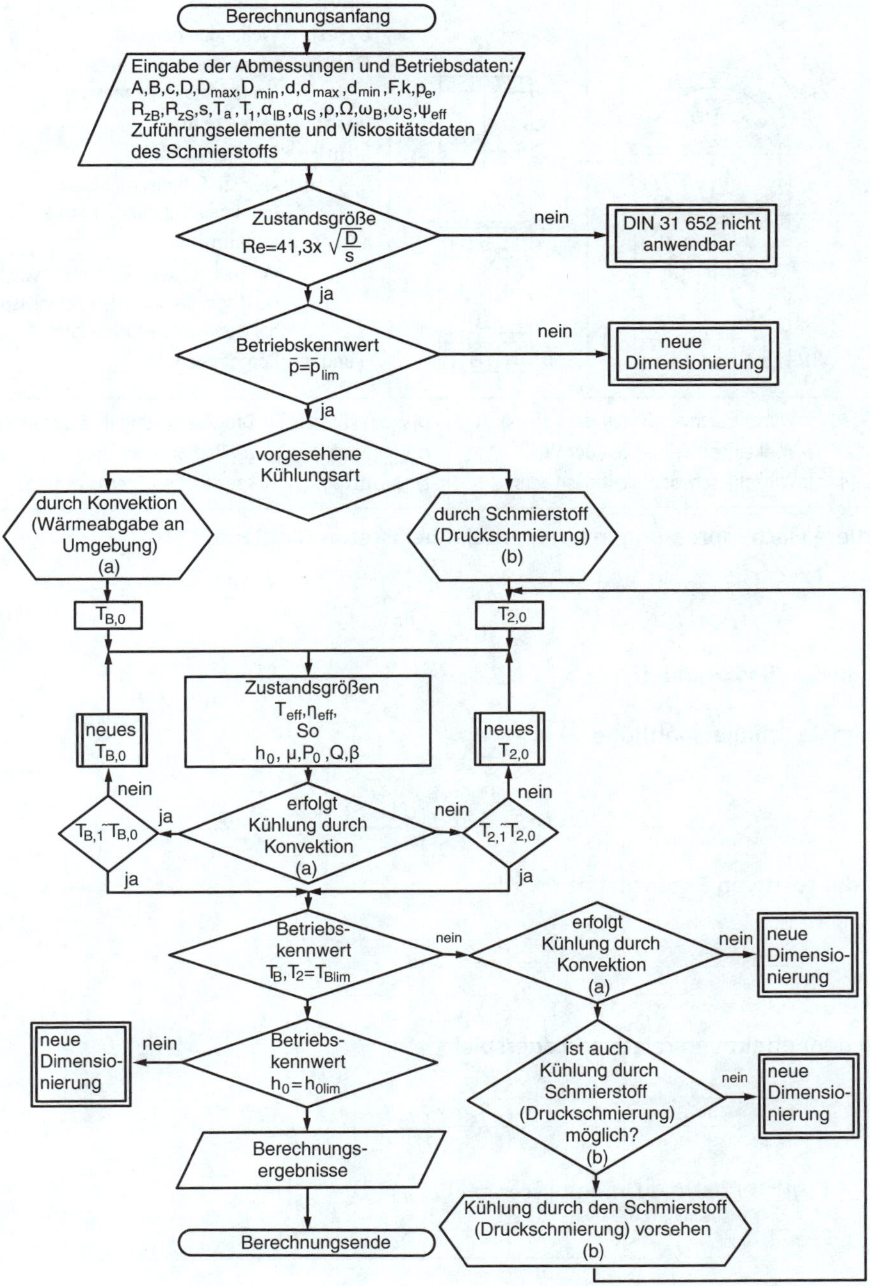

14.2.1 Radial-Kreiszylinderlager (hydrodynamische Schmierung)

Zylindrisches Radial-Gleitlager mit Druckverteilung

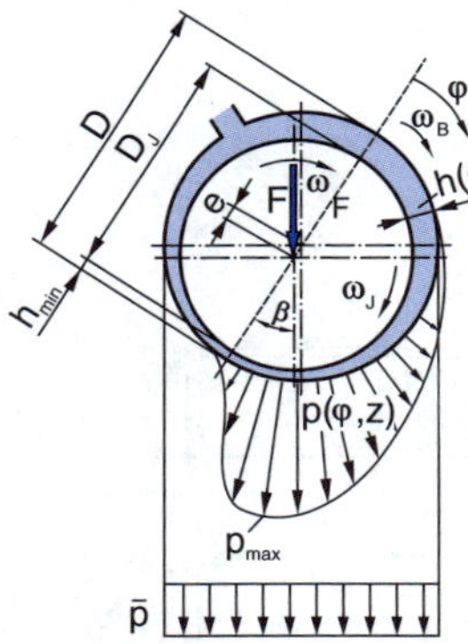

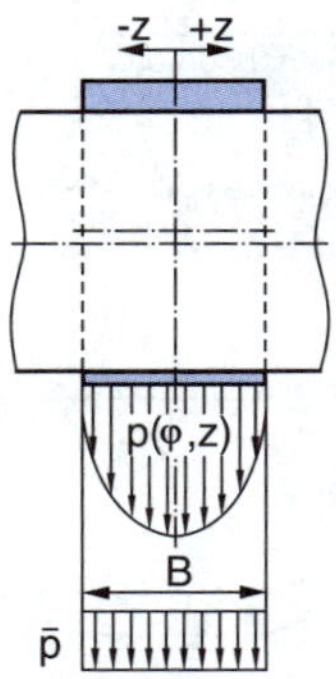

- F [N]: Lagerkraft
- D_J [m]: Wellendurchmesser
- D [m]: Lager-Nenndurchmesser (Lagerinnendurchmesser)
- B [m]: Lagerbreite
- h [m]: Schmierspalthöhe
- h_{min} [m]: kleinste Schmierspalthöhe (minimale Schmierfilmdicke)
- e [m]: Exzentrizität
- β [°]: Verlagerungswinkel (Winkel zwischen der Lage der kleinsten Schmierspalthöhe und der Lastrichtung)
- φ und z: Koordinaten

ω_F [s^{-1}]: Winkelgeschwindigkeit der Lagerkraft	$p(\varphi, z)$ [N/mm^2]: Druckverteilung im Schmierfilm
ω_J [s^{-1}]: Winkelgeschwindigkeit der Welle	p_{max} [N/mm^2]: größter Schmierfilmdruck
ω_B [s^{-1}]: Winkelgeschwindigkeit des Lagers	$\overline{p}$ [N/mm^2]: spezifische Lagerbelastung

Mittlere Flächenpressung in einem radial belasteten Gleitlager

$$\overline{p} = \frac{F_r}{B \cdot D} \leq \overline{p}_{zul} \qquad (14.2)$$

F_r Radialkraft [N]

Minimale Schmierspalthöhe

$$h_{min} = \frac{D}{2} \cdot \psi_{eff} \cdot (1 - \varepsilon)$$

Mit der relativen Exzentrizität

$$\varepsilon = \frac{2 \cdot e}{D - D_j} \qquad \varepsilon = \frac{2 \cdot e}{C_{eff}}$$

Und dem effektiven relativen Lagerspiel

$$\psi_{eff} = \frac{C_{eff}}{D}$$

C_{eff} effektives Durchmesserspiel $C_{eff} = D - D_J$ [m]

Abschätzen eines effektiven relativen Lagerspiels nach Georg Vogelpohl

$$\psi_{eff} = 0{,}8 \cdot \sqrt[4]{u_s \cdot \frac{\text{s}}{\text{m}}} \cdot 10^{-3} \quad \text{mit} \quad u_s = 0{,}5 \cdot \varpi \cdot D = \pi \cdot n \cdot D \tag{14.46}$$

Voraussetzung für beschriebenes Berechnungsverfahren ist das Vorliegen einer laminaren Strömung

Nachweis:

$$\text{Re} \leq \text{Re}_{zul} \tag{14.47}$$

Mit der tatsächlichen Reynolds-Zahl [–]

$$\text{Re} = \frac{\rho \cdot \omega_{eff} \cdot D \cdot C_{eff}}{4 \cdot \eta_{eff}} \tag{14.48}$$

Und der zulässigen Reynolds-Zahl [–]

$$\text{Re}_{zul} \approx \frac{41{,}3}{\sqrt{\psi_{eff}}}$$

ρ Dichte des Schmierstoffes [kg/m^3]

ω_{eff} hydrodynamische Winkelgeschwindigkeit [$1/s$]

η_{eff} dynamische Viskosität des Schmierstoffes [$Pa \cdot s$]

Sommerfeldzahl zur Berechnung der Tragfähigkeit von Gleitlagern [–]

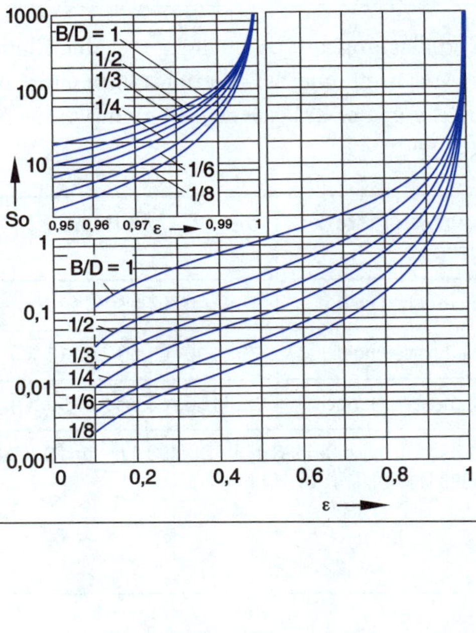

$$So = \frac{\bar{p} \cdot \psi_{eff}^2}{\eta_{eff} \cdot \omega_{eff}} \tag{14.50}$$

Einflüsse auf die minimal zulässige Schmierfilmdicke h_{lim} nach DIN 31652

Rauheit	Verkantung	Biegung
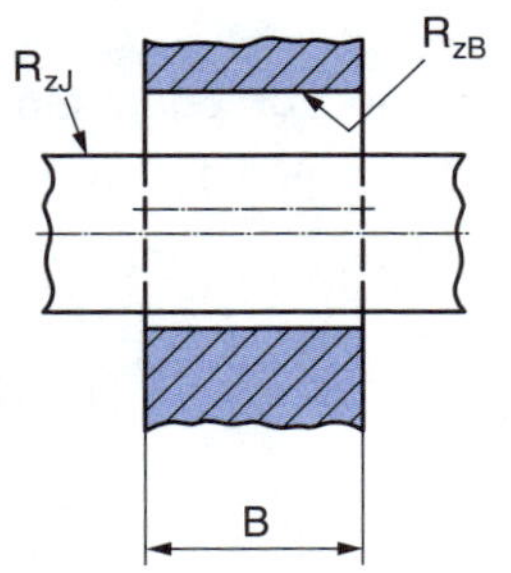	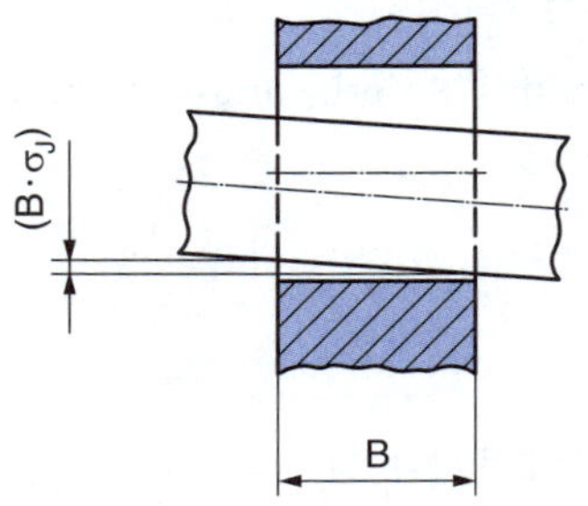	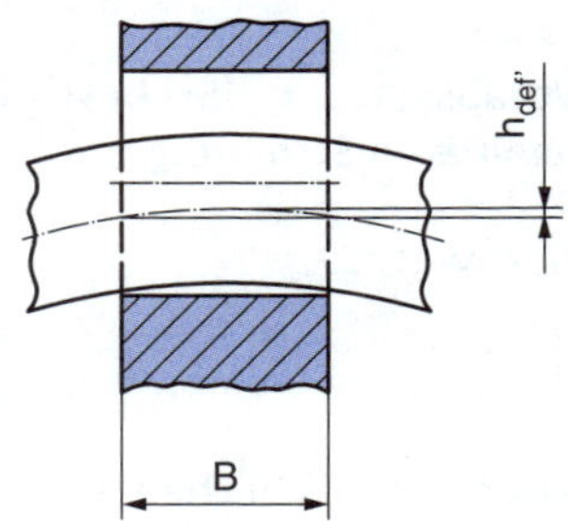

Erfahrungswerte für die minimal zulässige Schmierfilmdicke im Betrieb nach DIN 31652

Wellendurchmesser D_J [mm]	Umfangsgeschwindigkeit der Welle u_J [m/s]				
	$u_J \leq 1$	$1 < u_J \leq 3$	$3 < u_J \leq 10$	$10 < u_J \leq 30$	$u_J > 30$
Über 24 bis 63	3	4	5	7	10
Über 63 bis 160	4	5	7	9	12
Über 160 bis 400	6	7	9	11	14
Über 400 bis 1.000	8	9	11	13	16
Über 1.000 bis 2.500	10	12	14	16	18

Erfahrungsrichtwerte für h_{lim}, wobei für die Welle eine gemittelte Rautiefe von $R_{zJ} \leq 4$ µm, geringe Formfehler der Gleitflächen, sorgfältige Montage und eine ausreichende Filterung des Schmierstoffes vorausgesetzt werden

Zulässige Werte für die spezifische Lagerbelastung $p_{lim,tr}$ abhängig von der Gleitgeschwindigkeit $U_{lim,tr}$ im Übergang zur Mischreibung bei Betriebstemperatur und zulässiger Schmierfilmdruck p_{lim} abhängig von der zulässigen Lagertemperatur T_{lim} und der Lagerwerkstoffgruppe nach DIN 31652

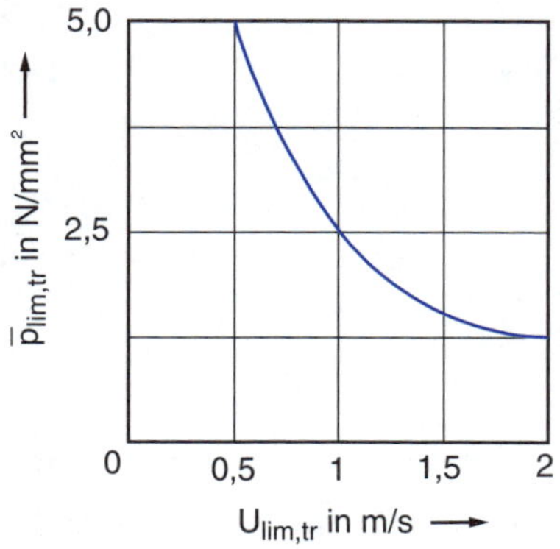

Lagerwerkstoffgruppe	p_{lim} (T_{lim}) in [N/mm²]
Blei-Legierungen	16 (100 °C) bis 25 (50 °C)
Zinn-Legierungen	25 (100 °C) bis 50 (50 °C)
Kupfer-Legierungen	25 (100 °C) bis 50 (50 °C)

[14.59]

Werkstoffe nach DIN ISO 4381, DIN ISO 4382 und DIN ISO 4383 [14.59], [14.60], [14.61]

Maximaler Schmierspaltdruck

$$p^*_{max} = \frac{p_{max}}{\bar{p}} \leq \sqrt{\frac{\psi_{eff} \cdot E_{rsl}}{\pi \cdot \bar{p}}} \quad \text{mit} \quad E_{rsl} = \frac{2}{\dfrac{1-v_J^2}{E_J} + \dfrac{1-v_B^2}{E_B}} \tag{14.60}$$

E_J, v_J Elastizitätsmodul [N/mm^2] und Querkontraktionszahl [–] der Welle

E_W, v_W Elastizitätsmodul [N/mm^2] und Querkontraktionszahl [–] der Nabe

Verschleißwiderstands-Kennzahl als Dimensionierungsregel

$$\left[\frac{H}{E}\right]_J = (1{,}5\ldots2) \cdot \left[\frac{H}{E}\right]_B \tag{14.61}$$

H Härte

E Elastizitätsmodul

Dabei wird davon ausgegangen, dass die Welle (J) einer Umfangslast und die Schale (B) einer Punktlast unterliegen.

Übergang in das Mischreibungsgebiet

Dabei sollte die zugehörige Übergangsleitgeschwindigkeit U_{tr} unter der Annahme normaler Anlaufzeiten bei nicht zu großen vorhandenen Schwungmassen nicht größer sein als $U_{lim,tr}$, wobei bei bekannter mindestens zulässiger Schmierfilmdicke $h_{lim,tr}$ am Übergang in die Mischreibung und der zugehörigen spezifischen Lagerbelastung $p_{lim,tr}$ am Übergang in die Mischreibung folgende Zusammenhänge gemäß [14.59] gelten:

$$p_{lim,tr} \cdot U_{lim,tr} = 2{,}5 \cdot 10^6 \frac{W}{m^2} \quad \text{für} \quad p_{lim,tr} \leq 5 \cdot 10^6 \frac{N}{m^2} \quad \text{und} \quad U_{tr} < U_{lim,tr} \leq 2\frac{m}{s} \tag{14.62}$$

Bewertung der Verluste infolge Reibung mithilfe der Reibkraft-Kennzahl [–]

$$F_f^* = \frac{f}{\psi_{eff}} \cdot So \tag{14.63}$$

Reibleistung im Lager

$$P_f = P_0 = f \cdot F \cdot \omega_{rel} \cdot \frac{D}{2} \quad \text{oder} \quad P_f = \frac{F_f^* \cdot \Psi_{eff} \cdot F \cdot \omega_{rel} \cdot D}{2 \cdot So} \tag{14.64}$$

ω_{rel} relative Winkelgeschwindigkeit, [$1/s$]

f Reibungszahl, [–]

Bezogene Reibungszahl und bezogener Schmierstoffdurchsatz infolge Eigendruckentwicklung nach DIN 31652

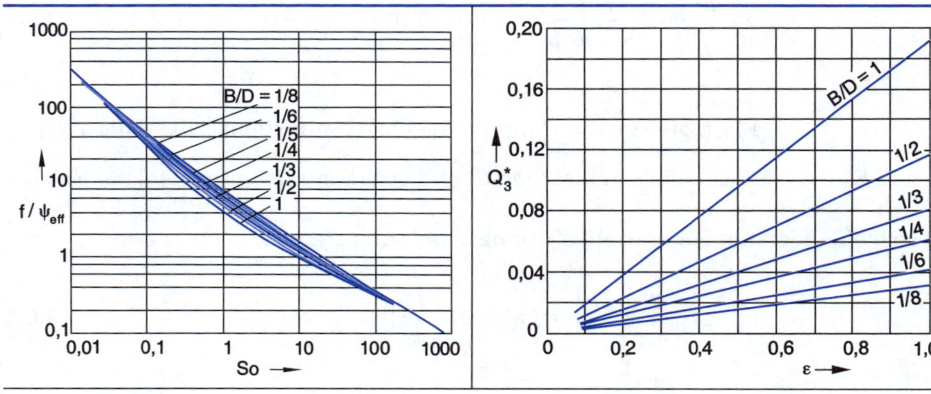

[14.60]

Entweichender Schmierstoff

Infolge der Druckentwicklung

$$Q_3 = Q_0 \cdot Q_3^* \qquad (14.65)$$

Q^*_3 bezogene Größe [–] nach [14.60]

Infolge Zuführdruckes p_{en} bei voll umschlossenen Gleitlagern

$$Q_p = Q_0 \cdot p_{en}^* \cdot Q_p^* \quad \text{mit} \quad p_{en}^* = \frac{p_{en} \cdot \psi_{eff}^2}{\eta_{eff} \cdot \omega_{eff}} \qquad (14.67)$$

p_{en} Schmierstoffzuführdruck [Pa]: 0,05MPa … 0,2MPa über dem Umgebungsdruck

Q^*_p bezogene Größe [–] nach [14.61]

Bezugsschmierstoffdurchsatz

$$Q_0 = \left(\frac{D}{2}\right)^3 \cdot \omega_{eff} \cdot \psi_{eff} \qquad (14.66)$$

Schmierstoffdurchsatz-Kennzahl infolge Zuführdruck

Schmierloch, entgegengesetzt zur Lastrichtung angeordnet	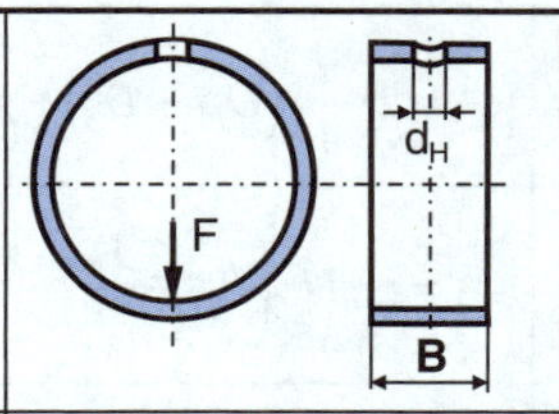	$Q_P^* = \frac{\pi}{48}\cdot\frac{(1+\varepsilon)^3}{\ln\left(\frac{B}{d_H}\right)\cdot q_H}$ $q_H = 1{,}204+0{,}368\cdot\left(\frac{d_H}{B}\right)-1{,}046\cdot\left(\frac{d_H}{B}\right)^2+1{,}942\cdot\left(\frac{d_H}{B}\right)^3$
Schmiertasche, entgegengesetzt zur Lastrichtung angeordnet	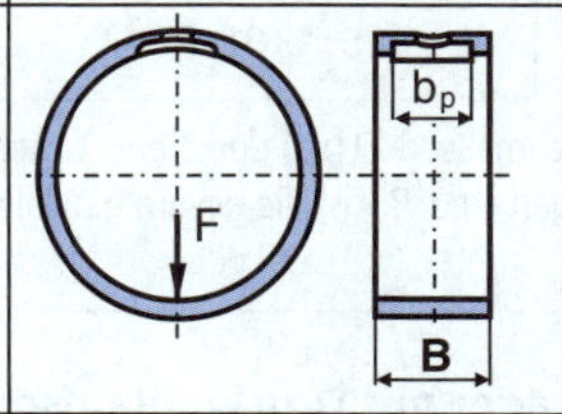	$Q_P^* = \frac{\pi}{48}\cdot\frac{(1+\varepsilon)^3}{\ln\left(\frac{B}{b_P}\right)\cdot q_P}$ $q_H = 1{,}188+1{,}582\cdot\left(\frac{b_P}{B}\right)-2{,}585\cdot\left(\frac{b_P}{B}\right)^2+5{,}563\cdot\left(\frac{b_P}{B}\right)^3$ für $0{,}05 \le \left(\frac{b_P}{B}\right) \le 0{,}7$
Schmiernut, umlaufend in Lagermitte angeordnet (Ringnut)	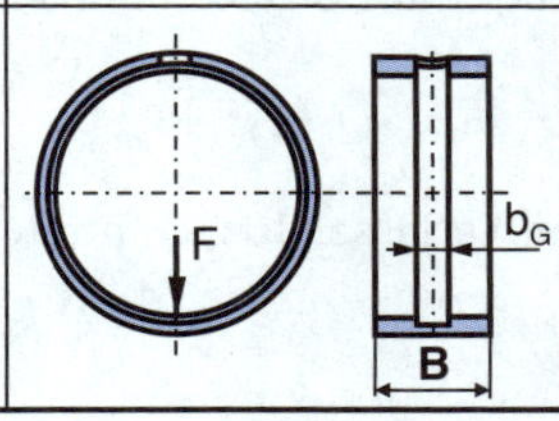	$Q_P^* = \frac{\pi}{24}\cdot\frac{1+1{,}5\cdot\varepsilon^2}{\left(\frac{B}{D}\right)}\cdot\frac{B}{B-b_G}$

Gesamter Schmierstoffdurchsatz

$$Q = Q_3 + Q_p \quad (14.68)$$

Wärmeabgabe durch Konvektion (Lager ohne Umlaufschmierung)

$$P_0 = P_{th,amb} \quad \text{mit} \quad P_{th,amb} = k\cdot A\cdot\left(T_B - T_{amb}\right) \quad (14.71)$$

k Wärmedurchgangskoeffizient, (überschlägig k = 15…20 $W/(m^2\cdot K)$)

A Gehäuseoberfläche $[m^2]$

T_B Lagertemperatur $[K]$

T_{amb} Umgebungstemperatur $[K]$

14

Erfahrungswerte für die Oberflächengrößen von Gleitlagern

Flanschlager mit zylindrischem Gehäuse	$A = 2 \cdot \frac{\pi}{4} \cdot \left(D_H^2 - D^2\right) + \pi \cdot D_H \cdot B_H$ (14.73)
Stehlager	$A = \pi \cdot H \cdot \left(B_H + \frac{H}{2}\right)$ (14.74)
Lager im Maschinenverband	$A = (15...30) \cdot B \cdot D$ (14.75)

Hierin bezeichnen D_H [m] den Gehäuseaußendurchmesser, D [m] den Nenn-Lagerinnendurchmesser, B_H [m] die Gehäusebreite, H [m] die Höhe des Stehlagers und B [m] die gesamte axiale Länge des Maschinenverbandes

Wärmeabgabe über den Schmierstoff (Lager mit Druckumlaufschmierung)

$$P_0 = P_{th,L} \quad \text{mit} \quad P_{th,L} = \rho \cdot c_p \cdot Q \cdot \left(T_{ex} - T_{en}\right) \tag{14.76}$$

T_{ex}, T_{en} Temperatur des Öles beim Verlassen bzw. Eintreten in das Lager [°]

Volumenspezifische Wärme

$$\rho \cdot c_p = (1{,}7...1{,}8) \cdot 10^6 \frac{J}{m^3 K} \tag{14.77}$$

Effektive Schmierfilmtemperatur (Lager ohne Umlaufschmierung)

$$T_{eff} = T_B \tag{14.78}$$

Effektive Schmierfilmtemperatur (Lager mit Druckumlaufschmierung)

$$T_{eff} = T = \frac{1}{2} \cdot \left(T_1 - T_2\right) \quad \text{mit} \quad T_1 = T_{en} \quad \text{und} \quad T_2 = T_{ex} \tag{14.79}$$

T Mittelwert der Schmierstofftemperatur an den Schmierstofftaschen T_1 [°] und am Druckbergende T_2 [°]

14

Schmierfilmtemperatur T_1 bei voll umschlossenen Lagern mit Druckumlaufschmierung

$$T_1 = T_{en} + \Delta T_1 \quad \text{mit} \quad \Delta T_1 = \frac{Q_2}{M \cdot Q + (1-M) \cdot Q_3} \cdot \Delta T_2 \tag{14.80}$$

ΔT_1 Erwärmung durch den Anteil des bereits verwendeten und somit erwärmten Öles [°]

M Mischungsfaktor: $M = 0$ (keine Mischung), $M = 1$ (vollkommene Mischung) [–]

Gemittelte Schmierstofferwärmung am Ende der Druckentwicklung

$$\Delta T_2 = T_2 - T_1 = \frac{P_f}{\rho \cdot c_p \cdot \left(Q_2 + \frac{Q_3}{2}\right)} \tag{14.81}$$

Aus der Wärmebilanz resultierende Lagertemperatur

$$T_{eff} = \frac{f \cdot F \cdot \omega_{rel} \cdot D}{2 \cdot k \cdot A} + T_{amb} \tag{14.83}$$

Temperatureinfluss auf das effektive relative Lagerspiel

$$\psi_{eff} = \psi_{20} + \Delta\psi_{th} \tag{14.88}$$

Relatives Lagerspiel bei Raumtemperatur

$$\psi_{20} = \overline{\psi} = 0{,}5 \cdot \left(\psi_{max} + \psi_{min}\right) \quad \text{mit} \quad \psi_{max} = \frac{D_{max} - D_{J,min}}{D} \quad \text{und} \quad \psi_{min} = \frac{D_{min} - D_{J,max}}{D} \tag{14.89}$$

Thermische Änderung des relativen Lagerspiels

$$\Delta\psi_{th} = \left(\alpha_{1,B} - \alpha_{1,J}\right) \cdot \left(T_{eff} - 20°C\right) \tag{14.90}$$

Richtwert des relativen Lagerspiels nach Vogelpohl

$$\psi = 10^{-3} \cdot \left(\frac{N_J}{10}\right)^{\frac{1}{4}} \tag{14.92}$$

14

14.2.2 Axial-Kippsegmentlager bei hydrodynamischer Schmierung

Lagergeometrie eines Axial-Kippsegmentlagers nach DIN 31654

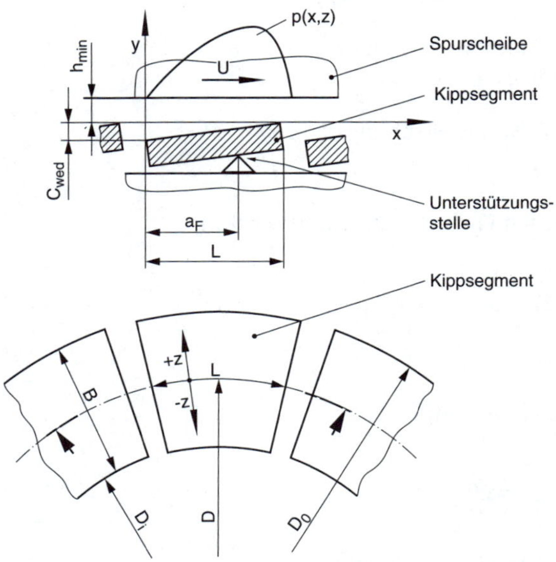

a_F [m]:	Abstand der Unterstützungsstelle vom Spalteintritt in Bewegungsrichtung (Umfangsrichtung)
B [m]:	Breite eines Segments
C_{Wed} [m]:	Keiltiefe
D [m]:	Mittlerer Gleitdurchmesser
D_i [m]:	Innendurchmesser innerhalb der Kippsegmente
D_o [m]:	Außendurchmesser über die Kippsegmente
h_{min} [m]:	Minimale Schmierfilmdicke (kleinste Spalthöhe)
L [m]:	Segmentlänge in Umfangsrichtung
p [N/mm^2]:	Örtlicher Schmierfilmdruck
U [m/s]:	Gleitgeschwindigkeit, bezogen auf den mittleren Tragringdurchmesser

Der folgende Berechnungsablauf zur Tragfähigkeit entspricht dem in Abbildung [14.54] gezeigten Schema.

Nachweis laminarer Strömung

$$Re = \frac{\rho \cdot U \cdot h_{min}}{\eta_{eff}} \leq Re_{zul} \tag{14.94}$$

ρ Dichte des Schmierstoffes $[kg/m^3]$

η_{eff} dynamische Viskosität des Schmierstoffes $[Pa \cdot s]$

Für ein Axial-Kippsegmentlager wird die Tragfähigkeit durch eine dimensionslose Tragkraftkennzahl bestimmt:

$$F^* = \frac{F \cdot h_{min}^2}{U \cdot \eta_{eff} \cdot L^2 \cdot B \cdot Z} \tag{14.96}$$

F Lagerkraft $[N]$

Z Anzahl der Segmente [–]

Minimale Schmierspalthöhe

$$h_{min} = \sqrt{F^* \cdot \frac{U \cdot \eta_{eff} \cdot L^2 \cdot B \cdot Z}{F}} > h_{lim} \tag{14.99}$$

Minimal zulässige Schmierspalthöhe

$$h_{lim} = C \cdot \sqrt{U \cdot D \cdot \frac{F_{st}}{F}}$$

F_{st} Lagerkraft im Stillstand $[N]$

Maximaler Schmierfilmdruck

$$\overline{p} = \frac{F}{B \cdot L \cdot Z} < \overline{p}_{lim} \tag{14.102}$$

Maximal zulässiger Schmierfilmdruck

<table>
<tr><th>Lagerwerkstoffgruppe</th><th>p_{lim} in $[N/mm^2]$</th><th></th></tr>
<tr><td>Pb- und Sn-Legierungen</td><td>5 (15)</td><td rowspan="5">Hierbei sind die in Klammern gesetzten Werte bisher nur in Einzelfällen ausgeführt worden und sollten deshalb auch nur ausnahmsweise bei besonderen Betriebsbedingungen, z. B. sehr niedrigen Gleitgeschwindigkeiten, zugelassen werden.</td></tr>
<tr><td>Cu-Pb-Legierungen</td><td>7 (20)</td></tr>
<tr><td>Cu-Sn-Legierungen</td><td>7 (25)</td></tr>
<tr><td>Al-Sn-Legierungen</td><td>7 (18)</td></tr>
<tr><td>Al-Zn-Legierungen</td><td>7 (20)</td></tr>
<tr><td colspan="3">Werkstoffe nach DIN ISO 4381, DIN ISO 4382 und DIN ISO 4383 [14.59], [14.60], [14.61]</td></tr>
</table>

14.2.3 Radial-Gleitlager bei hydrostatischer Schmierung

a

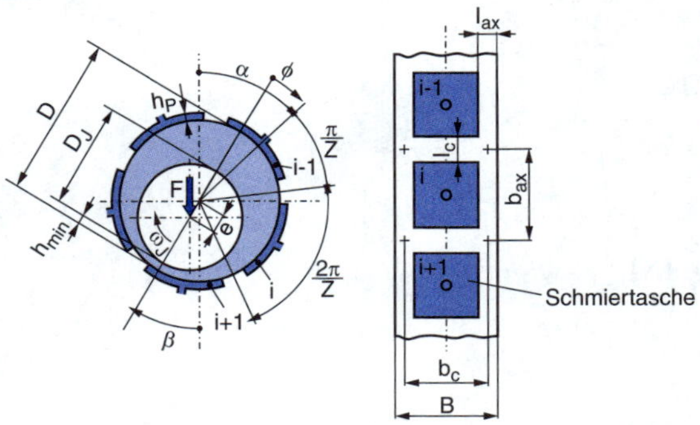

b

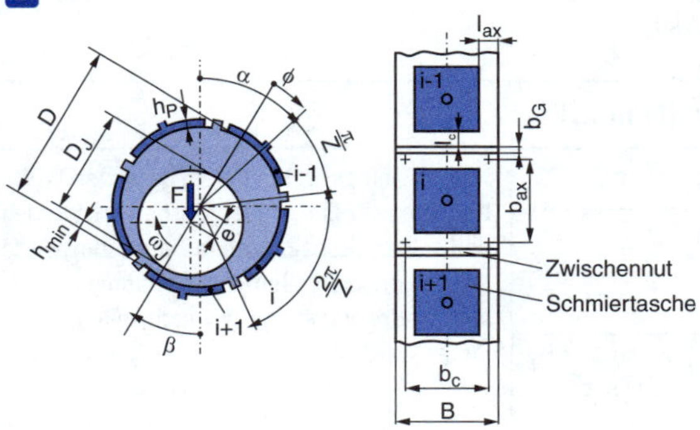

F [N]: Lagerkraft

D_J [m]: Wellendurchmesser

D [m]: Lager-Nenndurchmesser (Lager-Innendurchmesser)

B [m]: Lagerbreite

b_c [m]: Abströmbreite in Umfangsrichtung

b_{ax} [m]: Abströmbreite in axialer Richtung

l_c [m]: Umfangssteglänge

l_{ax} [m]: Axiale Steglänge

h [m]: Schmierspalthöhe

h_{min} [m]: kleinste Schmierspalthöhe (minimale Schmierfilmdicke)

h_p [m]: Taschentiefe

e [m]: Exzentrizität

α [°]: Stellwinkel der 1. Tasche, bezogen auf die Taschenmitte

β [°]: Verlagerungswinkel (Winkel zwischen der Lage der kleinsten Schmierspalthöhe und der Lastrichtung)

φ und z Koordinaten

a) Ohne Zwischennuten nach DIN 31655

b) Mit Zwischennuten nach DIN 31656

Prüfung der Anwendbarkeit des Berechnungsverfahrens

$$Re_p = \frac{U \cdot h_p \cdot \rho}{\eta_B} < 1000 \quad \text{und} \quad Re_{cp} = \frac{4 \cdot Q \cdot \rho}{\eta_{cp} \cdot \pi \cdot d_{cp} \cdot Z} < 1000 \qquad (14.113)$$

Re_p Reynolds-Zahl zur Abschätzung der Strömungsverhältnisse innerhalb der Taschen [–]

Re_{cp} Reynolds-Zahl für das Durchströmen der Kapillaren [–]

U Umfangsgeschwindigkeit [m/s]

ρ Dichte des Schmierstoffes [kg/m^3]

η_B, η_{cp} Dynamische Viskosität des Schmierstoffes [$Pa \cdot s$]

Q Schmierstoffdurchsatz des gesamten Lagers [m^3/s]

d_{cp} Durchmesser der Kapillaren [m]

Z Anzahl der Taschen [–]

Tragkraft-Kennzahl und Sommerfeld-Zahl

$$F^* = \frac{\overline{p}}{p_{en}} = \frac{F}{B \cdot D \cdot p_{en}} \quad \text{und} \quad So = \frac{\overline{p} \cdot \psi^2}{\eta_B \cdot \omega} = \frac{F^*}{\pi_f} \tag{14.114}$$

p Spezifische Lagerbelastung [N/mm^2]

p_{en} Zuführdruck (Pumpendruck) [N/mm^2]

F Tragkraft [N]

Bezogener Reibungsdruck

$$\pi_f = \frac{\eta_B \cdot \omega}{p_{en} \cdot \psi^2} \quad \text{mit} \quad \psi = \frac{2 \cdot C_R}{D} \quad \text{und} \quad \omega = 2 \cdot \pi \cdot N \tag{14.115}$$

C_R radiales Lagerspiel [m]

Tragkraft-Kennzahlen und Verlagerungswinkel in Abhängigkeit der relativen Exzentrizität

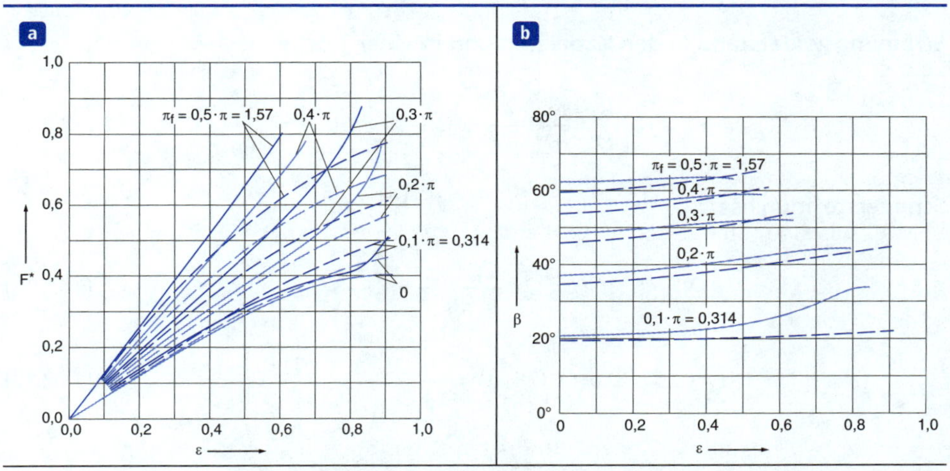

Tragkraft-Kennzahlen F^* (a) und Verlagerungswinkel β (b) abhängig von der relativen Exzentrizität ε für verschiedene bezogene Reibungsdrücke π_f und vier Taschen mit $l_{ax} / B = 0{,}16$, $l_c / B = 0{,}26$, $B / D = 1$, $\zeta = 1$ und $\alpha = 0$

Vergleich von Näherungslösung (gestrichelt) und genauer Lösung (durchgezogen)

Minimale Schmierfilmdicke

$$h_{min} = (1 - \varepsilon) \cdot C_R \tag{14.116}$$

Effektive Tragkraft-Kennzahl

$$F^*_{eff} = \frac{F}{(B - l_{ax}) \cdot D \cdot p_{en}} \tag{14.117}$$

Widerstandsverhältnis

$$\kappa = \frac{R_{lan,ax}}{R_{lan,c}} = \frac{l_{ax} \cdot b_c}{l_c \cdot b_{ax}} = \left(\frac{B}{D}\right)^2 \cdot \frac{Z}{\pi} \cdot \frac{\frac{l_{ax}}{B} \cdot \left(1 - \frac{l_{ax}}{B}\right)}{\frac{l_c}{D}} \tag{14.118}$$

Strömungswiderstand eines Steges in axialer Richtung und in Umfangrichtung

$$R_{lan,ax} = \frac{12 \cdot \eta \cdot l_{ax}}{b_{ax} \cdot C_R^3} \quad \text{und} \quad R_{lan,c} = \frac{12 \cdot \eta \cdot l_c}{b_c \cdot C_R^3} \tag{14.119}$$

Dreheinflusszahl

$$K_{rot} = \pi_f \cdot \kappa \cdot \xi \cdot \frac{l_c}{D} = \frac{\eta_B \cdot \omega}{p_{en} \cdot \psi^2} \cdot \kappa \cdot \xi \cdot \frac{l_c}{D} \quad \text{mit} \quad \xi = \frac{R_{cp}}{R_{P,0}} \tag{14.120}$$

ξ Drosselverhältnis [–]

Strömungswiderstand in den Kapillaren und in einer Tasche

$$K_{rot} = \pi_f \cdot \kappa \cdot \xi \cdot \frac{l_c}{D} = \frac{\eta_B \cdot \omega}{p_{en} \cdot \psi^2} \cdot \kappa \cdot \xi \cdot \frac{l_c}{D} \quad \text{mit} \quad \xi = \frac{R_{cp}}{R_{P,0}} \tag{14.120}$$

Schmierstoffdurchsatz

$$Q = Q^* \cdot \frac{C_R^3 \cdot p_{en}}{\eta_B} \tag{14.126}$$

$$Q^*(\varepsilon \le 0{,}5) \approx Q^*(\varepsilon = 0) = \frac{1}{1+\xi} \cdot \frac{\pi}{6 \cdot \frac{B}{D}} \cdot \frac{1}{\frac{l_{ax}}{B}} \tag{14.127}$$

Pumpenleistung

$$P_p = Q^* \cdot p_{en} = Q^* \cdot \frac{p_{en}^2 \cdot C_R^3}{\eta_B} \tag{14.128}$$

Reibleistungs-Kennzahl

$$P_f^* = \pi \cdot A_{lan}^* \cdot \left[\frac{1}{\sqrt{1-\varepsilon^2}} + \frac{4 \cdot C_R}{h_p} \cdot \left(\frac{1}{A_{lan}^*} - 1\right)\right] \tag{14.132}$$

Stegfläche

$$A_{lan}^{*} = 2 \cdot \frac{l_{ax}}{B} + \frac{Z}{\pi} \cdot \frac{l_c}{D} \cdot \left(1 - 2 \cdot \frac{l_{ax}}{B}\right) \tag{14.131}$$

Gesamtreibleistung

$$P_f = P_f^{*} \cdot \frac{\eta_B \cdot U^2 \cdot B \cdot D}{C_R} \tag{14.133}$$

Gesamtleistung

$$P_{tot} = P_p + P_f \tag{14.134}$$

Schmierstofftemperatur im Lager

$$T_B = T_{en} + \Delta T_{cp} + \frac{1}{2} \cdot \Delta T_B \tag{14.135}$$

T_{en} Schmierstoffeintrittstemperatur ins System [°]

Erwärmung des Schmierstoffes innerhalb der Kapillaren (Drosseln) infolge Dissipation

$$\Delta T_{cp} = \frac{p_{en}}{c_p \cdot \rho} \cdot \frac{\zeta}{1+\zeta} \tag{14.136}$$

c_p Wärmekapazität des Schmierstoffes [J/kgK]

Erwärmung des Schmierstoffes im Lager

$$\Delta T_B = \frac{p_{en}}{c_p \cdot \rho} \cdot \left(\frac{1}{1+\zeta} + P^{*}\right) \quad \text{mit} \quad P^{*} = \frac{P_f}{P_p} \tag{14.137}$$

Temperatur innerhalb der Drosseln

$$T_{cp} = T_{en} + \frac{1}{2} \cdot \Delta T_{cp} \tag{14.138}$$

Wirksame Viskositäten innerhalb der Kapillaren und im Lager

$$\eta_{cp} = \eta_1 \cdot \exp\left[-\beta \cdot \left(T_{cp} - T_1\right)\right] \quad \text{und} \quad \eta_B = \eta_1 \cdot \exp\left[-\beta \cdot \left(T_B - T_1\right)\right] \tag{14.139}$$

mit

$$\beta = \frac{1}{T_2 - T_1} \cdot \ln \frac{\eta_1}{\eta_2} \tag{14.140}$$

Wälzlager und Wälzlagerungen

15

ÜBERBLICK

15.1 Gestaltung von Wälzlagern

Funktionsmerkmale und Erfüllungsgrad einzelner Wälzlager

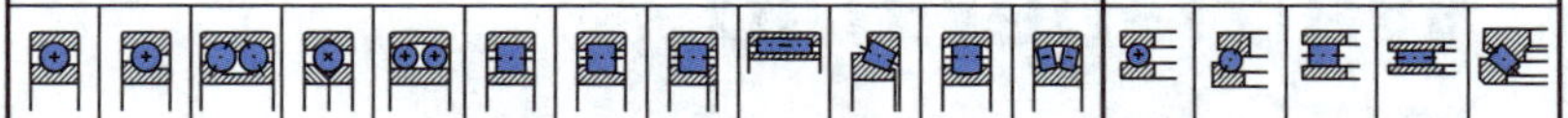

Funktionsmerkmal	Wälzlagerbauform																
	Radiallager												Axiallager				
Radiallastaufnahme	◕	◑	◕	◔	◑	●	●	●	◕	●	●	●	○	○	○	○	○
Axiallastaufnahme	◑	◕	◕	◕	◔	○	◔	◔	○	●	◔	◑	◕	◕	●	◕	●
Winkel-einstellbarkeit	◑	◔	○	◔	●	◔	◔	◔	○	◔	●	◕	○	○	○	○	●
hohe Drehzahlen	●	●	◕	◕	●	●	●	●	◕	○	◑	◑	○	○	◑	○	○
geringe Lagerreibung	●	●	◕	◕	●	●	●	●	◑	◑	◑	◑	◕	◕	◑	◑	◑
hohe radiale Steifigkeit	◕	◑	◕	◑	◑	●	●	●	●	●	●	●	○	◔	○	○	◑
hohe axiale Steifigkeit	◑	◕	◕	◕	◔	○	◑	◑	○	◕	◔	◑	◕	◕	●	●	●
Zerlegbarkeit	○	○	○	●	○	●	●	●	●	●	○	○	●	●	●	●	●
Längenausgleich im Lager	○	○	○	○	○	●	◑	○	●	○	○	○	○	○	○	○	○
Führungs-genauigkeit	◑	●	◕	◑	◑	◕	◕	◕	●	●	◑	◑	●	●	◕	◑	◕
geringer axialer Einbauraum	◕	◕	◔	◕	◔	◕	◕	◕	◔	◑	◕	◔	◑	◑	◑	●	◑
geringer radialer Einbauraum	◕	◑	◑	◑	◑	◑	◑	◑	●	◑	◑	◕	◕	◑	◑	◔	◔

Funktionsmerkmal wird von der Lagerbauform:

● sehr gut erfüllt
◕ gut erfüllt
◑ ausreichend erfüllt
◔ unter bestimmten Bedingungen erfüllt
○ nicht erfüllt

15.2 Berechnung von Wälzlagern

15.2.1 Statische Tragfähigkeit

Kennzahl der statischen Tragfähigkeit f_s

$$f_s = \frac{C_0}{P_0} \qquad (15.54)$$

C_0 statische Tragzahl [N]

P_0 statische äquivalente Lagerbelastung (15.55) bis (15.58) [N]

Die Kennzahl der statischen Tragfähigkeit f_s muss kleiner sein als die zulässige Kennzahl. Anhaltswerte hierfür sind in [15.12] angegeben.

Statische Tragzahl C_0

Radial- und Schrägkugellager	Axial-Kugellager
$C_0 = f_0 \cdot i \cdot z \cdot D_w^2 \cdot \cos\alpha_0$ (15.48)	$C_0 = f_{0a} \cdot i \cdot z \cdot D_w^2 \cdot \sin\alpha_0$ (15.49)
Radial- und Schrägrollenlager	**Axial-Rollenlager**
$C_0 = f_0 \cdot i \cdot z \cdot D_w \cdot l_{eff} \cdot \cos\alpha_0$ (15.50)	$C_0 = f_{0a} \cdot z \cdot D_w \cdot l_{eff} \cdot \sin\alpha_0$ (15.51)

$f_{0,a}$ Beiwert für statische Berechnung nach [15.10] [–]

l_{eff} effektive Berührlinienlänge [mm]

i Anzahl der Wälzkörperreihen [–]

z Anzahl der Wälzkörper [–]

D_w Wälzkörperdurchmesser [mm]

α_0 Nenndruckwinkel [°]

Die statische Tragzahl C_0 kann auch aus entsprechenden Lagerkatalogen entnommen werden. Bei Werkstoffen mit geringerer Härte als 58 HRC, ist die Tragzahl C_0 durch den Faktor f_H gemäß [15.56] zu reduzieren.

Beiwert für statische Berechnung f_0 [15.10]

$\frac{D_w \cdot \cos\alpha_0}{D_{pw}}$	Rillen- und Schrägkugellager f_0	Pendel-kugellager f_0	Schulter-kugellager f_0	Axial-Kugel- und Axial-Schrägkugellager f_{0a}
0	14,7	1,9	1,9	61,6
0,1	16,4	2,4	2,1	53,5
0,2	14	2,8	2,3	45,7
0,3	11,6	3,3	2,5	38,2
0,4	9,4	2,7	2,7	---

Radial-Rollenager	Axial-Rollenlager
$f_0 = 44 \cdot \left(1 - \frac{D_w \cdot \cos\alpha_0}{D_{pw}}\right)$ (15.52)	$f_{0a} = 220 \cdot \left(1 - \frac{D_w \cdot \cos\alpha_0}{D_{pw}}\right)$ (15.53)

Faktor zur Verminderung der Tragzahl f_H [15.56]

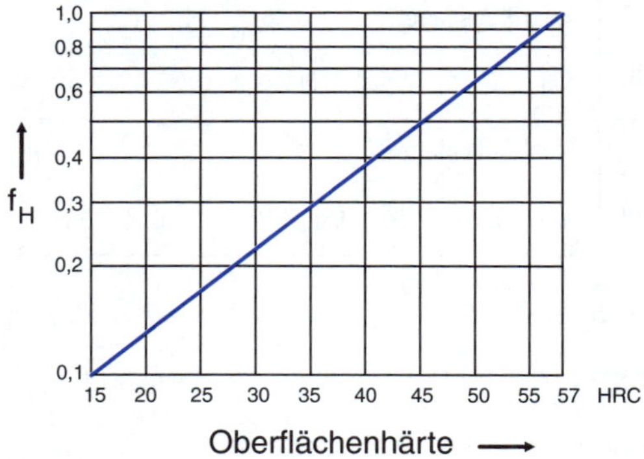

$$C_0 = f_H \cdot C_{0\,(58HRC)}$$

Statische äquivalente Lagerbelastung P_0 für Radiallager

$$P_0 = X_0 \cdot F_r + Y_0 \cdot F_a \tag{15.55}$$

X_0 Radialfaktor [–] nach [15.11]

Y_0 Axialfaktor [–] nach [15.11]

Für Radial-Zylinderrollenlager und Nadellager setzt man grundsätzlich $X_0 = 1$ und $Y_0 = 0$. Bei einem Axial-Kugellager berechnet sich die äquivalente statische Lagerbelastung nach (15.56).

Äquivalente statische Lagerbelastung P_0 für Axial-Kugellager

$$P_0 = F_a \tag{15.56}$$

Äquivalente statische Lagerbelastung P_0 bei Nenndruckwinkel $\alpha_0 < 90°$

$$P_0 = F_a + 2{,}3 \cdot F_r \cdot \tan\alpha \quad \text{mit} \quad F_r < 0{,}44 \cdot F_a \cdot \cot\alpha_0 \tag{15.57}$$

Äquivalente statische Lagerbelastung P_0 für Axial-Pendelrollenlager mit unsymmetrischen Rollen

$$P_0 = F_a + 2{,}7 \cdot F_r \quad \text{mit} \quad F_r \le 0{,}37 \cdot F_a \tag{15.58}$$

Radialfaktor X_0 und Axialfaktor Y_0 [15.11]

Lagerbauart	einreihig		zweireihig	
	X_0	Y_0	X_0	Y_0
Radial-Rillenkugellager [1)]	0,6	0,5	0,6	0,5
Radial-Schrägkugellager [2)]				

Lagerbauart	einreihig		zweireihig	
	X_0	Y_0	X_0	Y_0
$\alpha_0 = 20°$	0,5	0,42	1	0,84
$\alpha_0 = 25°$	0,5	0,38	1	0,76
$\alpha_0 = 30°$	0,5	0,33	1	0,66
$\alpha_0 = 35°$	0,5	0,29	1	0,58
$\alpha_0 = 40°$	0,5	0,26	1	0,52
Radial-Pendelkugellager	0,5	$0{,}22 \cdot \cot \alpha_0$	1	$0{,}44 \cdot \cot \alpha_0$
Radial-Pendelrollenlager	0,5	$0{,}22 \cdot \cot \alpha_0$	1	$0{,}44 \cdot \cot \alpha_0$
Radial-Kegelrollenlager	0,5	$0{,}22 \cdot \cot \alpha_0$	1	$0{,}44 \cdot \cot \alpha_0$

[1] Es muss stets $P_0 \geq F_r$ sein. Für $P_0 < F_r$ ist immer $X_0 = 1$ und $Y_0 = 0$ einzusetzen.

[2] Für gleich große einreihige Schrägkugellager in X- und O-Anordnung sind die Werte für zweireihige Lager einzusetzen, für Lager in Tandemanordnung (nicht angestellt) dagegen die Werte für einreihige Lager.

Anhaltswerte für die zulässige Kennzahl der statischen Tragfähigkeit f_s [15.12]

Betriebsweise	Umlaufende Lager – Anforderungen an die Laufruhe: gering		normal		hoch		Nicht umlaufende Lager	
	Kugellager	Rollenlager	Kugellager	Rollenlager	Kugellager	Rollenlager	Kugellager	Rollenlager
Ruhig, erschütterungsarm	0,5	1	1	1,5	2	3	0,4	0,8
Normal	0,5	1	1	1,5	2	3,5	0,5	1
Stark stoßbelastet [1]	≥ 1,5	≥ 2,5	≥1,5	≥ 3	≥ 2	≥ 4	≥ 1	≥ 2

Für Axial-Pendelrollenlager sollte $f_s \geq 4$ sein, da ein großer Teil der Belastung von Bord der Wellenscheibe aufgenommen werden muss. Wird bei diesen Lagern die Gehäusescheibe nicht radial abgestützt, sollte aus Festigkeitsgründen sogar $f_s = 6$ gewählt werden.

[1] Bei Stoßbelastungen nicht näher bekannter Größe sind mindestens die angegebenen Werte in die Formel einzusetzen. Wenn sich die Stoßbelastungen genauer bestimmen lassen, können diese Anhaltswerte auch unterschritten werden. Für $f_s = 2$ ergibt sich eine plastische Verformung von $\delta_b / D_w \approx 0{,}003\,\%$.

15.2.2 Dynamische Tragfähigkeit

Lagerlebensdauer L_{h10} in Stunden für eine Ausfallwahrscheinlichkeit von $F(t) = 10\%$

$$L_h = L_{h10} = \left(\frac{C}{P}\right)^p \cdot \frac{10^6}{n \cdot 60} = L \cdot \frac{10^6}{n \cdot 60} \qquad (15.62)$$

Lagerlebensdauer L_{hna} in Stunden für eine bestimmte Ausfallwahrscheinlichkeit $F(t)$

$$L_{hna} = a_1 \cdot a_2 \cdot a_3 \cdot L_{h10} = a_1 \cdot a_{23} \cdot L_{h10} \text{ [Stunden]} \tag{15.115}$$

C dynamische Tragzahl nach [15.13] [N]

P äquivalente dynamische Lagerbelastung nach (15.73), (15.91), (15.92), (15.93), [15.62] [N]

p Lebensdauerexponenten [–]

L nominelle Lebensdauer [–]

n Drehzahl [min^{-1}]

a_1 Faktor für Ausfallwahrscheinlichkeit nach [15.30] [–]

a_{23} Faktor für Werkstoff und verschiedene Betriebsbedingungen nach [15.66] [–]

Der Lebensdauerexponent p ist bei der Berechnung der Lagerlebensdauer (15.62) für Kugellager $p = 3$ und für Rollenlager $p = 10/3$ zu setzen. Die Faktoren a_2 für die Eigenschaften des Werkstoffs und a_3 für die Betriebsbedingungen werden im Faktor a_{23} zusammengefasst.

Lagerlebensdauerberechnung bei veränderlichen Betriebsbedingungen (Belastung, Drehzahl, Temperatur, Schmierstoff, Sauberkeit)

$$L_{hna} = \frac{100}{\frac{q_1}{L_{hna,1}} + \frac{q_2}{L_{hna,2}} + \ldots} \tag{15.129}$$

q_i Wirkungsdauer eines gleichen Betriebsfalls [%]

$L_{hna,i}$ Lagerlebensdauer eines Betriebsfalls [–]

Faktor für Ausfallwahrscheinlichkeit a_1 [15.30]

Ausfallwahrscheinlichkeit $F(t)$ in %	10	5	4	3	2	1	$a_1 = \left(\frac{\ln \frac{1}{R}}{\ln \frac{1}{0,9}} \right)^{\frac{1}{e}}$ (15.116)
Überlebenswahrscheinlichkeit $R(t)$ in %	90	95	96	97	98	99	
Benennung der Lebensdauer L_{na}	L_{10}	L_5	L_4	L_3	L_2	L_1	
Faktor für Ausfallwahrscheinlichkeit a_1 gemäß Gleichung (15.116) mit Weibull-Steigung $e = 1,5$	1,0	0,62	0,53	0,44	0,33	0,21	

Faktor für Werkstoff und verschiedene Betriebsbedingungen a_{23} [15.66]

$$\kappa = \frac{\nu}{\nu_1} \qquad (15.125)$$

κ ist das Verhältnis der Betriebsviskosität ν des Schmierstoffes bei Betriebstemperatur zur Bezugsviskosität υ_1 gemäß [15.67].

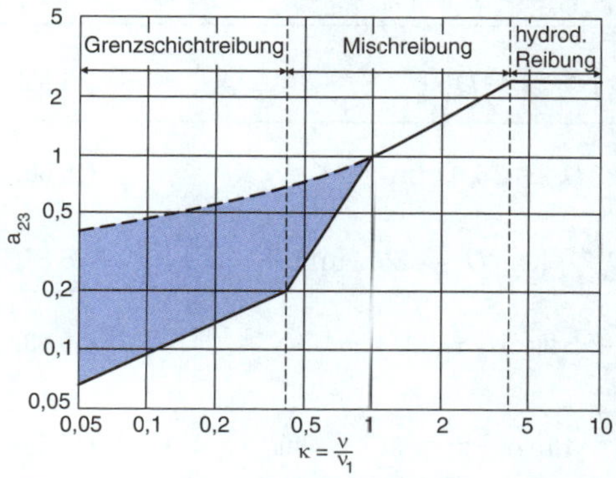

Es lassen sich drei Betriebszustände unterscheiden:

1. Grenzschichtreibung $\kappa < 0{,}4$:
Wegen Festkörperberührung überwiegt der Verschleiß, Additive haben hier einen starken Einfluss.
2. Mischreibung $0{,}4 < \kappa < 4$:
Hier liegt teilweise metallische Berührung vor, Additive haben einen anteiligen Einfluss. Bei $\kappa = 1$ wird eine Trennung der Kontaktflächen durch den Schmierfilm gerade erreicht.
3. Hydrodynamische Reibung $\kappa > 4$:
Die Oberflächen sind hier vollständig durch den Schmierfilm der Dicke $h > 2 \cdot R_a$ (Oberflächenrauheit) getrennt, Additive haben keinen Einfluss.

Betriebsviskosität υ und Bezugsviskosität υ_1 [15.67]

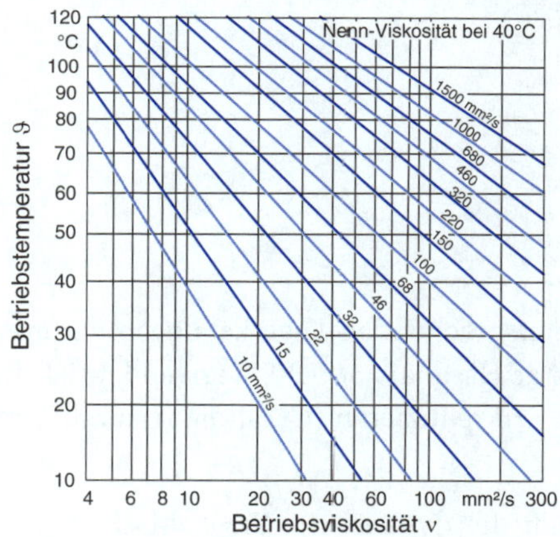

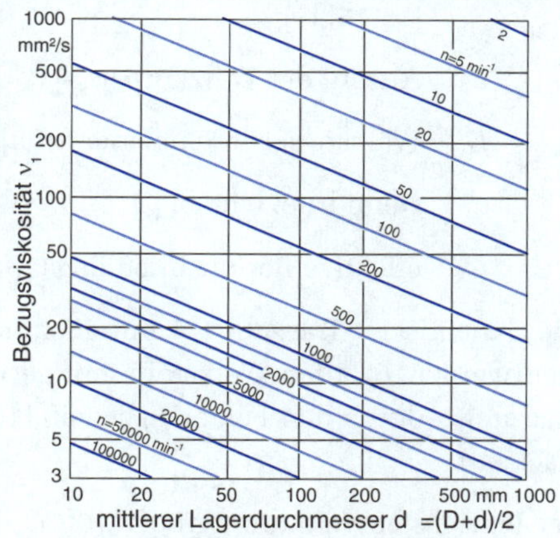

Die Kurven gelten für eine Dichte des Schmierstoffes von $\rho = 0{,}89$ g/cm^3 bei einer Temperatur von 20 °C. Für Schmierstoffe anderer Dichte gilt zur Umrechnung des Viskositätsverhältnisses:

$$\kappa = \frac{\nu}{\nu_1} \cdot \left(\frac{\rho}{0{,}89\ g/cm^3}\right)^{0{,}83} \qquad (15.126)$$

Für $n < 1.000\ \text{min}^{-1}$ berechnet sich ν_1 zu:

$$\nu_1 = 45.000 \cdot n^{-0{,}83} \cdot D_{pw}^{-0{,}5} \qquad (15.127)$$

Für $n \geq 1.000\ \text{min}^{-1}$ berechnet sich ν_1 zu:

$$\nu_1 = 45.000 \cdot n^{-0{,}5} \cdot D_{pw}^{-0{,}5} \qquad (15.128)$$

n Drehzahl $[min^{-1}]$

D_{pw} Teilkreisdurchmesser des Wälzkörpersatzes (Mittelpunkt der Wälzkörper) $[mm]$

15

Dynamische Tragzahlen C [15.13]

Radial-Kugellager	$C = b_m \cdot f_c \cdot (i \cdot \cos\alpha_0)^{0,7} \cdot z^{2/3} \cdot D_w^{1,8}$ für $D_w \le 25,4\,\text{mm}$	(15.63)
	$C = b_m \cdot f_c \cdot (i \cdot \cos\alpha_0)^{0,7} \cdot z^{2/3} \cdot 3,647 \cdot D_w^{1,4}$ für $D_w > 25,4\,\text{mm}$	(15.64)
Radial-Rollenlager	$C = b_m \cdot f_c \cdot (i \cdot l_{eff} \cdot \cos\alpha_0)^{7/9} \cdot z^{3/4} \cdot D_w^{29/27}$	(15.65)
Axial-Kugellager	$C = b_m \cdot f_c \cdot z^{2/3} \cdot D_w^{1,8}$ für $D_w \le 25,4\,\text{mm}$	(15.66)
	$C = b_m \cdot f_c \cdot z^{2/3} \cdot 3,647 \cdot D_w^{1,4}$ für $D_w > 25,4\,\text{mm}$	(15.67)
Axial-Rollenlager	$C = b_m \cdot f_c \cdot l_{eff}^{7/9} \cdot z^{3/4} \cdot D_w^{29/27}$ für $\alpha_0 = 90°$	(15.68)
	$C = b_m \cdot f_c \cdot (l_{eff} \cdot \cos\alpha_0)^{7/9} \cdot \tan\alpha_0 \cdot z^{3/4} \cdot D_w^{29/27}$ für $\alpha_0 < 90°$	(15.69)

b_m Lagerbauart-Faktor nach [15.17] [–]

f_c Beiwert zur Berechnung der dynamischen Tragzahl nach [15.14] bzw. [15.15] [–]

z Anzahl der Wälzkörper [–]

D_w Wälzkörperdurchmesser [mm]

α_0 Nenndruckwinkel [°]

l_{eff} effektive Berührlinienlänge [mm]

Die dynamische Tragzahl C kann auch aus entsprechenden Lagerkatalogen entnommen werden. Werden Werkstoffe mit geringerer Härte als 58 HRC verwendet, ist die Tragzahl C durch den Faktor f_H gemäß [15.56] zu reduzieren (C_0 ist dann durch C zu ersetzen).

Bei Betriebstemperaturen größer 100°C nimmt die dynamische Tragzahl C ab. Dies wird durch den Temperaturfaktor f_t nach [15.20] berücksichtigt. Die Tragzahl für Betriebstemperaturen C_t wird dann wie folgt berechnet: $C_t = C \cdot f_t$

15

Temperaturfaktor f_t [15.20]

Temperatur [°C]	100	125	150	200	250	300
Temperaturfaktor f_t	1,00	1,00	1,00	0,90	0,75	0,60

Beiwert zur Berechnung der dynamischen Tragzahl f_c für Radiallager [15.14]

$\frac{D_w \cdot \cos\alpha_0}{D_{pw}}$	Rillenkugellager (einreihig) Schrägkugellager (ein- und zweireihig) f_c	Rillenkugellager (zweireihig) f_c	Pendelkugellager f_c	Schulterkugellager f_c	Radial-Rollenlager f_c
0,05	46,7	44,2	17,3	16,2	74,1
0,10	55,5	52,6	23,4	21,5	84,2
0,20	59,9	56,8	33,5	30,5	88,7
0,30	56,0	53,0	40,3	37,8	83,8
0,40	48,4	45,8	40,4	40,9	---

Beiwert zur Berechnung der dynamischen Tragzahl f_c für Axiallager [15.15]

$\frac{D_w \cdot \cos\alpha_0}{D_{pw}}$ [1)]	Axial-Rillenkugellager f_c	Axial-Schrägkugellager f_c			Axial-Rollenlager f_c	Axial-Rollenlager f_c		
	α_0=90°	α_0=45°	α_0=60°	α_0=75°	α_0=90°	α_0=50°	α_0=65°	α_0=80°
0,01	46,7	42,1	39,2	37,3	17,3	109,7	107,1	105,6
0,06	55,5	70,7	65,8	62,7	23,4	160,9	157,0	154,9
0,10	59,9	79,7	74,2	70,7	33,5	175,5	171,4	169,0
0,16	56,0	85,1	79,2	---	40,3	183,7	179,3	---
0,26	48,4	82,8	---	---	40,4	178,7	---	---

1) Beim Axial-Rillenkugellager und Axial-Rollenlager mit $\alpha_0 = 90°$ ist anstelle von $(D_w \cdot \cos\alpha_0)/D_{pw}$ nur (D_w/D_{pw}) zu verwenden.

D_w Wälzkörperdurchmesser [mm]

D_{pw} Teilkreisdurchmesser des Wälzkörpersatzes (Mittelpunkt der Wälzkörper) [mm]

α_0 Nenndruckwinkel [°]

Lagerbauart-Faktor b_m [15.17]

Rillen- und Schrägkugellager (ein- und zweireihig)	1,30	Zylinderrollenlager, Kegelrollenlager und Nadellager mit geschliffenen Laufbahnen	1,10
Pendel- und Schulterkugellager	1,30	Nadelhülsen und Nadelbüchsen	1,00
Lager mit Füllnuten	1,10	Pendelrollenlager	1,15
Spannlager	1,00		
Axial-Kugellager	1,30	Axial-Kegelrollenlager	1,10
Axial-Zylinderrollenlager	1,00	Axial-Pendelrollenlager	1,15
Axial-Nadellager	1,10		

15

Äquivalente dynamische Lagerbelastung P für Radiallager

$$P = X \cdot F_r + Y \cdot F_a \tag{15.73}$$

F_a Axialkraft [N]

F_r Radialkraft [N]

X Radialfaktor [–] nach [15.21]

Y Axialfaktor [–] nach [15.21]

Radialfaktor X und Axialfaktor Y für dynamische beanspruchte Radiallager [15.21]

Relative Axiallast bei Lagerart	$\frac{f_0 \cdot F_a}{C_0}$ 2)	e	$\frac{F_a}{F_r} \leq e$		$\frac{F_a}{F_r} > e$	
			X	Y	X	Y
Rillenkugellager normale Lagerluft, C0	0,3	0,22	1	0	0,56	2,0
	0,5	0,24	1	0	0,56	1,8
	0,9	0,28	1	0	0,56	1,6
	1,6	0,32	1	0	0,56	1,4
	3,0	0,36	1	0	0,56	1,2
	6,0	0,43	1	0	0,56	1
Schrägkugellager $\alpha_0 = 5°$	0,3	0,26	1	0	0,56	2,0
	0,5	0,29	1	0	0,56	1,8
	0,9	0,33	1	0	0,56	1,6
	1,6	0,38	1	0	0,56	1,4
	3,0	0,43	1	0	0,56	1,2
	6,0	0,50	1	0	0,56	1,0
Schrägkugellager 1)	$\alpha_0 = 20°$	0,57	1 (1)	0 (1,09)	0,43 (0,70)	1,00 (1,63)
	$\alpha_0 = 25°$	0,68	1 (1)	0 (0,92)	0,41 (0,67)	0,87 (1,41)
	$\alpha_0 = 30°$	0,80	1 (1)	0 (0,78)	0,39 (0,63)	0,76 (1,24)
	$\alpha_0 = 35°$	0,95	1 (1)	0 (0,66)	0,37 (0,60)	0,66 (1,07)
	$\alpha_0 = 40°$	1,14	1 (1)	0 (0,55)	0,35 (0,57)	0,57 (0,93)
	$\alpha_0 = 45°$	1,34	1 (1)	0 (0,47)	0,33 (0,54)	0,50 (0,81)

Pendelkugellager [1]	$1{,}5 \cdot \tan \alpha_0$	1	$0{,}42 \cdot \cot \alpha_0$	0,65	$0{,}65 \cdot \cot \alpha_0$
Schulterkugellager	0,20	1	0	0,50	2,5
Pendelrollenlager [1]	$1{,}5 \cdot \tan \alpha_0$	1	$0{,}45 \cdot \cot \alpha_0$	0,67	$0{,}67 \cdot \cot \alpha_0$
Kegelrollenlager	$1{,}5 \cdot \tan \alpha_0$	1	0	0,40	$0{,}4 \cdot \cot \alpha_0$

[1] zweireihige Lager (Klammerwerte gelten ebenfalls für zweireihige Lager)

[2] Anhaltswerte für f_0; Rillen- und Schrägkugellager: $f_0 \approx 14$, Rollenlager: $f_0 \approx 35$, Pendel- und Schulterkugellager: $f_0 \approx 2{,}5$.

f_0 Beiwert für statische Berechnung nach [15.10] [–]

C_0 statische Tragzahl [N]

e Faktor für Verhältnis Axial- zu Radialkraft [–]

Berechnung der resultierenden Axialkräfte F_{aA} und F_{aB} bei angestellter Lagerung

Fall	Belastungsverhältnisse	äußere Axialkraft	resultierende Axialkraft F_a Lager A	Lager B
1	$\frac{F_{rA}}{Y_A} \leq \frac{F_{rB}}{Y_B}$	$F_{axial} \geq 0$	$F_a = F_{axial} + 0{,}5 \cdot \frac{F_{rB}}{Y_B}$ (15.75)	$F_a = 0{,}5 \cdot \frac{F_{rB}}{Y_B}$ (15.76)
2	$\frac{F_{rA}}{Y_A} > \frac{F_{rB}}{Y_B}$	$F_{axial} \geq 0{,}5 \cdot \left(\frac{F_{rA}}{Y_A} - \frac{F_{rB}}{Y_B} \right)$	$F_a = F_{axial} + 0{,}5 \cdot \frac{F_{rB}}{Y_B}$ (15.77)	$F_a = 0{,}5 \cdot \frac{F_{rB}}{Y_B}$ (15.78)
3	$\frac{F_{rA}}{Y_A} > \frac{F_{rB}}{Y_B}$	$F_{axial} \leq 0{,}5 \cdot \left(\frac{F_{rA}}{Y_A} - \frac{F_{rB}}{Y_B} \right)$	$F_a = 0{,}5 \cdot \frac{F_{rA}}{Y_A}$ (15.79)	$F_a = 0{,}5 \cdot \frac{F_{rA}}{Y_A} - F_{axial}$ (15.80)

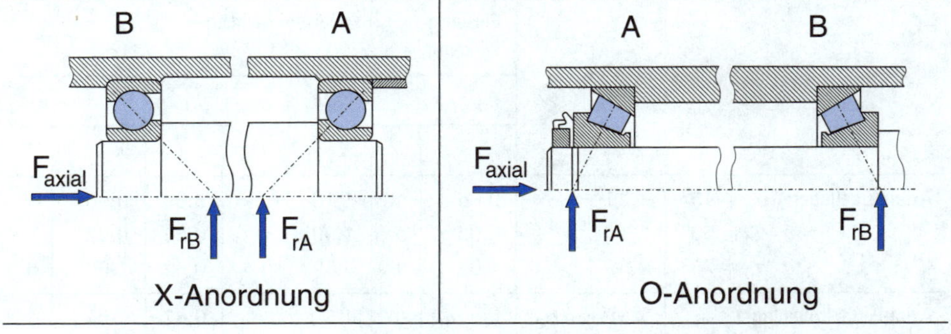

Das Lager, das die äußere Axialkraft F_{axial} aufnimmt, wird mit A, das Gegenlager mit B bezeichnet.

Zulässige Axialbelastung von Rillenkugellagern

	$F_{a,max}/C_0$							
Betriebsradialspiel im eingebauten Zustand entsprechend	$d \leq 60$ mm				$d \geq 60$ mm			
	160	60	62	63, 64	160	60	62	63, 64
CN (Normalluft)	0,30	0,50	0,55	$\geq$ 0,70	0,60	0,65	0,75	$\geq$ 0,70
C3	0,25	0,45	0,50	$\geq$ 0,70	0,55	0,60	0,65	$\geq$ 0,70
C4	0,20	0,40	0,45	$\geq$ 0,70	0,45	0,55	0,60	$\geq$ 0,70

$F_{a,max}$ maximal zulässige Axialkraft [N]

C_0 statische Tragzahl [N]

d Nenndurchmesser [mm]

Äquivalente dynamische Lagerbelastung P für Axiallager mit dem Nenndruckwinkel $\alpha_0 = 90°$ (nur Axialkraftaufnahme)

$$P = F_a \tag{15.91}$$

Äquivalente dynamische Lagerbelastung P für Axiallager mit dem Nenndruckwinkel $\alpha_0 < 90°$ (Axial-und Radialkraftaufnahme)

$$P_a = X \cdot F_r + Y \cdot F_a \tag{15.92}$$

F_a Axialkraft [N]

F_r Radialkraft [N]

X Radialfaktor [–] nach [15.27]

Y Axialfaktor [–] nach [15.27]

Radialfaktor X und Axialfaktor Y für dynamische beanspruchte Axiallager [15.27]

		e	Einseitig wirkend		Zweiseitig wirkend			
			$F_a/F_r > e$		$F_a/F_r \leq e$		$F_a/F_r > e$	
			X	Y	X	Y	X	Y
Axial-Kugellager	$\alpha_0 = 45°$	1,25	0,66	1	1,18	0,59	0,66	1
	$\alpha_0 = 60°$	2,17	0,92	1	1,90	0,55	0,92	1
	$\alpha_0 = 75°$	4,67	1,66	1	3,89	0,52	1,66	1
Axial-Pendelrollenlager		$1{,}5 \cdot \tan\alpha_0$	$\tan\alpha_0$	1	$1{,}5 \cdot \tan\alpha_0$	0,67	$\tan\alpha_0$	1
Axial-Kegelrollenlager		$1{,}5 \cdot \tan\alpha_0$	$\tan\alpha_0$	1	$1{,}5 \cdot \tan\alpha_0$	0,67	$\tan\alpha_0$	1

Auch wenn für Axiallager $\alpha_0 > 45°$ ist, so sind die Werte für $\alpha_0 = 45°$ angegeben, um die Interpolation für Lager zwischen 45° und 60° zu ermöglichen.

α_0 Nenndruckwinkel [°]

e Faktor für Verhältnis Axial- zu Radialkraft [–]

Äquivalente dynamische Lagerbelastung *P* für Pendelrollenlager mit unsymmetrischen Tonnenrollen

$$P = F_a + 1{,}2 F_r \tag{15.93}$$

Äquivalente dynamische Lagerbelastung *P* bei Verwendung von Lastkollektiven [15.62]

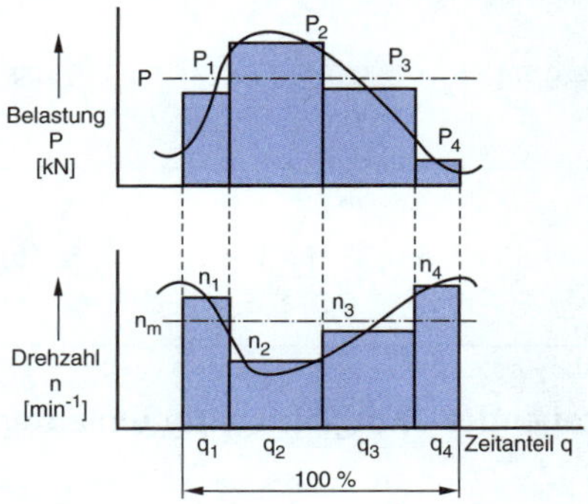

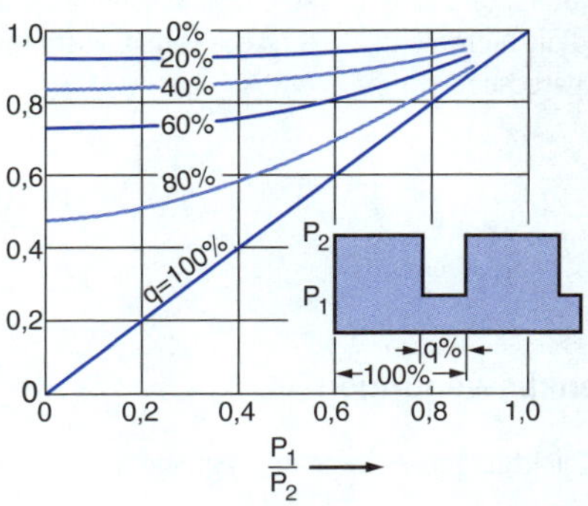

Bei Lagerungen, die einer periodischen Änderung der Belastung und der Drehzahl unterliegen, wird der Kurvenverlauf durch eine Reihe von Einzelkräften und -drehzahlen mit einer bestimmten Wirkungsdauer q in % angenähert, so dass für die äquivalente dynamische Lagerbelastung folgt:

$$P = \sqrt[p]{P_1^p \cdot \frac{n_1}{n_m} \cdot \frac{q_1}{100} + P_2^p \cdot \frac{n_2}{n_m} \cdot \frac{q_2}{100} + \ldots} \tag{15.101}$$

Dabei berechnet sich die mittlere Drehzahl zu:

$$n_m = n_1 \cdot \frac{q_1}{100} + n_2 \cdot \frac{q_2}{100} + \ldots \tag{15.102}$$

Der Exponent p beträgt für Kugellager $p = 3$ und für Rollenlager $p = 10/3$. Da der Unterschied nur einen geringen Einfluss auf das Endergebnis hat, setzt man für Rollenlager näherungsweise ebenfalls $p = 3$ ein.

Ist die Drehzahl konstant, so ergibt sich vereinfacht:

$$P = \sqrt[p]{P_1^p \cdot \frac{q_1}{100} + P_2^p \cdot \frac{q_2}{100} + \ldots} \tag{15.103}$$

Treten nur zwei Belastungen mit unterschiedlicher Wirkungsdauer q auf, kann die äquivalente dynamische Lagerbelastung P direkt aus dem nebenstehenden Diagramm entnommen werden.

Äquivalente dynamische Belastung *P* bei periodisch veränderlicher Belastung

Belastungsverlauf	**Näherungsgleichung**
linear 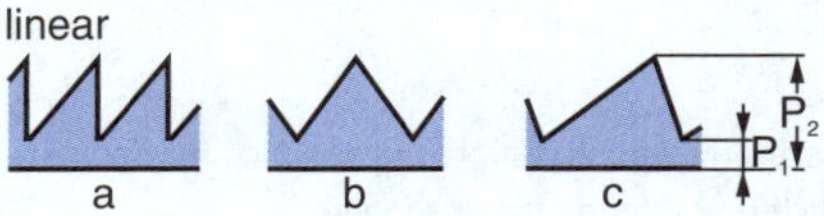	$P = 0{,}63 \cdot P_2 + 0{,}37 \cdot P_1$ (15.105)
sinusförmig 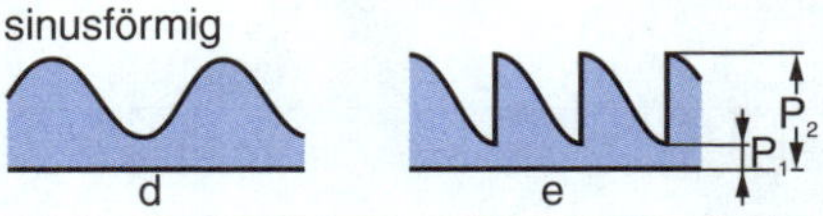	$P = 0{,}68 \cdot P_2 + 0{,}32 \cdot P_1$ (15.106)

Belastungsverlauf	Näherungsgleichung	
sinusförmig 	$P = 0{,}75 \cdot P_2 + 0{,}25 \cdot P_1$	(15.107)
sinusförmig 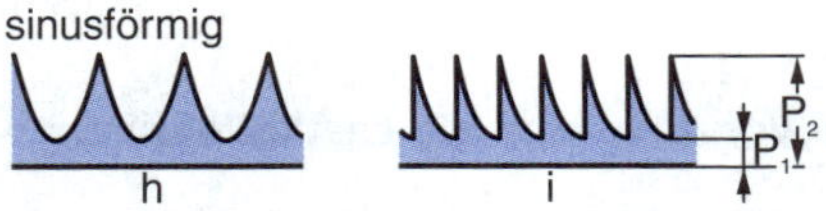	$P = 0{,}55 \cdot P_2 + 0{,}45 \cdot P_1$	(15.108)
kreisförmig, elliptisch 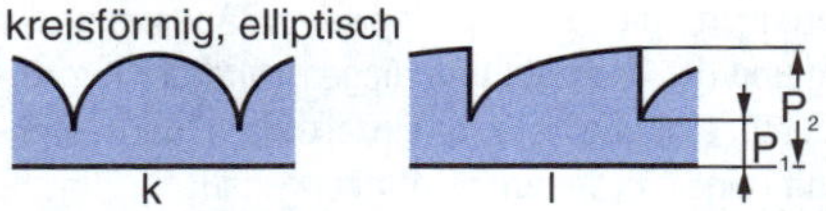	$P = 0{,}84 \cdot P_2 + 0{,}16 \cdot P_1$	(15.109)
kreisförmig, elliptisch 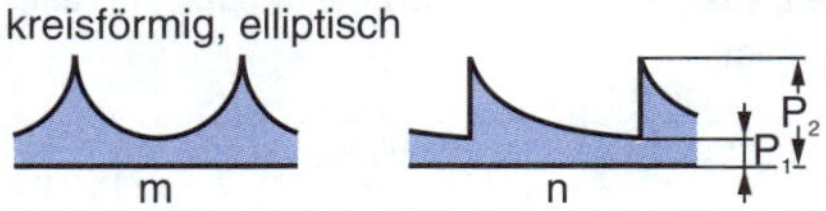	$P = 0{,}38 \cdot P_2 + 0{,}62 \cdot P_1$	(15.110)

Äquivalente dynamische Belastung *P* bei stillstehender und gleichzeitig umlaufender Belastung

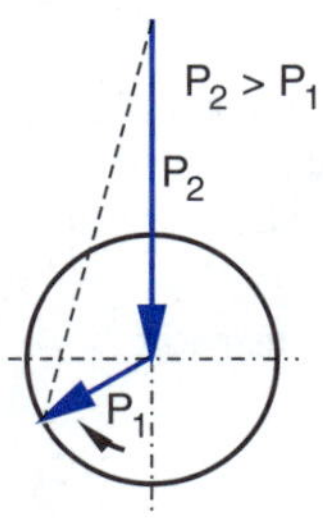

Für eine Lagerbelastung, die sich aus einer in Größe und Richtung unveränderlichen Kraft P_2 (z. B. aus dem Gewicht eines Rotors) und einer umlaufenden konstanten Kraft P_1 (z. B. aus einer Unwucht) ergibt, wird die äquivalente dynamische Lagerbelastung P für $P_2 > P_1$ näherungsweise wie folgt berechnet:

$$P = P_2 \cdot \left[1 + 0{,}5 \cdot \left(\frac{P_1}{P_2}\right)^2\right] \qquad (15.111)$$

Äquivalente dynamische Belastung *P* bei Schwenkbewegungen

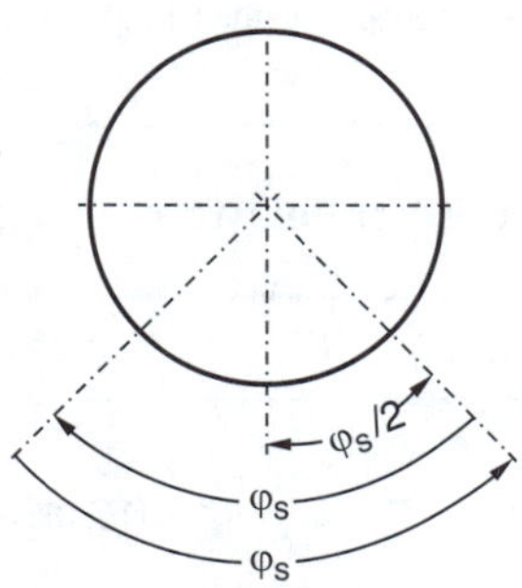

Modifizierte Lebensdauergleichung für Schwenkbewegungen:

$$L_{osz} = \left(\frac{C}{P_{osz}}\right)^p \; [10^6 \text{ Schwenkungen}] \qquad (15.112)$$

Für die äquivalente dynamische Belastung P_{osz} folgt:

$$P_{osz} = \left(\frac{\varphi_s}{180}\right)^{\frac{1}{p}} \cdot P \qquad (15.113)$$

Dabei ist P die dynamisch äquivalente Belastung, die sich für das entsprechende kontinuierlich umlaufende Lager ergäbe.

Mindestbelastung von Radial- und Axiallagern

Radial-Kugel-lager mit Käfig	$\frac{P}{C} \geq 0{,}01$ (15.95)	Axial-Pendelrollen-lager	$F_{a,min} \geq 1{,}25 \cdot \frac{C_0}{1000}$ (15.96)
Radial-Rollen-lager mit Käfig	$\frac{P}{C} \geq 0{,}02$ (15.97)	Axial-Zylinderrollen-lager	$F_{a,min} \geq 1{,}25 \cdot \frac{C_0}{2200}$ (15.98)
Vollrollige Radiallager	$\frac{P}{C} \geq 0{,}04$ (15.99)	Axial-Nadellager	$F_{a,min} \geq 1{,}25 \cdot \frac{C_0}{2200}$ (15.100)

P: Äquivalente dynamische Lagerlast, C: Dynamische Tragzahl, $F_{a,min}$: Axiallast, C_0: Statische Tragzahl

15.3 Wälzlagerschäden und ihre Diagnose

Überrollfrequenzen der Lagerringe

$$f_a = \frac{1}{2} \cdot f_n \cdot Z \cdot \left(1 - \frac{D_w}{D_{pw}} \cdot \cos\alpha\right) \qquad f_i = \frac{1}{2} \cdot f_n \cdot Z \cdot \left(1 + \frac{D_w}{D_{pw}} \cdot \cos\alpha\right) \tag{15.230}$$

Rotationsfrequenzen des Käfigs und der Wälzkörper

$$f_{kä} = \frac{1}{2} \cdot f_n \cdot \left(1 - \frac{D_w}{D_{pw}} \cdot \cos\alpha\right) \qquad f_{wä} = \frac{1}{2} \cdot f_n \cdot \frac{D_{pw}}{D_w} \cdot \left(1 - \left(\frac{D_w}{D_{pw}} \cdot \cos\alpha\right)^2\right) \tag{15.231}$$

Überrollfrequenz eines Wälzkörperbereiches auf beiden Wälzbahnen

$$f_w = 2 \cdot f_{wä} = f_n \cdot \frac{D_{pw}}{D_w} \cdot \left(1 - \left(\frac{D_w}{D_{pw}} \cdot \cos\alpha\right)^2\right) \tag{15.232}$$

f_a Überrollfrequenz des Außenringes $[1/s]$

f_i Überrollfrequenz des Innenringes $[1/s]$

f_n Relativfrequenz von Innen- und Außenring (i.A. Wellenfrequenz) $[1/s]$

Z Anzahl der Wälzkörper $[-]$

D_w Wälzkörperdurchmesser $[mm]$

D_{pw} Teilkreisdurchmesser der Wälzkörper $[mm]$

α Druckwinkel $[°]$

Die Gleichungen (15.231) und (15.232) werden bisweilen verwechselt. Gleichung (15.231) beschreibt die Wälzkörperdrehfrequenz (Spin-Frequenz). Die für die Fehlererkennung wichtigere Kontaktfrequenz etwa einer schadhaften Wälzkörperstelle ist jedoch durch Gleichung (15.232) gegeben.

16 Dichtungen und Dichtverbindungen

Zulässige Umfangsgeschwindigkeiten für Radial-Wellendichtringe aus verschiedenen Werkstoffen bei Abdichtung gegen Motorenöl SAE 20 und Fett

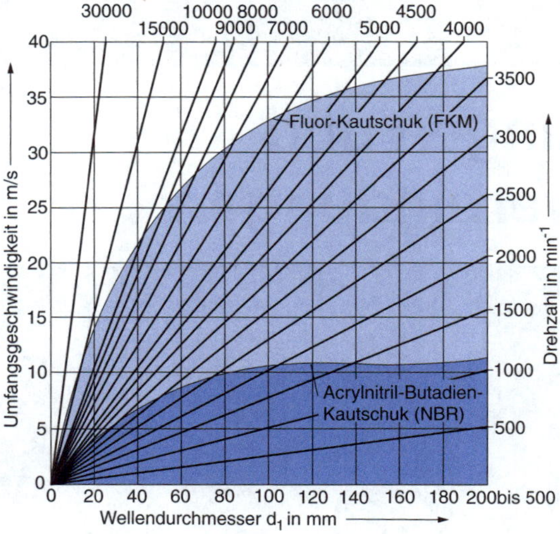

Druckbelastbarer Radial-Wellendichtring mit Elastomer-Lippendichtung

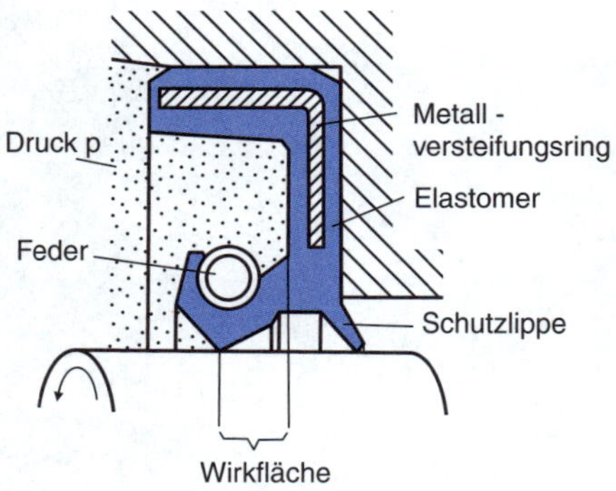

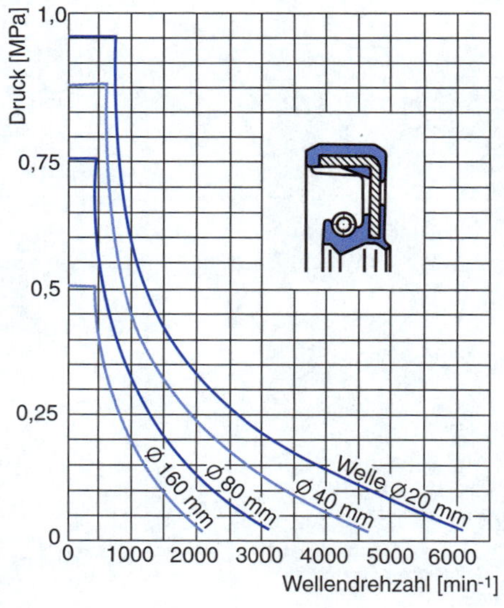

Näherung für die Verlustleistung aufgrund der Reibung zwischen Radial-Wellendichtring und Welle

$$P_{VD} = \left[145 - 1{,}6 \cdot \vartheta_{Öb} + 350 \cdot \lg(VG + 0{,}8)\right] \cdot d^2 \cdot n \cdot 10^{-7} \qquad (16.1)$$

P_{VD} Verlustleistung $[W]$

$\vartheta_{Öb}$ Ölbetriebstemperatur (bzw. Ölsumpftemperatur bei Tauchschmierung) $[°C]$

d Abdichtdurchmesser $[mm]$

n Wellendrehzahl $[min^{-1}]$

VG Viskositätsklasse (bzw. Nennviskosität ν_{40}) $[mm^2/s]$

Verlustleitung von Radial-Wellendichtringen abhängig von Schmieröl und der Temperatur

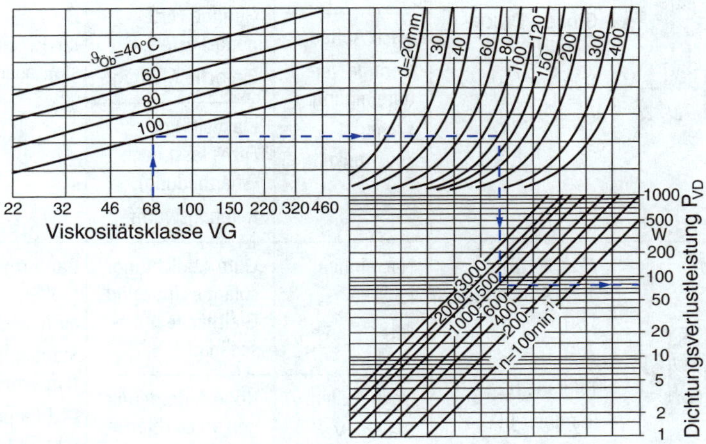

Temperatureinsatzbereiche und Relativkosten von Elastomer-Werkstoffen

Elastomer-Werkstoff	Kenn-zeichen (ISO 1629)	Relativ-kosten der Mischung	Temperatureinsatzbereich t in °C	
Acrylnitril-Butadien-Kautschuk	NBR	1,0	−40 ... −30	+100 ... +120
Hydrierter Acrylnitril-Butadien-Kautschuk	HNBR	4,4	−40	+135 ... +165
Acrylat-Kautschuk	ACM	3,0	−30 ... −15	+125 ... +150
Silikon–Kautschuk	MVQ	5,0	−60 ... −50	+135 ... +180
Fluor–Kautschuk	FKM	11,8	−40 ... −15	+150 ... +200
Polytetrafluorethylen	PTFE	25,0	−70	+200 ... +260

Bei nur geringer mechanischer Verformung des Elastomers ist im unteren Temperatureinsatzbereich auch die tiefere Temperatur zulässig.

Bei Dauertemperatur-Beanspruchung ist im oberen Temperatureinsatzbereich nur der untere Wert, bei kurzzeitigen Temperaturspitzen auch der obere Wert zulässig.

Aufbau und Eigenschaften dynamischer, berührender Dichtverbindungen

Art der Dichtung	Einsatzbereich und Anforderungen	Abdichtung	Vorteile Nachteile	Bemerkungen
Filzring 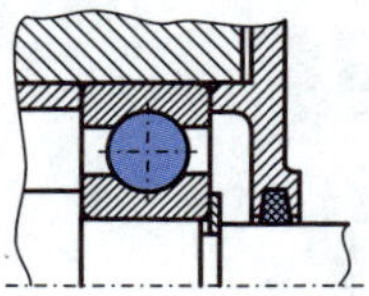	$u \le 4$ m/s $t \le 100$ °C Größere Drücke möglich Toleranz h11 $R_a < 0{,}8$	Nach Innen: Fett	Preiswerte Dichtung Geringe Fertigungskosten Einfache Montage	Filz muss mit Öl getränkt sein. Bei $t > 100$ °C Ringe mit PTFE-, Grafit-, Kunststoff-oder Glasfasern
		Nach Außen: Geringe Verunreinigung Wenig Feuchtigkeit	Elastizität des Filzes lässt nach (Spaltbildung). Reibungswärme	
Radial-Wellen-Dichtring 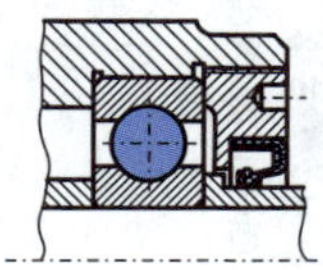	$u \le 12$ m/s nach Abbildung 16.18 $p \le 0{,}5$ MPa Toleranz h11 Rundheit IT8 $R_a = 0{,}2 \ldots 0{,}8$ $45 - 55$ HRC	Nach Innen: Öl Fett	Gute Abdichtung, solange Lippe und Gleitfläche unbeschädigt	Bauformenvielfalt, bei großen Durchmessern auch geteilt Staublippe bei erhöhtem Schmutzanfall Dichtlippe muss geschmiert werden.
		Nach Außen: Mäßige Verunreinigung Spritzwasser	Hohe Anforderungen an Lauffläche und Montage Laufflächenverschleiß	
O-Ring 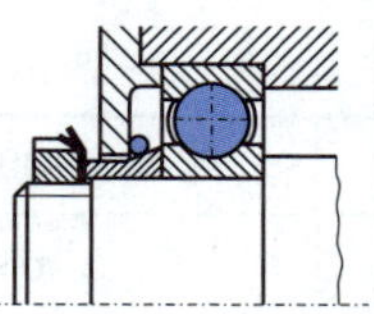	$u \le 0{,}5$ m/s Größere Drücke möglich Toleranz f7 $R_a < 0{,}8$ 60 HRC	Nach Innen: Öl Fett	Geringes Einbauvolumen	Bei Sonderquerschnitten (z. B. Quadring) $u \le 4$ m/s möglich Empfindlich gegen mechanische Beschädigung
		Nach Außen: Schlamm	Starke Schwankung des Reibmomentes Alterung	
V-Ring 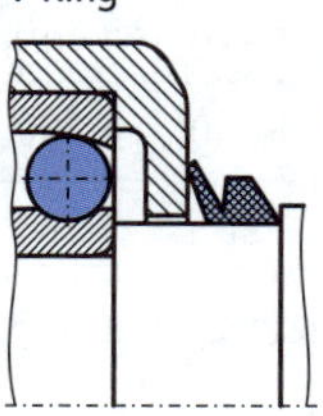	$u \le 12$ m/s (30 m/s mit Haltering) $p \le 0{,}3$ MPa Rundheit IT14 $R_a < 2{,}5$ (Lauffläche) $R_a < 12{,}5$ (Welle)	Nach Innen: Öl Fett	Preiswerte Dichtung Geringe Fertigungskosten Einfache Montage	Häufiger Einsatz als Vordichtung und Spritzscheibe Bei Fluchtungsfehlern seitlich abstützen Dichtlippe hebt bei $u > 15$ m/s ab. Bei Öl im Lagerraum V-Ring gegen Innenwand schleifen lassen
		Nach Außen: Geringe Verunreinigung Spritzwasser	Begrenzte Dichtwirkung Nicht unter Flüssigkeitsspiegel verwenden	

Art der Dichtung	Einsatzbereich und Anforderungen	Abdichtung	Vorteile Nachteile	Bemerkungen
Axial-Gleitring-Dichtung (mit Dichtungsbalg) 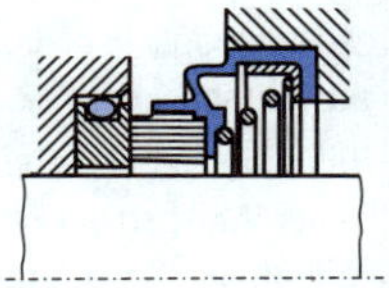	$u \leq 10$ m/s $p \leq 5$ MPa Toleranz h7 $R_a < 1{,}0$	Nach Innen: Öl Fett	Hohe Betriebssicherheit Lange Lebensdauer Selbst nachstellend	Leckverluste nehmen während des Einlaufvorganges ab. Weitere Bauformen für höchste Anforderungen an Drehzahl, Druck und Temperatur
		Nach Außen: Geringe Verunreinigung Flüssige Medien unter Druck	Teuer Größerer Platzbedarf	
Laufwerkdichtung 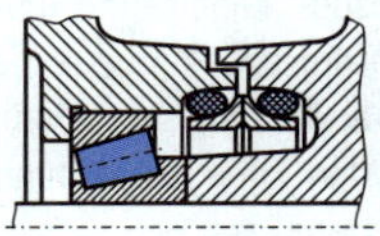	$u \leq 10$ m/s bei Ölschmierung $u \leq 3$ m/s bei Fettschmierung $p \leq 3$ MPa	Nach Innen: Öl Fett	Hohe Betriebssicherheit Lange Lebensdauer Selbst nachstellend	Geringe Anforderungen an den Einbauraum Große axiale, radiale und winklige Abweichungen zulässig Selbsttätiger Verschleißausgleich
		Nach Außen: Sehr starke Verunreinigung Spritzwasser	Relativ teuer	
Nilos-Ring 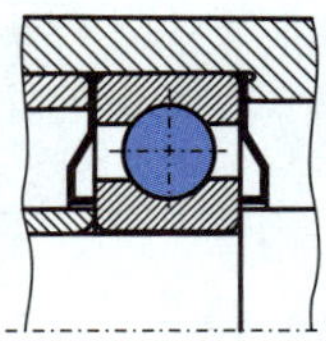	$u \leq 5$ m/s $p = 0$ MPa	Nach Innen: Fett	Kostengünstig Raumsparend Gleitet an der hochwertigen Lager-Seitenfläche	Sonderbauarten auch berührungsfrei, insbesondere für höhere Drehzahlen Bei stärkerem Schmutzanfall und Spritzwasser sind 2 Nilos-Ringe mit Fettfüllung im Zwischenraum vorzusehen.
		Nach Außen: Mäßige Verunreinigung Spritzwasser	Schleift während der Einlaufphase bis sich aufgrund des Verschleißes ein Spalt bildet	

16

Aufbau und Eigenschaften dynamischer, berührungsfreier Dichtverbindungen

Art der Dichtung	Einsatzbereich und Anforderungen	Abdichtung	Vorteile / Nachteile	Bemerkungen
Spalt (einfach) 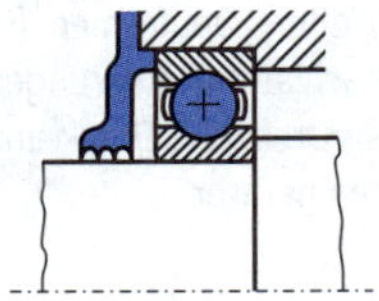	$p = 0$ MPa u theoretisch unbegrenzt	Nach Innen: Fett	Kostengünstig	Spaltbreite 0,1 bis 0,3 mm Spalt möglichst lang ausführen Rillen im Gehäuse oder in der Welle sowie Fettfüllung im Spalt erhöhen die Schutzwirkung.
		Nach Außen: Geringe Verunreinigung	Schmutz und Feuchtigkeit können im Lagerraum durch Spalt kriechen.	
Spalt (mit Spritzring) 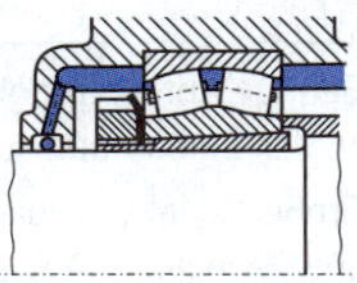	$p = 0$ MPa u theoretisch unbegrenzt	Nach Innen: Öl (Fett)	Größere Spaltbreite als bei einfachem Spalt möglich	Spritzring schleudert Öl in Auffangraum. Ölrückflussbohrung zum Lagerraum unter Ölniveau legen, da anderenfalls Schaum den Ölrückfluss behindern kann
		Nach Außen: Keine		
Gewindeförmige Rillen 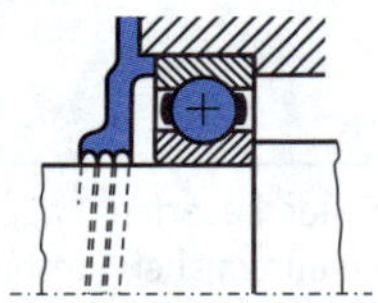	Geringer Gegendruck möglich u theoretisch unbegrenzt	Nach Innen: Öl	Geringer Platzbedarf in radialer Richtung	Im Gehäuse oder auf der Welle angeordnete Rillen fördern das Öl in den Lagerraum zurück.
		Nach Außen: Keine	Nur eine Drehrichtung zulässig Nur im Betrieb wirksam Fördert Staub in Lagerraum	

Art der Dichtung	Einsatzbereich und Anforderungen	Abdichtung	Vorteile Nachteile	Bemerkungen
Labyrinth 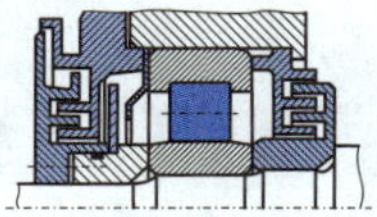	$p = 0\ \mathrm{MPa}$ u theoretisch unbegrenzt $u \leq 5\ \mathrm{m/s}$ bei Fettfüllung	Nach Innen: Fett (Öl)	Sehr gute Abdichtung bei Füllung mit steifem Fett	Spalt generell klein halten Nachschmierung der Labyrinthe erhöht die Dichtwirkung Bei größerer Wellendurchbiegung sind abgeschrägte Stege zu verwenden, da ansonsten der Schmutz nach innen gepumpt wird. Radiale Labyrinthbauart zwecks besserer Montage geteilt ausführen
		Nach Außen: Starke Verunreinigung Feuchtigkeit	Hohe Fertigungskosten Bei mehreren Labyrinth-Stegen größerer Bauraumbedarf	
Labyrinth (Kaufteil) 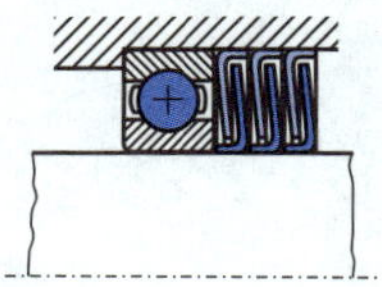	$p = 0\ \mathrm{MPa}$ u theoretisch unbegrenzt	Nach Innen: Fett (Öl)	Geringere Kosten Kleiner Bauraum im Vergleich zum gefertigten Labyrinth	Neben den abgebildeten Z-Lamellen können die Labyrinthe auch aus federnden Lamellenringen, Kolbenringen oder Kunststoffteilen aufgebaut sein.
		Nach Außen: Starke Verunreinigung Feuchtigkeit		

16

Antriebssysteme und Getriebe

17

ÜBERBLICK

17.1 Allgemeine Berechnungsgleichungen

Leistungsberechnung bei verlustfreier Übertragung für Getriebe

$$M_{an} \cdot \omega_{an} = -M_{ab} \cdot \omega_{ab} \quad \text{aus} \quad P_{an} + P_{ab} = 0 \quad \text{mit} \quad P = M \cdot \omega \tag{17.43}$$

P_{an} Antriebsleistung $[W]$

P_{ab} Abtriebsleistung $[W]$

M_{an} Antriebsmoment $[Nm]$

M_{ab} Abtriebsmoment $[Nm]$

ω_{an} Winkelgeschwindigkeit Antrieb $[rad/s]$

ω_{ab} Winkelgeschwindigkeit Abtrieb $[rad/s]$

Übersetzung *i* einstufiger Getriebe

$$i = \frac{n_{an}}{n_{ab}} = \frac{\omega_{an}}{\omega_{ab}} \tag{17.44}$$

$$i = \frac{\omega_1}{\omega_2} = -\frac{r_2}{r_1} = -\frac{d_2}{d_1} = -\frac{z_2}{z_1} \quad \text{mit} \quad \omega_1 \cdot r_1 = -\omega_2 \cdot r_2, \quad v = \omega \cdot r \quad \text{und} \quad v = v_1 = v_2 \tag{17.45}$$

n_{an} Antriebsdrehzahl $[min^{-1}]$

n_{ab} Abtriebsdrehzahl $[min^{-1}]$

$d_{1,2}$ Teilkreisdurchmesser der paarenden Räder $[mm]$

$r_{1,2}$ Teilkreisradius der paarenden Räder $[mm]$

$z_{1,2}$ Zähnezahlen der paarenden Räder

$v_{1,2}$ Umfangsgeschwindigkeit der paarenden Räder am Berührpunkt $[m/s]$

Für eine gleichsinnige Drehrichtung von An- zu Abtrieb ist $i > 0$ und für eine gegensinnige Drehrichtung ist $i < 0$. Weiterhin bedeuten $|i| > 1$ eine Übersetzung ins Langsame und $|i| < 1$ eine Übersetzung ins Schnelle.

Gesamtübersetzung i_{ges} mehrstufiger Getriebe

$$i_{ges} = i_1 \cdot i_2 \cdot i_3 \cdot \ldots \cdot i_k = \prod_{j=1}^{k} i_j \tag{17.47}$$

i_k Übersetzung der einzelnen Getriebestufe

Gesamtübersetzung i_{ges} einer Räderkette

$$i_{ges} = (-1)^k \cdot \frac{z_{ab}}{z_{an}} \tag{17.49}$$

k Anzahl der Stufen

Drehmomentenverhältnis μ

$$\mu = \frac{-M_{ab}}{M_{an}} = \frac{-P_{ab} \cdot \omega_{an}}{P_{an} \cdot \omega_{ab}} = \eta \cdot i \quad \text{mit} \quad P = M \cdot \omega \quad \text{und} \quad i = \frac{\omega_{an}}{\omega_{ab}} \tag{17.55}$$

M_{an} Antriebsmoment [Nm]

M_{ab} Abtriebsmoment [Nm]

i Getriebeübersetzung

η Wirkungsgrad

Wirkungsgrad η

$$\eta = -\frac{P_{ab}}{P_{an}} = -\frac{M_{ab} \cdot \omega_{ab}}{M_{an} \cdot \omega_{an}} \tag{17.54}$$

P_{an} Antriebsleistung [W]

P_{ab} Abtriebsleistung [W]

ω_{an} Winkelgeschwindigkeit Antrieb [rad/s]

ω_{ab} Winkelgeschwindigkeit Abtrieb [rad/s]

Wirkungsgrad η_{ges} mehrstufiger Getriebe

$$\eta_{ges} = \eta_1 \cdot \eta_2 \cdot \eta_3 \cdot \ldots \cdot \eta_k = \prod_{j=1}^{k} \eta_j \tag{17.53}$$

η_k Einzelwirkungsgrad

17.2 Modellbildung von Antriebssystemen

17.2.1 Reduktion mechanischer Eigenschaften komplexer Gesamtsysteme

Reduktion von Trägheitsmomenten auf die Antriebswelle

$$J_{ab.red} = J_{ab} \cdot \left(\frac{\omega_{ab}}{\omega_{an}}\right)^2 = \frac{1}{i_{ges}^2} \cdot J_{ab} \quad \text{mit} \quad i_{ges} = \prod_{j=1}^{n} i_n = \frac{\omega_{an}}{\omega_{ab}} \tag{17.18}$$

$J_{ab,red}$ reduziertes Massenträgheitsmoment $[kgm^2]$

J_{ab} Massenträgheitsmoment Abtrieb $[kgm^2]$

ω_{an} Winkelgeschwindigkeit Antrieb $[rad/s]$

ω_{ab} Winkelgeschwindigkeit Abtrieb $[rad/s]$

i_{ges} Getriebeübersetzung

Reduktion von Massen auf die Antriebswelle

$$J_{ab,red} = m_{ab} \cdot \left(\frac{v_{ab}}{\omega_{an}}\right)^2 \tag{17.23}$$

$J_{ab,red}$ reduziertes Massenträgheitsmoment $[kgm^2]$

m_{ab} Masse Abtrieb $[kg]$

ω_{an} Winkelgeschwindigkeit Antrieb $[rad/s]$

v_{ab} Translationsgeschwindigkeit Abtrieb $[m/s]$

Reduktion von Torsionssteifigkeiten auf die Antriebswelle

$$c_{ab,red} = \left(\frac{\varphi_{ab}}{\varphi_{an}}\right)^2 \cdot c_{ab} = \frac{1}{i_{ges}^2} \cdot c_{ab} \tag{17.29}$$

$c_{ab,red}$ reduzierte Torsionssteifigkeit $[Nm/rad]$

c_{ab} Torsionssteifigkeit Abtrieb $[Nm/rad]$

ϕ_{an} Drehwinkel Antrieb $[rad]$

ϕ_{ab} Drehwinkel Abtrieb $[rad]$

i_{ges} Getriebeübersetzung

Reduktion von translatorischen Steifigkeiten auf die Antriebswelle

$$c_{m,red} = c \cdot \left(\frac{v}{\omega}\right)^2 \tag{17.31}$$

$c_{m,red}$	reduzierte translatorische Steifigkeit [N/m]
c	translatorische Steifigkeit [N/m]
v	Translationsgeschwindigkeit [m/s]
ω	Winkelgeschwindigkeit [rad/s]

Reduktion von Torsionsdämpfungen auf die Antriebswelle

$$d_{ab,red} = \left(\frac{\varphi_{ab}}{\varphi_{an}}\right)^2 \cdot d_{ab} = \frac{1}{i_{ges}^2} \cdot d_{ab} \tag{17.37}$$

$d_{ab,red}$	reduzierte Dämpfungskonstante [Nms/rad]
d_{ab}	Dämpfungskonstante Abtrieb [Nms/rad]
ϕ_{an}	Drehwinkel Antrieb [rad]
ϕ_{ab}	Drehwinkel Abtrieb [rad]
i_{ges}	Getriebeübersetzung

Reduktion von translatorischen Dämpfungen auf die Antriebswelle

$$d_{m,red} = d \cdot \left(\frac{v}{\omega}\right)^2 \tag{17.39}$$

$d_{ab,red}$	reduzierte translatorische Dämpfungskonstante [Nms/rad]
d	translatorische Dämpfungskonstante Abtrieb [Ns/m]
v	Translationsgeschwindigkeit [m/s]
ω	Winkelgeschwindigkeit [rad/s]

Reduktion von translatorischem Spiel auf die Antriebswelle

$$s_{0,red} = \frac{s_0}{r_0} \cdot \left(\frac{\omega_{ab}}{\omega_{an}}\right) = \frac{1}{i_{ges}} \cdot \frac{s_0}{r_0} \quad \text{mit} \quad i_{ges} = \prod_{j=1}^{n} i_n = \frac{\omega_{an}}{\omega_{ab}} \tag{17.41}$$

$s_{0,red}$	reduziertes translatorisches Spiel [mm]
s_0	translatorisches Spiel [mm]
r_0	Abstand von der Drehachse bis zum wirkenden Spiel [mm]

17

ω_{an} Winkelgeschwindigkeit Antrieb $[rad/s]$

ω_{ab} Winkelgeschwindigkeit Abtrieb $[rad/s]$

i_{ges} Getriebeübersetzung

Reduktion von Momenten auf die Antriebs- bzw. Abtriebswelle

$$M_{an,red} = i_{ges} \cdot M_{an} \quad \text{und} \quad M_{ab,red} = \frac{1}{i_{ges}} \cdot M_{ab} \quad \text{mit} \quad i_{ges} = \prod_{j=1}^{n} i_n = \frac{\omega_{an}}{\omega_{ab}} \qquad (17.40)$$

$M_{an,red}$ reduziertes Moment auf die Abtriebswelle $[Nm]$

$M_{ab,red}$ reduziertes Moment auf die Antriebswelle $[Nm]$

M_{an} Antriebsmoment $[Nm]$

M_{ab} Abtriebsmoment $[Nm]$

ω_{an} Winkelgeschwindigkeit Antrieb $[rad/s]$

ω_{ab} Winkelgeschwindigkeit Abtrieb $[rad/s]$

i_{ges} Getriebeübersetzung

17.2.2 Dämpfung

Geschwindigkeitsproportionale Dämpfung

Dämpfungskraft F_d eines Translations- und Dämpfungsmoments M_d eines Torsionsschwingers

$$F_d = d \cdot v \quad \text{und} \quad M_d = d \cdot \omega \qquad (17.32)$$

d Dämpfungskonstante $[Nms/rad]$ bzw. $[Ns/m]$

v Translationsgeschwindigkeit $[m/s]$

ω Winkelgeschwindigkeit $[rad/s]$

Dämpfungskonstante d

Wellenabschnitte	Verzahnungen	Elastomer-Kupplungen
$d = 2 \cdot D \cdot \eta \cdot \sqrt{c \cdot J}$ (17.33)	$d = D \cdot \sqrt[2{,}6]{c \cdot J}$ (17.34)	$d = \frac{\psi \cdot \sqrt{c \cdot J}}{2 \cdot \pi} = 2 \cdot D \cdot \eta \cdot \sqrt{c \cdot J}$ (17.35)

Hierin bezeichnen c die Steifigkeit, J das Massenträgheitsmoment, $\eta = \Omega / \omega$ das Kreisfrequenzverhältnis aus Eigenkreisfrequenz Ω und Anregungsfrequenz ω und ψ die verhältnismäßige Dämpfung bei Elastomer-Kupplungen mit $0{,}25 < \psi < 1{,}4$ nach DIN 740. Da die Dämpfung vor allem in Resonanzbereichen wirksam ist, gilt für das Kreisfrequenzverhältnis in erster Näherung $\eta = 1$.

Richtwerte für das Lehr'sche Dämpfungsmaß D nach Ernst Lehr (1896–1945, deutscher Physiker und promovierter Maschinenbauingenieur) sind Tabelle 17.2 zu entnehmen.

Zweimassenschwinger mit den Massenträgheiten J_1 und J_2

$$d = 2 \cdot D \cdot \eta \cdot \sqrt{c \cdot \frac{J_1 \cdot J_2}{J_1 + J_2}} \tag{17.36}$$

c Verbindungssteifigkeit $[Nm/rad]$

Erfahrungswerte für den Dämpfungsgrad D

[17.2]

System	Dämpfungsgrad
Materialdämpfung:Stahl	$D = 0{,}0001$
Aluminium	$D = 0{,}0001$
Gusseisen	$D = 0{,}0005 \ldots 0{,}001$
Verbundbleche	$D = 0{,}05 \ldots 0{,}10$
Strukturdämpfung:Schweißkonstruktion aus Metallblechen	$D = 0{,}0005 \ldots 0{,}001$
Geschraubte od. genietete Metallverbindungen	$D = 0{,}005 \ldots 0{,}015$
Aufstellung auf Gummi	$D = 0{,}05 \ldots 0{,}10$
Aufstellung auf Federn	$D = 0{,}02$
Aufstellung auf Trägern	$D = 0{,}07$
Wellen:$d_{mittel} \leq 100$ mm	$D = 0{,}005$
$d_{mittel} < 100$ mm	$D = 0{,}01$
Zahnradstufe:$P \leq 100$ kW	$D = 0.02$
$P = 100 \ldots 1.000$ kW	$D = 0{,}04$
$P > 1.000$ kW	$D = 0{,}06$
Kupplungen:nach Katalog	$D = 0{,}02 \ldots 0{,}20$
elastische Kupplungen	$D = 0{,}04 \ldots 0{,}20$
Lager:Wälzlager (radial)	$D = 0{,}01 \ldots 0{,}015$
Führungen:Wälzführung	$D = 0{,}005 \ldots 0{,}02$
Gleitführung	$D = 0{,}012 \ldots 0{,}035$

Größenordnungen der tiefsten Eigenfrequenzen f_{Eigen} von schwingungsfähigen Systemen

f_{Eigen} [Hz]	Baugruppe
< 1	Turm- und Rotorblattschwingungen großer Windenergieanlagen ($P > 2{,}5$ MW)
< 2	Lastpendel, Tragwerk von Turmkranen, Tagebaugroßgeräte, Windenergieanlagen
$2 \ldots 5$	Brückenkrane, Fahrzeugantriebsstrang, Schiffsantriebsstrang
$5 \ldots 10$	Blockfundamente, Waschmaschinen, Zentrifugen, Personenaufzüge, Textilspindeln
$10 \ldots 30$	Antriebe mit weichen Kupplungen

17

f_{Eigen} [Hz]	Baugruppe
20 ... 50	Antriebswellen, mehrstufige Zahnradgetriebe
50 ... 100	Kurze steife Antriebswellen
100 ... 300	Schleifspindel, Kolbenmotor
200 ... 500	Motorradmotor, Zylinder in Druckmaschinen
500 ... 1.000	Zahn eines Zahnrades
1.000 ... 2.000	Längsschwingungen von Ventilen, Kolbenkörper in Verbrennungsmotoren
> 2.000	Wälzkörper in Wälzlager

17.3 Anwendungsbereiche von Getrieben

Anwendungsbereiche und Kenngrößen ausgeführter Getriebebauarten

Bauart	Leistung [kW]	Drehzahl [min^{-1}]	Wälzgeschwindigkeit [m/s]	Übersetzung i	Wirkungsgrad η je Stufe [%]	Volumen je Leistung [dm^3/kg]	Gewicht je Leistung [kg/kW]
Stirnrad	2.000-150.000	150.000	80-200	1-800 (1.000 max.)	97-99,5	0,5-0,2	2,0-0,1
Umlaufräder	5.000-35.000	17.000	80-100	3-13 (3-35 max.) 1)	98-99,5	0,4-0,15	1,0-0,2
Kegelrad	500-4.000	50.000	40-120	1-5 (8 max.)	97-99	0,8-0,4	2,5-0,6
Hypoid	300-1.000	17.000	30-50	4-8 (1-50 max.)	50-90	1,0-0,5	3,0-0,7
Schnecken	90-1.000	30.000	25-70	5-50 (1-300 max.)	20-97 2)	0,6-0,2	4,5-2,0
Zylinder-Schnecken	5-75	10.000	20-50	1-5 (100 max.)	40-95	2,5-1,0	3,0-1,5
Ketten	200-3.000	10.000	10-40	1-6 (10 max.)	97-98	2,0-0,5	10-4,0
Flachriemen	150-3.000	17.000	60-120	1-5 (20 max.)	96-98	4,0-0,5	6,0-1,5
Keilriemen	100-4.000	6.000	30-40	1-10 (15 max.)	94-97	3,0-0,4	5,0-1,0
Zahnriemen	100-400	30.000	40-70	1-10 (12 max.)	96-98	1,0-0,25	4,0-1,0
Reibrad	50-150	6.000	30-40	1-10 (15 max.)	95-98	3,0-0,4	5,0-1,0
Hydrostatisch	250-1.200	10.000 3)	-	bis 7	85-90	-	1,3-1,7
Hydrodynamisch	1.000-150.000	5.000	-	1-5	85-90	-	0,5-1,5

1) hochübersetzend bis 10^6 2) η fallend mit steigender Übersetzung 3) Abtrieb

17.4 Rad-Schiene-System als spezielles reibschlüssiges Getriebe

Rollreibung bzw. Fahrwiderstand

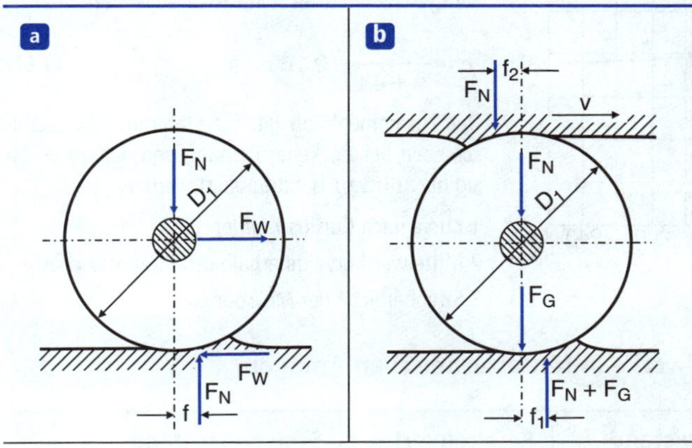

a Rolle und eine Laufbahn
b Rolle und zwei Laufbahnen

F_N	Normalkraft [N]
F_W	Fahrwiderstandskraft [N]
F_G	Gewichtskraft [N]
v	Geschwindigkeit [m/s]
D_1	Raddurchmesser [mm]
$f_{1,2}$	Hebelarm der Rollreibung [mm]

Reibkraft F_R

$$F_R = \mu \cdot F_N \qquad (17.64)$$

F_N	Normalkraft [N]
μ	Reibwert

Reibwert μ zwischen Stahlrad und Schiene abhängig von der Geschwindigkeit v

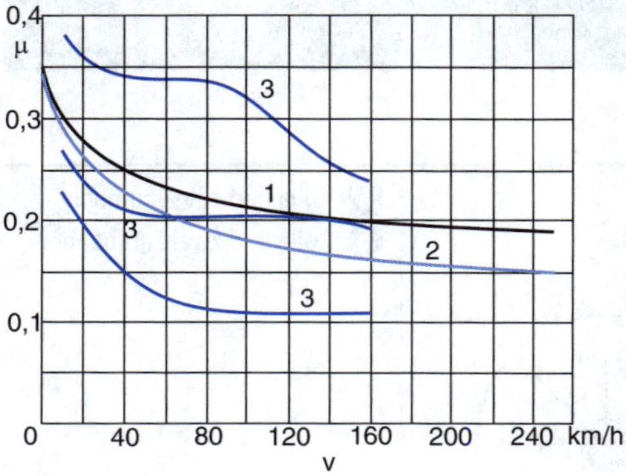

Aus im Jahre 1943 durchgeführten Fahrversuchen mit Geschwindigkeiten bis zu 160 km/h wurde von Curtius und Kniffler folgender empirischer Zusammenhang zwischen dem Reibbeiwert μ und der Fahrgeschwindigkeit v in km/h abgeleitet:

$$\mu = \frac{7,5}{v + 44} + 0,161 \tag{17.65}$$

Der Zusammenhang gilt für Stahlräder auf Stahlschienen bei trockener Reibung und darf zuverlässig bis 260 km/h extrapoliert werden.

1 Kurve nach Curtius-Kniffler

2 Mittelwertkurve innerhalb des Streubereiches

3 Streubereiche der Messpunkte

Reibwert μ für Schienenfahrwerke in fördertechnischen Anlagen

Reibbeiwert μ	Schienenzustand	Reibbeiwert μ	Schienenzustand
0,40 ... 0,50	Trocken, sauber	0,10 ... 0,17	Mit Kohle verschmutzt
0,25 ... 0,35	Nass	≤ 0,10	Mit Öl benetzt

Fahrwiderstandskraft F_W

$$F_W = \mu_f \cdot F_N = \left(\mu_{f0} + \mu_{Sp}\right) \cdot F_N \tag{17.66}$$

F_N Normalkraft [N]

μ_f spezifischer Fahrwiderstand nach [17.7]

μ_{f0} spezifischer Fahrwiderstand ohne Einfluss der Spurkranzreibung

μ_{fSp} spezifischer Fahrwiderstand der Spurkranzreibung

Fahrwiderstandskraft F_W ohne Einfluss der Spurkranzreibung und mit Einfluss der Reibung im Lagerzapfen

$$F_W \cdot \frac{d_R}{2} = F_N \cdot f + \mu_Z \cdot \frac{d_Z}{2} \cdot F_N \tag{17.67}$$

$$F_W = \mu_{f0} \cdot F_N \quad \text{mit} \quad \mu_{f0} = \frac{2 \cdot f}{d_R} + \mu_Z \cdot \frac{d_Z}{d_R} \tag{17.68}$$

Fahrwiderstandskraft F_W ohne Einfluss der Spurkranzreibung, mit Einbeziehung der Gewichtskraft F_G und mit Einfluss der Reibung im Lagerzapfen für eine Rolle zwischen zwei Laufbahnen

$$F_W \cdot \frac{d_R}{2} = \left(F_N + F_G\right) \cdot f_1 + F_N \cdot f_2 + \mu_Z \cdot \frac{d_Z}{2} \cdot F_N \qquad (17.69)$$

F_N Normalkraft [N]

d_R Raddurchmesser [mm]

d_Z Lagerzapfendurchmesser [mm]

$f, f_{1,2}$ Hebelarm der Rollreibung [mm]

μ_{f0} spezifischer Fahrwiderstand ohne Einfluss der Spurkranzreibung

μ_Z Reibwert im Lager, Gleitlager $\mu_Z = 0{,}08$, Wälzlager $\mu_Z = 0{,}003$

Richtwerte für den spezifischen Fahrwiderstand μ_f von Kranlaufrädern mit Durchmessern von $d_R = 200$ bis 1.250 mm

[17.7]

Laufradbauart und Betriebszustand	Gleitlagerung	Wälzlagerung
Laufrad ohne Spurkranz	0,020	0,006
Laufrad mit Spurkranz, geschmiert	0,025	0,009
Laufrad mit Spurkranz, ungeschmiert	0,030	0,012

Richtwerte für den Hebelarm f der Rollreibung

$f = 0{,}5$ mm	Allgemeine Wälzpaarungen aus Stahl, Stahlguss und Gusseisen
$f = 0{,}005 \ldots 0{,}01$ mm	Wälzpaarung aus gehärtetem und geschliffenem Stahl im Wälzlager
$f = 0{,}015$ mm	Wälzpaarung aus Hartstahl in einem Brückenlager
$f \approx 0{,}013 \cdot \sqrt{D_1}$ mm	Wälzpaarung Rad-Schiene bei Eisenbahnradsätzen

D_1 Raddurchmesser [mm]

Spezifische Belastung k_0 und Stribeck'sche Wälzpressung K nach Bruchlastversuchen an gehärteten Wälzlagerkugeln aus Stahl

	Kugel/Kugel (mit $D_I = D_{II}$)		Kugel/Ebene
	k_0 [N/mm²]	K [N/mm²]	$k_0 = K$ [N/mm²]
Bleibende Verformung von 0,02 %	3	12	4
Proportionalitätsgrenze (Grenze der Hertz'schen Gleichungen)	5	20	20
1. Kreisriss am Umfang der Druckfläche	100	400	350
Bruchlast der Kugel	520	2080	800

Linienberührung		Punktberührung	
Spezifische Belastung	Stribeck'sche Wälzpressung	Spezifische Belastung	Stribeck'sche Wälzpressung
$k_0 = \frac{F}{D_1 \cdot l_{eff}}$ (17.70)	$K = \frac{F}{D_I \cdot l_{eff}}$ (17.71)	$k_0 = \frac{F}{D_1^2}$ (17.72)	$K = \frac{F}{\left(\frac{D_I}{y}\right)^2}$ (17.73)
Hierin bezeichnen F die einwirkende Kraft, D_1 den Durchmesser des Wälzkörpers und l_{eff} die effektive Länge des Zylinders. D_I und D_{II} sind die jeweiligen Ersatzdurchmesser in den Hauptkrümmungsebenen 1 und 2 gemäß Abbildung 3.18 und der Beiwert y berechnet sich mit den Werten ξ und η nach Tabelle 3.3 in Maschinenelemente 1.		$D_I = \frac{D_1 \cdot D_2}{D_1 + D_2}$ (17.74) $D_{II} = \frac{D_3 \cdot D_4}{D_3 + D_4}$ (17.75)	$y = \frac{1 + \frac{D_I}{D_{II}}}{2 \cdot (\xi \cdot \eta)^{3/2}}$ (17.76)

Erfahrungswerte der zulässigen spezifischen Belastung k_{0zul} bei statischer Belastung

Anwendung	Durchmesserverhältnisse	Werkstoff (gehärteter Stahl)	k_{0zul} [N/mm²]
Kugel/Ebene	$D_2 = \infty$	HV = 750	18
Kugel/Hohlrinne (Axialkugellager)	$D_4 = -1{,}08 \cdot D_1$	HV = 750	40
Rolle/Ebene	$D_2 = \infty$	HV = 750	80
Kugel/Ebene	$D_2 = \infty$	HV = 840	14
Kugel/Hohlrinne (Axialkugellager)	$D_4 = -1{,}08 \cdot D_1$	HV = 840	58
Rolle/Ebene	$D_2 = \infty$	HV = 750	100
Brückenauflager (Kugel/Ebene)	$D_2 = \infty$	HV = 750	10

Anwendung	Durchmesserverhältnisse	Werkstoff (gehärteter Stahl)	k_{0zul} [N/mm²]
Kranlaufrad (Rolle/Ebene)	$D_2 = \infty$	GJL (naturhart) GS (naturhart) C 35 E (naturhart)	6 ... 8 10 ... 14 12 ... 20
Rillenkugellager (Innenring)	$D_2 \approx 5 \cdot D_1$, $D_4 = -1{,}06 \cdot D_1$	HV = 700	62
Pendelkugellager (Außenring)	$D_2 = D_4 \approx \mid 7 \cdot D_1 \mid$	HV = 700	17
Zylinderrollenlager (Innenring)	$D_2 = 6 \cdot D_1$	HV = 700	110
Axialkugellager	$D_4 = -1{,}08 \cdot D_1$	HV = 700	50
Axialrollenlager	$D_2 = \infty$	HV = 700	100

HV Härte Vickers

Zulässige Hertz'sche Pressung p_{Hzul} bei dynamischer Beanspruchung

	Linienberührung	Punktberührung
Zulässige Hertz'sche Pressung	$p_{Hzul} = 3 \cdot HB$ (17.77)	$p_{Hzul} = 5{,}25 \cdot HB$ (17.78)

Anwendung	Berührart, Grenzkriterien und Quelle	Werkstoff	Größe D_I/D_{II}	p_{Hzul} [N/mm²]
Rollen Schlupf $s = 0\,\%$	Linienberührung Mittlere Dauerfestigkeit	Stahl/Stahl	30/–	3 HB
Laufrad/Schiene Schlupf $s = 0\,\%$	Punktberührung Ca. 1 Mio km Laufleistung ohne Nachbearbeitung der Räder	C-Stahl 800 ... 900 N/mm²	1.000/2.000 500/1.000	800 1.000
Laufrad/Schiene bei Kranen	Punktberührung	GS45/E295 GS79/E360	100 ... 600	500 600
Reibradgetriebe $s = 1 \ldots 5\,\%$	Punktberührung	Stahl/Stahl Gehärtet	Bis zu 30/30	2.000 ... 3.000
Reibradgetriebe $s = 1 \ldots 5\,\%$	Linienberührung	E360/Stahl gehärtet EN-GJL-250/E360	–	2.000 ... 3.000

Anwendung	Berührart, Grenzkriterien und Quelle	Werkstoff	Größe D_I/D_{II}	p_{Hzul} [N/mm^2]
Zahnflanken allgemein	Linienberührung Dauerfest bei 1 % Schadenswahrscheinlichkeit	Baustahl Vergütungsstahl Einsatzstahl	Im Wälzpunkt 16/–	370 ... 460 530 ... 630 1.500
Zahnflanken Schraubräder	Punktberührung Dauerfest bei 1 % Schadenswahrscheinlichkeit	Stahl/Stahl, boriert Vergütungsstahl / B2 GJL/GJL	–	1.700 1.000 750
Zahnflanken Schneckenräder	Linienberührung Dauerfest bei 1 % Schadenswahrscheinlichkeit	Stahl gehärtet EN-GJL-250 GZCuSn 12 Ni	–	350 520

HB Härte Brinell

s Schlupf [%]

Zulässige Hertz'sche Pressung p_{Hzul} für dynamisch beanspruchte Laufräder

	Linienberührung p_{Hzul}		Punktberührung p_{Hzul}	
Wälzfestigkeit	-	$3{,}0 \cdot HB$	-	$5{,}2 \cdot HB$
Fließgrenze	$1{,}79 \cdot \sigma_{0,2}$	$3{,}4 \cdot HB$ 1)	$1{,}61 \cdot \sigma_{0,2}$	$3{,}1 \cdot HB$ 1)
Stabilisierungsgrenze	$2{,}31 \cdot \sigma_{0,2}$	$4{,}4 \cdot HB$ 1)	$2{,}44 \cdot \sigma_{0,2}$	$4{,}6 \cdot HB$ 1)
Plastische Radialverformung (0,2 ‰)	-	$5{,}5 \cdot HB$ 2)	-	$10{,}3 \cdot HB$ 1) 2)
Schubbruchspannung	-	$6{,}0 \cdot HB$ 3)	-	-
Plastische Radialverformung (0,3 ‰)	-	$7{,}9 \cdot HB$	-	-
1) Mit $\sigma_{0,2} = 1{,}9 \cdot HB$	2) Für $HV \approx HB \leq 300$		3) Mit $\sigma_B = 3{,}5 \cdot HB$	

HB Härte Brinell

HV Härte Vickers

$\sigma_{0,2}$ Streckgrenze [N/mm^2]

σ_B Bruchfestigkeit [N/mm^2]

Zulässiger Radialverschleiß Δr_{zul} in Abhängigkeit vom Laufraddurchmesser d_R (Erfahrungswert)

$$\Delta r_{zul} = 4 \ldots 4{,}5 \text{ mm} \quad \text{für} \quad d_r \leq 500 \text{ mm} \tag{17.79}$$

$$\Delta r_{zul} = 4 + 0{,}005 \cdot (d_r - 500) \text{ mm} \quad \text{für} \quad d_r > 500 \text{ mm} \tag{17.80}$$

Um einen möglichst guten Gleichlauf von zwei Laufrädern oder Laufradgruppen zu erhalten, darf die Differenz des Radialverschleißes 1/10 dieser Werte nicht überschreiten.

17

Stirnradverzahnung und Stirnradgetriebe

18

ÜBERBLICK

18.1 Geometrische Grundgrößen von Gerad- und Schrägverzahnungen

Geometrische Grundgrößen außenverzahnter Stirnräder

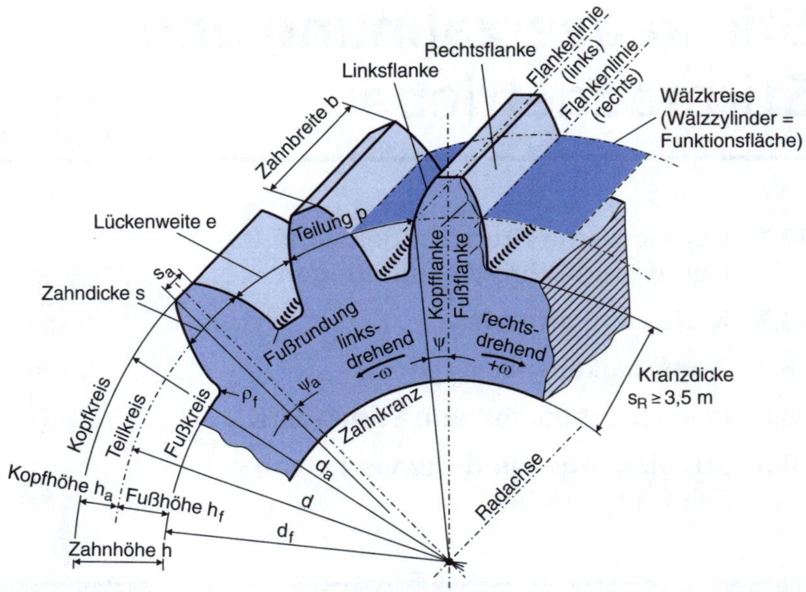

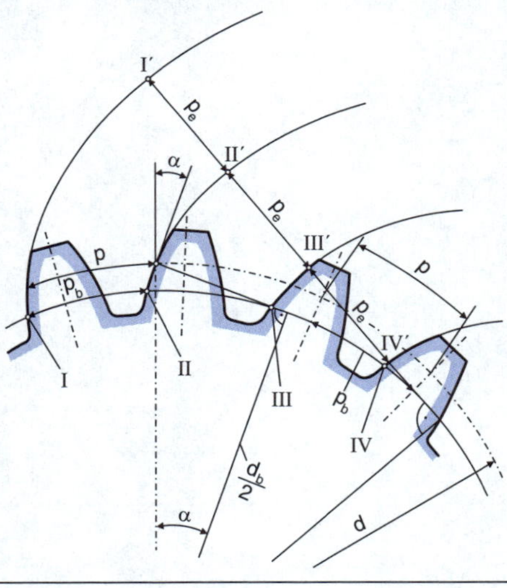

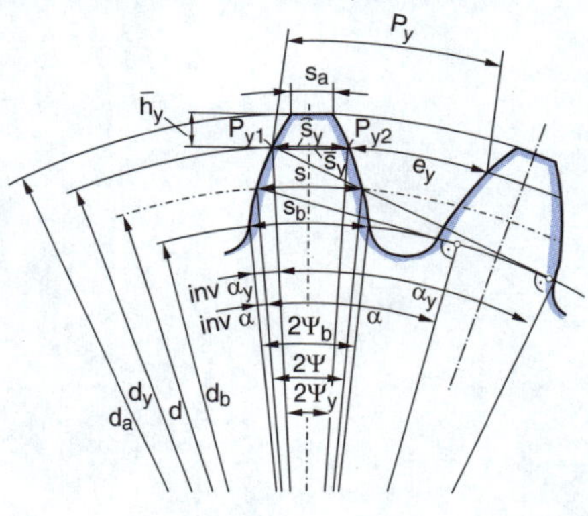

Zusammenstellung geometrischer Verzahnungsgrößen

Nr.	Benennung	Zeichen	Gleichung
1	Virtuelle Zähnezahl, Ersatz-Zähnezahl	z_v z_{nx}	$z_v = \frac{z}{\cos^3 \beta}$; $z_{nx} = \frac{z}{\cos^2 \beta_b \cdot \cos \beta}$; $z_v \approx z_{nx}$
2	Stirnmodul	m_t	$m_t = \frac{m_n}{\cos \beta}$
3	Normalteilung	p_n	$p_n = m_n \cdot \pi = p_t \cdot \cos \beta$
4	Teilkreisteilung	p_t	$p_t = m_t \cdot \pi = \frac{d \cdot \pi}{z} = \frac{m_n \cdot \pi}{\cos \beta}$
5	Axialteilung	p_x	$p_x = \frac{m_n \cdot \pi}{\sin\lvert\beta\rvert}$
6	Steigungshöhe	p_z	$p_z = \frac{\lvert z\rvert \cdot m_n \cdot \pi}{\sin\lvert\beta\rvert}$
7	Grundkreisteilung	p_{bt}	$p_{bt} = p_t \cdot \cos \alpha_t = \frac{m_n \cdot \pi}{\cos \beta} \cdot \cos \alpha_t$
8	Normaleingriffsteilung	p_{en}	$p_{en} = p_{et} \cdot \cos \beta_b = p_n \cdot \cos \alpha_n = m_n \cdot \pi \cdot \cos \alpha_n$
9	Stirneingriffsstellung	p_{et}	$p_{et} = \frac{d_b \cdot \pi}{z} = p_t \cdot \cos \alpha_t = m_t \cdot \pi \cdot \cos \alpha_t$
10	Stirneingriffswinkel	α_t	$\tan \alpha_t = \frac{\tan \alpha_n}{\cos \beta}$
11	Schrägungswinkel am Grundkreis	β_b	$\sin \beta_b = \sin \beta \cdot \cos \alpha_n$
12	Teilkreisdurchmesser	d	$d = \frac{z \cdot m_n}{\cos \beta}$
13	Grundkreisdurchmesser	d_b	$d_b = d \cdot \cos \alpha_t$
14	Kopfkreisdurchmesser	d_a	$d_a = d + 2 \cdot m_n \cdot \left(\frac{h_{aP}}{m_n} + x + k \right)$
15	Fußkreisdurchmesser	d_f	$d_f = d - 2 \cdot m_n \cdot \left(\frac{h_{aP}}{m_n} - x + \frac{c}{m_n} \right)$
16	Wälzkreisdurchmesser	d_w	$d_{w1} = \frac{2 \cdot a}{\frac{z_2}{z_1} + 1}$; $d_{w2} = 2 \cdot a - d_{w1}$

18

Nr.	Benennung	Zeichen	Gleichung
17	Zahndicke im Teilkreis im Stirnschnitt (Bogen)	s_t	$s_t = \frac{p_t}{2} + 2 \cdot x \cdot m_n \cdot \tan \alpha_t = m_t \cdot \left(\frac{\pi}{2} + 2 \cdot x \cdot \tan \alpha_n \cdot \cos \beta \right)$
18	Zahndicke im Teilkreis im Normalschnitt (Bogen)	s_n	$s_n = \frac{p_n}{2} + 2 \cdot x \cdot m_n \cdot \tan \alpha_n = m_n \cdot \left(\frac{\pi}{2} + 2 \cdot x \cdot \tan \alpha_n \right)$
19	Null-Achsabstand	a_d	$a_d = \frac{d_1 + d_2}{2} = \frac{z_1 \cdot m_n}{2 \cdot \cos \beta} \cdot \left(\frac{z_2}{z_1} + 1 \right)$
20	Achsabstand	a	$a = a_d \cdot \frac{\cos \alpha_t}{\cos a_{wt}}$
21	Betriebseingriffswinkel	α_{wt}	$\cos \alpha_{wt} = \frac{m_t \cdot (z_1 + z_2)}{2 \cdot a} \cdot \cos \alpha_t$
22	Summe der Profilverschiebungen	$x_1 + x_2$	$x_1 + x_2 = \frac{inv\alpha_{wt} - inv\alpha_t}{2 \cdot \tan \alpha_n} \cdot (z_1 + z_2)$ $inv\alpha = \tan \alpha - arc\alpha$
23	Kopfhöhenänderungsfaktor	k	$k = \frac{a - a_d}{m_n} - (x_1 + x_2)$
24	Profilüberdeckung	ε_α	$\varepsilon_\alpha = \frac{1}{p_{et}} \cdot \left(\sqrt{\left(\frac{d_{a1}}{2}\right)^2 - \left(\frac{d_{b1}}{2}\right)^2} + \frac{z_2}{\lvert z_2 \rvert} \cdot \sqrt{\left(\frac{d_{a2}}{2}\right)^2 - \left(\frac{d_{b2}}{2}\right)^2} - a \cdot \sin \alpha_{wt} \right)$ Bei Kopfrundung sind statt $d_{a1,2}$ die Kopf-Nutzkreisdurchmesser $d_{Na1,2}$ einzusetzen.
25	Sprungüberdeckung	ε_β	$\varepsilon_\beta = \frac{b_w \cdot \sin \lvert\beta\rvert}{m_n \cdot \pi}$ b_w gemeinsame Zahnbreite

Nr.	Benennung	Zeichen	Gleichung
26	Zahnweite	W_k	$W_k = m_n \cdot \cos\alpha_n \cdot \left[\left(k - \frac{z}{2\cdot\lvert z\rvert}\right)\cdot\pi + z\cdot inv\alpha_t\right] + 2\cdot x\cdot m_n\cdot\sin\alpha_n$ oder $W_k = \left[\left(k - \frac{z}{\lvert z\rvert}\right)\cdot p_{et} + s_{bt}\right]\cdot\cos\beta_b$ k Messzähnezahl (bei Innenverzahnung Messlückenzahl) Bedingung: $b > W_k \cdot \sin\lvert\beta_b\rvert$, $\left(d_f + 2\cdot c\right) < \sqrt{\left(\frac{W_k}{\cos\beta_b}\right)^2 + {d_b}^2} < d_a$
27	Diametrales Zweikugelmaß	M_{dK}	$M_{dK} = d_K + D_M$ (z gerade), $M_{dK} = d_K \cdot \cos\frac{\pi}{2\cdot z} + D_M$ (z ungerade) $d_K = \frac{d_b}{\cos\alpha_{Kt}}$; $\mathrm{inv}\,\alpha_{Kt} = \frac{D_M}{d_b\cdot\cos\beta_b} - \eta_b$; $\eta_b = \frac{\pi - 4\cdot x\cdot\tan\alpha_n}{2\cdot z} - \mathrm{inv}\,\alpha_t$ D_M Messkugeldurchmesser Bedingungen: $M_{dK} > d_a$; $d_M < d_a$; $d_M = \frac{d_b}{\cos\alpha_M}$; $\tan\alpha_M = \tan\alpha_{Kt} - \frac{D_M}{d_b}\cdot\cos\beta_b$
28	Zahndickensehne (am Teilzylinder) im Normalschnitt	$\overline{s_n}$	$\overline{s_n} = d_n \cdot \sin\psi_n$; $d_n = \frac{d}{\cos^2\beta}$; $\psi_n = \frac{s_n}{d_n}$
29	Höhe über der Sehne $\overline{s_n}$ bis Kopfzylinder	$\overline{h_a}$	$\overline{h_a} = \frac{1}{2}\cdot\left(d_a - d_n\cdot\cos\psi_n\right)$
30	Konstante Sehne (eines Geradstirnrades)	$\overline{s_c}$	$\overline{s_c} = s\cdot\cos^2\alpha$
31	Höhe über der konstanten Sehne $\overline{s_c}$ bis Kopfzylinder	$\overline{h_c}$	$\overline{h_c} = h_a - \frac{s}{2}\cdot\sin\alpha\cdot\cos\alpha$

Hinweis: Bei Innenradpaarungen sind die Zähnezahl und die Durchmesser des Hohlrades negativ einzusetzen. Der Achsabstand der Paarung Außenrad-Hohlrad ist negativ.

Zahndicke s_y an einem beliebigen Durchmesser d_y

$$s_y = d_y \cdot \left(\frac{s}{d} + \operatorname{inv} \alpha - \operatorname{inv} \alpha_y \right) \tag{18.34}$$

d Teilkreisdurchmesser [mm]

s Zahndicke am Teilkreisdurchmesser [mm]

α Eingriffswinkel am Teilkreisdurchmesser [°]

α_y Eingriffswinkel am Durchmesser d_y [°]

Fußformkreisdurchmesser d_{Ff} bei Herstellung mit Wälzfräser

$$d_{Ff} = \sqrt{\left(d \cdot \sin \alpha_{t0} - 2 \cdot \frac{h_{a0} - x_E \cdot m_n - \rho_{a0} \cdot (1 - \sin \alpha_{n0})}{\sin \alpha_{t0}} \right)^2 + d_b^2} \tag{18.125}$$

d Teilkreisdurchmesser [mm]

d_b Grundkreisdurchmesser [mm]

m_n Normalmodul [mm]

x_E Erzeugungsprofilverschiebungsfaktor

h_{a0} Werkzeugkopfhöhe [mm]

ρ_{a0} Kopfrundungsradius am Werkzeug [mm]

α_{t0} Stirneingriffswinkel am Erzeugungsgetriebe [°]

α_{n0} Normaleingriffswinkel am Erzeugungsgetriebe [°]

Bezugsprofil Evolventenverzahnung nach DIN 867

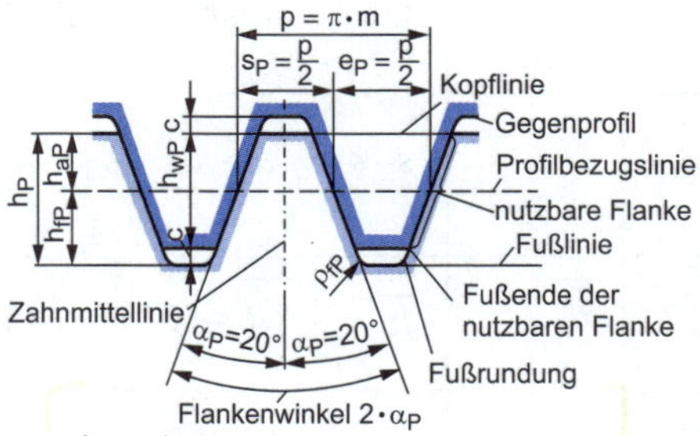

$h_{aP} = 1 \cdot m$
$h_{fP} = h_{aP} + c$
$c = 0{,}1 \ldots 0{,}3 \cdot m$ Sonderfälle $c = 0{,}4 \cdot m$

Bevorzugtes Kopfspiel c und maximaler Fußrundungsradius ρ_{fPmax}

Bevorzugtes Kopfspiel c	$0{,}17 \cdot m$	$0{,}25 \cdot m$	$0{,}30 \cdot m$
Maximaler Fußrundungsradius ρ_{fPmax}	$0{,}25 \cdot m$	$0{,}30 \cdot m$	$0{,}45 \cdot m$

Modulreihen für Zahnräder-Auswahl nach DIN 780

Reihe 1	1	1,25	1,5	2	2,5	3	4	5	6	8	10	12	16	20
Reihe 2	1,125	1,375	1,75	2,25	2,75	3,5	4,5	5,5	7	9	11	14	18	22

Aufteilung der Profilverschiebungssumme (x_1+x_2) auf Ritzel und Rad hinsichtlich optimaler Fresstragfähigkeit

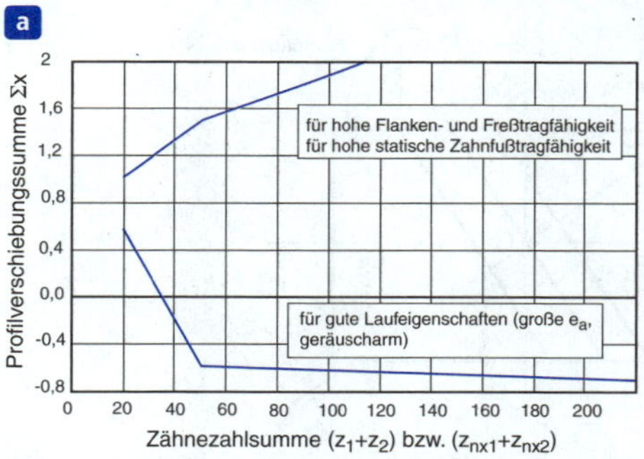

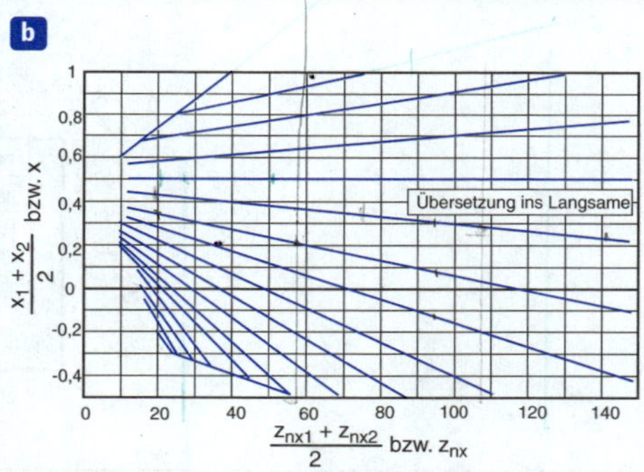

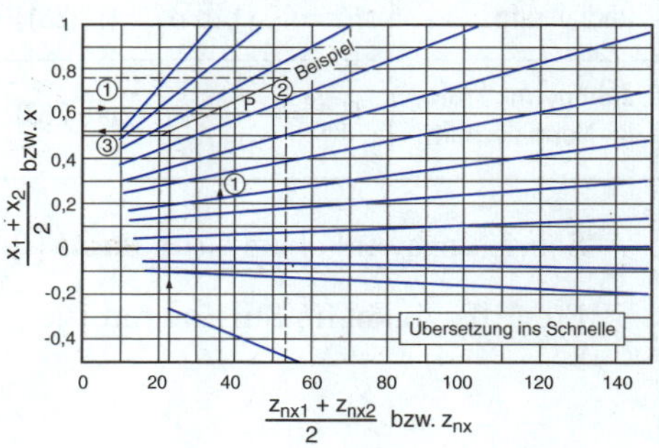

Bestimmung der Profilverschiebungsfaktoren x_1 und x_2 für eine Profilverschiebungssumme von $\sum x = 1{,}25$ bei Zähnezahlen von $z_1 = 23$ und $z_2 = 52$:

1. Ermittlung des Punktes $P\,(\sum \frac{z}{2},\ \sum \frac{x}{2})$
2. Zeichnen der Interpolationsgeraden durch den gefundenen Punkt
3. Ablesen des Profilverschiebungsfaktors x_1 auf der Ordinate mithilfe von x_1 und der Interpolationsgeraden
4. Berechnung des Profilverschiebungsfaktors x_2: $x_2 = \sum x - x_1$

z	Zähnezahl
z_{nx}	Ersatzzähnezahl
x	Profilverscheibungsfaktor

18.2 Kräfte an Stirnrädern

Zahnkraftkomponenten am Teilkreis

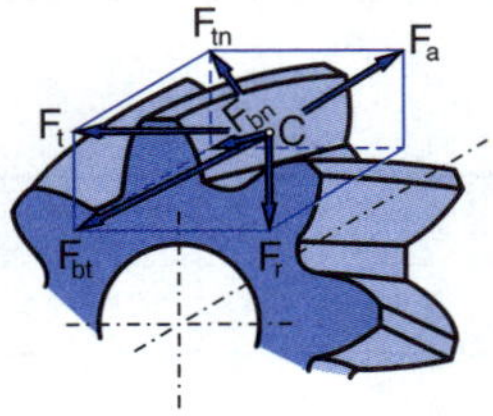

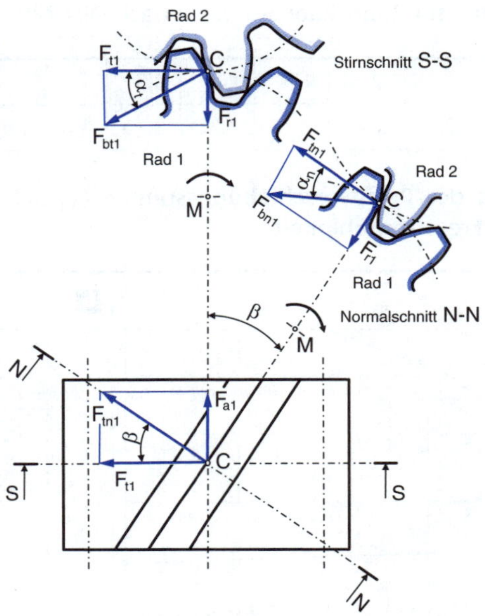

Axialkraft:	$F_a = F_t \cdot \tan\beta$ (18.260)	Radialkraft:	$F_r = F_t \cdot \tan\alpha_t$ (18.261)
Zahnnormalkraft im Stirnschnitt:	$F_{bt} = \dfrac{F_t}{\cos\alpha_t}$ (18.262)	Zahnnormalkraft im Normalschnitt:	$F_{bn} = \dfrac{F_{bt}}{\cos\beta_b}$ (18.263)

F_t Tangentialkraft am Teilkreis $[N]$

β_b Schrägungswinkel am Grundkreis [°]

β Schrägungswinkel [°]

α_t Eingriffswinkel im Stirnschnitt [°]

Tangentialkraft F_t am Teilkreis

$$F_t = F_{t1,2} = F_{tNenn1,2} = \frac{M_{T,Nenn1,2}}{\frac{d_{1,2}}{2}} \quad \text{mit} \quad M_{T,Nenn} = \frac{P_{Nenn}}{\omega_{Nenn}} \quad \text{und} \quad \omega_{Nenn} = 2 \cdot \pi \cdot n_{Nenn} \tag{18.259}$$

P_{Nenn} Nennleistung $[W]$

n_{Nenn} Nenndrehzahl $[min^{-1}]$

$M_{T,Nenn1,2}$ Nennmoment $[Nm]$

$d_{1,2}$ Teilkreisdurchmesser $[mm]$

ω_{Nenn} Nennwinkelgeschwindigkeit $[rad/s]$

Index 1,2 Ritzel, Rad

Lastkollektiv als Ergebnis der Klassierung einer Belastungs-Zeit-Funktion und zugehörige Wöhler-Linie

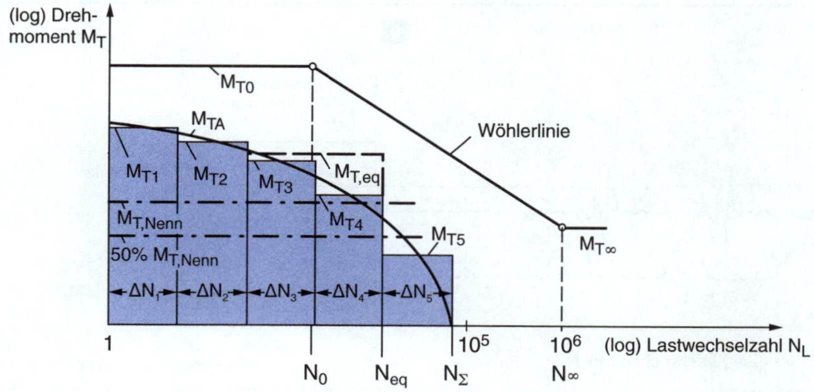

$M_{T,Nenn}$	Nennmoment [Nm]
$M_{T,eq}$	äquivalentes Moment nach (1.1) [Nm]
N_{eq}	äquivalente Lastwechselzahl

Äquivalentes Moment $M_{T,eq}$

$$M_{T,eq} = K_A \cdot M_{T,Nenn} \tag{1.1}$$

$M_{T,Nenn}$	Nennmoment [Nm]
K_A	Anwendungsfaktor nach Tabelle [1.1] bzw. Gleichung (1.2)

Anwendungsfaktor K_A

$$K_A = \frac{M_{T,eq}}{M_{T,Nenn}} = \left[\frac{\Delta N_1}{N_{eq}} \cdot \left(\frac{M_{T1}}{M_{T,Nenn}} \right)^k + \frac{\Delta N_2}{N_{eq}} \cdot \left(\frac{M_{T2}}{M_{T,Nenn}} \right)^k + \ldots \right]^{\frac{1}{k}} \tag{1.2}$$

$M_{T,eq}$	äquivalentes Moment nach (1.1) [Nm]
$M_{T,Nenn}$	Nennmoment [Nm]
N_{eq}	äquivalente Lastwechselzahl
k	Neigung der Wöhler-Linie

Neigung der Wöhler-Linie k

$$k = \frac{\log {}^{N_\infty}\!/_{N_0}}{\log {}^{M_{T0}}\!/_{M_{T\infty}}} \tag{1.3}$$

Nennmoment von Anlagen und Berücksichtigung äußerer dynamischer Schwingungsbelastungen durch pauschalierte Anwendungsfaktoren K_A

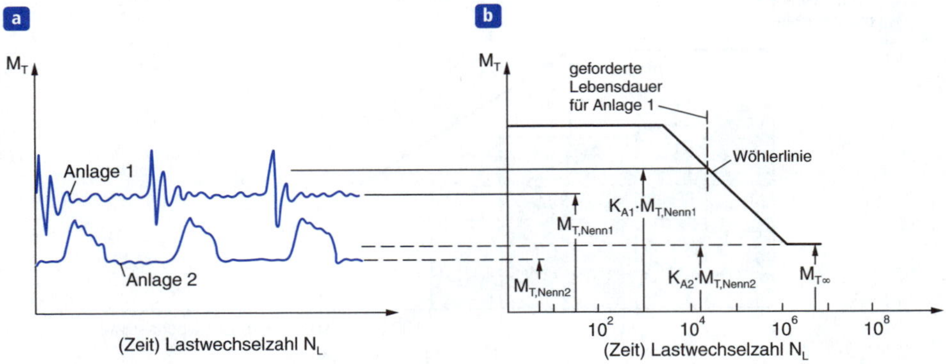

M_T Drehmoment $[Nm]$

Anwendungsfaktor K_A für Getriebe mit Übersetzung ins Langsame nach DIN 3990 [1.1]

Arbeitsweise der Antriebsmaschine	Arbeitsweise der getriebenen Maschine			
	Gleichmäßig	**Mäßige Stöße**	**Mittlere Stöße**	**Starke Stöße**
Gleichmäßig	1,00	1,25	1,50	1,75
Leichte Stöße	1,10	1,35	1,60	1,85
Mäßige Stöße	1,25	1,50	1,75	2,00 oder höher
Starke Stöße	1,50	1,75	2,00	2,25 oder höher

Beispiele für Antriebsmaschinen mit unterschiedlicher Arbeitsweise nach DIN 3990

Arbeitsweise	Antriebsmaschine
Gleichmäßig	Elektromotor (z.B. Gleichstrommotor), Dampf-, Gasturbine bei gleichmäßigem Betrieb (geringe, selten auftretende Anfahrmomente)
Leichte Stöße	Dampfturbine, Gasturbine, Hydraulik-, Elektromotor (größere, häufig auftretende Anfahrmomente)
Mäßige Stöße	Mehrzylinder-Verbrennungsmotor
Starke Stöße	Einzylinder-Verbrennungsmotor

Industriegetriebe: Beispiele für die Arbeitsweise der getriebenen Maschinen nach DIN 3990

Arbeitsweise	Getriebene Maschine
Gleichmäßig	Stromerzeuger; gleichmäßig beschickte Gurtförderer o. Plattenbänder; Förderschnecken; leichte Aufzüge; Verpackungsmaschinen; Vorschubantriebe von Werkzeugmaschinen; Lüfter; leichte Zentrifugen; Kreiselpumpen; Rührer u. Mischer für leichte Flüssigkeiten oder Stoffe mit gleichmäßiger Dichte; Scheren; Pressen, Stanzen[a]; Drehwerke, Fahrwerke[b]
Mäßige Stöße	Ungleichmäßig (z.B. mit Stückgut) beschickte Gurtförderer oder Plattenbänder; Hauptantrieb von Werkzeugmaschinen; schwere Aufzüge; Drehwerke von Kranen; Industrie- und Grubenlüfter; schwere Zentrifugen; Kreiselpumpen; Rührer und Mischer für zähe Flüssigkeiten oder Stoffe mit unregelmäßiger Dichte; Kolbenpumpen mit mehreren Zylindern, Zuteilpumpen; Extruder (allgemein); Kalander; Drehöfen; Walzwerke[c] (kontinuierliche Zinkband-, Aluminiumband- sowie Draht- und Stab-Walzwerke)
Mittlere Stöße	Extruder für Gummi; Mischer mit unterbrochenem Betrieb für Gummi und Kunststoffe; Kugelmühlen (leicht); Holzbearbeitung (Sägegatter, Drehmaschinen); Block-Walzwerke[c,d]; Hubwerke; Einzylinder-Kolbenpumpen
Starke Stöße	Bagger (Schaufelradantriebe), Eimerkettenantriebe, Siebantriebe, Löffelbagger; Kugelmühlen (schwer); Gummikneter, Brecher (Stein, Erz); Hüttenmaschinen; schwere Zuteilpumpen; Rotary-Bohranlagen; Ziegelpressen; Entrindungstrommeln; Schälmaschinen; Kaltband-Walzwerke[c,e]; Brikettpressen; Kollergänge.

[a] Nennmoment ist maximales Schnitt-, Press-, Stanzmoment
[b] Nennmoment ist maximales Anfahrmoment
[c] Nennmoment ist maximales Walzmoment
[d] Drehmoment aus Strombegrenzung
[e] K_A bis $2{,}0$ wegen häufiger Bandrisse

Schnelllaufgetriebe und Getriebe ähnlicher Anforderungen: Beispiele für die Arbeitsweise der getriebenen Maschinen nach DIN 3990

Arbeitsweise	Getriebene Maschine
Gleichmäßig	Radialverdichter für Klimaanlage, – für Prozessgas; Leistungsprüfstand; Generator und Erregermaschine für Grundlast oder Dauerlast; Papiermaschinen – Hauptantrieb
Mäßige Stöße	Radialverdichter für Luft oder Rohrleitungen; Axialverdichter; Zentrifugal-Ventilator; Generator und Erregermaschine für Spitzenlast; Kreiselpumpe (alle Arten, außer den nachstehend besonders angegebenen), axial durchströmte Rotationspumpe, alle Arten; Zahnradpumpe; Papierindustrie: Jordan- oder Refinermaschine, Papiermaschinen-Nebenantrieb, Papierzeugstampfer
Mittlere Stöße	Rotations-Nockengebläse; radial durchströmter Rotations-Nockenkompressor; Kolbenkompressor (3 oder mehr Zylinder); Ventilatoren; Saugluft, Industrie- und Bergwerk (große, mit häufigen Anlaufvorgängen); Kesselspeise – Kreiselpumpe, Rotations-Nockenpumpe, Kolbenpumpe (3 Zylinder und mehr)
Starke Stöße	Kolbenkompressor (2 Zylinder); Kreiselpumpe (mit Wassertank); Schlammpumpe; Kolbenpumpe (2 Zylinder)

Anwendungsfaktor $K_{A,Stoß}$ bei Maximalbelastung

$$K_{A,Stoß} = \frac{M_{T,Stoß}}{M_{T,Nenn}} = \frac{M_{T,max}}{M_{T,Nenn}} \tag{1.4}$$

$M_{T,max}$ maximales Moment $[Nm]$

$M_{T,Stoß}$ Stoßmoment $[Nm]$

$M_{T,Nenn}$ Nennmoment $[Nm]$

18.3 Tragfähigkeitsnachweis

18.3.1 Nachweis der Grübchentragfähigkeit

Sicherheit gegen Grübchenbildung

$$S_H = \frac{\sigma_{Hlim} \cdot Z_N}{\sigma_H} \cdot Z_X \cdot Z_L \cdot Z_v \cdot Z_R \cdot Z_W \geq S_{Hmin} \tag{18.397}$$

σ_{Hlim} Grübchendauerfestigkeit nach [18.80]-[18.84] $[N/mm^2]$

σ_H Flankenpressung bzw. Hertz'sche Pressung nach (18.393) $[N/mm^2]$

s_{Hmin} Mindestsicherheit $s_{Hmin} = 1{,}0...1{,}2$

Z_N Lebensdauerfaktor nach (18.393)

Z_X Größenfaktor

Z_L Schmierstofffaktor

Z_V Geschwindigkeitsfaktor

Z_R Rauheitsfaktor

Z_W Werkstoffpaarungsfaktor

Näherungsweise können $Z_X = Z_L = Z_V = Z_R = Z_W = 1$ gesetzt werden. Weiterführendes siehe Buch Maschinenelemente 2 Abschnitt 18.4.4.

Flankenpressung σ_H

$$\sigma_H = \sigma_{H0} \cdot \sqrt{K_A \cdot K_v \cdot K_{H\alpha} \cdot K_{H\beta}} \qquad (18.393)$$

σ_{H0}	Flankenpressung ohne Zusatzbelastung nach (18.392) [N/mm^2]
K_A	Anwendungsfaktor nach [1.1], Abschnitt 18.2
K_V	Faktor für innere dynamische Zusatzkräfte
$K_{H\alpha}$	Faktor für die Stirnlastverteilung
$K_{H\beta}$	Faktor für die Breitenlastverteilung

Näherungsweise können $K_V = K_{H\alpha} = K_{H\beta} = 1$ gesetzt werden. Weiterführendes siehe Buch Maschinenelemente 2 Abschnitt 18.4.2 und 18.4.3.

Flankenpressung ohne Zusatzbelastung σ_{H0}

$$\sigma_{H0} = Z_E \cdot Z_H \cdot Z_{B,D} \cdot Z_\varepsilon \cdot Z_\beta \cdot \sqrt{\frac{F_t}{b \cdot d_1} \cdot \frac{u+1}{u}} \qquad (18.392)$$

F_t	Tangentialkraft am Teilkreis [N]
d_1	Teilkreisdurchmesser Kleinrad [mm]
b	gemeinsame Zahnbreite [mm]
u	Zähnezahlverhältnis Großrad/Kleinrad
Z_E	Elastizitätsfaktor nach [18.60]
Z_H	Zonenfaktor nach [18.176]
$Z_{B,D}$	Einzeleingriffsfaktor nach (18.389) und (18.390)
Z_ε	Überdeckungsfaktor nach [18.176]
Z_β	Schrägenfaktor nach (18.391)

Elastizitätsfaktor Z_E [18.60]

Werkstoff, Rad 1 **Poisson'sche Zahl** $\nu_1 = 0{,}3$	E**-Modul** N/mm^2	**Werkstoff, Rad 2** **Poisson'sche Zahl** $\nu_2 = 0{,}3$	E**-Modul** N/mm^2	Z_E $\sqrt{N/mm^2}$
Stahl	$2{,}06 \cdot 10^5$	Stahl	$2{,}06 \cdot 10^5$	189,8
		Stahlguss	$2{,}0 \cdot 10^5$	189
		Gusseisen mit Kugelgrafit	$1{,}7 \cdot 10^5$	181
		Guss-Zinn-Bronze	$1{,}0 \cdot 10^5$	155
		Zinn-Bronze	$1{,}1 \cdot 10^5$	160
		Gusseisen mit Lamellengrafit	$1{,}2 \cdot 10^5$	165 bis 162
Stahlguss	$2{,}0 \cdot 10^5$	Stahlguss	$2{,}0 \cdot 10^5$	188
		Gusseisen mit Kugelgrafit	$1{,}7 \cdot 10^5$	181
		Gusseisen mit Lamellengrafit	$1{,}2 \cdot 10^5$	161
Gusseisen mit Kugelgrafit	$1{,}7 \cdot 10^5$	Gusseisen mit Kugelgrafit	$1{,}7 \cdot 10^5$	174
		Gusseisen mit Lamellengrafit	$1{,}2 \cdot 10^5$	157
Gusseisen mit Lamellengrafit	$1{,}2 \cdot 10^5$	Gusseisen mit Lamellengrafit	$1{,}2 \cdot 10^5$	144

Zonenfaktor Z_H und Überdeckungsfaktor Z_ε [18.176]

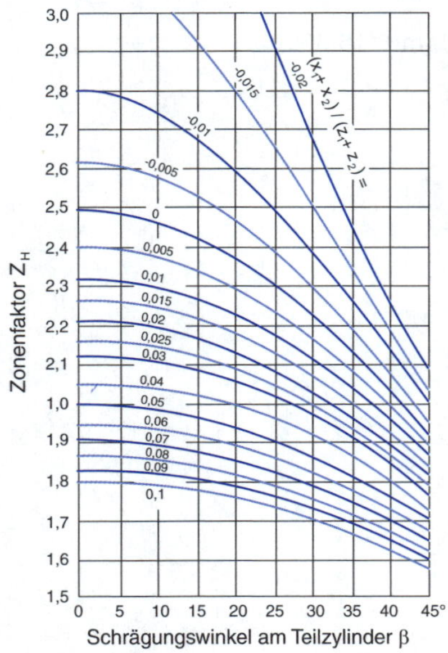

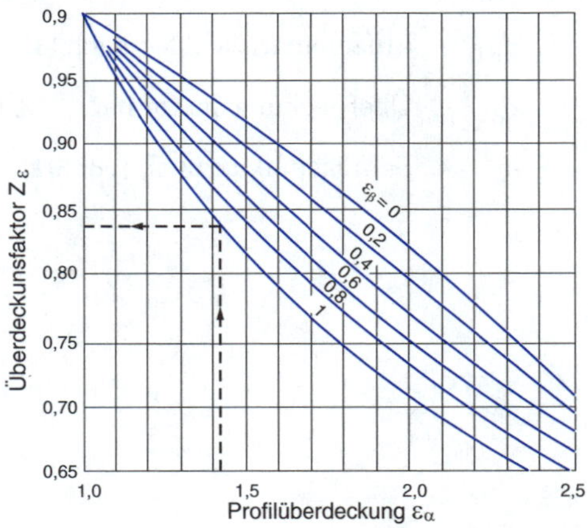

$z_{1,2}$ Zähnezahl

$x_{1,2}$ Profilverschiebungsfaktor

β Schrägungswinkel [°]

ε_α Profilüberdeckung

ε_β Sprungüberdeckung

Schrägenfaktor Z_β

$$Z_\beta = \sqrt{\cos\beta} \quad (18.391)$$

β Schrägungswinkel [°]

Einzeleingriffsfaktor $Z_{B,D}$

$$Z_B = \frac{\tan\alpha_{wt}}{\sqrt{\left(\sqrt{\left(\frac{d_{a1}}{d_{b1}}\right)^2 - 1} - \frac{2\cdot\pi}{z_1}\right)\cdot\left(\sqrt{\left(\frac{d_{a2}}{d_{b2}}\right)^2 - 1} - (\varepsilon_\alpha - 1)\cdot\frac{2\cdot\pi}{z_2}\right)}} \quad (18.389)$$

$$Z_D = \frac{\tan\alpha_{wt}}{\sqrt{\left(\sqrt{\left(\frac{d_{a2}}{d_{b2}}\right)^2 - 1} - \frac{2\cdot\pi}{z_2}\right)\cdot\left(\sqrt{\left(\frac{d_{a1}}{d_{b1}}\right)^2 - 1} - (\varepsilon_\alpha - 1)\cdot\frac{2\cdot\pi}{z_1}\right)}} \quad (18.390)$$

Bei gleicher Festigkeit von Rad und Ritzel ist der größere Wert für Z_B bzw. Z_D einzusetzen.

Zur näherungsweisen Berechnung kann Z_B=Z_D=1 gesetzt werden.

Lebensdauerfaktor Z_N

$$Z_N = \sqrt[q_H]{\frac{N_{Hlim}}{N_L}} \quad \text{mit} \quad N_L = n_p \cdot L_h \cdot n \quad \text{und} \quad 10^5 \le N_L \le N_{Hlim} \quad (18.398)$$

Für den Bereich der Dauerfestigkeit mit

$$N_L > N_{Hlim} \text{ gilt } Z_N = 1.$$

N_{Hlim} Ecklastwechselzahl

N_L Lastwechselzahl

q_H Steigung der Wöhlerlinie

n_P Anzahl der Zahneingriffe

L_h Lebensdauer [h]

n Drehzahl [min^{-1}]

18

18.3.2 Nachweis der Zahnfußtragfähigkeit

Sicherheit gegen Ermüdungsbruch am Zahnfuß

$$S_F = \frac{\frac{\sigma_{FE}}{Y_{\delta T}}}{\sigma_F} \cdot Y_N \cdot Y_\delta \cdot Y_X \cdot Y_R \geq S_{Fmin} \tag{18.427}$$

σ_{FE}	Dauerschwellfestigkeit nach (18.431) [N/mm^2]
σ_F	Zahnfußspannung nach (18.413) [N/mm^2]
S_{Fmin}	Mindestsicherheit $S_{Fmin} = 1{,}2...1{,}5$
$Y_{\delta T}$	Stützziffer des Testzahnrades
Y_δ	Stützziffer nach [18.190]
Y_N	Lebensdauerfaktor nach (18.432)
Y_X	Größenfaktor
Y_R	Rauheitsfaktor

Näherungsweise können $Y_{\delta T} = Y_X = Y_R = 1$ gesetzt werden. Weiterführendes siehe Buch Maschinenelemente 2 Abschnitt 18.4.5.

Dauerschwellfestigkeit σ_{FE}

$$\sigma_{FE} = \sigma_{FE0} \cdot Y_T \cdot Y_A \tag{18.431}$$

σ_{FE0}	Zahnfußdauerfestigkeit nach [18.80]-[18.84] [N/mm^2]
Y_T	Technologiefaktor nach [18.64]
Y_A	Betriebsartenfaktor nach [18.65]

Zahnfußspannung σ_F

$$\sigma_F = K_A \cdot K_v \cdot K_{F\alpha} \cdot K_{F\beta} \cdot \frac{F_t}{b \cdot m_n} \cdot Y_{FS} \cdot Y_\varepsilon \cdot Y_\beta \tag{18.413}$$

F_t	Tangentialkraft am Teilkreis [N]
b	gemeinsame Zahnbreite [mm]
m_n	Modul im Normalschnitt [mm]
K_A	Anwendungsfaktor nach [1.1], Abschnitt 18.2
K_V	Faktor für innere dynamische Zusatzkräfte

$K_{F\alpha}$ Faktor für die Stirnlastverteilung

$K_{F\beta}$ Faktor für die Breitenlastverteilung

Y_{FS} Kopffaktor nach [18.182] und [18.183]

Y_ε Überdeckungsfaktor nach (18.414)

Y_β Schrägenfaktor nach [18.181]

Näherungsweise können $K_V = K_{F\alpha} = K_{F\beta} = 1$ gesetzt werden. Weiterführendes siehe Buch Maschinenelemente 2 Abschnitt 18.4.2 und 18.4.3.

Überdeckungsfaktor Y_ε

$$Y_\varepsilon = 0{,}25 + \frac{0{,}75}{\varepsilon_\alpha} \quad \text{für} \quad \varepsilon_\beta < 1 \quad \text{und} \quad Y_\varepsilon = \frac{1}{\varepsilon_\alpha} \quad \text{für} \quad \varepsilon_\beta \geq 1 \qquad (18.414)$$

ε_α Profilüberdeckung

ε_β Sprungüberdeckung

Schrägenfaktor Y_β [18.181]

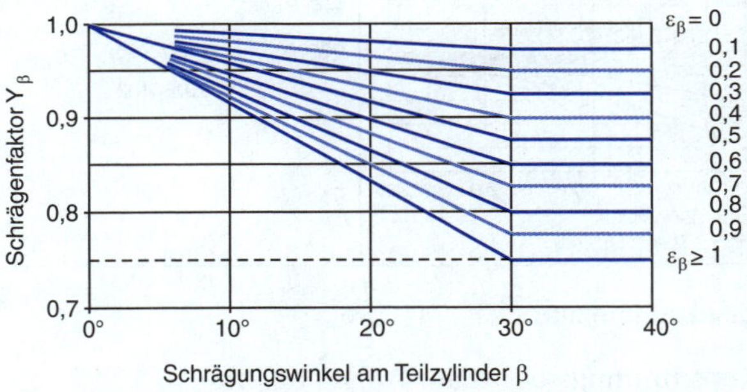

ε_β Sprungüberdeckung

β Schrägungswinkel [°]

Kopffaktor Y_{FS} für Außenverzahnungen

[18.182

a

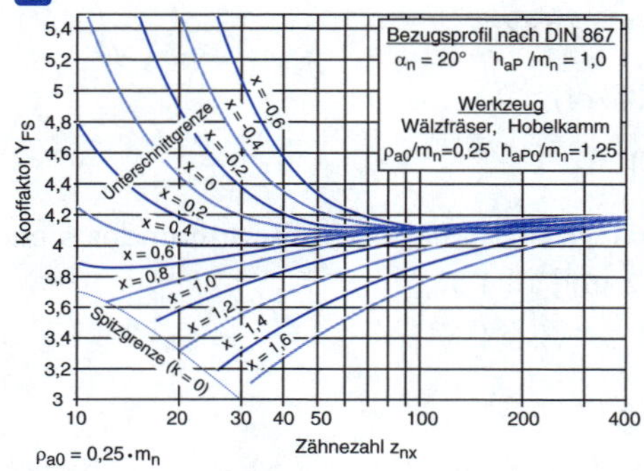

b

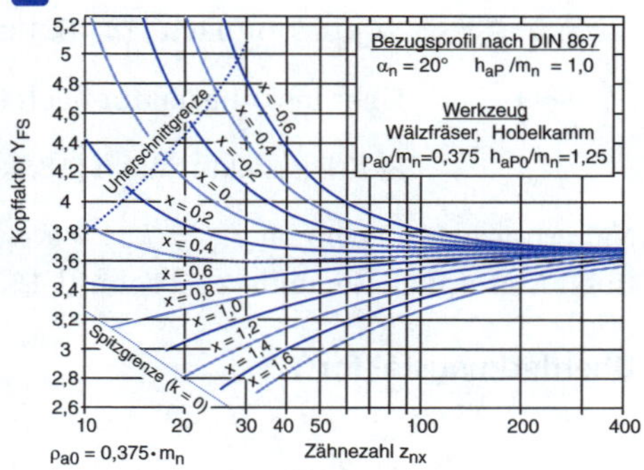

c

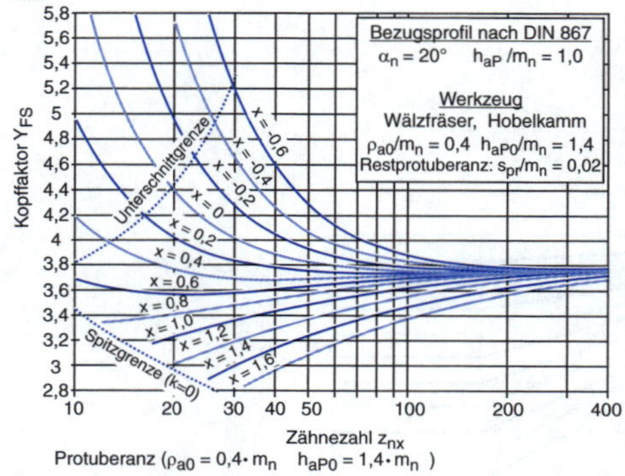

Kopffaktor Y_{FS} für Außenverzahnung bei Herstellung mit Wälzfräser oder Hobelkamm und Bezugsprofil nach DIN 867. Bezugsspannung ist die Biegenennspannung an der 30°-Tangente:

a $\rho_{a0} = 0{,}25 \cdot m_n$

b $\rho_{a0} = 0{,}375 \cdot m_n$

c $\rho_{a0} = 0{,}40 \cdot m_n,\ h_{aP0} = 1{,}40 \cdot m_n$ und Protuberanz

z_{nx}	Ersatzzähnezahl
ρ_{a0}	Kopfrundungsradius am Werkzeug [mm]
h_{aP0}	Zahnkopfhöhe am Werkzeug [mm]
h_{aP}	Zahnkopfhöhe Bezugsprofil DIN 867 [mm]
s_{pr}	Protuberanzbetrag [mm]
α_n	Eingriffswinkel im Normalschnitt [°]
m_n	Modul im Normalschnitt [mm]

18

Kopffaktor Y_{FS} für Innenverzahnungen [18.183]

a

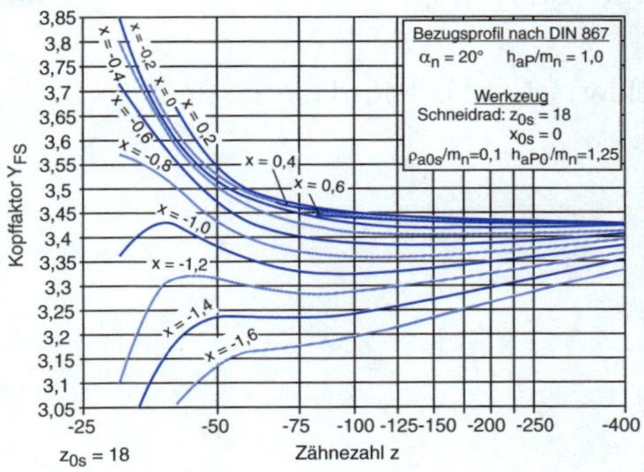

b

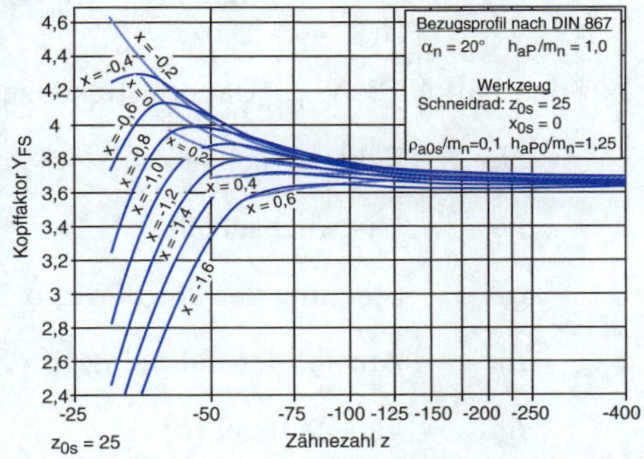

c

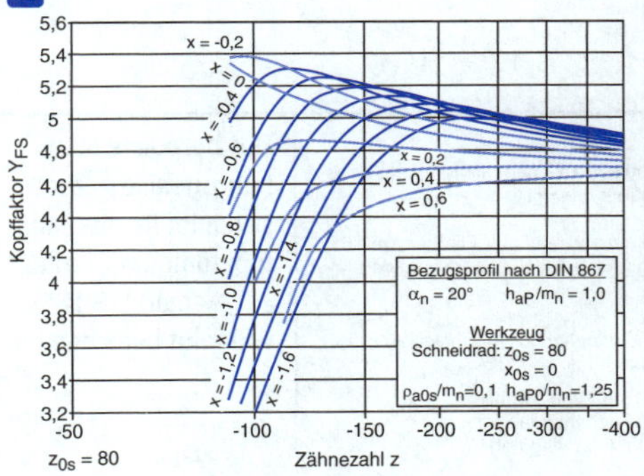

Kopffaktor Y_{FS} für Innenverzahnung bei Herstellung mit Schneidrad und Bezugsprofil nach DIN 867. Bezugsspannung ist die Biegenennspannung an der 60°-Tangente:

a $z_{0s} = 18$

b $z_{0s} = 25$

c $z_{0s} = 80$

z	Zähnezahl
z_{0s}	Zähnezahl Schneidrad
ρ_{a0S}	Kopfrundungsradius am Werkzeug [mm]
h_{aP0}	Zahnkopfhöhe am Werkzeug [mm]
h_{aP}	Zahnkopfhöhe Bezugsprofil DIN 867 [mm]
x_{0s}	Profilverschiebungsfaktor am Werkzeug
α_n	Eingriffswinkel im Normalschnitt [°]
m_n	Modul im Normalschnitt [mm]

Lebensdauerfaktor Y_N

$$Y_N = \sqrt[q_F]{\frac{N_{Flim}}{N_L}} \quad \text{mit} \quad N_L = n_p \cdot L_h \cdot n \quad \text{und} \quad N_{min} \leq N_L \leq N_{Flim} \qquad (18.432)$$

Für den Fall $N_L \geq N_{Flim}$ (Dauerfestigkeitsgebiet) ist der Lebensdauerfaktor $Y_N = 1$.

N_{Flim}	Ecklastwechselzahl
N_L	Lastwechselzahl
q_F	Steigung der Wöhlerlinie
n_P	Anzahl der Zahneingriffe
L_h	Lebensdauer $[h]$
n	Drehzahl $[min^{-1}]$

Stützziffer Y_δ [18.19

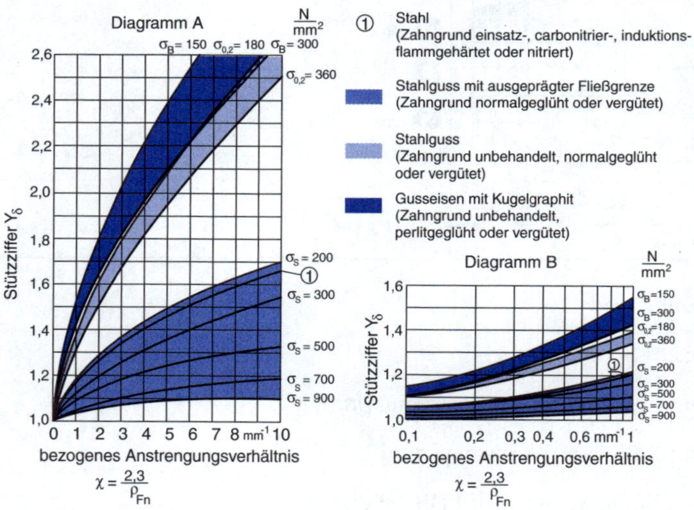

Diagramm A $Y_\delta = f(\chi)$ für $0 \leq \chi \leq 10$

Diagramm B Vergrößerter Auszug aus Diagramm A; $Y_\delta = f(\chi)$ für $0{,}1 \leq \chi \leq 1$

Das bezogene Spannungsgefälle χ lässt sich mithilfe des Zahnfußkrümmungsradius ρ_{Fn} gemäß [18.184] wie folgt berechnen:

$$\chi = \frac{2{,}3}{\rho_{Fn}} \qquad (18.433)$$

ρ_{Fn}	Zahnfußkrümmungsradius $[N/mm^2]$
σ_B	Bruchfestigkeit $[N/mm^2]$
$\sigma_{0,2}$	Streckgrenze $[mm]$
χ	Anstrengungsverhältnis $[mm^{-1}]$

18

Zahnfußkrümmungsradius ρ_{Fn} [18.184]

a

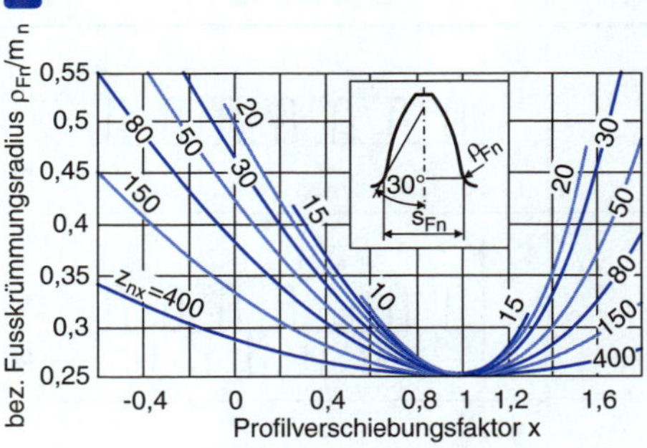

b

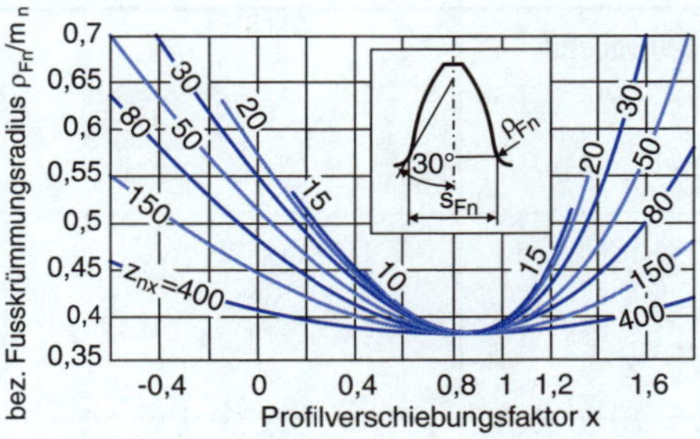

c

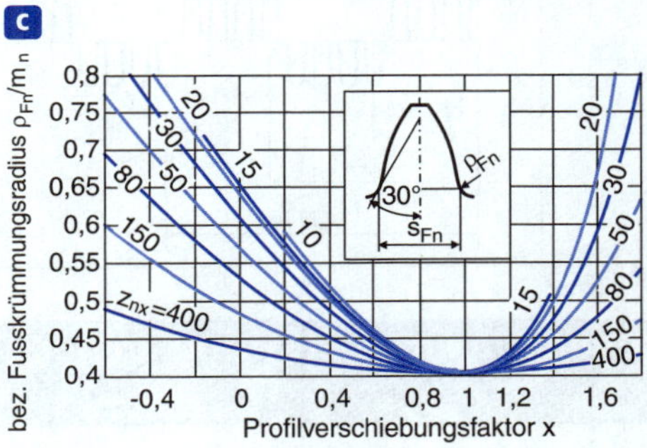

Bezogener Zahnfußkrümmungsradius ρ_{Fn} / m_n an der 30°-Tangente bei Herstellung mit Schneiderad und Bezugsprofil nach DIN 867:

a $\rho_{a0} = 0{,}25 \cdot m_n,\ h_{a0} = 1{,}25 \cdot m_n$

b $\rho_{a0} = 0{,}38 \cdot m_n,\ h_{a0} = 1{,}25 \cdot m_n$

c $\rho_{a0} = 0{,}40 \cdot m_n,\ h_{a0} = 1{,}40 \cdot m_n,$
$s_{pr} = 0{,}02 \cdot m_n$

a) und b) ohne Protuberanz

c) mit Protuberanz

ρ_{a0} Kopfrundungsradius am Werkzeug [mm]

h_{a0} Zahnkopfhöhe am Werkzeug [mm]

m_n Modul im Normalschnitt [mm]

x Profilverschiebungsfaktor

z_{nx} Ersatzzähnezahl

s_{Fn} Zahnfußdicke an der 30°-Tangente im Normalschnitt [mm]

Technologiefaktor Y_T [18.64]

Art der Bearbeitung des Zahngrundes	Technologiefaktor Y_T
Kugelstrahlen – für einsatzgehärtete oder carbonitrierte Verzahnung; in der verfestigten Schicht nicht geschliffen	1,2 bis 1,4
Rollen – für flamm- oder induktionsgehärtete Verzahnungen; in der verfestigten Schicht nicht geschliffen	1,3 bis 1,5
Schleifen – für einsatzgehärtete oder carbonitrierte Verzahnung	Allgemein: 0,7 bei CBN-Schleifscheiben: 1
Spanende Bearbeitung – gilt nicht für geschliffene Verzahnung	1

18

Betriebsartenfaktor Y_A **[18.65]**

Betriebsart	**Betriebsartenfaktor Y_A**	**Belastungsrichtung**
Schwellend	1	
Wechselnd	0,7	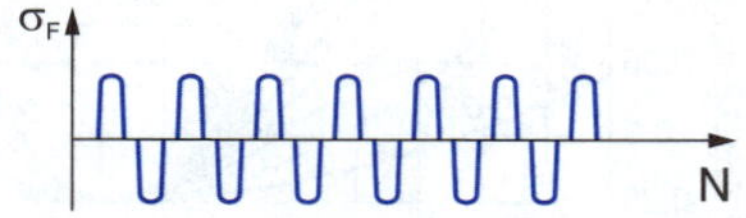
Reversierend	$0{,}85 - 0{,}15 \cdot \frac{\lg N_{rev}}{6}$ für $1 \le N_{rev} \le 10^6$ 0,7 für $N_{rev} > 10^6$	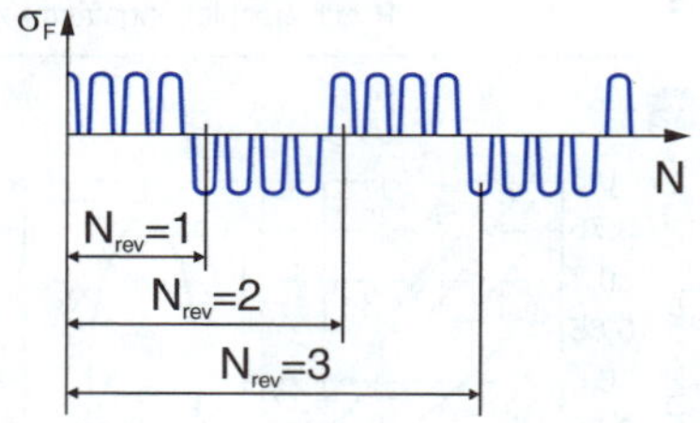

18.3.3 Nachweis der Sicherheit gegen Maximalbelastung an der Zahnflanke

Sicherheit S_{HSt} gegen Schäden bei stoßhafter Belastung

$$S_{HSt} = \frac{\sigma_{HSt}}{\sigma_{Hmax}} \quad \text{oder} \quad \sigma_{Hmax} \le \sigma_{HSt} \qquad (18.464)$$

σ_{Hst} maximal ertragbare Flankenpressung nach [18.76] [N/mm^2]

σ_{Hmax} maximale Beanspruchung nach (18.393) [N/mm^2]

Die geforderte Mindestsicherheit sollte $S_{HSt} \ge 1$ sein.

18.3.4 Nachweis der Sicherheit gegen Maximalbelastung am Zahnfuß

Sicherheit S_{FSt} gegen Anriss und Gewaltbruch für spröde Werkstoffe und Stählen mit harter Randschicht bei maximaler Beanspruchung

$$S_{FSt} = \frac{\sigma_{FSt}}{\sigma_{Fmax}} = \frac{R_m}{\sigma_{Fmax}} \tag{18.468}$$

σ_{Fst} maximal ertragbare Beanspruchbarkeit $[N/mm^2]$

σ_{Fmax} maximale Beanspruchung nach (18.413) $[N/mm^2]$

R_m Zugfestigkeit der Randschicht $[N/mm^2]$

Bei Einsatzhärtung mit einer Oberflächenhärte von H ≥ 60HRC und Vernachlässigung der Eigenspannungen gilt $\sigma_{Fst} = R_m = 2300\ N/mm^2$. Die geforderte Mindestsicherheit sollte $S_{FSt} \geq 1{,}4$ sein.

18.3.5 Nachweis der Fresstragfähigkeit

Fresssicherheit S_B nach DIN 3990 (Blitztemperatur)

$$S_B = \frac{\vartheta_S - \vartheta_{Ö}}{\vartheta_{Bmax} - \vartheta_{Ö}} \geq S_{Bmin} \tag{18.442}$$

ϑ_S Fresstemperatur nach (18.443) $[°C]$

$\vartheta_{Ö}$ Schmieröltemperatur vor dem Zahneingriff $[°C]$

ϑ_{Bmax} maximale Kontakttemperatur längs der Eingriffsstrecke nach (18.445) $[°C]$

S_{Bmin} Mindestsicherheit

Fresstemperatur für Mineralöle $\vartheta_{S,Mineral}$ und synthetische Öle $\vartheta_{S,Synthetisch}$

$$\vartheta_{S,Mineral} = 230 + 76{,}5 \cdot \log\frac{\nu_{40}}{30} \qquad \vartheta_{S,Synthetisch} \approx \vartheta_{MT} + X_{WrelT} \cdot \vartheta_{flamaxT} \tag{18.443}$$

ϑ_{MT} Massentemperatur als Funktion des Ritzelmomentes nach [18.194] $[°C]$

$\vartheta_{flamaxT}$ maximale Blitztemperatur nach (18.444) $[°C]$

X_{WrelT} relativer Gefügefaktor nach [18.194]

ν_{40} Nennviskosität

Index T Testwerte (während des Fresstestlaufes im Prüfstand)

Fresslast-Geschwindigeits-Kurve verschiedener Öle, Gefügefaktor X_W sowie Massentemperatur ϑ_M und mittlere Blitztemperatur $\vartheta_{fla\ int}$

[18.19

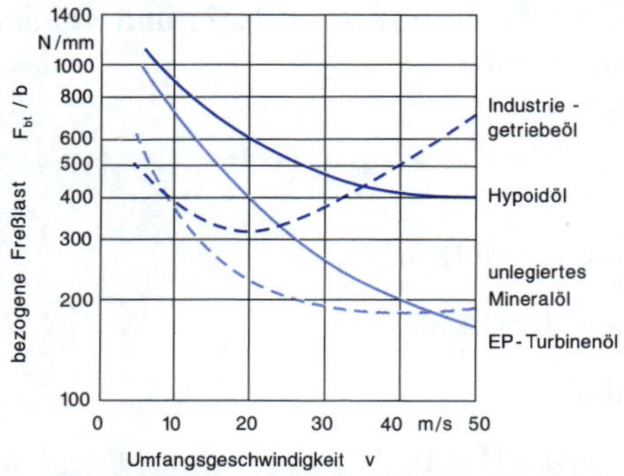

Werkstoff und Wärmebehandlung	Gefügefaktor
Vergütete Stähle	1,00
Phosphatierte Stähle	1,25
Verkupferte Stähle	1,50
Bad- und gasnitrierte Stähle	1,50
Einsatzgehärtete Stähle	
- Austenitgehalt normal	1,00
- Austenitgehalt unterdurchschnittlich	1,15
- Austenitgehalt überdurchschnittlich	0,85
Austenitische Stähle (rostfreie Stähle)	0,45

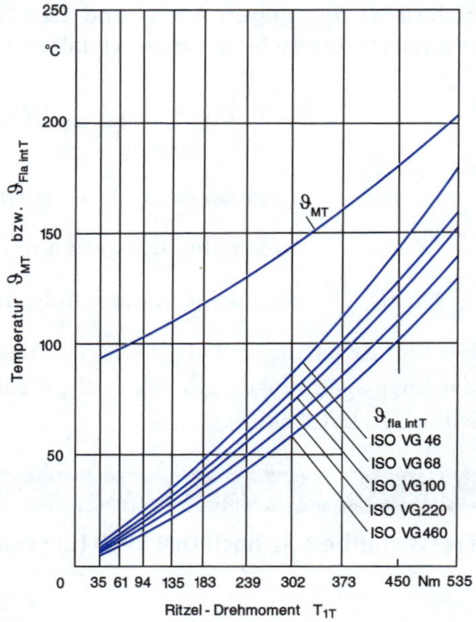

Massentemperatur ϑ_{MT} und maximal auftretende Blitztemperatur $\vartheta_{flamaxT}$ während des Fresstestlaufes im Prüfstand

$$\vartheta_{MT} = 80 + 0{,}23 \cdot M_{T1T} \quad \text{und} \quad \vartheta_{fla\max T} = 0{,}12 \cdot M_{T1T}^{1,2} \cdot \left(\frac{100}{\nu_{40}}\right)^{\nu_{40}^{-0,4}} \qquad (18.444)$$

M_{T1T} Ritzeldrehmoment [Nm]

ν_{40} Nennviskosität

Maximale Kontakttemperatur ϑ_{Bmax} längs der Eingriffsstrecke

$$\vartheta_{Bmax} = \vartheta_M + \vartheta_{flamax} \quad \text{mit} \quad \vartheta_M = \vartheta_{Ö} + 0{,}47 \cdot \vartheta_{flamax} \cdot X_{mp} \cdot X_S \quad \text{und}$$

$$X_{mp} = \frac{1+n_p}{2} \tag{18.445}$$

ϑ_M Massentemperatur (Temperatur der Zahnoberfläche) unmittelbar vor dem Eingriff [°C]

ϑ_{flamax} maximale Blitztemperatur nach (18.435) [°C]

$\vartheta_{Ö}$ Schmieröltemperatur vor dem Zahneingriff [°C]

X_S Schmierungsfaktor, Tauchschmierung $X_S = 1$, Einspritzschmierung $X_S = 1{,}2$, vollständig unter Öl laufende Zahnräder $X_S = 0{,}2$

n_p Anzahl der Zahneingriffe

Kontakttemperatur ϑ_B und Blitztemperatur ϑ_{fla}

$$\vartheta_B = \vartheta_M + \vartheta_{fla} < \vartheta_{Bzul} \quad \text{mit} \quad \vartheta_{fla} = K \cdot \mu_{mC} \cdot \frac{w_n \cdot |v_{t1} - v_{t2}|}{\sqrt{2 \cdot b_h} \cdot \left(B_{M1} \cdot \sqrt{v_{t1}} + B_{M2} \cdot \sqrt{v_{t2}}\right)} \tag{18.435}$$

ϑ_M Massentemperatur (Temperatur der Zahnoberfläche) unmittelbar vor dem Eingriff [°C]

ϑ_{Bzul} zulässige Kontakttemperatur [°C]

μ_{mC} Mittelwert der Reibungszahl siehe Buch Maschinenelemente 2, Abschnitt 18.4.6

$v_{t1,2}$ Tangentialgeschwindigkeit von Rad 1 und Rad 2 siehe Buch Maschinenelemente 2, Abschnitt 18.2.5 [m/s]

$B_{M1,2}$ thermische Kontaktkoeffizienten von Rad 1 und Rad 2 siehe Buch Maschinenelemente 2, Abschnitt 18.4.6

w_n Linienlast in Normalenrichtung siehe Buch Maschinenelemente 2, Abschnitt 18.4.6

K empirischer Faktor $K = 1{,}11$

Integraltemperatur ϑ_{int} nach DIN 3990

$$\vartheta_{int} = \vartheta_M + C_2 \cdot \vartheta_{flaint} \leq \vartheta_{intP} \text{ mit } \vartheta_M = X_S \cdot \left(\vartheta_{Ö} + C_1 \cdot \vartheta_{flaint}\right) \text{ und}$$

$$\vartheta_{flaint} = \vartheta_{flaE} \cdot X_\varepsilon \tag{18.447}$$

ϑ_M Massentemperatur (Temperatur der Zahnoberfläche) unmittelbar vor dem Eingriff [°C]

ϑ_{flaint} Mittelwert der Blitztemperatur nach (18.446) [°C]

ϑ_{intP} zulässige Integraltemperatur nach (18.450) [°C]

ϑ_{flaE} Blitztemperatur im Kopfeingriffspunkt E des Ritzels siehe Buch Maschinenelemente 2, Abschnitt 18.4.6 [°C]

$\vartheta_{Ö}$ Schmieröltemperatur vor dem Zahneingriff [°C]

X_ε Überdeckungsfaktor siehe Buch Maschinenelemente 2, Abschnitt 18.4.6

$C_{1,2}$ Wichtungsfaktoren aus Versuchen, C_1 0,7, C_2 1,5

Mittelwert der Blitztemperatur ϑ_{flaint} entlang der Eingriffsstrecke

$$\vartheta_{fla\,\text{int}} = \frac{1}{g_\alpha} \cdot \int_{\xi_A}^{\xi_E} \vartheta_{fla} d\xi \tag{18.446}$$

g_α Länge der Eingriffsstrecke [mm]

ϑ_{fla} Blitztemperatur für jede Eingriffsstellung nach (18.435) [°C]

$\xi_{A,E}$ Integrationsgrenzen [mm]

Zulässige Integraltemperatur ϑ_{intP}

$$\vartheta_{intP} = \frac{\vartheta_{intS}}{S_{Smin}} \quad \text{mit} \quad \vartheta_{intS} \approx \vartheta_{MT} + X_{WrelT} \cdot C_2 \cdot \vartheta_{flaintT} \tag{18.450}$$

ϑ_{intS} Fressintegraltemperatur [°C]

ϑ_{MT} Massentemperatur als Funktion des Ritzelmomentes nach (18.451) [°C]

X_{WrelT} relativer Gefügefaktor nach [18.194]

$\vartheta_{fla\,int\,T}$ Mittelwert der Blitztemperatur nach (18.451) [°C]

S_{Smin} kleinste erforderliche Fresssicherheit nach [18.71]

Index T Testwerte (während des Fresstestlaufes im Prüfstand)

Massentemperatur ϑ_{MT} und mittlere auftretende Blitztemperatur $\vartheta_{fla\ int\ T}$ während des Fresstestlaufes im Prüfstand

$$\vartheta_{MT} = 80 + 0{,}23 \cdot M_{T1T} \quad \text{und} \quad \vartheta_{fla\,int\,T} = 0{,}08 \cdot M_{T1T}{}^{1{,}2} \cdot \left(\frac{100}{\nu_{40}}\right)^{\nu_{40}^{-0{,}4}} \tag{18.451}$$

M_{T1T} Ritzeldrehmoment $[Nm]$

ν_{40} Nennviskosität

Rechnerische Fresssicherheiten S_{intS} bei dem Integraltemperaturverfahren nach DIN 3990 [18.71]

Bei der Fresssicherheit S_{intS} handelt es sich um ein Temperaturverhältnis, das nicht unmittelbar den Faktor angibt, um den das Drehmoment eines Getriebes erhöht werden kann, um gerade eine Sicherheit von $S_{intS} = 1$ zu erhalten. Zur Ermittlung eines „Kraftverhältnisses" S_{SL} muss der Zusammenhang zwischen aufgebrachter Belastung und Flankentemperatur bekannt sein, wobei mit w_{tmax} als maximal ertragbarer Linienbelastung und w_{teff} als tatsächlich auftretender Linienbelastung folgender überschlägiger Zusammenhang für S_{SL} gilt:

$$S_{intS} = \frac{\vartheta_{intS}}{\vartheta_{int}} \geq S_{Smin} \tag{18.452}$$

$$S_{SL} = \frac{w_{tmax}}{w_{teff}} \approx \frac{\vartheta_{Sint} - \vartheta_{Ö}}{\vartheta_{int} - \vartheta_{Ö}} \tag{18.453}$$

$S_{intS} < 1{,}0$	Mit hoher Wahrscheinlichkeit ist mit dem Auftreten von Fressern zu rechnen.
$1{,}0 \leq S_{intS} \leq 2{,}0$	Bei sorgfältigem Einlauf der Getriebe, gutem Tragbild und zutreffenden Annahmen der im Betrieb auftretenden Belastungen sind keine Fressschäden zu erwarten. Insbesondere bei ungenügendem Abbau der Fertigungsrauheit und nach ungenügender Ausbildung des Höhen- und Breitentragens der Verzahnung können Schäden nicht ausgeschlossen werden.
$S_{intS} > 2{,}0$	Ein Fressen ist kaum zu befürchten.

18.4 Beanspruchbarkeit von Stirnrädern

Wöhler-Linien der Werkstoffqualität MQ mit Schadenswahrscheinlichkeit 1%

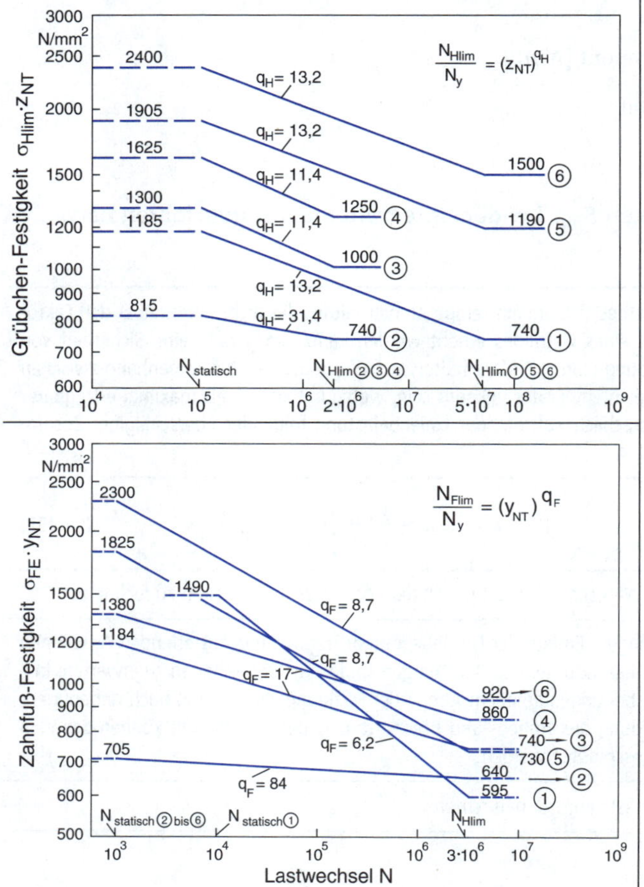

1 – Legierte Vergütungsstähle, vergütet

2 – Vergütungs- und Einsatzstähle, normal geglüht oder vergütet, nitrocarburiert

3 – Vergütungs- und Einsatzstähle, vergütet, gasnitriert

4 – Nitrierstähle (ohne Al), vergütet, gasnitriert

5 – Vergütungsstähle, vergütet, flamm- oder induktionsgehärtet

6 – Legierte Einsatzstähle, einsatzgehärtet

Grübchendauerfestigkeit σ_{Hlim} und Zahnfußgrundfestigkeit σ_{FE} – vergütete, legierte Stähle [18.80]

Werkstoff	Mindest-streckgrenze $R_{p0,2}$ in N/mm^2	Mindest-zugfestigkeit R_m in N/mm^2	Mindesthärte am Zahn H_{min} in HV	Grübchen-dauerfestigkeit σ_{Hlim} in N/mm^2	Zahnfuß-grundfestigkeit σ_{FE} in N/mm^2
$16\ mm \leq s < 40\ mm$					
38 Cr 2	450	700	225	665	565
34 Cr 4	590	800	250	700	585
34 CrMo 4	650	900	280	740	605
42 CrMo 4	750	1.000	310	785	625
$40\ mm \leq s < 100\ mm$					
34 Cr 4	460	700	225	665	565
34 CrMo 4	550	800	250	700	585
42 CrMo 4	650	900	280	740	605
34 CrNiMo 6	800	1.000	310	785	625
$100\ mm \leq s < 160\ mm$					
34 CrMo 4	460	700	225	665	565
42 CrMo 4	550	800	250	700	585
34 CrNiMo 6	700	900	280	740	605
30 CrNiMo 8	800	1.000	310	785	625
$160\ mm \leq s < 250\ mm$					
34 CrMo 4	450	700	225	665	565
34 CrNiMo 6	600	800	250	700	585
30 CrNiMo 8	700	900	280	740	605
36 NiCrMo 16	800	1.000	310	785	625

Die Werte für σ_{Hlim} und σ_{FE} wurden nach DIN 3990 T5 ermittelt:
σ_{Hlim} für $N_{Hlim} = 5 \cdot 10^7$ und $q_H = 10$ bis $13{,}2$ mit $q_H = 13{,}2$ nach DIN 3990 T2 und $q_H = 10$,
σ_{FE} für $N_{Flim} = 3 \cdot 10^6$ und $q_F = 6{,}2$ nach DIN 3990 T3.

Grübchendauerfestigkeit σ_{Hlim} und Zahnfußgrundfestigkeit σ_{FE} – randschichtgehärtete, vergütete Stähle [18.81]

Werkstoff	Mindest-streck-grenze $R_{p0,2}$ in N/mm^2	Mindestzug-festigkeit R_m in N/mm^2	Mindest-härte am Zahn nach Vergüten H_{min} in HV	Mindesthärte am Zahn nach Randschicht-härten H_O in HRC	Grübchen-dauerfestigkeit σ_{Hlim} in N/mm^2	Zahnfußgrund-festigkeit σ_{FE} in N/mm^2
$16\ mm \le s < 40\ mm$						
38 Cr 2	450	700	225	51	1.170	725
46 Cr 2	550	800	250	54	1.200	740
41 Cr 4	650	900	280	53	1.185	740
$40\ mm \le s < 100\ mm$						
46 Cr 2	400	650	205	54	1.200	740
41 Cr 4	560	800	250	53	1.185	740
42 CrMo 4	650	900	280	53	1.185	740
$100\ mm \le s < 160\ mm$						
34 CrMo 4	500	750	235	50	1.155	720
42 CrMo 4	550	800	250	53	1.185	740
34 CrNiMo 6	700	900	280	50	1.155	720
$160\ mm \le s < 250\ mm$						
42 CrMo 4	500	750	235	53	1.185	740
34 CrNiMo 6	600	800	250	50	1.155	720

Die Werte für σ_{Hlim} und σ_{FE} wurden nach DIN 3990 T5 ermittelt:

σ_{Hlim} für $N_{Hlim} = 5 \cdot 10^7$ und $q_H = 10$ bis $13{,}2$ mit $q_H = 13{,}2$ nach DIN 3990 T2 und $q_H = 10$,

σ_{FE} für $N_{Flim} = 3 \cdot 10^6$ und $q_F = 8{,}7$ nach DIN 3990 T3.

Die Werte für σ_{FE} gelten für mitgehärteten Zahngrund. Bei flamm- und induktionsgehärteten Zahnrädern ohne Zahngrundhärtung muss mit einer stark geminderten Biegefestigkeit bis auf 69 % von mit der Kernhärte vergleichbaren Stählen gerechnet werden.

Grübchendauerfestigkeit σ_{Hlim} und Zahnfußgrundfestigkeit σ_{FE} – einsatzgehärtete, legierte Stähle [18.82]

Werkstoff	Kennzeichnende Abmessung s in mm	Kernhärte H_K in HRC	Oberflächenhärte H_O in HRC	Mindeststreckgrenze $R_{p0,2}$ in N/mm²	Grübchendauerfestigkeit σ_{Hlim} in N/mm²	Zahnfußgrundfestigkeit σ_{FE} in N/mm²
20 MoCr 4 HH	≤ 30	≥ 34	58 bis 63	700	1.500	860
16 MnCr 5 HH	≤ 30	≥ 34	58 bis 63	700	1.500	860
20 MnCr 5 HH	≤ 60	≥ 34	58 bis 63	700	1.500	860
15 CrNi 6 HH	≤ 70	≥ 34	58 bis 63	750	1.500	920
17 CrNiMo 6 HH	> 400	≥ 34	58 bis 63	800	1.500	920

Die Werte für σ_{Hlim} und σ_{FE} wurden nach DIN 3990 T5 ermittelt:

σ_{Hlim} für $N_{Hlim} = 5 \cdot 10^7$ und $q_H = 13{,}2$ nach DIN 3990 T2,

σ_{FE} für $N_{Flim} = 3 \cdot 10^6$ und $q_F = 8{,}7$ nach DIN 3990 T3.

Die Kennzeichnung HH bei der Stahlmarke bedeutet nach DIN EN 10084 ein auf 2/3 eingeschränktes Härtbarkeitsstreuband, ausgehend von der oberen Grenzkurve.

Bei den Angaben zur Mindeststreckgrenze $R_{p0,2}$ handelt es sich um nicht genormte Werte.

Grübchendauerfestigkeit σ_{Hlim} und Zahnfußgrundfestigkeit σ_{FE} – nitrocarburierte und nitrierte, legierte Stähle [18.83]

Werkstoff	Kennzeichnende Abmessung s in mm	Mindeststreckgrenze $R_{p0,2}$ in N/mm²	Mindestkernhärte H_K in HV	Mindestoberflächenhärte H_O in HV2	σ_{Hlim} in N/mm²		σ_{FE} in N/mm²	
					nitrocarburiert	nitriert	nitrocarburiert	nitriert
16 MnCr5 N 20 MnCr5 N 20 MoCr4 N	≤ 150	300 1) 350 1) 300 1)	155 170 155	500 500 500	800 800 800	800 1),2) 800 1),2) 800 1),2)	640 640 640	640 1),3) 640 1),3) 640 1),3)
20 MnCr 5 V	16 bis 40 40 bis 100	550 1) 450 1)	250 225	500 500	800 800	1.000 1.000	640 640	740 740
34 Cr4 V	16 bis 40 40 bis 100	590 460	250 225	500 500	800 800	1.000 1.000	640 640	740 740
34CrMo4 V	40 bis 100 100 bis 160	550 460	250 225	500 500	800 800	1.000 1.000	640 640	740 740
42 CrMo 4 V	40 bis 100 100 bis 160 160 bis 250	650 550 500	280 250 225	500 500 500	800 800 800	1.000 1.000 1.000	640 640 640	740 740 740

34 CrNiMo 6 V	40 bis 100 100 bis 160	800 700	310 280	500 500	800 800	1.000 1.000	640 640	740 740
30 CrNiMo 8 V	160 bis 250	700	280	500	800	1.000	640	740
31 CrMo12 V	bis 100 100 bis 250	800 700	310 280	800 800	– –	1.250 [4] 1.250 [4]	– –	850 [4] 850 [4]
31 CrMo V9 V	bis 100 100 bis 250	800 700	310 280	800 800	– –	1.250 [4] 1.250 [4]	– –	850 [4] 850 [4]
15 CrMo V5.9 V	< 100	700	280	800	–	1.250 [4]	–	850 [4]

Die Werte für σ_{Hlim} und σ_{FE} wurden nach DIN 3990 T5 ermittelt, bei
[1] handelt es sich um nicht genormte Werte.

σ_{Hlim} für $N_{Hlim} = 2 \cdot 10^6$ mit $q_H = 31{,}4$ (nitrocarburiert) und $q_H = 11{,}4$ (nitriert) sowie bei
[2] $q_H = 31{,}4$ (nitriert) nach DIN 3990 T2.

σ_{FE} für $N_{Flim} = 3 \cdot 10^6$ mit $q_F = 84$ (nitrocarburiert) und $q_F = 17$ (nitriert) sowie bei
[3] $q_F = 84$ (nitriert) nach DIN 3990 T3

[4] Voraussetzung hierfür ist $H_K \geq 280$ HV.

Grübchendauerfestigkeit σ_{Hlim} und Zahnfußgrundfestigkeit σ_{FE} – Gusseisen, Stahlguss und Baustahl [18.84

Werkstoff	Kurzzeichen	Flankenhärte in HB	Grübchendauerfestigkeit σ_{Hlim} in N/mm^2	Zahnfußgrundfestigkeit σ_{FE} in N/mm^2
Gusseisen mit Lamellengrafit nach DIN EN 1561 [18.89]	EN-GJL-200 (GG-20) EN-GJL-250 (GG-25)	180 220	300 360	80 110
Temperguss nach DIN EN 1562 [18.90]	EN-GJMB-350 (GTS-35) EN-GJMB-650 (GTS-65)	150 220	320 460	330 410
Gusseisen mit Kugelgrafit nach DIN EN 1563 [18.91]	EN-GJS-400 (GGG-40) EN-GJS-600 (GGG-60) EN-GJS-800 (GGG-80)	180 250 320	370 490 600	370 450 500
Bainitisches Gusseisen nach DIN EN 1564 [18.92]	EN-GJS-1000 (GGG-100)	350	700	520
Stahlguss nach DIN EN 10293 [18.100]	GS-52 GS-60	160 180	320 380	280 320
Baustahl nach DIN EN 10025 [18.93]	E295 (St 50) E335 (St 60) E360 (St 70)	160 190 210	370 430 460	320 350 410

Richtwerte der Grübchendauerfestigkeit σ_{Hlim} und Zahnfußgrundfestigkeit σ_{FE} für ausgewählte Zahnradstähle zur Überschlagsberechnung

Werkstoff, Wärmebehandlungszustand, kennzeichnende Abmessung s, Eigenschaften	Mindesthärten am Zahn		$R_{p0,2}$ N/mm²	σ_{Hlim} N/mm²	N_{Hlim} q_H	σ_{FE} N/mm²	N_{Flim} q_F
	H_K	H_O					
$40\ \mathrm{mm} \leq s < 100\ \mathrm{mm}$, vergütet: hoch überlastbar, aber verschleißempfindlich							
34 Cr 4	225 HV		460	665		565	
34 CrMo 4	250 HV		550	700	$5 \cdot 10^7$	585	$3 \cdot 10^6$
42 CrMo 4	280 HV		650	740	13,2	605	6,2
34 CrNiMo 6	310 HV		800	785		625	
$40\ \mathrm{mm} \leq s < 100\ \mathrm{mm}$, vergütet, nitrocarburiert: sehr verschleißbeständig, aber sehr überlastungsempfindlich							
20 MnCr 5	225 HV	500 HV2	450	800		640	
34 Cr 4	225 HV	500 HV2	460	800	$2 \cdot 10^6$	640	$3 \cdot 10^6$
34 CrMo 4	250 HV	500 HV2	550	800	31,4	640	84
42 CrMo 4	280 HV	500 HV2	650	800		640	
$40\ \mathrm{mm} \leq s < 100\ \mathrm{mm}$, vergütet, randschichtgehärtet: Zahngrundhärten problematisch							
46 Cr 2	205 HV	54 HRC	400	1.200		740 1)	
41 Cr 4	250 HV	53 HRC	560	1.185	$5 \cdot 10^7$	740 1)	$3 \cdot 10^6$
34CrMo4	250 HV	50 HRC	550	1.155	13,2	720 1)	8,7
42CrMo4	280 HV	53 HRC	650	1.185		740 1)	
$40\ \mathrm{mm} \leq s < 100\ \mathrm{mm}$, vergütet, nitriert: verschleißbeständig, aber überlastungsempfindlich							
34 CrMo 4	250 HV	500 HV2	550	1.000		740	
34 CrNiMo 6	310 HV	500 HV2	800	1.000	$2 \cdot 10^6$	740	$3 \cdot 10^6$
31 CrMo V9	310 HV	800 HV2	800	1.250	11,4	850	17
15 CrMo V5.9	280 HV	800 HV2	700	1.250		850	
Einsatzgehärtet oder carbonitriert 2): Verzugsgefahr problematisch							
16 MnCr 5 HH ($s \leq 30$ mm)	34 HRC	58 HRC	700	1.500		860	
20 MnCr 5 HH ($s \leq 60$ mm)	34 HRC	58 HRC	700	1.500		860	
15 CrNi 6 HH ($s \leq 70$ mm)	34 HRC	58 HRC	750	1.500	$5 \cdot 10^7$ 13,2	920	$3 \cdot 10^6$ 8,7
17 CrNiMo 6 HH ($s > 400$ mm)	34 HRC	58 HRC	800	1.500		920	

1) Ohne Mithärten des Zahngrundes kann σ_{FE} unter die Werte nur vergüteter Verzahnungen abfallen.

2) Von carbonitrierten Verzahnungen kleiner kennzeichnender Abmessungen ($s \leq 70\ \mathrm{mm}$) werden σ_{Hlim} und σ_{FE} einsatzgehärteter Verzahnungen erreicht.

Zahnfußdauerfestigkeit bei geschrumpften Bandagen

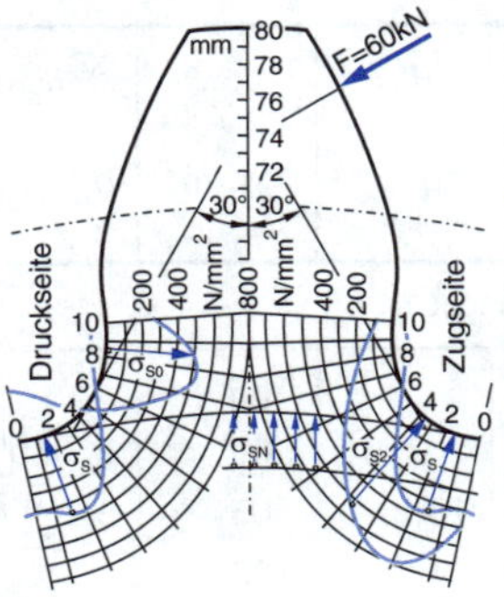

Werkstoff	R_m N/mm^2	Flankenhärte HV10	Nennspannung σ_S (N/mm^2) im Fußkreisdurchmesser (mm) 0	100	150	200	300
Ck 45	780	230	100	91	87,5	86	83
34 CrNiMo 6V	1.040	303	100	90	84	81,5	72,5
13 NiCr 14 V	800	236	100	86	78	73,5	61
16 MnCr 5	1.000	710	100	83	74,5	69,5	57

Anmerkung: Der Werkstoff 16 MnCr 5 wurde einsatzgehärtet und hat im Kern die Festigkeit von $R_m = 1.000$ N/mm^2.

Maximal ertragbare Flankenpressung σ_{Hst} bei maximaler Belastung [18.76]

$\sigma_{Hmax} = 2{,}8 \cdot \sigma_S = 2{,}8 \cdot R_{p0,2}$	Unbehandelter, normal geglühter oder vergüteter Stahl	
$\sigma_{Hmax} = 4 \cdot H_O$	Einsatz-, carbonitrier-, flammen- oder induktionsgehärteter Stahl	
$\sigma_{Hmax} = 3 \cdot H_O$	Nitrierter Stahl	
σ_S: Streckgrenze	$R_{p0,2}$: 0,2-%-Dehngrenze	H_O: Oberflächenhärte in HV

18.5 Schwingungen und Geräusche von Zahnradgetrieben

Zahneingriffsfrequenzen und Überrollfrequenzen allgemein

Zahneingriffsfrequenzen und Überrollfrequenzen allgemein

Drehfrequenz [Hz]	Zahneingriffsfrequenz	Maschinenfrequenz (Geisterfrequenz)	Frequenz gleicher Zahnstellung
$f_n = \frac{n}{60}$ (18.471)	$f_z = z \cdot f_n$ (18.472)	$f_M = z_M \cdot f_n$ (18.473)	$f_K = j \cdot \frac{f_{n2}}{z_1} = j \cdot \frac{f_{n1}}{z_2}$ (18.474)

Frequenzen in Hz bzw. $1/s$

n: Drehzahl der betrachteten Welle bzw. des betrachteten Wälzlagerringes in $\min^{-1}$

z_M: Zähnezahl des Teilschneckenrades der Verzahnungsmaschine, auf der das betrachtete Rad fertig verzahnt wurde

z: Zähnezahl des betrachteten Rades

j: Größter gemeinsamer Teiler der Zähnezahlen. Er wird ermittelt durch Zerlegung der Zähnezahlen in Primzahlen und Multiplikation der gemeinsamen Primzahlen.

Zahneingriffsfrequenzen und Überrollfrequenzen speziell bei Umlaufrädergetrieben

Zahneingriffsfrequenzen und Überrollfrequenzen speziell bei Umlaufrädergetrieben (Planetengetrieben)

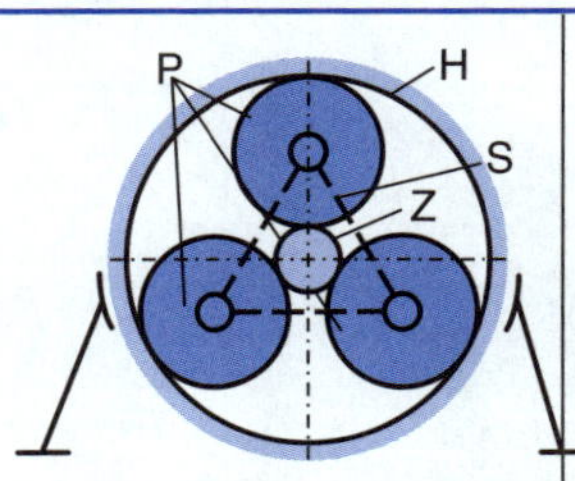

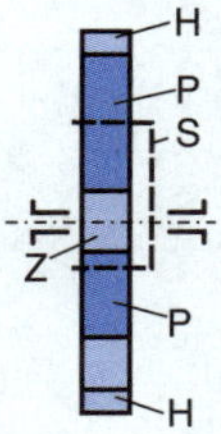

Z: Zentralrad (Sonnenrad) – n_1, z_1
P: Umlaufrad (Planetenrad) – n_2, z_2
H: Hohlrad (Glockenrad) – n_3, z_3
S: Stegwelle (Planetenträger, Umlaufträger) – n_4
k: Anzahl der Umlaufräder (Planetenräder)

Umlaufgetriebe	mit feststehendem Planetenträger	mit feststehendem Hohlrad
Übersetzung:	$\frac{n_2}{n_1} = \frac{z_2}{z_1} \quad \frac{n_3}{n_1} = -\frac{z_1}{z_3}$ (18.475)	$\frac{n_2}{n_1} = \frac{z_1}{(z_1 - z_2)} \quad \frac{n_4}{n_1} = \frac{z_1}{(z_1 + z_3)}$ (18.476)
Zahneingriffs-frequenz:	$f_z = z_1 \cdot f_{n1} = z_2 \cdot f_{n2}$ (18.477) $f_z = z_3 \cdot f_{n3}$	$f_z = \frac{z_1 \cdot z_3}{(z_1 + z_3)} \cdot f_{n1} = z_3 \cdot f_{n4}$ (18.478)
Überroll-frequenz Zentralrad (Sonnenrad):	$f_{nZ} = k \cdot f_{n1}$ (18.479)	$f_{nZ} = \frac{k \cdot z_3}{(z_1 + z_3)} \cdot f_{n1} = k \cdot \frac{z_3}{z_1} \cdot f_{n4}$ (18.480)
Überroll-frequenz Umlaufräder (Planetenräder):	$f_{nU} = 2 \cdot \frac{z_2}{z_1} \cdot f_{n1} = 2 \cdot f_{n2}$ (18.481)	$f_{nU} = \frac{2 \cdot z_1 \cdot z_3}{z_2 \cdot (z_1 + z_3)} \cdot f_{n1} = 2 \cdot \frac{z_3}{z_2} \cdot f_{n4}$ (18.482)
Überroll-frequenz Hohlrad (Glockenrad):	$f_{nH} = k \cdot \frac{z_1}{z_3} \cdot f_{n1} = k \cdot f_{n3}$ (18.483)	$f_{nH} = \frac{k \cdot z_3}{(z_1 + z_3)} \cdot f_{n1} = f_{n4}$ (18.484)

Umlaufrädergetriebe

19

ÜBERBLICK

19

19.1 Funktion und Wirkung

Beispiele Bauart Plusgetriebe

(Drehrichtung Antrieb = Drehrichtung Abtrieb)

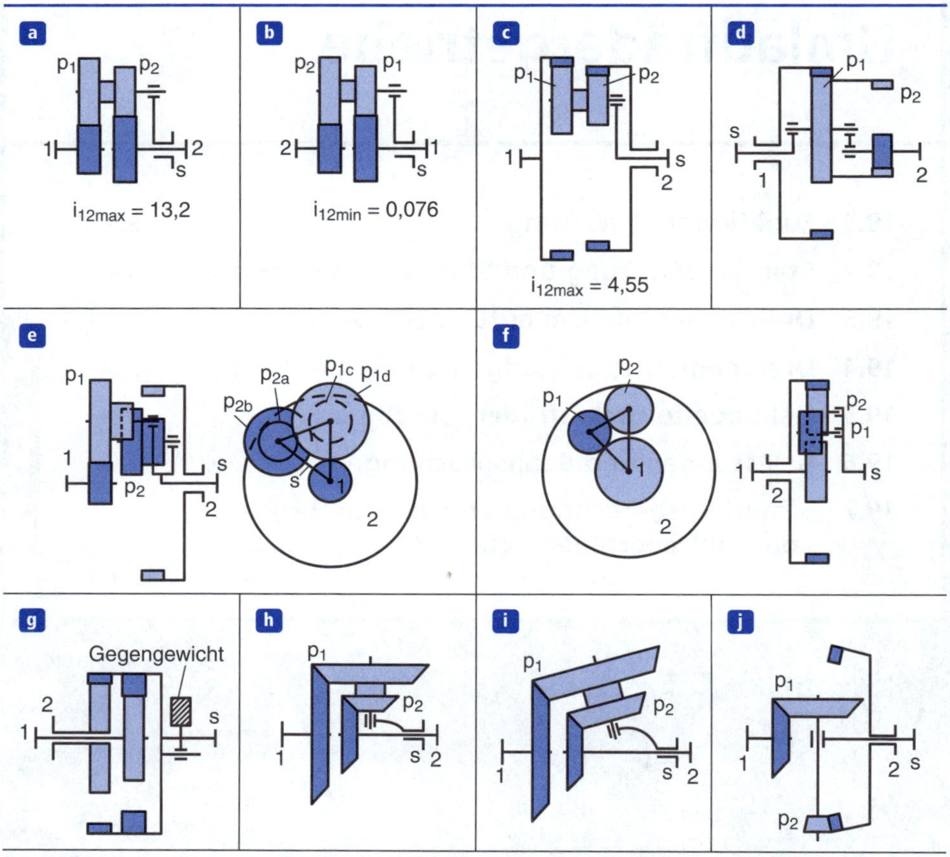

Die jeweils angegebenen Grenzübersetzungen sind geometrisch bedingt für $z_{min} = 17$, $q = 3$ Planetensätze am Umfang und $i_{max} = \pm 10$ für eine Radpaarung. Für Getriebe mit Stufenplaneten sind jeweils gleiche Zahnfußbeanspruchung und geometrische Ähnlichkeit der Ritzel angenommen.

Beispiele Bauart Minusgetriebe

[19.8]

(Drehrichtung Antrieb ≠ Drehrichtung Abtrieb)

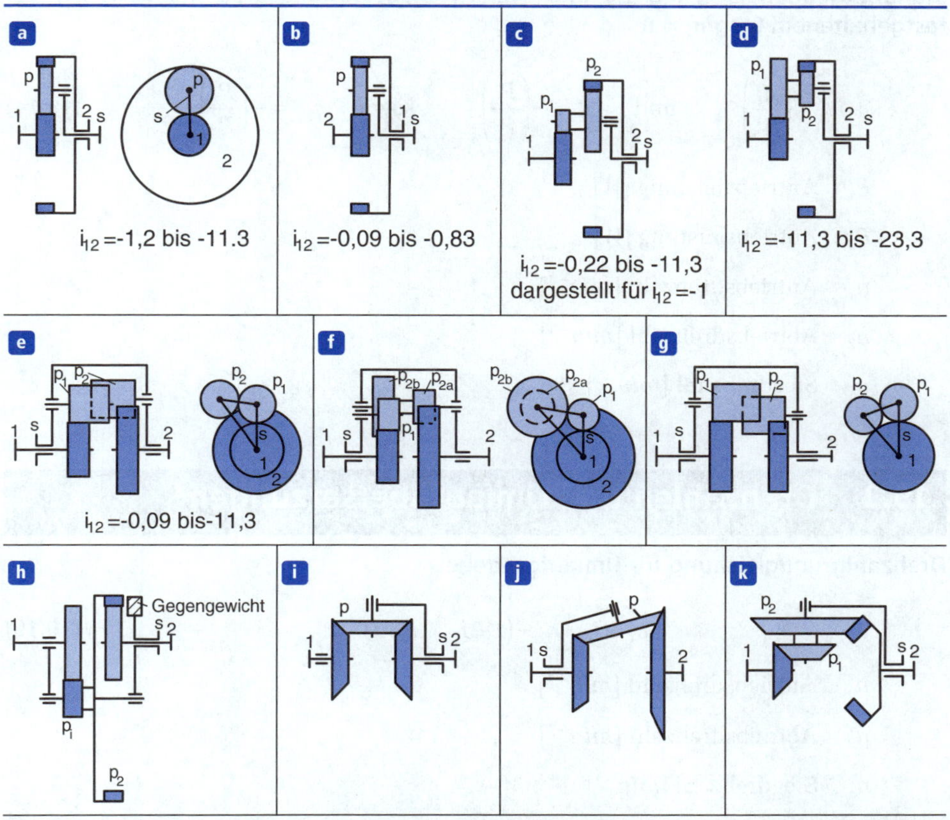

Die jeweils angegebenen Grenzübersetzungen sind geometrisch bedingt für $z_{min} = 17$, $q = 3$ Planetensätze am Umfang und $i_{max} = \pm\ 10$ für eine Radpaarung. Für Getriebe mit Stufenplaneten sind jeweils gleiche Zahnfußbeanspruchung und geometrische Ähnlichkeit der Ritzel angenommen.

i_{12}	Standgetriebeübersetzung
1	Sonnenwelle
2	Hohlrad
s	Steg
p1, p2	Planet

19

19.2 Standübersetzung und Standwirkungsgrad

Standgetriebeübersetzung i_{12} und Standgetriebewirkungsgrad η_{12} bzw. η_{21} bei festgehaltenem Steg $n_s = 0$

$$i_{12} = \left(\frac{n_1}{n_2}\right)_{n_s=0} \quad \text{und} \quad \eta_{12} = -\left(\frac{P_2}{P_1}\right)_{n_s=0} \quad \text{sowie} \quad \eta_{21} = -\left(\frac{P_1}{P_2}\right)_{n_s=0} \qquad (19.14)$$

P_1 Antriebsleistung $[W]$

P_2 Abtriebsleistung $[W]$

n_1 Antriebsdrehzahl $[min^{-1}]$

n_2 Abtriebsdrehzahl $[min^{-1}]$

n_s Stegdrehzahl $[min^{-1}]$

19.3 Drehzahlen und Umlaufübersetzungen

Drehzahlgrundgleichung für Umlaufgetriebe

$$n_1 - i_{12} \cdot n_2 - (1 - i_{12}) \cdot n_s = 0 \qquad (19.19)$$

n_1 Antriebsdrehzahl $[min^{-1}]$

n_2 Abtriebsdrehzahl $[min^{-1}]$

n_s Stegdrehzahl $[min^{-1}]$

i_{12} Standgetriebeübersetzung nach (19.14)

Bei einem Umlaufrädergetriebe mit drei freien Wellen und bekannter Standübersetzung i_{12} sind zwei Drehzahlen beliebig vorzugeben, so dass die dritte Drehzahl über (19.19) berechnet werden kann.

Bei einem Umlaufrädergetriebe mit zwei freien Wellen und einer konstruktiv stillgesetzten oder festgehaltenen Welle ist deren Drehzahl in (19.19) zu Null zu setzen. Eine der beiden verbleibenden Wellendrehzahlen ist beliebig vorzugeben.

Übersetzungen i_{xy} als Funktion $f(i_{xy})$ bei Umlaufgetrieben mit zwei laufenden Wellen

Vorgabe eines freien Drehzahlverhältnisses i_{xy}.

$i_{xy} =$	$f(i_{12})$	$f(i_{21})$	$f(i_{1s})$	$f(i_{s1})$	$f(i_{2s})$	$f(i_{s2})$
$i_{12} =$	i_{12}	$\frac{1}{i_{21}}$	$1-i_{1s}$	$1-\frac{1}{i_{s1}}$	$\frac{1}{1-i_{2s}}$	$\frac{i_{s2}}{i_{s2}-1}$
$i_{21} =$	$\frac{1}{i_{12}}$	i_{21}	$\frac{1}{1-i_{1s}}$	$\frac{i_{s1}}{i_{s1}-1}$	$1-i_{2s}$	$1-\frac{1}{i_{s2}}$
$i_{1s} =$	$1-i_{12}$	$1-\frac{1}{i_{21}}$	i_{1s}	$\frac{1}{i_{s1}}$	$\frac{i_{2s}}{i_{2s}-1}$	$\frac{1}{1-i_{s2}}$
$i_{s1} =$	$\frac{1}{1-i_{12}}$	$\frac{i_{21}}{i_{21}-1}$	$\frac{1}{i_{s1}}$	i_{s1}	$1-\frac{1}{i_{2s}}$	$1-i_{s2}$
$i_{2s} =$	$1-\frac{1}{i_{12}}$	$1-i_{21}$	$\frac{i_{1s}}{i_{1s}-1}$	$\frac{1}{1-i_{s1}}$	i_{2s}	$\frac{1}{i_{s2}}$
$i_{s2} =$	$\frac{i_{12}}{i_{12}-1}$	$\frac{1}{1-i_{21}}$	$1-\frac{1}{i_{1s}}$	$1-i_{s1}$	$\frac{1}{i_{2s}}$	i_{s2}

i_{12} Standgetriebeübersetzung nach (19.14)

Übersetzungen k_{xy} als Funktion $f(k_{xy})$ und i_{12} bei Umlaufgetrieben mit drei laufenden Wellen

Vorgabe eines freien Drehzahlverhältnisses k_{xy} und der Standübersetzung i_{12}

$k_{xy} =$	$f(k_{12})$	$f(k_{21})$	$f(k_{1s})$	$f(k_{s1})$	$f(k_{2s})$	$f(k_{s2})$
$k_{12} =$	k_{12}	$\frac{1}{k_{21}}$	$\frac{k_{1s}\cdot i_{12}}{k_{1s}-1+i_{12}}$	$\frac{i_{12}}{1-k_{s1}\cdot(1-i_{12})}$	$\frac{1-i_{12}\cdot(1-k_{2s})}{k_{2s}}$	$k_{s2}\cdot(1-i_{12})+i_{12}$
$k_{21} =$	$\frac{1}{k_{12}}$	k_{21}	$\frac{k_{1s}-1+i_{12}}{k_{1s}\cdot i_{12}}$	$\frac{1-k_{s1}\cdot(1-i_{12})}{i_{12}}$	$\frac{k_{2s}}{1-i_{12}\cdot(1-k_{2s})}$	$\frac{1}{k_{s2}\cdot(1-i_{12})+i_{12}}$
$k_{1s} =$	$\frac{1-i_{12}}{1-\frac{i_{12}}{k_{12}}}$	$\frac{1-i_{12}}{1-i_{12}\cdot k_{21}}$	k_{1s}	$\frac{1}{k_{s1}}$	$1-i_{12}\cdot(1-k_{2s})$	$1-i_{12}+\frac{i_{12}}{k_{s2}}$

$k_{s1} =$	$\dfrac{1-\dfrac{i_{12}}{k_{12}}}{1-i_{12}}$	$\dfrac{1-i_{12}\cdot k_{21}}{1-i_{12}}$	$\dfrac{1}{k_{1s}}$	k_{s1}	$\dfrac{1}{1-i_{12}\cdot(1-k_{2s})}$	$\dfrac{1}{1-i_{12}+\dfrac{i_{12}}{k_{s2}}}$
$k_{2s} =$	$\dfrac{1-i_{12}}{k_{12}-i_{12}}$	$\dfrac{1-i_{12}}{\dfrac{1}{k_{21}}-i_{12}}$	$\dfrac{k_{1s}-1+i_{12}}{i_{12}}$	$\dfrac{\dfrac{1}{k_{s1}}-1+i_{12}}{i_{12}}$	k_{2s}	$\dfrac{1}{k_{s2}}$
$k_{s2} =$	$\dfrac{k_{12}-i_{12}}{1-i_{12}}$	$\dfrac{\dfrac{1}{k_{21}}-i_{12}}{1-i_{12}}$	$\dfrac{i_{12}}{k_{1s}-1+i_{12}}$	$\dfrac{i_{12}}{\dfrac{1}{k_{s1}}-1+i_{12}}$	$\dfrac{1}{k_{2s}}$	k_{s2}

i_{12} Standgetriebeübersetzung nach (19.14)

Überlagerungsmethode nach Swamp zur Bestimmung der Drehzahlen und Übersetzungen

Grundgedanke: Überlagerung von Teilbewegungen zur Drehzahlbestimmung

Teilbewegung I: Verriegeln sämtlicher Zahneingriffe, Getriebe wird als gelöst vom Fundament betrachtet, Drehung aller Räder um zentrale Achse des Getriebes mit Stegdrehzahl n_s, Drehung um eigene Achse der Räder vernachlässigt

Teilbewegung II: Drehung aller Räder relativ zum Steg um eigene Achse, feststehendes Rad wird mit $-n_s$ zurückgedreht, durch diese Drehung ergeben sich mit den Zähnezahlverhältnissen die Drehungen der restlichen Räder relativ zum Steg.

Bei Überlagerungsgetrieben mit zwei Antrieben und einem Abtrieb bzw. einem Antrieb und zwei Abtrieben erfolgt zusätzlich zu Teilbewegung I und II eine Teilbewegung III.

Teilbewegung III: Dem feststehendem Rad aus Teilbewegung II wird die gewünschte Drehzahl aufgeprägt, mit den Zähnezahlen und dem als feststehend betrachteten Steg ergeben sich die Drehzahlen der restlichen Räder relativ zum Steg bei Drehung der Räder um die eigene Achse.

Die Überlagerung aller Teilbewegungen führt zur Summendrehzahl der einzelnen Räder, siehe Beispiele in [19.4] und [19.5].

Überlagerungsmethode nach Swamp bei Antrieb an der Sonne

(Zahnrad 1 (n_1) im Getriebe nach [19.8] Bild a) und dem Abtrieb am Steg (n_s), Hohlrad 2 entspricht dem Gehäuse ($n_2 = 0$)

[19.4]

	1	p	2	s	Bemerkung
I	n_S	–	n_S	n_S	Teilbewegung I: Drehung des Steges (Gehäuses)
II	$+n_S \frac{\lvert z_2 \rvert}{z_1}$	$-n_S \frac{\lvert z_2 \rvert}{z_p}$	$-n_S$	–	Teilbewegung II: Drehung relativ zum Steg
$\sum$	$n_S \left(1+\frac{\lvert z_2 \rvert}{z_1}\right)$	$-n_S \left(\frac{\lvert z_2 \rvert}{z_p}\right)$	0	n_S	Resultierende Drehzahl bei feststehendem Hohlrad (2)

Überlagerungsmethode nach Swamp bei Antrieb an der Sonne und am Hohlrad

(Zahnrad 1 (n_1) und Hohlrad 2 (n_2) im Getriebe nach [19.8] Bild a) und dem Abtrieb am Steg (n_s)

[19.5]

	1	p	2	s	Bemerkung
I	n_S	–	n_S	n_S	Teilbewegung I: Drehung des Steges (Gehäuses)
II	$+n_S \frac{\lvert z_2 \rvert}{z_1}$	$-n_S \frac{\lvert z_2 \rvert}{z_p}$	$-n_S$	–	Teilbewegung II: Drehung relativ zum Steg
III	$-n_2 \frac{\lvert z_2 \rvert}{z_1}$	$+n_2 \frac{\lvert z_2 \rvert}{z_p}$	$+n_2$	–	Teilbewegung III: Zweiter Antrieb
$\sum$	$n_S \left(1+\frac{\lvert z_2 \rvert}{z_1}\right) - n_2 \frac{\lvert z_2 \rvert}{z_1}$	$-n_S \left(\frac{\lvert z_2 \rvert}{z_p}\right) + n_2 \left(\frac{\lvert z_2 \rvert}{z_p}\right)$	$+n_2$	n_S	Resultierende Drehzahl bei Drehbewegung sämtlicher Wellen (1, 3, s)

z_1 Zähnezahl Sonne

z_2 Zähnezahl Hohlrad

z_p Zähnezahl Planet

19.4 Drehmomente, Leistungen und Wirkungsgrad

Drehmomentenbilanz im stationären Zustand eines Umlaufrädergetriebes

$$\sum M_t = M_1 + M_2 + M_s = 0 \tag{19.32}$$

Drehmomentenverhältnisse in Abhängigkeit von der Standübersetzung i_{12} und vom Wirkungsgrad η

$$\left(\frac{M_2}{M_1}\right) = -i_{12} \cdot \eta_o^{w1} \quad \text{mit} \quad w1 = \frac{P_{W1}}{|P_{W1}|} = \frac{M_1 \cdot (n_1 - n_s)}{|M_1 \cdot (n_1 - n_s)|}, \quad \text{d.h.} \quad w1 = \pm 1 \tag{19.38}$$

$$w1 = +1 \;\rightarrow\; \eta_o^{w1} = \eta_{12} \quad \text{oder} \quad w1 = -1 \;\rightarrow\; \eta_o^{w1} = \frac{1}{\eta_{12}} \tag{19.39}$$

$$\frac{M_s}{M_1} = i_{12} \cdot \eta_o^{w1} - 1 \quad \text{aus} \quad M_1 + M_s = i_{12} \cdot \eta_o^{w1} \cdot M_1 \tag{19.40}$$

$$\frac{M_s}{M_2} = \frac{1}{i_{12} \cdot \eta_o^{w1}} - 1 \quad \text{aus} \quad M_2 + M_s = \frac{M_2}{i_{12} \cdot \eta_o^{w1}} \tag{19.41}$$

P_{W1}	Wälzleistung $[W]$
M_1, M_2, M_s	Drehmoment $[Nm]$
n_1, n_2, n_s	Drehzahl $[min^{-1}]$
i_{12}	Standgetriebeübersetzung nach (19.14)
$\eta_0{}^{w1}$	Wirkungsgrad abhängig von der Leistungsflussrichtung [–]
$w1$	Exponent zur Bestimmung der Leistungsflussrichtung [–]

Wellenleistungen P in einem Umlaufrädergetriebe

$$P_1 = P_{K1} + P_{W1} = M_1 \cdot \omega_s + M_1 \cdot (\omega_1 - \omega_s) = M_1 \cdot \omega_1 \tag{19.47}$$

$$P_2 = P_{K2} + P_{W2} = M_2 \cdot \omega_s + M_2 \cdot (\omega_2 - \omega_s) = M_2 \cdot \omega_2 \tag{19.48}$$

$$P_s = P_{Ks} + 0 = M_s \cdot \omega_s \tag{19.49}$$

P_W	Wälzleistung $[W]$
P_K	Kupplungsleistung $[W]$
M_1, M_2, M_s	Drehmoment $[Nm]$
$\omega_1, \omega_2, \omega_s$	Winkelgeschwindigkeit $[rad/s]$

Wälzleistungen P_W

$$P_{W1} = M_1 \cdot (\omega_1 - \omega_s) \quad \text{und} \quad P_{W2} = M_2 \cdot (\omega_2 - \omega_s) \tag{19.45}$$

Bilanzgleichungen der Teilleistungen in einem Umlaufrädergetriebe

$$\sum \text{Kupplungsleistungen:} \quad P_{K1} + P_{K2} + P_{Ks} = 0 \tag{19.50}$$

$$\sum \text{Wälzleistungen:} \quad P_{W1} + P_{W2} + P_V = 0 \tag{19.51}$$

$$\sum \text{Wellenleistungen:} \quad P_1 + P_2 + P_s + P_V = 0 \tag{19.52}$$

P_V Verlustleistung infolge Zahnreibung $[W]$

Verlustleisung P_V eines Umlaufrädergetriebes bezogen auf die Wälzleistung P_{W1} der Welle 1

$$P_V = -P_{W1} \cdot \left(1 - \eta_o^{w1}\right) = -M_1 \cdot (\omega_1 - \omega_s) \cdot \left(1 - \eta_o^{w1}\right) \tag{19.54}$$

M_1 Drehmoment der Welle 1 $[Nm]$

ω_1 Winkelgeschwindigkeit der Welle 1 $[rad/s]$

${\eta_0}^{w1}$ Wirkungsgrad abhängig von der Leistungsflussrichtung nach (19.39) [–]

$w1$ Exponent zur Bestimmung der Leistungsflussrichtung nach (19.39) [–]

Umlaufwirkungsgrad η_{Uml} in Abhängigkeit von Drehmomenten, Drehzahlen und vom Standwirkungsgrad

$$\eta_{Uml} = 1 - \zeta_{Uml} = 1 + \frac{P_V}{P_{an}} = 1 + \frac{P_V}{\sum P_{an}}$$

$$= 1 - \frac{P_{W1} \cdot \left(1 - \eta_o^{w1}\right)}{\sum P_{an}} = 1 - \frac{M_1 \cdot (\omega_1 - \omega_s) \cdot \left(1 - \eta_o^{w1}\right)}{\sum P_{an}} \tag{19.80}$$

$\sum P_{an}$ Antriebsleistung $[W]$

P_{W1} Wälzleistung Welle 1 $[W]$

P_V Verlustleistung $[W]$

M_1 Drehmoment Welle 1 $[Nm]$

ω_1 Winkelgeschwindigkeit Welle 1 $[rad/s]$

ω_s Winkelgeschwindigkeit Steg $[rad/s]$

${\eta_0}^{w1}$ Wirkungsgrad abhängig von der Leistungsflussrichtung nach (19.39) [–]

19

Umlaufwirkungsgrad η_{Uml} in Abhängigkeit von der Standübersetzung bei Umlaufgetrieben mit zwei Wellen

	$i_{12} < 0$		$w1$	$0 < i_{12} < 1$		$w1$	$i_{12} > 1$		$w1$
η_{1s}	$\frac{i_{12} \cdot \eta_{12} - 1}{i_{12} - 1}$	(19.81)	$+1$	$\frac{\frac{i_{12}}{\eta_{21}} - 1}{i_{12} - 1}$	(19.82)	-1	$\frac{i_{12} \cdot \eta_{12} - 1}{i_{12} - 1}$	(19.83)	$+1$
η_{s1}	$\frac{i_{12} - 1}{\frac{i_{12}}{\eta_{21}} - 1}$	(19.84)	-1	$\frac{i_{12} - 1}{i_{12} \cdot \eta_{12} - 1}$	(19.85)	$+1$	$\frac{i_{12} - 1}{\frac{i_{12}}{\eta_{21}} - 1}$	(19.86)	-1
η_{2s}	$\frac{i_{12} - \eta_{21}}{i_{12} - 1}$	(19.87)	-1	$\frac{i_{12} - \eta_{21}}{i_{12} - 1}$	(19.88)	-1	$\frac{i_{12} - \frac{1}{\eta_{12}}}{i_{12} - 1}$	(19.89)	$+1$
η_{s2}	$\frac{i_{12} - 1}{i_{12} - \frac{1}{\eta_{12}}}$	(19.90)	$+1$	$\frac{i_{12} - 1}{i_{12} - \frac{1}{\eta_{12}}}$	(19.91)	$+1$	$\frac{i_{12} - 1}{i_{12} - \eta_{21}}$	(19.92)	-1

i_{12} Standgetriebeübersetzung nach (19.14)

η_{12} Standgetriebewirkungsgrad nach (19.14)

Umlaufwirkungsgrad η_{Uml} in Abhängigkeit von der Standübersetzung und von einem freien Drehzahlverhältnis bei Umlaufgetrieben mit drei Wellen

A	$1 <_s^2$	$\frac{k_{12} - i_{12} + i_{12} \cdot \eta_{12} \cdot (1 - k_{12})}{k_{12} \cdot (1 - i_{12})}$	(19.68)	B	$_s^2\!> 1$	$\frac{k_{12} \cdot \eta_{21} \cdot (1 - i_{12})}{\eta_{21} \cdot (k_{12} - i_{12}) + i_{12} \cdot (1 - k_{12})}$	(19.69)
C	$2 <_s^1$	$\frac{k_{12} - i_{12} + \eta_{21} \cdot (1 - k_{12})}{1 - i_{12}}$	(19.70)	D	$_s^1\!> 2$	$\frac{\eta_{12} \cdot (1 - i_{12})}{\eta_{12} \cdot (k_{12} - i_{12}) + 1 - k_{12}}$	(19.71)
E	$s <_2^1$	$\frac{(k_{12} - i_{12} \cdot \eta_{12}) \cdot (1 - i_{12})}{(k_{12} - i_{12}) \cdot (1 - i_{12} \cdot \eta_{12})}$	(19.72)	F	$_2^1\!> s$	$\frac{(k_{12} - i_{12}) \cdot (\eta_{21} - i_{12})}{(k_{12} \cdot \eta_{21} - i_{12}) \cdot (1 - i_{12})}$	(19.73)
G	$s <_2^1$	$\frac{(k_{12} \cdot \eta_{21} - i_{12}) \cdot (1 - i_{12})}{(k_{12} - i_{12}) \cdot (\eta_{21} - i_{12})}$	(19.74)	H	$_2^1\!> s$	$\frac{(k_{12} - i_{12}) \cdot (1 - i_{12} \cdot \eta_{12})}{(k_{12} - i_{12} \cdot \eta_{12}) \cdot (1 - i_{12})}$	(19.75)
I	$1 <_s^2$	$\frac{\eta_{21} \cdot (k_{12} - i_{12}) + i_{12} \cdot (1 - k_{12})}{k_{12} \cdot \eta_{21} \cdot (1 - i_{12})}$	(19.76)	K	$_s^2\!> 1$	$\frac{k_{12} \cdot (1 - i_{12})}{k_{12} - i_{12} + i_{12} \cdot \eta_{12} \cdot (1 - k_{12})}$	(19.77)
L	$2 <_s^1$	$\frac{\eta_{12} \cdot (k_{12} - i_{12}) + 1 - k_{12}}{\eta_{12} \cdot (1 - i_{12})}$	(19.78)	M	$_s^1\!> 2$	$\frac{1 - i_{12}}{k_{12} - i_{12} + \eta_{21} \cdot (1 - k_{12})}$	(19.79)

i_{12} Standgetriebeübersetzung nach (19.14)

η_{12} Standgetriebewirkungsgrad nach (19.14)

Betriebsbereiche eines Umlaufrädergetriebes mit drei Wellen bei Vorgabe der Standübersetzung i_{12} und eines beliebigen freien Drehzahlverhältnisses k_{xy}

Betriebsbereich					Leistungsteilung			Leistungssummierung		
i_{12}	k_{12}	k_{1s}	k_{2s}	Glw[1)]	Fall	Leistungsfluss	$w1$	Fall	Leistungsfluss	$w1$
< 0	$< i_{12}$	$> i_{1s}$	< 0	1	A	$1 <_s^2$	+1	B	${}_s^2{>}\,1$	−1
< 0	$i_{12} \ldots 0$	< 0	$> i_{2s}$	2	C	$2 >_s^1$	−1	D	${}_s^1{>}\,2$	+1
< 0	$0 \ldots 1$	$0 \ldots 1$	$1 \ldots i_{2s}$	s	E	$s <_2^1$	+1	F	${}_2^1{>}\,s$	−1
< 0	> 1	$1 \ldots i_{1s}$	$0 \ldots 1$	s	G	$s <_2^1$	−1	H	${}_2^1{>}\,s$	+1
$0 \ldots 1$	< 0	$0 \ldots i_{1s}$	$i_{2s} \ldots 0$	s	E	$s >_2^1$	+1	F	${}_2^1{>}\,s$	−1
$0 \ldots 1$	$1 \ldots i_{12}$	< 0	$< i_{2s}$	2	C	$2 <_s^1$	−1	D	${}_s^1{>}\,2$	+1
$0 \ldots 1$	$i_{12} \ldots 1$	> 1	> 1	1	A	$1 <_s^2$	+1	B	${}_s^2{>}\,1$	−1
$0 \ldots 1$	> 1	$i_{1s} \ldots 1$	$0 \ldots 1$	1	I	$1 <_s^2$	−1	K	${}_s^2{>}\,1$	+1
> 1	< 0	$i_{1s} \ldots 0$	$0 \ldots i_{2s}$	s	G	$s <_2^1$	−1	H	${}_2^1{>}\,s$	+1
> 1	$0 \ldots 1$	$0 \ldots 1$	$i_{2s} \ldots 1$	2	L	$2 <_s^1$	+1	M	${}_s^1{>}\,2$	−1
> 1	$1 \ldots i_{12}$	> 1	> 1	2	C	$2 <_s^1$	−1	D	${}_s^1{>}\,2$	+1
> 1	$> i_{12}$	$< i_{1s}$	< 0	1	A	$1 <_s^2$	+1	B	${}_s^2{>}\,1$	−1

[1)] Glw: Gesamtleistungswelle

$w1$: Exponent des Standwirkungsgrades $\eta_o{}^{w1}$

Selbsthemmung

Ein Umlaufrädergetriebe als Zwei- oder Dreiwellengetriebe ist selbsthemmungsfähig, wenn folgende Gleichung erfüllt wird:

$$\eta_{21} < i_{12} < \frac{1}{\eta_{12}} \qquad (19.94)$$

i_{12} Standgetriebeübersetzung nach (19.14)

η_{12} Standgetriebewirkungsgrad nach (19.14)

9

19.5 Gekoppelte Umlaufrädergetriebe

Bauarten zusammengesetzter Umlaufgetriebe

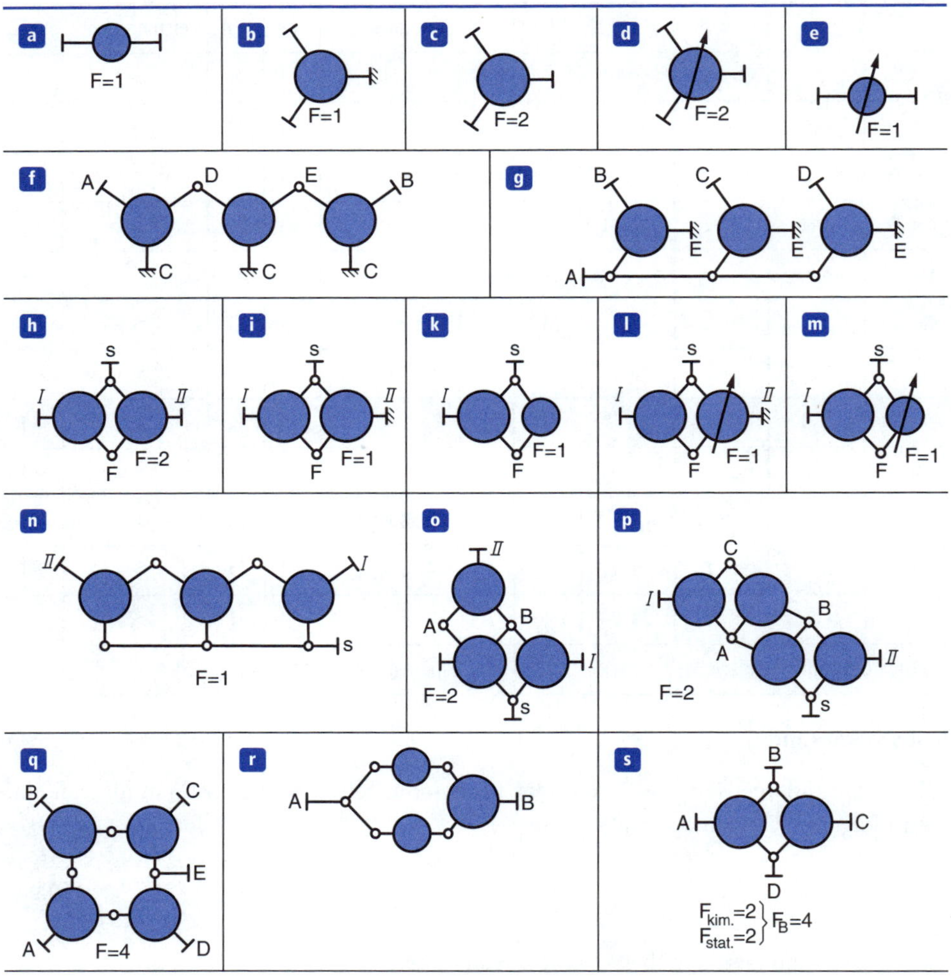

19.5.1 Reihen-Umlaufgetriebe

Gesamtübersetzung i_{AB}

$$i_{AB} = i_I \cdot i_{II} \cdot i_{III} = i_{ac} \cdot i_{b'c'} \cdot i_{c''a''} = i_{1s} \cdot i_{1'2'} \cdot i_{1''s''} \tag{19.95}$$

Gesamtwirkungsgrad η_{AB} oder η_{BA}

$$\eta_{AB} = \eta_{ac} \cdot \eta_{b'c'} \cdot \eta_{c''a''} = \eta_{1s} \cdot \eta_{1'2'} \cdot \eta_{1''s''} \text{ oder}$$

$$\eta_{BA} = \eta_{a''c''} \cdot \eta_{c'b'} \cdot \eta_{ca} = \eta_{s''1''} \cdot \eta_{2'1'} \cdot \eta_{s1} \tag{19.96}$$

19.5.2 Parallel-Umlaufgetriebe

Leistungsbilanz ohne Verluste

$$P_A + P_B + P_C + P_D = 0 \qquad (19.97)$$

19.5.3 Umlauf-Koppelgetriebe

Die Berechnungsgrundlagen und das Betriebsverhalten der Koppelgetriebe entsprechen den Umlaufgetrieben mit drei laufenden Wellen. Für die Berechnung des Gesamtwirkungsgrades ist allerdings auf unterschiedliche Reihenwirkungsgrade zu achten. Außerdem ist die Prüfung auf Selbsthemmung aller Koppelgetriebe durchzuführen.

19.6 Belastungen und Beanspruchungen

19.6.1 Kräfte am Umlaufrädergetriebe

Umfangskräfte F_t an einem Umlaufrädergetriebe mit drei Planeten

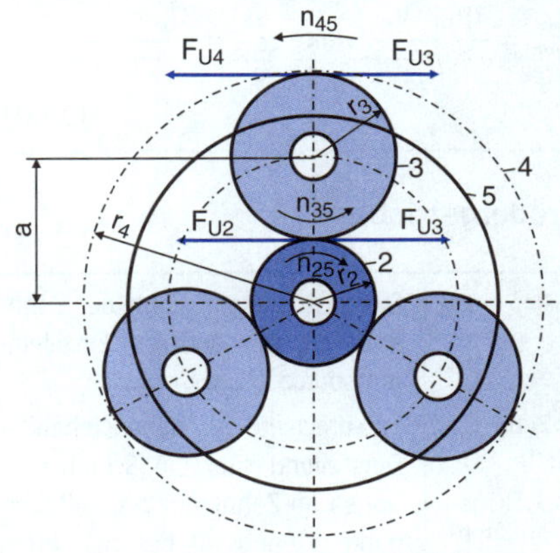

An den beiden Eingriffsstellen der Planetenräder eines Normal-Umlaufrädergetriebes zwischen Sonne 1 und Planetenrad p sowie zwischen Planetenrad p und Hohlrad 2 wirken die betragsmäßigen Umfangskräfte:

$$|F_{t1}| = |F_{t2}| = |F_{tp}| \qquad (19.172)$$

Am Planetenradbolzen wirkt wie bei jedem Zwischenrad mit zwei Zahneingriffen die doppelte Umfangskraft $2 \times F_{tp}$, so dass sich für die gezeigte Anordnung mit den koaxialen Wellen 1, 2 und dem Steg s folgendes Momentengleichgewicht am Planeten ergibt:

$$\sum M = F_{t1} \cdot r_1 + F_{t2} \cdot r_2 - 2 \cdot F_{tp} \cdot a = 0 \qquad (19.173)$$

a	Achsabstand [mm]
r_i	Teilkreisradius [mm]

Maximale Zahnnormalkraft $F_{ni,max}$ an einem Planetenrad

$$F_{ni,max} = K_\gamma \cdot F_{n0} = K_\gamma \cdot \frac{2 \cdot M_{T,Nenn}}{q \cdot d_1} \qquad (19.175)$$

$M_{T,Nenn}$	Nenndrehmoment [Nm]
F_{n0}	mittlere Zahnnormalkraft [N]
K_γ	Lastaufteilungsfaktor nach [19.12]
d_1	Teilkreis der Sonnenritzelwelle [mm]
q	Anzahl der Planeten

19

Lastaufteilungsfaktor K_γ abhängig von der Anzahl an Planeten q [19.12]

Anzahl der Planeten		q	3	4	5	6	7
$K_\gamma = 1 + 0{,}25 \cdot \sqrt{q-3}$	(19.174)	K_γ	1,0	1,25	1,35	1,43	1,5

Belastung einer Planetenradachse

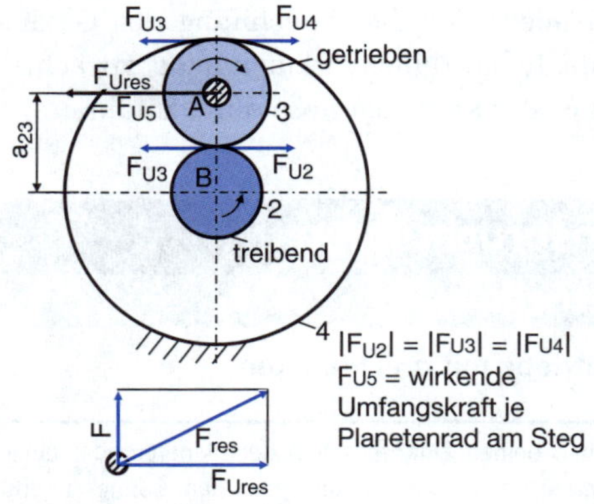

Aufgrund der Umfangskraft $F_{t,res}$ und der Fliehkraft F_{flieh} unterliegt ein Planet der folgenden Belastung F_{ges}:

$$F_{ges} = \sqrt{F_{t,res}^2 + F_{flieh}^2} \quad \text{mit} \quad F_{t,res} = 2 \cdot F_{tp} \tag{19.180}$$

Weiterhin ergibt sich mit der Planetenradmasse m_{pl}, der Umfangsgeschwindigkeit v_u und dem Achsabstand a_{1p} die Fliehkraft F_{flieh} eines Planetenrades zu:

$$F_{flieh} = \frac{m_{pl} \cdot v_u^2}{a_{1p}} \quad \text{mit} \quad a_{1p} = \frac{d_1 + d_p}{2} \tag{19.181}$$

Beanspruchungen am Zahnkranz eines Umlaufrädergetriebes

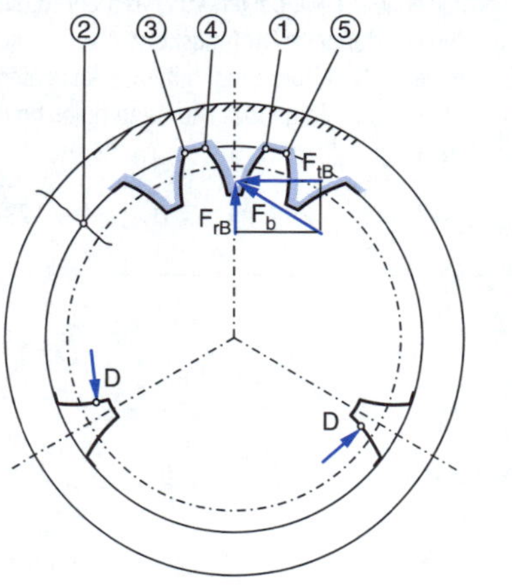

① belasteter Zahn (F_b) "Zugseite"; (I)

② Ort des max. Biegemomentes im Zahnkranz infolge F_b; (II)

③ Nachbarzahn "Zugseite"; (II)

④ belasteter Zahn (F_b) "Druckseite"; (I)

⑤ Nachbarzahn "Druckseite"; (II)

Die Last greift in Form der Zahnkraft F_b am äußeren Einzeleingriffspunkt B an.

Entsprechend nebenstehender Darstellung sind die Schnittreaktionen im Zahnkranz am Fußübergang (1) und (4) des belasteten Zahnes und an den benachbarten Zähnen (3) und (5) zu ermitteln.

Weiterhin ist der Höchstwert des Biegemomentes außerhalb des Bereiches des Kraftangriffspunktes im Querschnitt (2) zu bestimmen, in dem eine Zugkraft, z. B. bedingt durch eine Fliehkraft, wirkt.

F_{tB} Tangentialkraft am äußeren Einzeleingriffspunkt B [N]

F_{rB} Radialkraft am äußeren Einzeleingriffspunkt B [N]

F_b Zahnnormalkraft [N]

19.7 Sicherheitsberechnung gegen Dauerbruch von Hohlrädern nach VDI 2737

19.7.1 Sicherheit S_F gegen Dauerbruch

$$S_F = \frac{\sigma_{FEm} \cdot Y_{\delta relT} \cdot Y_{NT}}{\sigma_F} \cdot Y_X \cdot Y_{RrelT} \tag{19.182}$$

σ_{FEm} Modifizierte Dauerfestigkeit [N/mm^2]

σ_F Zahnfußspannung nach (19.197) bzw. (19.198) [N/mm^2]

$Y_{\delta relT}$ Relative Stützziffer des aktuellen Zahnrades für Dauerbeanspruchung

Y_{NT} Lebensdauerfaktor nach (18.432)

Y_X Größenfaktor

Y_{RrelT} Relativer Oberflächenfaktor nach DIN 3990

Näherungsweise können $Y_{\delta relT} = Y_X = Y_{RrelT} = 1$ gesetzt werden. Weiterführendes siehe Buch Abschnitt 18.4.5.

Die Berechnung der Dauerfestigkeit von Hohlrädern erfolgt nach VDI 2737 in zwei Schritten. Die grundlegende Gleichung für die Sicherheitsberechnung ist (19.182) zu entnehmen.

Schritt 1 berechnet die Sicherheit S_F ohne Einfluss des elastischen Zahnkranzes in Anlehnung an DIN 3990 mit der örtlichen Zahnfußspannung σ_F nach (19.197).

Die Sicherheitsberechnung im Schritt 2 berücksichtigt hingegen den elastischen Kranzeinfluss, weshalb sich die örtliche Zahnfußspannung σ_F nach (19.198) zusammensetzt.

Im Ergebnis wird nach VDI 2737 der geringere Sicherheitswert aus Schritt 1 oder Schritt 2 für den Nachweis der Dauerfestigkeit von Hohlrädern verwendet.

Örtliche Zahnfußspannung ohne elastischen Kranzeinfluss

$$\sigma_F = K_A \cdot K_\gamma \cdot K_v \cdot K_{F\alpha} \cdot K_{F\beta} \cdot \frac{F_t}{b \cdot m_n} \cdot Y_{FS} \cdot Y_\varepsilon \cdot Y_\beta \tag{19.197}$$

F_t Tangentialkraft am Teilkreis [N]

b gemeinsame Zahnbreite [mm]

m_n Modul im Normalschnitt [mm]

K_A Faktor für äußere dynamische Zusatzkräfte

K_V Faktor für innere dynamische Zusatzkräfte

K_γ Lastaufteilungsfaktor nach [19.12]

19

$K_{F\alpha}$ Faktor für die Stirnlastverteilung

$K_{F\beta}$ Faktor für die Breitenlastverteilung

Y_{FS} Kopffaktor nach [19.71]

Y_ε Überdeckungsfaktor nach Abschnitt 18 (18.414)

Y_β Schrägenfaktor Abschnitt 18 [18.181]

Näherungsweise können $K_A = K_V = K_{F\alpha} = K_{F\beta} = 1$ gesetzt werden. Weiterführendes siehe Buch Abschnitt 18.4.2 und 18.4.3 oder Abschnitt 19.4.7.

Kopffaktor Y_{FS} für Innenverzahnungen mit steifem Zahnkranz [19.71]

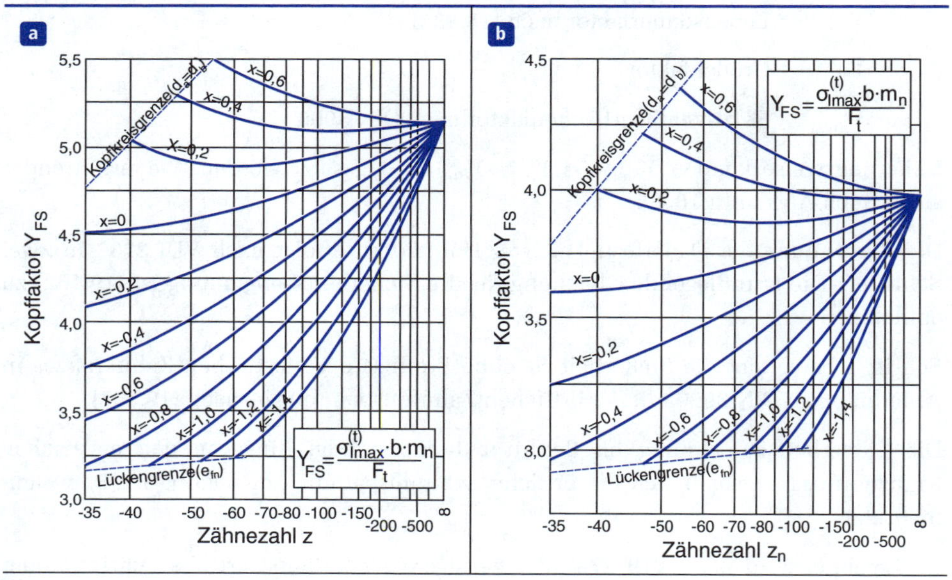

z Zähnezahl

m_n Modul im Normalschnitt $[mm]$

Örtliche Zahnfußspannung mit elastischem Kranzeinfluss

$\lvert z\rvert \leq 50$ und $s_R \geq 5 \cdot m_n$	$\lvert z\rvert \leq 100$ und $s_R \geq 6 \cdot m_n$	$\lvert z\rvert \leq 200$ und $s_R \geq 8 \cdot m_n$

$$\sigma_F = \sigma_F^{(c)} = \left|\sigma_I^{(c)} - \sigma_K\right| \quad (19.198)$$

F_b Zahnnormalkraft $[N]$

$\sigma_I^{(c)}$ Druckspannung an der Druckseite am Zahn I nach (19.200) $[N/mm^2]$

$\sigma_I^{(t)}$ Zugspannung an der Zugseite am Zahn I $[N/mm^2]$

$\sigma_{II}^{(c)}$ Zugspannung an der Druckseite am Zahn II [N/mm^2]

$\sigma_{II}^{(t)}$ Druckspannung an der Zugseite am Zahn II [N/mm^2]

σ_K Zugspannung infolge der Kranzbiegung an der gleichen Stelle wie $\sigma_I^{(c)}$ nach (19.202) [N/mm^2]

q Anzahl der Planeten

ϕ Drehwinkel [°]

Druckspannung $\sigma_I^{(c)}$ an der Druckseite am Zahn I

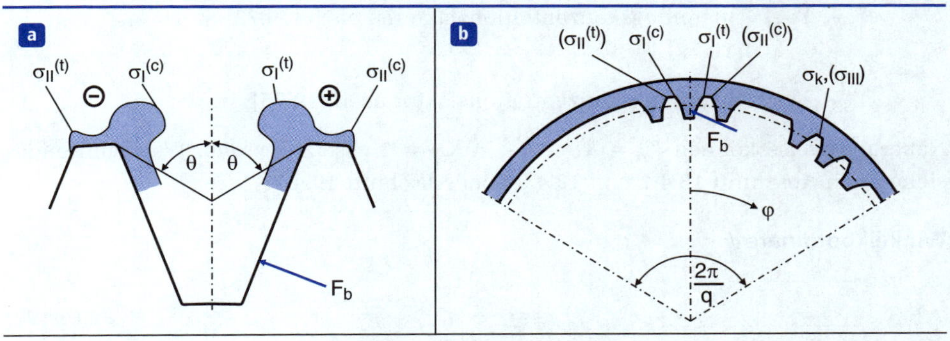

$$\sigma_I^{(c)} = K_A \cdot K_\gamma \cdot K_v \cdot K_{F\alpha} \cdot K_{F\beta} \cdot \frac{F_t}{b \cdot m_n} \cdot Y_{FA} \cdot Y_\varepsilon \cdot Y_\beta \cdot Y_{SFt}$$
$$+ K_A \cdot K_\gamma \cdot K_v \cdot K_{F\alpha} \cdot K_{F\beta} \cdot \frac{F_t}{b \cdot m_n} \cdot Y_{FAD} \cdot Y_\varepsilon \cdot Y_\beta \cdot Y_{Sad} \qquad (19.200)$$
$$+ K_A \cdot K_\gamma \cdot K_v \cdot K_{F\alpha} \cdot K_{F\beta} \cdot \frac{6 \cdot M_{bK}(F_b, \varphi)}{b \cdot s_R^2} \cdot Y_{SMb} + \sigma_{m1} \cdot Y_{SZ}$$

F_t Tangentialkraft am Teilkreis [N]

F_b Zahnnormalkraft [N]

$M_{bK}(F_b,\phi)$ Kranzbiegemoment infolge der Zahnnormalkraft nach (19.179) [Nm]

σ_{m1} Nennspannung am Zahnfuß infolge der Fliehkraft nach (19.212) [N/mm^2]

z Zähnezahl

b gemeinsame Zahnbreite [mm]

s_R Zahnkranzdicke [mm]

m_n Modul im Normalschnitt [mm]

ϕ Winkelkoordinate nach (19.199) [°]

K_A Faktor für äußere dynamische Zusatzkräfte

K_V	Faktor für innere dynamische Zusatzkräfte
K_γ	Lastaufteilungsfaktor nach [19.12]
$K_{F\alpha}$	Faktor für die Stirnlastverteilung
$K_{F\beta}$	Faktor für die Breitenlastverteilung
Y_ε	Überdeckungsfaktor nach Abschnitt 18 (18.414)
Y_β	Schrägenfaktor Abschnitt 18 [18.181]
Y_{FA}, Y_{FAD}	Formfaktoren nach [19.72], [19.73]
Y_{SFt}, Y_{Sad}	Spannungskonzentrationsfaktoren nach [19.72] und [19.73]
Y_{SZ}	Spannungskonzentrationsfaktor nach [19.75]

Näherungsweise können $K_A = K_V = K_{F\alpha} = K_{F\beta} = 1$ gesetzt werden. Weiterführendes siehe Buch Abschnitt 18.4.2 und 18.4.3 oder Abschnitt 19.4.7.

Winkelkoordinate ϕ

$$\varphi \approx -\frac{\pi}{|z|} \tag{19.199}$$

Kranzbiegemoment $M_{bK}(F_b,\phi)$ infolge der Zahnnormalkraft F_b und Modell zur Berechnung der Schnittmomente bei elastischer Aufhängung ohne Einspannungseinfluss

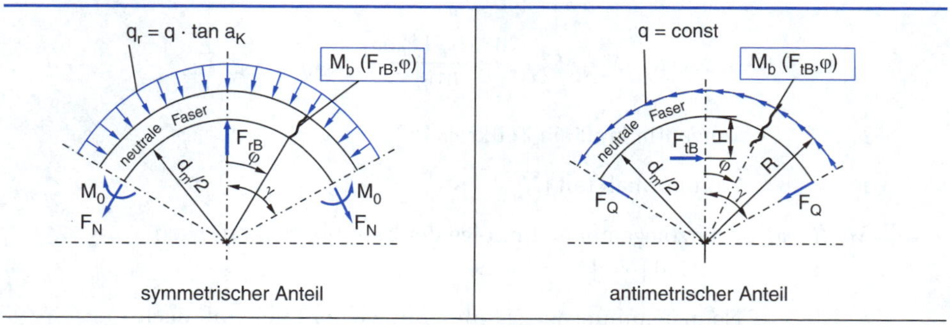

$$M_b(F_{rB}, F_{tB}) = M_b(F_{rB}) + M_b(F_{tB}) \tag{19.179}$$

$M_b(F_{rB},\phi)$	Kranzbiegemoment infolge der Radialkraft F_{rB} nach (19.177) [N]
$M_b(F_{tB},\phi)$	Kranzbiegemoment infolge der Tangentialkraft F_{tB} nach (19.178) [N]

Kranzbiegemoment $M_b(F_{rB},\phi)$ infolge der Radialkraft F_{rB}

$$M_b\left(F_{rB}\right)=-F_{rB}\cdot\frac{\left|d_m\right|}{2}\cdot\left(\frac{i_{pl}}{2\cdot\pi}-\frac{\cos\left(\left(\frac{\pi}{i_{pl}}\right)-\left|\varphi\right|\right)}{2\cdot\sin\left(\frac{\pi}{i_{pl}}\right)}\right) \tag{19.177}$$

d_m Durchmesser der neutralen Faser am Zahnkranz $[mm]$

ϕ Winkelkoordinate [°]

i_{pl} Anzahl der Planeten

Kranzbiegemoment $M_b(F_{tB},\phi)$ infolge der Tangentialkraft F_{tB}

$$M_b\left(F_{tB}\right)=-F_{tB}\cdot\left(\frac{\left|d_m\right|}{2}\cdot\frac{\sin\left(\left(\frac{\pi}{i_{pl}}\right)-\left|\varphi\right|\right)}{2\cdot\sin\left(\frac{\pi}{i_{pl}}\right)}-\frac{i_{pl}\cdot\left(\frac{\left|d_m\right|}{2}-H\right)}{2\cdot\pi}\cdot\left(\frac{\pi}{i_{pl}}-\left|\varphi\right|\right)\right)\cdot\operatorname{sgn}\varphi \tag{19.178}$$

Dabei wird für $\varphi \geq 0$ die Signum-Funktion zu $\operatorname{sgn}\varphi = +1$ und für $\varphi < 0$ zu $\operatorname{sgn}\varphi = -1$.

d_m Durchmesser der neutralen Faser am Zahnkranz $[mm]$

H Abstand Lastangriff zur neutralen Faser am Zahnkranz $[mm]$

ϕ Winkelkoordinate [°]

i_{pl} Anzahl der Planeten

19

Formfaktoren Y_{FA} und Y_{FAD} [19.72] [19.73]

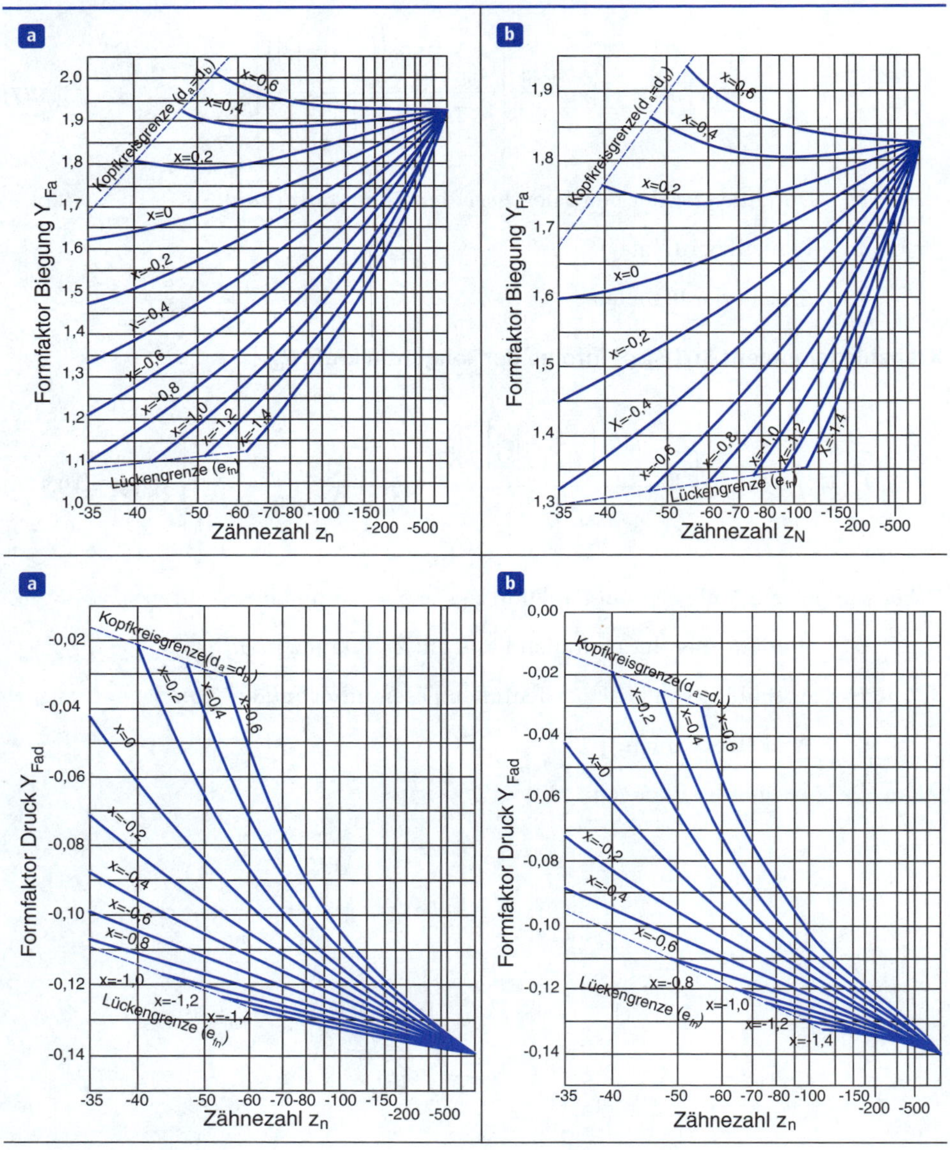

z Zähnezahl

x Profilverschiebungsfaktor

Spannungskonzentrationsfaktor Y_{SFt} an der 60°-Tangente

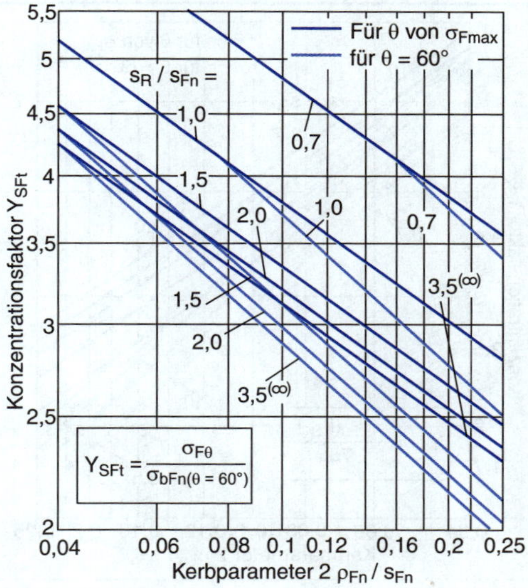

ρ_{Fn} Fußausrundungsradius [mm]

s_{Fn} Zahnfußdicke [mm]

s_R Zahnkranzdicke [mm]

θ Tangentenwinkel [°]

Spannungskonzentrationsfaktor Y_{Sad}

$$Y_{Sad} = 1{,}418 \cdot \left(\frac{2 \cdot \rho_{Fn}}{s_{Fn}}\right)^{-0{,}3388} \cdot \cos\left[1{,}3 \cdot \left(60° - \frac{180° \cdot \theta_{\sigma max\infty}}{\pi}\right)\right] \quad (19.190)$$

$$\theta_{\sigma max\infty} = -7{,}662 \cdot \left(\frac{2 \cdot \rho_{Fn}}{s_{Fn}}\right) + 4{,}590 \cdot \left(\frac{\rho_{Fn}}{m_n}\right)^{0{,}54} \quad \text{oder}$$

$$\theta_{\sigma max\infty} = \frac{35° \cdot \pi}{180°} \quad \text{falls} \quad \theta_{\sigma max\infty} < \frac{35° \cdot \pi}{180°} \quad (19.191)$$

ρ_{Fn} Fußausrundungsradius [mm]

s_{Fn} Zahnfußdicke [mm]

s_R Zahnkranzdicke [mm]

m_n Modul im Normalschnitt [mm]

$\theta_{\sigma max\infty}$ Tangentenwinkel [°]

19

Spannungskonzentrationsfaktor Y_{SZ} infolge der Fliehkraft an der 60°-Tangente [19.75]

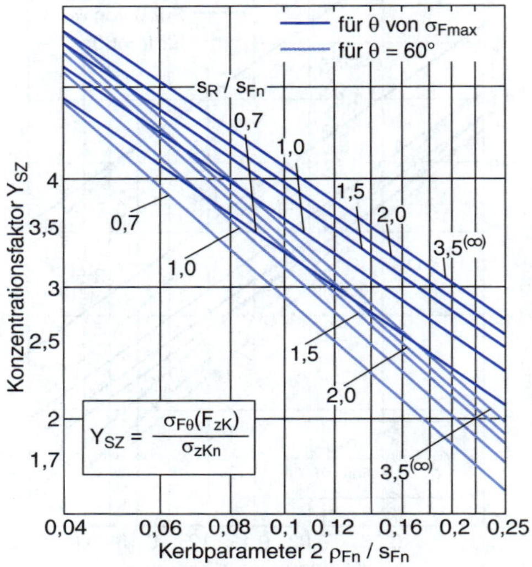

ρ_{Fn} Fußausrundungsradius [mm]

s_{Fn} Zahnfußdicke [mm]

s_R Zahnkranzdicke [mm]

θ Tangentenwinkel [°]

Zugspannung σ_K infolge der Kranzbiegung

$$\sigma_K = \sigma_{bK}\left(M_{bK}\left(F_b,\varphi\right)\right) + \sigma_{m1}\cdot Y_{SZ} \quad \text{für die Stelle} \quad \varphi \approx \frac{\pi}{2\cdot q} \tag{19.201}$$

$$\sigma_K = K_A\cdot K_\gamma\cdot K_v\cdot K_{F\alpha}\cdot K_{F\beta}\cdot\frac{6\cdot\left[M_{bK}\left(F_{rb},\varphi\right)+M_{bK}\left(F_{tb},\varphi\right)\right]}{b\cdot s_R^2}\cdot Y_{SMb}+\sigma_{m1}\cdot Y_{SZ} \tag{19.202}$$

F_{rB} Radialkraft [N]

F_{tB} Tangentialkraft [N]

$M_{bK}(F_{rB},\phi)$ Kranzbiegemoment infolge der Radialkraft nach (19.177) [Nm]

$M_{bK}(F_{tB},\phi)$ Kranzbiegemoment infolge der Tangentialkraft nach (19.178) [Nm]

σ_{m1} Nennspannung am Zahnfuß infolge der Fliehkraft nach (19.212) [N/mm^2]

b gemeinsame Zahnbreite [mm]

s_R Zahnkranzdicke [mm]

ϕ	Winkelkoordinate nach [°]
q	Anzahl der Planeten
K_A	Faktor für äußere dynamische Zusatzkräfte
K_V	Faktor für innere dynamische Zusatzkräfte
K_γ	Lastaufteilungsfaktor nach [19.12]
$K_{F\alpha}$	Faktor für die Stirnlastverteilung
$K_{F\beta}$	Faktor für die Breitenlastverteilung
Y_{SMb}	Spannungskonzentrationsfaktoren nach [19.75]
Y_{SZ}	Spannungskonzentrationsfaktor nach [19.75]

Näherungsweise können $K_A = K_V = K_{F\alpha} = K_{F\beta} = 1$ gesetzt werden. Weiterführendes siehe Buch Abschnitt 18.4.2 und 18.4.3 oder Abschnitt 19.4.7.

Spannungskonzentrationsfaktor Y_{SMb} infolge des Biegemomentes M_{bK} [19.75]

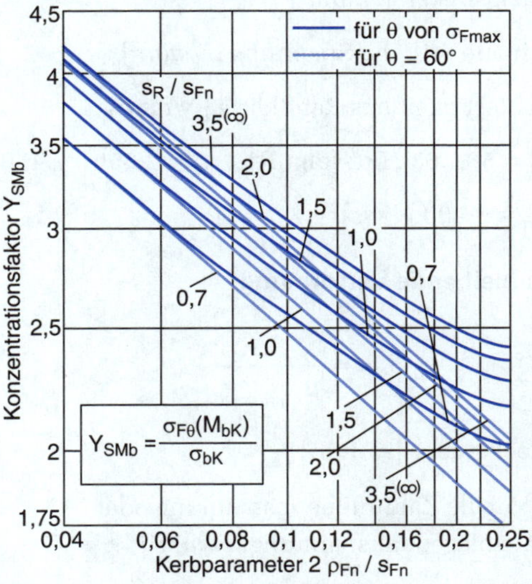

ρ_{Fn}	Fußausrundungsradius [mm]
s_{Fn}	Zahnfußdicke [mm]
s_R	Zahnkranzdicke [mm]
θ	Tangentenwinkel [°]

19

Nennspannung am Zahnfuß σ_{m1} infolge der Fliehkraft

$$\sigma_{m1} = v^2 \cdot \rho \cdot \frac{s_R + 0,5 \cdot h}{s_R} \quad (19.212)$$

s_R Zahnkranzdicke [mm]

h Zahnhöhe [mm]

v Umfangsgeschwindigkeit [m/s]

ρ Dichte [mm^3]

19.7.2 Sicherheit gegen Schäden infolge Anriss, bleibender Verformung und Gewaltbruch

Sicherheit S_{FSt} gegen Anriss

$$S_{FSt} = \frac{\sigma_{FG}}{|\sigma_{Fmax}|} \quad \text{mit} \quad \sigma_{FG} = R_{m\,Rand} \quad (19.183)$$

σ_{FG} Grenzfestigkeit [N/mm^2]

σ_{Fmax} maximale örtliche Spannung [N/mm^2]

$R_{m\,Rand}$ Bruchfestigkeit aus Randhärte [N/mm^2]

Einsatzhärtung mit $H = 58...63\ HRC$ folgt $R_{m\,Rand} = 2.350...2.450\ N/mm^2$

Nitrierung mit $R_{m\,Rand} = 1.400\ N/mm^2$

Sicherheit S_{FSt} gegen bleibende Verformung

$$S_{FSt} = \frac{f \cdot R_e}{|\sigma_{Fnenn,max}|} \quad (19.184)$$

R_e Streckgrenze [N/mm^2]

$\sigma_{Fnenn,max}$ maximale Zahnfußnennspannung oder Kranzbiegenennspannung [N/mm^2]

f Erhöhungsfaktor der Streckgrenze abhängig von $\sigma_{Fnenn,max}$

$f = 1.1$ für $\sigma_{Fnenn,max} < 0$; $f = 1.0$ für $\sigma_{Fnenn,max} > 0$

Kegelradverzahnung und Kegelradgetriebe

20

ÜBERBLICK

20.1 Allgemeines

Bauformen von Kegelrädern

a Geradverzahnung

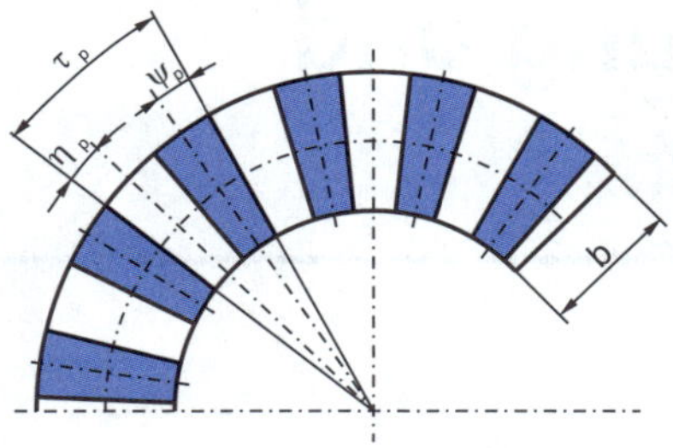

Vergleichbar mit den Geradstirnrädern beginnt und endet jeder Zahneingriff gleichzeitig auf der vollen Zahnbreite. Bedingt durch ungünstiges Geräuschverhalten erfolgt der Einsatz nur für Umfangsgeschwindigkeiten $v_{mt} \leq 6$ m/s (z.B. Hebezeuge, Stellantriebe, Differentialkegelräder). Das Betriebsverhalten lässt sich durch Verzahnungsschleifen verbessern (z.B. für Werkzeugmaschinen) ($v_{mt} \leq 20$ m/s).

b Schrägverzahnung

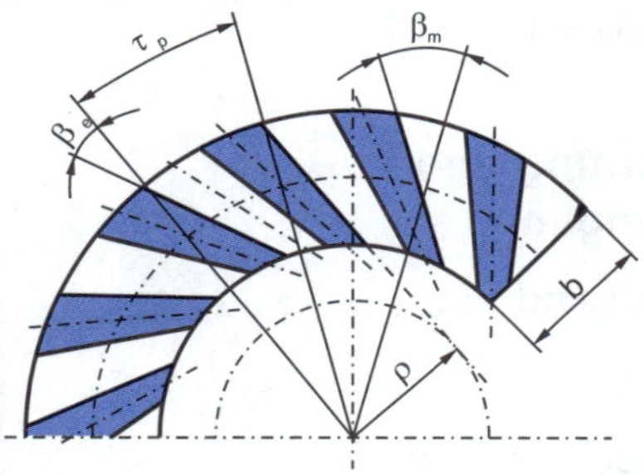

Die geraden Flankenlinien entstehen durch Tangenten an einem Kreis mit dem Radius ρ. Somit kommen die Zähne allmählich in und außer Eingriff. Da die Gesamtüberdeckung größer ist als bei geradverzahnten Kegelrädern, ist die Gesamtsteifigkeitsschwankung geringer und die Verzahnung geräuschärmer. Meistens wird die Verzahnung geschliffen, woraus eine bessere Eignung für höhere Drehzahlen ($v_{mt} \leq 50$ m/s) und Leistungen folgt.

c Bogenverzahnung $\beta_m > 0$ (rechtssteigend)

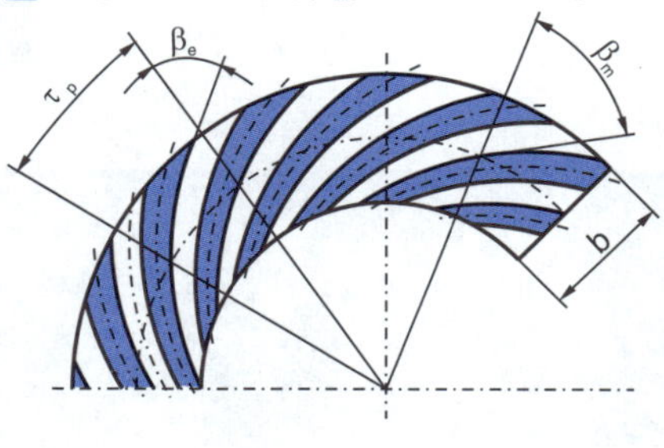

Bei Spiralkegelrädern sind die Flankenlinien gekrümmt, so dass eine konkave Flanke mit einer konvexen kämmt. Mögliche Flankenlinienformen abhängig vom Herstellverfahren sind [20.2] zu entnehmen. Im Vergleich zu Schrägzahn-Kegelrädern ändert sich der Schrägungswinkel (Spiralwinkel) β stärker über der Zahnbreite. Wegen ihrer hohen Zahnbruchfestigkeit, der wirtschaftlichen Herstellbarkeit und der Geräuscharmut werden Spiralkegelräder insbesondere bei großen Stückzahlen bevorzugt in hoch belasteten, schnell laufenden Getrieben ($v_{mt} \leq 30$ m/s, geschliffen bis ca. $v_{mt} \leq 60$ m/s, extrem bis $v_{mt} \leq 100$ m/s) eingesetzt.

d Bogenverzahnung $\beta_m = 0$

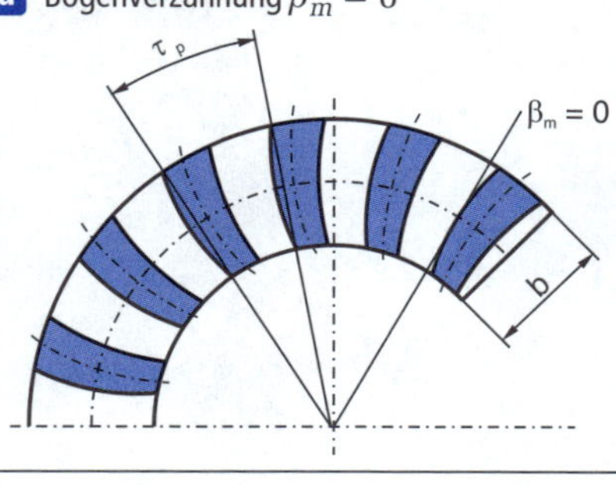

Die Bogenverzahnung ist ein Sonderfall der Spiralverzahnung mit einem Schrägungswinkel $\beta_m = 0$ auf Mitte Zahnbreite (bei Gleason als „Zerolverzahnung" bezeichnet). Bedingt durch ihre Längskrümmung weist sie eine entsprechende Sprungüberdeckung auf, weshalb sie sich im Vergleich zu Geradzahn-Kegelrädern für höhere Geschwindigkeiten eignet ($v_{mt} \leq 10$ m/s, geschliffen bis $v_{mt} \leq 30$ m/s).

Bezeichnungen und Hersteller von Werkzeugmaschinen für bogenverzahnte Kegelräder

Flankenlinie	Zahnhöhe	Maschinenhersteller	Firmenbezeichnung
Kreisbogen	veränderlich	Gleason (USA)	Fixed-Setting-Duplex, Zerolverzahnung
Kreisbogen	veränderlich	Hurth-Modul (D)	Arcoidverzahnung
Kreisbogen	konstant	Gleason (USA)	Tri-AC
Kreisbogen	konstant	Hurth-Modul (D)	Kurvexverzahnung [20.2]
Evolvente	konstant	Klingelnberg (D)	Palloidverzahnung
Zykloide	konstant	Klingelnberg (D)	Zyklo-Palloidverzahnung
Zykloide	konstant	Oerlikon (CH)	Spiroflex, Spirac

Zahnhöhe veränderlich

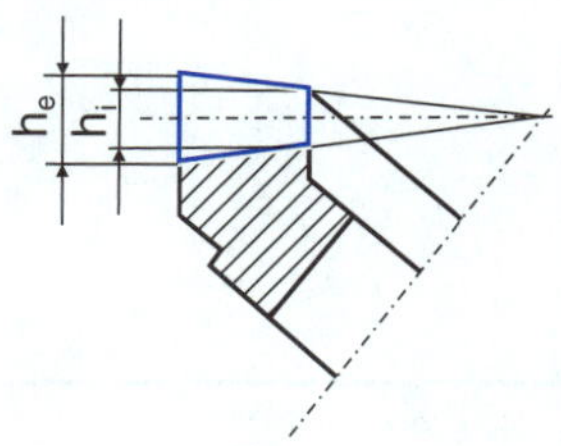

Zahnhöhe konstant

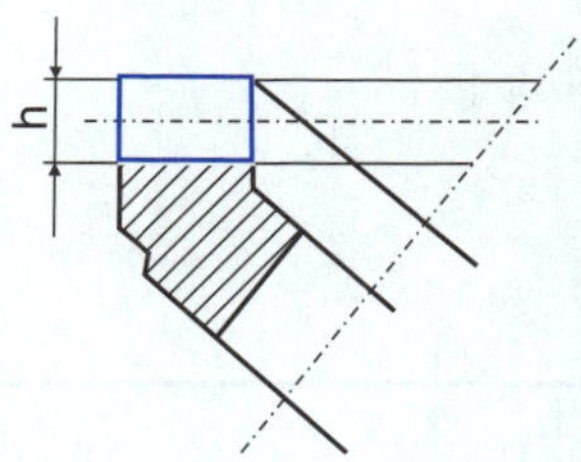

Kegelräder können eine veränderliche oder eine konstante Zahnhöhe aufweisen oder gemäß DIN 3971 einen beliebigen Verlauf haben. Die ursprünglichen Unterschiede zwischen veränderlicher oder konstanter Zahnhöhe sind durch moderne Fertigungsverfahren und die damit einhergehenden Gestaltungsmöglichkeiten nahezu aufgehoben. Werkzeugmaschinen zur Fertigung von Arcoid- und Kurvexverzahnungen werden nicht mehr hergestellt.

Übersetzung

$$|i| = \left|\frac{n_1}{n_2}\right| = \left|\frac{z_2}{z_1}\right| \qquad (20.3)$$

i Übersetzung [−]

n_1/n_2 Drehzahlverhältnis [−]

z_2/z_1 Zähnezahlverhältnis [−]

20.2 Geometrie der Kegelradverzahnung

Achsenwinkel

$$\Sigma = \delta_1 + \delta_2 \qquad (20.2)$$

Σ Achsenwinkel [°]

δ_1, δ_2 Teilkegelwinkel [°]

Teilkegelwinkel

$$\tan\delta_1 = \frac{\sin\Sigma}{(\cos\Sigma + u)} \tag{20.4}$$

$$\tan\delta_2 = \frac{\sin\Sigma}{\left(\cos\Sigma + \frac{1}{u}\right)} \tag{20.5}$$

Für den Sonderfall $\Sigma = 90°$ gilt:

$$\tan\delta_1 = \frac{1}{u} = \frac{z_1}{z_2} \tag{20.6}$$

$$\tan\delta_2 = u = \frac{z_2}{z_1} \tag{20.7}$$

δ_1, δ_2	Teilkegelwinkel [°]
Σ	Achsenwinkel [°]
u	Zähnezahlverhältnis [–]
z_1, z_2	Zähnezahl [–]

Teilkegellängen am Kegelrad

<table>
<tr><td rowspan="3">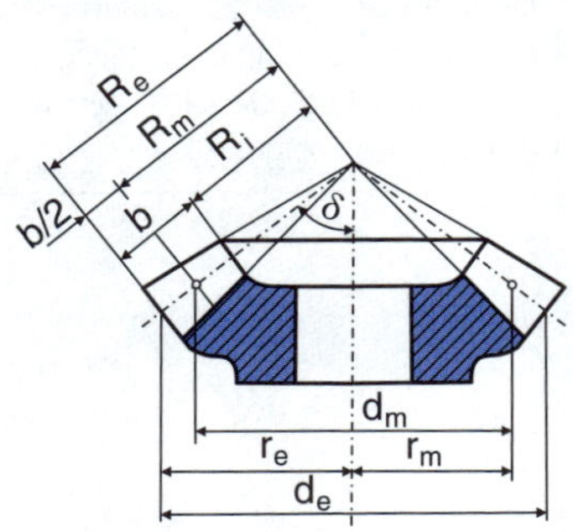
</td>
<td>Äußere Teilkegellänge</td><td>$R_e = \frac{d_e}{2 \cdot \sin\delta}$</td><td>(20.9)</td></tr>
<tr><td>Mittlere Teilkegellänge</td><td>$R_m = R_e - \frac{b}{2} = \frac{d_m}{2 \cdot \cos\beta_m \cdot \sin\delta_1}$</td><td>(20.10)</td></tr>
<tr><td>Innere Teilkegellänge</td><td>$R_i = R_e - b$</td><td>(20.11)</td></tr>
</table>

d_e	äußerer Teilkegeldurchmesser [mm]
d_m	mittlerer Teilkegeldurchmesser [mm]
δ	Teilkegelwinkel [°]
β_m	mittlerer Schrägungswinkel [°]
b	Zahnbreite [mm]

Definition der Spiralrichtung, Zug- und Schubflanke sowie Ferse und Zehe

Die Spiralrichtung ist dann rechts, wenn der Zahn von vorn nach hinten betrachtet nach rechts verläuft.

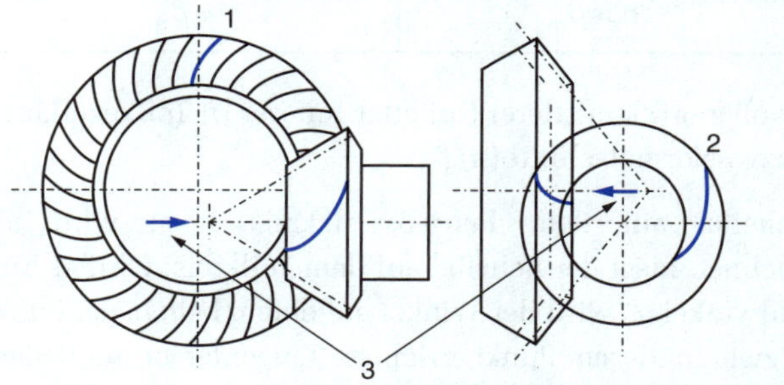

1 Rechtsspirale 2 Linksspirale 3 Blickrichtung von der Teilkreisspitze

Ritzel	
konkave Flanke	Zugflanke (Drive Flank)
konvexe Flanke	Schubflanke (Coast Flank)
Tellerrad	
konvexe Flanke	Zugflanke (Drive Flank)
konkave Flanke	Schubflanke (Coast Flank)

Der flachere, spitzere Teil des Ritzels bzw. des Rades wird als Zehe und der höhere, dickere Teil als Ferse bezeichnet.

Teilkreisdurchmesser, mittlere Teilung und Modul am Kegelrad

Äußerer Teilkreisdurchmesser	Mittlerer Teilkreisdurchmesser	Mittlere Teilkreisteilung
$d_{e1,2} = \frac{z_{1,2} \cdot m_{et}}{\cos \beta_m}$ (20.13)	$d_{m1.2} = \frac{z_{1,2} \cdot m_{mn}}{\cos \beta_m}$ (20.14)	$p_m = m_m \cdot \pi = \frac{d_m \cdot \pi}{z}$ (20.15)
Modul am Außenkegel	**Modul am Mittelkegel (Stirnschnitt)**	**Modul am Mittelkegel (Normalschnitt)**
$m_{et} = \frac{d_{e1,2}}{z_{1,2}} = \frac{m_{en}}{\cos \beta}$ (20.16)	$m_{mt} = \frac{d_{m1,2}}{z_{1,2}}$ (20.17)	$m_{mn} = \frac{m_{mt}}{\cos \beta}$ (20.18)

$d_{e1,2}$ äußerer Teilkreisdurchmesser [mm]
$d_{m1,2}$ mittlerer Teilkreisdurchmesser [mm]
p_m mittlere Teilkreisteilung [mm]
m_{et} Modul am Außenkegel [mm]
m_{mt} Modul am Mittelkegel (Stirnschnitt) [mm]
m_{mn} Modul am Mittelkegel (Normalschnitt) [mm]
$z_{1,2}$ Zähnezahl [$-$]
β_m mittlerer Schrägungswinkel [°]
d_m mittlerer Teilkegeldurchmesser [mm]
d_e äußerer Teilkegeldurchmesser [mm]

20

Eingriffswinkel, Betriebseingriffswinkel und Profilwinkel

α an äußerer Teilkegellänge	α an mittlerer Teilkegellänge	α an innerer Teilkegellänge
$\tan\alpha_{et} = \dfrac{\tan\alpha_{en}}{\cos\beta_m}$ (20.19)	$\tan\alpha_{mt} = \dfrac{\tan\alpha_{mn}}{\cos\beta_m}$ (20.20)	$\tan\alpha_{it} = \dfrac{\tan\alpha_{in}}{\cos\beta_m}$ (20.21)

α Eingriffswinkel an äußerer (e), mittlerer (m) oder innerer (i) Teilkegellänge im Stirnschnitt (t) bzw. Normalschnitt (n) [°]

Der Profilwinkel, dessen Scheitel auf dem Betriebswälzkreis liegt, wird als Betriebseingriffswinkel α_w bezeichnet. Liegt der Scheitel auf dem Teilkreis, wird er Eingriffswinkel α genannt. Als Profilwinkel α_y wird der Winkel auf einem beliebigen Punkt der Zahnflanke bezeichnet, den zwei in diesem Punkt errichtete Tangenten einschließen. Dabei schneidet eine Tangente die Radachse und die andere tangiert die Zahnflanke.

Kopf- und Fußkegelwinkel sowie Zahnkopf- und Zahnfußhöhen

Fall 1: zur Kegelspitze abnehmende Zahnhöhe und konstantes Kopfspiel mit m_{et} als Bezugslänge (Kopfkegelspitze liegt innerhalb des Teilkegels)

Kopfwinkel (gewählt) $\vartheta_{a1} = \vartheta_{f2}$, $\vartheta_{a2} = \vartheta_{f1}$ (20.22)	Fußwinkel $\tan\vartheta_{f1} = \dfrac{h_{fe1}}{R_e}$, $\tan\vartheta_{f2} = \dfrac{h_{fe2}}{R_e}$ (20.23)
Kopfkegelwinkel $\delta_{a1} = \delta_1 + \vartheta_{f2}$, $\delta_{a2} = \delta_2 + \vartheta_{f1}$ (20.24)	Fußkegelwinkel $\delta_{f1} = \delta_1 - \vartheta_{f1}$, $\delta_{f2} = \delta_2 - \vartheta_{f2}$ (20.25)

Zahnkopfhöhe

$$h_{ae1} = m_{et}\cdot(1 + x_{he})$$

$$= h_{am1} + \frac{b\cdot\tan\vartheta_{a1}}{2} \qquad (20.26)$$

$$h_{ae2} = m_{et}\cdot(1 - x_{he})$$

$$= h_{am2} + \frac{b\cdot\tan\vartheta_{a2}}{2} \qquad (20.27)$$

Zahnfußhöhe

$$h_{fe1} = m_{et}\cdot\left(1 + c_p^* - x_{he}\right) \qquad (20.28)$$

$$h_{fe2} = m_{et}\cdot\left(1 + c_p^* + x_{he}\right) \qquad (20.29)$$

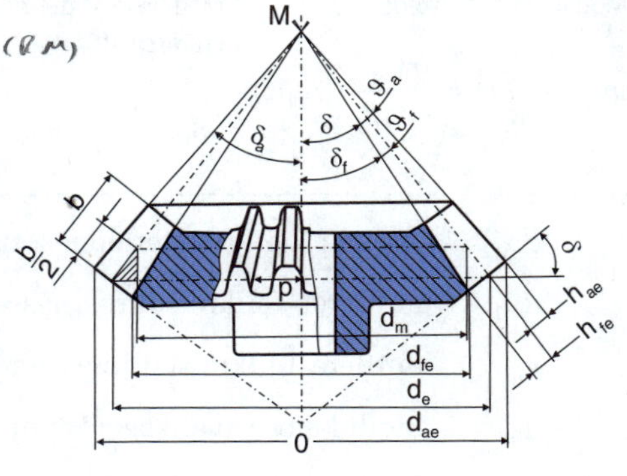

Bei Profilhöhe $h_p = m + c_p$ mit Kopfspiel $c_p = (0{,}1\ldots0{,}3)\cdot m$

Fall 2: konstante Zahnhöhe mit m_{mn} als Bezugslänge

Kopfwinkel (gewählt)	Fußwinkel
$\vartheta_a = \vartheta_{a1} = \vartheta_{a2} = 0$ (20.30)	$\vartheta_f = \vartheta_{f1} = \vartheta_{f2} = 0$ (20.31)
Kopfkegelwinkel	Fußkegelwinkel
$\delta_{a1} = \delta_1,\ \delta_{a2} = \delta_2$ (20.32)	$\delta_{f1} = \delta_1,\ \delta_{f2} = \delta_2$ (20.33)
Zahnkopfhöhe	Zahnfußhöhe
$h_{am1} = m_{mn} \cdot (1 + x_{hm})$ (20.34)	$h_{fm1} = m_{mn} \cdot \left(1 + c_p^* - x_{hm}\right)$ (20.36)
$h_{am2} = m_{mn} \cdot (1 - x_{hm})$ (20.35)	$h_{fm2} = m_{mn} \cdot \left(1 + c_p^* + x_{hm}\right)$ (20.37)
Bei Profilhöhe $h_p = m + c_p$ mit Kopfspiel $c_p = (0{,}1 \ldots 0{,}3) \cdot m$	

ϑ_a Zahnkopfwinkel [°]

ϑ_f Zahnfußwinkel [°]

h_{fm} mittlere Zahnfußhöhe [mm]

h_{fe} äußere Zahnfußhöhe [mm]

h_{am} mittlere Zahnkopfhöhe [mm]

h_{ae} äußere Zahnkopfhöhe [mm]

R_e äußere Teilkegellänge [mm]

δ Teilkegelwinkel [°] δ_1 & δ_2 S. 345

δ_a Kopfkegelwinkel [°]

δ_f Fußkegelwinkel [°]

m_{et} äußerer Stirnmodul [mm]

m_{mn} mittlerer Normalmodul [mm]

x_{he} äußerer Profilverschiebungsfaktor [mm]

x_{hm} mittlerer Profilverschiebungsfaktor [mm]

b Zahnbreite [mm]

c_p Kopfspiel

Kopf- und Fußkreisdurchmesser am Kegelrad

Äußerer Kopfkreisdurchmesser	Mittlerer Kopfkreisdurchmesser	Innerer Kopfkreisdurchmesser
$d_{ae1} = d_{m1} + 2 \cdot h_{ae1} \cdot \cos\delta_1$ (20.38)	$d_{am1} = d_{m1} + 2 \cdot h_{am1} \cdot \cos\delta_1$ (20.40)	$d_{ai1} = d_{m1} + 2 \cdot h_{ai1} \cdot \cos\delta_1$ (20.42)
$d_{ae2} = d_{m2} + 2 \cdot h_{ae2} \cdot \cos\delta_2$ (20.39)	$d_{am2} = d_{m2} + 2 \cdot h_{am2} \cdot \cos\delta_2$ (20.41)	$d_{ai2} = d_{m2} + 2 \cdot h_{ai2} \cdot \cos\delta_2$ (20.43)
Äußerer Fußkreisdurchmesser	**Mittlerer Fußkreisdurchmesser**	**Innerer Fußkreisdurchmesser**
$d_{fe1} = d_{m1} + 2 \cdot h_{fe1} \cdot \cos\delta_1$ (20.44)	$d_{fm1} = d_{m1} + 2 \cdot h_{fm1} \cdot \cos\delta_1$ (20.46)	$d_{fi1} = d_{m1} + 2 \cdot h_{fi1} \cdot \cos\delta_1$ (20.48)
$d_{fe2} = d_{m2} + 2 \cdot h_{fe2} \cdot \cos\delta_2$ (20.45)	$d_{fm2} = d_{m2} + 2 \cdot h_{fm2} \cdot \cos\delta_2$ (20.47)	$d_{fi2} = d_{m2} + 2 \cdot h_{fi2} \cdot \cos\delta_2$ (20.49)

d_m mittlerer Teilkreisdurchmesser [mm]

h_a äußere (e), mittlere (m) oder innere (i) Zahnkopfhöhe [mm]

h_f äußere (e), mittlere (m) oder innere (i) Zahnfußhöhe [mm]

δ äußerer (e), mittlerer (m) oder innerer (i) Teilkegelwinkel [°]

20.3 Geometrie der virtuellen Ersatz-Stirnräder (Näherung nach Tredgold)

Zähnezahlen, allgemein

$$z_{v1} = \frac{z_1}{\cos\delta_1} = \frac{d_{v1} \cdot \pi}{p_t} \quad \text{und} \quad z_{v2} = \frac{z_2}{\cos\delta_2} = \frac{d_{v2} \cdot \pi}{p_t} \qquad (20.53)$$

Zähnezahlen für $\Sigma = 90°$

$$z_{v1} = z_1 \cdot \sqrt{\frac{u^2 + 1}{u^2}} \quad \text{und} \quad z_{v2} = z_2 \cdot \sqrt{u^2 + 1} = u^2 \cdot z_{v1} \qquad (20.55)$$

z_v Zähnezahl der Ersatz-Stirnradverzahnung [−]

z Zähnezahl [−]

δ Teilkegelwinkel [°]

d_v Teilkreis-Durchmesser der Ersatz-Stirnradverzahnung [mm]

p_t Eingriffsteilung [mm]

Zähnezahlverhältnis, allgemein

$$u_v = \frac{z_{v2}}{z_{v1}} = u \cdot \frac{\cos\delta_1}{\cos\delta_2} = \frac{\tan\delta_2}{\tan\delta_1} \qquad (20.52)$$

Zähnezahlverhältnis für $\Sigma = 90°$

$$u_v = u^2 = \left(\frac{z_2}{z_1}\right)^2 \qquad (20.54)$$

u_v Zähnezahlverhältnis der Ersatz-Stirnradverzahnung [°]

u Zähnezahlverhältnis [–]

z Zähnezahl [–]

Eingriffswinkel

$$\alpha_{vn} = \alpha_n\,,\ \tan\alpha_{vt} = \tan\alpha_{mt} = \frac{\tan\alpha_n}{\cos\beta_m} \qquad (20.50)$$

α_{vn} Normaleingriffswinkel der Ersatz-Stirnradverzahnung [°]

α_{vt} Stirneingriffswinkel der Ersatz-Stirnradverzahnung [°]

α_{mt} mittlerer Stirneingriffswinkel der Ersatz-Stirnradverzahnung [°]

α_n Normaleingriffswinkel [°]

β_m mittlerer Schrägungswinkel [°]

Schrägungswinkel

$$\beta_{vm} = \beta_m,\ \sin\beta_{vb} = \sin\beta_m \cdot \cos\alpha_n \qquad (20.51)$$

β_{vm} mittlerer Schrägungswinkel der Ersatz-Stirnradverzahnung [°]

β_{vb} Grundkreisschrägungswinkel der Ersatz-Stirnradverzahnung [°]

β_m mittlerer Schrägungswinkel [°]

α_n Normaleingriffswinkel [°]

Teilkreisdurchmesser, allgemein

$$d_{v1} = \frac{d_{m1}}{\cos\delta_1}\,,\ d_{v2} = \frac{d_{m2}}{\cos\delta_2} \qquad (20.56)$$

Teilkreisdurchmesser für $\Sigma = 90°$

$$d_{v1} = d_{m1} \cdot \sqrt{\frac{u^2+1}{u^2}}\ ,\ d_{v2} = d_{m2} \cdot \sqrt{u^2+1} = u^2 \cdot d_{v1} \qquad (20.57)$$

d_v Teilkreisdurchmesser der Ersatz-Stirnradverzahnung [mm]

d_m mittlerer Teilkreisdurchmesser [mm]

δ Teilkegelwinkel [°]

u Zähnezahlverhältnis [−]

Achsabstand

$$a_v = \frac{1}{2} \cdot (d_{v1} + d_{v2}) \qquad (20.58)$$

a_v Achsabstand der Ersatz-Stirnradverzahnung [mm]

d_m mittlerer Teilkreisdurchmesser [mm]

δ Teilkegelwinkel [°]

Modul

$$m_{vt} = m_{mt} = \frac{d_{m1}}{z_1} = \frac{d_{v1}}{z_1} = \frac{d_{v2}}{z_2}\ ,\ m_{vn} = m_{mn^*} = m_{mt} \cdot \cos\beta_m \qquad (20.59)$$

m_v Stirn- (t) bzw. Normalmodul (n) der Ersatz-Stirnradverzahnung [mm]

m_m mittlerer Stirn- (t) bzw. Normalmodul (n) [mm]

d_m mittlerer Teilkreisdurchmesser [mm]

z Zähnezahl [−]

d_v Teilkreis-Durchmesser der Ersatz-Stirnradverzahnung [mm]

Grundkreisdurchmesser

$$d_{vb} = d_v \cdot \cos\alpha_{vt} \qquad (20.60)$$

d_{vb} Grundkreisdurchmesser der Ersatz-Stirnradverzahnung [mm]

d_v Teilkreis-Durchmesser der Ersatz-Stirnradverzahnung [mm]

α_{vt} Stirneingriffswinkel der Ersatz-Stirnradverzahnung [°]

Kopfkreisdurchmesser

$$d_{va1} = d_{v1} + 2 \cdot h_{am1}\,, \; d_{va2} = d_{v2} + 2 \cdot h_{am2} \tag{20.61}$$

d_{va} Kopfkreisdurchmesser der Ersatz-Stirnradverzahnung [mm]

d_v Teilkreis-Durchmesser der Ersatz-Stirnradverzahnung [mm]

h_{am} mittlere Zahnkopfhöhe [mm]

Zahnbreite

$$b_v = b \text{ mit } b \leq 0{,}3 \cdot R_m \tag{20.62}$$

b_v Zahnbreite der Ersatz-Stirnradverzahnung [mm]

b Zahnbreite [mm]

R_m mittlere Teilkegellänge [mm]

Teilung

$$p_{vtb} = \frac{m_{mn} \cdot \pi \cdot \cos \alpha_{vt}}{\cos \beta_m} \tag{20.64}$$

p_{vtb} Teilung der Ersatz-Stirnradverzahnung [mm]

m_{mn} mittlerer Normalmodul [mm]

α_{vt} Stirneingriffswinkel der Ersatz-Stirnradverzahnung [°]

β_m mittlerer Schrägungswinkel [°]

Eingriffstrecke

$$g_{v\alpha} = \sqrt{\left(\frac{d_{va1}}{2}\right)^2 - \left(\frac{d_{vb1}}{2}\right)^2} + \frac{z_2}{|z_2|} \cdot \sqrt{\left(\frac{d_{va2}}{2}\right)^2 - \left(\frac{d_{vb2}}{2}\right)^2} - a_v \cdot \sin \alpha_{vt} \tag{20.66}$$

$g_{v\alpha}$ Eingriffstrecke der Ersatz-Stirnradverzahnung [mm]

d_{va} Kopfkreisdurchmesser der Ersatz-Stirnradverzahnung [mm]

d_{vb} Grundkreisdurchmesser der Ersatz-Stirnradverzahnung [mm]

z Zähnezahl [$-$]

a_v Achsabstand der Ersatz-Stirnradverzahnung [mm]

α_{vt} Stirneingriffswinkel der Ersatz-Stirnradverzahnung [°]

Profilüberdeckung

$$\varepsilon_{v\alpha} = \frac{g_{v\alpha}}{p_{vtb}} \tag{20.65}$$

$$\varepsilon_{v\alpha n} = \frac{\varepsilon_{v\alpha}}{\cos^2 \beta_b} \tag{20.67}$$

$\varepsilon_{v\alpha}$ Profilüberdeckung der Ersatz-Stirnradverzahnung [−]

$\varepsilon_{v\alpha n}$ Profilüberdeckung der Ersatz-Stirnradverzahnung im Normalschnitt [−]

$g_{v\alpha}$ Eingriffsstrecke der Ersatz-Stirnradverzahnung [mm]

p_{vtb} Teilung der Ersatz-Stirnradverzahnung [mm]

β_b Grundkreisschrägungswinkel [°]

Sprungüberdeckung

$$\varepsilon_{v\beta} = \frac{b \cdot \sin \beta_m}{m_{mn} \cdot \pi} \cdot \frac{b_{eH}}{b} \text{ mit } b_{eh} \approx 0{,}85 \cdot b \tag{20.68}$$

$\varepsilon_{v\beta}$ Sprungüberdeckung der Ersatz-Stirnradverzahnung [−]

b Zahnbreite [mm]

β_m mittlerer Schrägungswinkel [°]

m_{mn} mittlerer Normalmodul [mm]

Gesamtüberdeckung

für konjugierte Flanken:

$$\varepsilon_{v\gamma} = \varepsilon_{v\alpha} + \varepsilon_{v\beta} \quad 20.69)$$

für elliptisches Tragbild:

$$\varepsilon_{v\gamma} = \sqrt{\varepsilon_{v\alpha}^2 + \varepsilon_{v\beta}^2} \tag{20.70}$$

$\varepsilon_{v\gamma}$ Gesamtüberdeckung der Ersatz-Stirnradverzahnung [−]

$\varepsilon_{v\alpha}$ Profilüberdeckung der Ersatz-Stirnradverzahnung [−]

$\varepsilon_{v\beta}$ Sprungüberdeckung der Ersatz-Stirnradverzahnung [−]

Teilüberdeckung

$$\varepsilon_{v1} = \frac{z_{v1}}{2 \cdot \pi} \cdot \left(\sqrt{\left(\frac{d_{va1}}{d_{vb1}}\right)^2 - 1} - \tan \alpha_{vt} \right), \quad \varepsilon_{v2} = \frac{z_{v2}}{2 \cdot \pi} \cdot \left(\sqrt{\left(\frac{d_{va2}}{d_{vb2}}\right)^2 - 1} - \tan \alpha_{vt} \right) \tag{20.71}$$

20.4 Geometrie der Hypoidverzahnung und zugehöriger Ersatz-Verzahnungen

Geometrie eines Hypoidradpaares

Achsenwinkel (Kreuzungswinkel) Σ $\Sigma = 90°$ (20.78)	Teilkegelwinkel δ_1, δ_2 $\sin\delta_1 = \cos\delta_2 \cdot \cos\zeta_a$ (20.79)
Versetzungswinkel ζ_a $\tan\zeta_a = \tan\zeta_p \cdot \sin\delta_2$ $= \tan\zeta \cdot \sin^2\delta_2$ (20.80)	Achsversatz a (in Planradebene a_p) $a_p = R_{m2} \cdot \sin\zeta_p$ (20.81)
Zähnezahlen, Zähnezahlverhältnis u $u = \frac{z_2}{z_1} = \frac{d_{m2}}{d_{m1}} \cdot \frac{\cos\beta_{m2}}{\cos\beta_{m1}}$ (20.82)	Berührwinkel ζ_p $\zeta_p = \beta_{m1} - \beta_{m2}, \ \sin\zeta_p = \frac{a_p}{R_{m2}} \approx \sin\zeta \approx \frac{2 \cdot a}{d_{m2}}$ (20.83)

Geometrie eines Hypoidradpaares, bezogen auf den Berührpunkt P der Wälzkegel [20.12]

Schrägungswinkel β_m in Planradebene $\beta_{m1} = \beta_{m2} + \zeta_p$ $\tan\beta_{m1} = \frac{u \cdot \frac{d_{m1}}{d_{m2}} - \cos\zeta_p}{\sin\zeta_p}$ (20.84)	Eingriffswinkel α_n, α_t $\tan\alpha_t = \frac{\tan\alpha_n}{\cos\beta_m}$ (20.85) Bei negativem Achsversatz ist $\beta_{m1} < \beta_{m2}$ und ζ_a, ζ_p, a und a_p sind negativ.
Teilkreisdurchmesser d_m (Mitte Zahnbreite) $d_{m1} = \frac{d_{m2}}{u} \cdot \frac{\cos\beta_{m2}}{\cos\beta_{m1}}$ (20.86)	Modul m_{mn} (Normalschnitt) $m_{mn} = \cos\beta_{m1} \cdot \frac{d_{m1}}{z_1} = \cos\beta_{m2} \cdot \frac{d_{m2}}{z_2}$ (20.87)
Teilkegellänge R_m $R_{m1} = \frac{1}{2} \cdot \frac{d_{m1}}{\sin\delta_1}, \ R_{m2} = \frac{1}{2} \cdot \frac{d_{m2}}{\sin\delta_2}$ (20.88)	Zahnbreite b $b_2 \le 0{,}18 \cdot d_{m2}$ $b_1 \approx \frac{b_2}{\cos\zeta_p} + 3 \cdot m_{nm} \cdot \tan\zeta_p$ (20.89)
Zahnkopfhöhe h_a $h_{am1} = m_{mn} \cdot (1 + x_{hm})$ (20.90) $h_{am2} = m_{mn} \cdot (1 - x_{hm})$ (20.91)	Zahnfußhöhe h_f $h_{fm1} = m_{mn} \cdot \left(1 + c_p^* - x_{hm}\right)$ (20.92) $h_{fm2} = m_{mn} \cdot \left(1 + c_p^* + x_{hm}\right)$ (20.93)
Bei Profilhöhe $h_p = m + c_p$ mit Kopfspiel $c_p = (0{,}1 \ldots 0{,}3) \cdot m$	

20

Geometrie der Ersatzkegelräder eines Hypoidradpaares

Achsenwinkel Σ_K $\Sigma_K = \Sigma$ (20.94)	Teilkegelwinkel δ_{K1}, δ_{K2} $\delta_{K2} = \delta_2, \; \delta_{K1} = \Sigma - \delta_2$ (20.95)	Schrägungswinkel β_{km1}, β_{km2} $\beta_{Km1} = \beta_{Km2} = \beta_{m2}$ (20.96)
Teilkegellänge R_{Km} $R_{Km} = R_{m2}$ (20.97)	Teilkreisdurchmesser d_{Km} $d_{Km1} = 2 \cdot R_{Km} \cdot \sin \delta_{K1}$ (20.98)	Eingriffswinkel α_{Kn} (Normalschnitt) $\alpha_{Kn} = \frac{1}{2} \cdot [\alpha_{nV}(Zugflanke) + \alpha_{nR}(Schubflanke)]$ (20.99)
Modul m_{Kmn} $m_{Kmn} = m_{mn}$ (20.100)	Zähnezahlverhältnis u_K $u_K = \frac{z_{K2}}{z_{K1}} = \frac{z_2}{z_{K1}} = \frac{d_{m2}}{d_{Km1}}$ (20.101)	Zähnezahl z_K (unrunde Zahl) $z_{K1} = \frac{d_{Km1} \cdot \cos \beta_{Km1}}{m_{mn}}$ (20.102)
Zahnbreite b s. [20.12]	Zahnkopfhöhe h_a, Zahnfußhöhe h_f s. [20.12]	Zähnezahl z_K für $\Sigma = 90°$ (unrunde Zahl) $z_{K1} = \frac{z_2}{\tan \delta_2}, \; z_{K2} = z_2$ (20.103)

Geometrie der virtuellen Ersatz-Stirnräder der Ersatz-Kegelräder eines Hypoidradpaares

Teilkreisdurchmesser d_v $d_{v1} = \frac{d_{m1}}{\cos \delta_{K1}}, \; d_{v2} = \frac{d_{m2}}{\cos \delta_2} = u_v \cdot d_{v1}$ (20.104)	Modul m_{vn} $m_{vn} = m_{mn}, \; m_{vt} = m_{mt} = \frac{m_{mn}}{\cos \beta_m}$ (20.105)	
Eingriffswinkel α_{vn}, α_{vt} $\alpha_{vn} = \alpha_{Kn}, \; \tan \alpha_{vt} = \frac{\tan \alpha_{vn}}{\cos \beta_v}$ (20.106)	Schrägungswinkel β_v $\beta_v = \beta_{km1} = \beta_{km2} = \beta_{m2}$ (20.107)	Zahnbreite b_v $b_v = b_2$ (20.108)
Zähnezahl z_v (unrunde Zahl) $z_{v1} = \frac{z_{K1}}{\cos \delta_{K1}}, \; z_{v2} = \frac{z_2}{\cos \delta_2} = u_v \cdot z_{v1}$ (20.109)	Zähnezahlverhältnis u_v $u_v = \frac{z_{v2}}{z_{v1}} = \frac{d_{v2}}{d_{v1}}$ (20.110)	Zähnezahlverhältnis u_v für $\Sigma = 90°$ $u_v = u_k^2$ (20.111)
Die Zahnkopf- und Zahnfußhöhen sind aus [20.12], Grundkreisdurchmesser, Kopfkreisdurchmesser und Achsabstand aus (20.60), (20.61) und (20.58) und die Überdeckungen aus (20.65) und (20.67) bis (20.71) zu entnehmen.		

Geometrie der virtuellen Ersatz-Schraubräder eines Hypoidradpaares

Schrägungswinkel

$\beta_{s1,2} = \left|\beta_{m1,2}\right|$ (20.112) Zur Berechnung der Fresstragfähigkeit nach ISO/TR 13989

$\beta_{s1,2} = \beta_{m1,2}$ (20.113) Zur Berechnung des Wirkungsgrades unter Berücksichtigung der Spiralrichtung (linksspiralig < 0, rechtsspiralig > 0)

Kreuzungswinkel Σ $\Sigma_s = \Sigma = \beta_{m1} - \beta_{m2}$ (20.114)	Grundkreisschrägungswinkel $\beta_{b1,2}$ $\sin\beta_{b1,2} = \dfrac{\sin\beta_{s1,2}}{\cos\alpha_{sn}}$ (20.115)	Eingriffswinkel α_{sn} [1)] $\alpha_{sn} = \alpha_{nD,C}$, $\tan\alpha_{st1,2} = \dfrac{\tan\alpha_{sn}}{\cos\beta_{s1,2}}$ (20.116)
Teilkreisdurchmesser d_s $d_{s1,2} = \dfrac{d_{m1,2}}{\cos\delta_1}$ (20.117)	Kopfkreisdurchmesser d_{sa} $d_{a1,2} = d_{s1,2} + 2 \cdot h_{am1,2}$ (20.118)	Grundkreisdurchmesser d_{sb} $d_{b1,2} = d_{s1,2} \cdot \cos\alpha_{st1,2}$ (20.119)
Zähnezahl z_v (unrunde Zahl) $z_{s1,2} = \dfrac{z_{1,2}}{\cos\delta_{1,2}}$ (20.120)	Zähnezahlverhältnis u_v $u_s = \dfrac{z_{s2}}{z_1} = u \cdot \dfrac{\cos\delta_1}{\cos\delta_2}$ (20.121)	Modul m_{sn} $m_{sn} = m_{mn}$ (20.122)
Normaleingriffsteilung $p_{en} = m_{sn} \cdot \pi \cdot \cos\alpha_{sn}$ (20.123)	Winkel zwischen Berührlinie und Flankenlinie $\tan\beta_{B1,2} = \tan\beta_{s1,2} \cdot \sin\alpha_{sn}$ (20.124)	Winkel zwischen den Berührlinien $\varphi = \beta_{B1} + \beta_{B2}$ (20.125)

[1)] α_n ist der Eingriffswinkel der zu berechnenden Vor- oder Rückflanke, also α_{nD} oder α_{nC}

Ersatz-Krümmungsradius $\rho_{Cn} = \dfrac{\rho_{n1} \cdot \rho_{n2}}{\rho_{n1} + \rho_{n2}}$ mit $\rho_{n1,2} = \dfrac{1}{2} \cdot d_{s1,2} \cdot \dfrac{\sin^2\alpha_{st1,2}}{\sin\alpha_{sn}}$ (20.126)	Eingriffsstrecke $\overline{AE} = g_{an1} + g_{an2}$ (20.127)
Ritzelkopf-/Radfußeingriffsstrecke $g_{an1} = g_{fn2} = \dfrac{\sqrt{\left(\dfrac{d_{a1}}{2}\right)^2 - \left(\dfrac{d_{b1}}{2}\right)^2} - \sqrt{\left(\dfrac{d_{s1}}{2}\right)^2 - \left(\dfrac{d_{b1}}{2}\right)^2}}{\cos\beta_{b2}}$ (20.128)	Gesamtüberdeckung im Normalschnitt $\varepsilon_n = \dfrac{\overline{AE}}{p_{en}}$ (20.129)
Radkopf-/Ritzelfußeingriffsstrecke $g_{an2} = g_{fn1} = \dfrac{\sqrt{\left(\dfrac{d_{a2}}{2}\right)^2 - \left(\dfrac{d_{b2}}{2}\right)^2} - \sqrt{\left(\dfrac{d_{s2}}{2}\right)^2 - \left(\dfrac{d_{b2}}{2}\right)^2}}{\cos\beta_{b2}}$ (20.130)	Kopf-/Fußüberdeckung im Normalschnitt $\varepsilon_{n1,2} = \dfrac{g_{an1,2}}{p_{en}}$ (20.131)

20

Geometrie der Ersatz-Stirnradverzahnung eines Hypoidradpaares nach FVA 411

Zahnbreite $b_v = b_2 \cdot \frac{b_{veff}}{b_{2eff}}$ mit $$b_{veff} = \frac{\left(\frac{b_{2eff}}{\cos\frac{\zeta_{mP}}{2}} - g_{v\alpha} \cdot \cos\alpha_{et} \cdot \sin\frac{\zeta_{mP}}{2} \right)}{1 + \tan\gamma' \cdot \sin\frac{\zeta_{mP}}{2}} \quad (20.132)$$ b_{2eff}: Effektive Tragbildbreite am Tellerrad bei einer tatsächlichen Belastung. Die Tragbildbreite wird entweder geschätzt, mithilfe von Messungen bestimmt oder rückwirkend mit einem höherwertigen Beanspruchungsanalyseverfahren berechnet (s.a. Abschnitt 20.4.3 im Buch).	Schrägungswinkel $$\beta_v = \frac{\beta_{m1} + \beta_{m2}}{2} \quad (20.133)$$ $$\vartheta_{mP} = \arctan(\sin\delta_2 \cdot \tan\zeta_m)$$ $$\gamma' = \vartheta_{mP} - \frac{\zeta_m}{2}$$ ζ_{mP}: Achsversatzwinkel in Planradebene nach ISO 23509
Überdeckung $$\varepsilon_{v\gamma} = \varepsilon_{v\alpha} + \varepsilon_{v\beta} \text{ mit } \varepsilon_{v\alpha} = \frac{g_{v\alpha}}{p_{et}} \text{ und } \varepsilon_{v\beta} = \frac{b_{veff} \cdot \sin\beta_v}{m_{mn} \cdot \pi} \quad (20.134)$$	Ersatz-Krümmungsradius $$\rho_{ers} = \rho_t \cdot \cos^2 w_{Bel} \quad (20.135)$$

Ersatz-Krümmungsradius im Profilschnitt

$$\rho_t = \left[\frac{\cos\beta_{m1} \cdot \cos\beta_{m2}}{\left[\cos\alpha_n \cdot (\tan\alpha_n - \tan\alpha_{\lim}) + \tan\zeta_{mP} \cdot \tan w_{Bel}\right] \cdot \cos\zeta_{mP}} \cdot \left(\frac{1}{R_{m1} \cdot \tan\delta_1} + \frac{1}{R_{m2} \cdot \tan\delta_2} \right) \right]^{-1} \quad (20.136)$$

w_{Bel}: Winkel zwischen Berührlinie und Teilkegel in der Flankentangentialebene

$$w_{Bel} = \arctan(\tan\beta_v \cdot \sin\alpha_e) \quad (20.137)$$

$\alpha_n = \alpha_{nD}$ nach ISO 23509 auf der Zugflanke	$\alpha_e = \alpha_{eD}$ nach ISO 23509 auf der Zugflanke
$\alpha_n = -\alpha_{nC}$ nach ISO 23509 auf der Schubflanke	$\alpha_e = -\alpha_{eC}$ nach ISO 23509 auf der Schubflanke

20.5 Verlustleistung und Wirkungsgrad

Lastabhängige Verluste der Verzahnung

$$|P_{VZP}| = P_a \cdot \mu_{mZ} \cdot H_V \quad \text{mit} \quad H_V = \frac{1}{p_e \cdot \cos\alpha} \cdot \int_x \frac{F_t(x)}{F_n} \cdot \frac{v_g(x)}{v_t} dx \qquad (20.149)$$

P_{VZP}	lastabhängige Verluste der Verzahnung $[W]$
P_a	zugeführte Antriebsleistung $[W]$
μ_{mZ}	mittlere Verzahnungsreibungszahl $[-]$
H_V	Zahnverlustfaktor $[-]$
p_e	Eingriffsteilung $[mm]$
α	Eingriffswinkel [°]
F_t	Tangentialkraft $[N]$
F_n	Normalkraft $[N]$
v_g	Gleitgeschwindigkeit $[m/s]$
v_t	Umfangsgeschwindigkeit $[m/s]$

Näheres zur Berechnung des Verzahnungswirkungsgrades ist dem Buch bzw. entsprechender Fachliteratur zu entnehmen.

20.6 Zahndicke und Flankenspiel

Normalzahndicke

$$s_n = 0{,}5 \cdot m_p \cdot \pi + 2 \cdot m_p \cdot \left(x_s + x_h \cdot \tan\alpha_p\right) + \frac{A_{sn}}{\cos\alpha_n} \qquad (20.166)$$

s_n	Normalzahndicke $[mm]$
m_p	Modul $[mm]$
x_s	Zahndickenänderungsfaktor $[-]$
x_h	Profilverschiebungsfaktor $[-]$
α_p	Eingriffswinkel des Bezugsprofils [°]
α_n	Normaleingriffswinkel [°]
A_{sn}	Zahndickenabmaß $[mm]$

Stirnzahndicke

$$s_t = \frac{s_n}{\cos \beta} \qquad (20.166)$$

s_t Stirnzahndicke [mm]

β Schrägungswinkel [°]

Übliches Flankenspiel im Normalschnitt

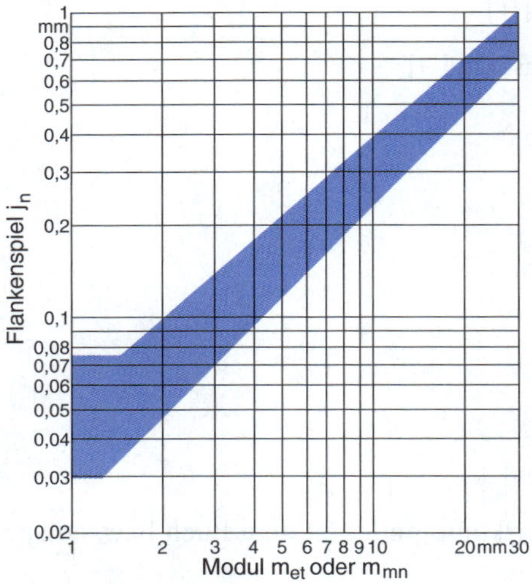

Das Zahndickenabmaß A_{sn} ergibt sich aus dem geforderten Flankenspiel j_n gemäß nebenstehendem Diagramm, wobei das Flankenspiel j_n meistens zur Hälfte auf Ritzel und Rad aufgeteilt wird:

$$A_{sn1} = A_{sn2} = -\frac{j_n}{2} \qquad (20.169)$$

Bedingt durch die breitenballige Verzahnung ist bei einer Messung am äußeren Zahnende ein zusätzliches Zahndickenabmaß zu berücksichtigen.

Das Verdrehflankenspiel nach Abbildung 18.95 im Buch kann im eingebauten Zustand – meist am äußeren Zahnende – gemessen werden, indem man das Tellerrad gegenüber dem festgehaltenen Ritzel verdreht.

20.7 Beanspruchung und Beanspruchbarkeit von Kegelrädern

20.7.1 Kräfte, Momente, Lastkollektive und Lastverteilungsfaktoren

Kräfte und Momente an einer Kegelrad- oder Hypoidradpaarung

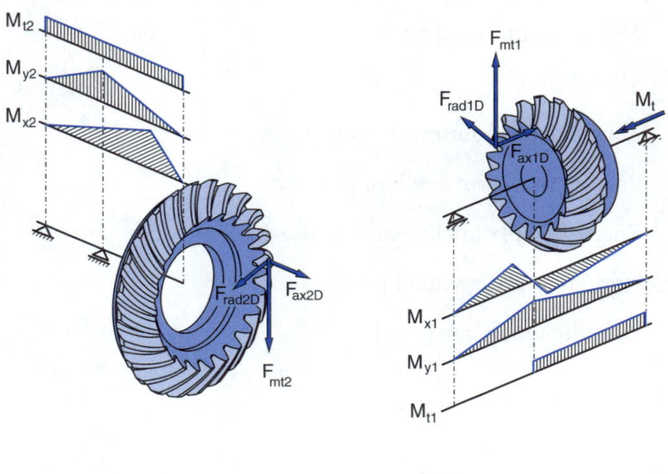

Tangentialzahnkräfte

Tangentialzahnkraft am Ritzel	$F_{mt1} = \frac{2 \cdot M_{t1}}{d_{m1}} = \frac{F_{mt2} \cdot \cos\beta_{m1}}{\cos\beta_{m2}}$	(20.173)
Tangentialzahnkraft am Tellerrad	$F_{mt2} = \frac{2 \cdot M_{t2}}{d_{m2}}$	(20.174)

M_t Drehmoment $[Nm]$

d_m mittlerer Teilkegeldurchmesser $[mm]$

β_m mittlerer Spiralwinkel [°]

Axialzahnkräfte

Zugflanke (Drive Flank) als belastete Flanke		
Axialzahnkraft am Ritzel	$F_{ax1,D} = F_{mt1} \cdot \left(\tan\alpha_{nD} \cdot \frac{\sin\delta_1}{\cos\beta_{m1}} + \tan\beta_{m1} \cdot \cos\delta_1 \right)$	(20.176)
Axialzahnkraft am Tellerrad	$F_{ax2,D} = F_{mt2} \cdot \left(\tan\alpha_{nD} \cdot \frac{\sin\delta_2}{\cos\beta_{m2}} - \tan\beta_{m2} \cdot \cos\delta_2 \right)$	(20.177)
Schubflanke (Coast Flank) als belastete Flanke		
Axialzahnkraft am Ritzel	$F_{ax1,C} = F_{mt1} \cdot \left(\tan\alpha_{nC} \cdot \frac{\sin\delta_1}{\cos\beta_{m1}} - \tan\beta_{m1} \cdot \cos\delta_1 \right)$	(20.178)
Axialzahnkraft am Tellerrad	$F_{ax2,C} = F_{mt2} \cdot \left(\tan\alpha_{nC} \cdot \frac{\sin\delta_2}{\cos\beta_{m2}} + \tan\beta_{m2} \cdot \cos\delta_2 \right)$	(20.179)

α_n Normaleingriffswinkel [°]

δ Teilkegelwinkel [°]

β_m mittlerer Spiralwinkel [°]

20

Radialzahnkräfte

Zugflanke (Drive Flank) als belastete Flanke		
Radialzahnkraft am Ritzel	$F_{rad1,D} = F_{mt1} \cdot \left(\tan\alpha_{nD} \cdot \frac{\cos\delta_1}{\cos\beta_{m1}} - \tan\beta_{m1} \cdot \sin\delta_1 \right)$	(20.180)
Radialzahnkraft am Tellerrad	$F_{rad2,D} = F_{mt2} \cdot \left(\tan\alpha_{nD} \cdot \frac{\cos\delta_2}{\cos\beta_{m2}} + \tan\beta_{m2} \cdot \sin\delta_2 \right)$	(20.181)
Schubflanke (Coast Flank) als belastete Flanke		
Radialzahnkraft am Ritzel	$F_{rad1,C} = F_{mt1} \cdot \left(\tan\alpha_{nC} \cdot \frac{\cos\delta_1}{\cos\beta_{m1}} + \tan\beta_{m1} \cdot \sin\delta_1 \right)$	(20.182)
Radialzahnkraft am Tellerrad	$F_{rad2,C} = F_{mt2} \cdot \left(\tan\alpha_{nC} \cdot \frac{\cos\delta_2}{\cos\beta_{m2}} - \tan\beta_{m2} \cdot \sin\delta_2 \right)$	(20.183)

α_n Normaleingriffswinkel [°]

δ Teilkegelwinkel [°]

β_m mittlerer Spiralwinkel [°]

20.8 Tragfähigkeitsnachweis

20.8.1 Nachweis der Grübchentragfähigkeit

Flankenpressung

$$\sigma_H = Z_E \cdot Z_{LS} \cdot Z_{M-B} \cdot \sqrt{K_A \cdot K_v \cdot K_{H\alpha} \cdot K_{H\beta}} \cdot \sqrt{\frac{F_n}{l_{bm} \cdot \rho_{ers}}} \qquad (20.212)$$

σ_H Flankenpressung [N/mm^2]

Z_E Elastizitätsfaktor (nach [18.60])

Z_{LS} Lastverteilungsfaktor [−]

Z_{M-B} Mittelzonenfaktor [−]

K_A Anwendungsfaktor (siehe Abschnitt 18.2)

K_V Faktor für innere dynamische Zusatzkräfte [−]

$K_{H\alpha}$ Faktor für die Stirnlastverteilung [−]

$K_{H\beta}$ Faktor für die Breitenlastverteilung [−]

F_n Zahnnormalkraft [N]

l_{bm} mittlere Berührlinienlänge [mm]

ρ_{ers} Ersatzkrümmungsradius [mm]

Näherungsweise können $K_A = K_V = K_{H\alpha} = K_{H\beta} = 1$ gesetzt werden. Weiterführendes siehe Buch Abschnitt 20.4.

Sicherheit gegen Grübchenbildung

$$S_{H1,2} = \frac{\sigma_{Hlim1,2} \cdot Z_{NT1,2}}{\sigma_{HP1,2}} \cdot Z_{X1,2} \cdot Z_L \cdot Z_v \cdot Z_R \cdot Z_W \cdot Z_{Hyp} \cdot Z_{S1,2} \geq S_{Hmin1,2} \tag{20.224}$$

σ_{Hlim} Grübchendauerfestigkeit, siehe Stirnräder [N/mm^2]

σ_{HP} Flankenpressung bzw. Hertz'sche Pressung [N/mm^2]

Z_{NT} Lebensdauerfaktor [−]

Z_X Größenfaktor [−]

Z_L Schmierstofffaktor [−]

Z_V Geschwindigkeitsfaktor [−]

Z_R Rauheitsfaktor [−]

Z_W Werkstoffpaarungsfaktor [−]

Z_{Hyp} Hypoidfaktor [−]

Z_S Schlupffaktor [−]

S_{Hmin} Mindestsicherheit $S_{Hmin} = 1{,}0...1{,}2$ [−]

Werte für die Faktoren Z_N, Z_X, Z_L, Z_V, Z_R und Z_W können der Tragfähigkeitsberechnung für Stirnradverzahnungen entnommen werden. Der Hypoidfaktor Z_{Hyp} ist für Kegelradverzahnungen ohne Achsversatz $Z_{Hyp} = 1$. Der Wert für Verzahnungen mit Achsversatz kann den Ausführungen von Abschnitt 20.4 des Buches entnommen werden.

Lastverteilungsfaktor

$$Z_{LS} = \sqrt{Y_{LS}} \tag{20.214}$$

Z_{LS} Lastverteilungsfaktor [−]

Y_{LS} Lastaufteilungsfaktor nach (20.249) [−]

Mittelzonenfaktor

20

$$Z_{M-B} = \frac{\tan \alpha_{et}}{\sqrt{\left(\sqrt{\left(\frac{d_{va1}}{d_{vb1}}\right)^2 - 1} - A \cdot \frac{\pi}{z_{v1}}\right) \cdot \left(\sqrt{\left(\frac{d_{va2}}{d_{vb2}}\right)^2 - 1} - B \cdot \frac{\pi}{z_{v2}}\right)}} \quad (20.213)$$

	A	B
$\varepsilon_{v\beta} = 0$	2	$2 \cdot (\varepsilon_{v\alpha} - 1)$
$0 < \varepsilon_{v\beta} < 1$	$2 + (\varepsilon_{v\alpha} - 2) \cdot \varepsilon_{v\beta}$	$2 \cdot \varepsilon_{v\alpha} - 2 + (2 - \varepsilon_{v\alpha}) \cdot \varepsilon_{v\beta}$
$\varepsilon_{v\beta} \geq 1$	$\varepsilon_{v\alpha}$	$\varepsilon_{v\alpha}$

Schlupffaktor

$$Z_{M-B} < 0{,}98: \quad Z_{S1} = 1{,}175 \quad Z_{S2} = 1{,}0 \quad (20.231)$$

$$Z_{M-B} > 1{,}0: \quad Z_{S1} = 1{,}0 \quad Z_{S2} = 1{,}175 \quad (20.232)$$

Für Werte des Mittelzonenfaktors von $0{,}98 < Z_{M-B} < 1.0$ ist linear zu interpolieren.

20.8.2 Nachweis der Zahnfußtragfähigkeit

Umfangskraft

$$F_{mtv} = F_{mt1,2} \cdot \frac{\cos \beta_v}{\cos \beta_{m1,2}} = \frac{2 \cdot M_{t1,2}}{d_{m1,2}} \cdot \frac{\cos \beta_v}{\cos \beta_{m1,2}} \quad (20.235)$$

F_{mtv} mittlere Umfangskraft an der Ersatz-Stirnradverzahnung nach FVA411 [N]

F_{mt} mittlere Umfangskraft, Nennumfangskraft am Teilkegel [N]

β_v Schrägungswinkel der Ersatz-Stirnradverzahnung [°]

β_m mittlerer Spiralwinkel [°]

Zahnfußbeanspruchung ohne Zusatzbelastungen

$$\sigma_{F01,2} = Y_{Fa1,2} \cdot Y_{Sa1,2} \cdot Y_\varepsilon \cdot Y_K \cdot Y_{LS} \cdot \frac{F_{mtv}}{b_{1,2} \cdot m_{mn} \cdot \cos \frac{\zeta_{mP}}{2}} \quad (20.234)$$

σ_{F0} Zahnfußbeanspruchung ohne Zusatzbelastungen [N/mm^2]

Y_{Fa} Formfaktor [−]

Y_{Sa} Spannungskorrekturfaktor [−]

Y_ε Überdeckungsfaktor [−]

Y_K Kegelradfaktor [−]

Y_{LS} Lastverteilungsfaktor [−]

ζ_{mP} Achsversatzwinkel des Ritzels in der Teilebene [°]

Zahnfußbeanspruchung

$$\sigma_{F1,2} = K_A \cdot K_v \cdot K_{F\alpha} \cdot K_{F\beta} \cdot \sigma_{F01,2} \tag{20.233}$$

Näherungsweise können $K_A = K_V = K_{F\alpha} = K_{F\beta} = 1$ gesetzt werden. Weiterführendes siehe Buch Abschnitt 20.4.

Zahnfußdauerfestigkeit

$$\sigma_{FE1,2} = \sigma_{Flim1,2} \cdot Y_{ST} = \sigma_{Flim1,2} \cdot 2{,}0 \tag{20.256}$$

σ_{FE} Zahnfußdauerfestigkeit $[N/mm^2]$

σ_{Flim} Zahnfuß-Biegenenndauerfestigkeit, siehe Stirnräder $[N/mm^2]$

Y_{ST} Spannungskorrekturfaktor, $Y_{ST} = 2$

Sicherheit gegen Ermüdungsbruch

$$S_{F1,2} = \frac{\sigma_{FE1,2}}{\sigma_{F1,2}} \cdot Y_{RrelT1,2} \cdot Y_{\delta relT1,2} \cdot Y_{X1,2} \cdot Y_{NT1,2} \geq S_{Fmin1,2} \tag{20.255}$$

σ_{FE} Zahnfußdauerfestigkeit $[N/mm^2]$

σ_F Zahnfußbeanspruchung $[N/mm^2]$

Y_{RrelT} relativer Oberflächenfaktor [−]

$Y_{\delta relT}$ relative Stützziffer [−]

Y_X Größenfaktor [−]

Y_{NT} Lebensdauerfaktor [−]

S_{Fmin} Mindestsicherheit $S_{Fmin} = 1{,}3 \ldots 1{,}5$ [−]

Formfaktor

Der Formfaktor Y_{Fa} für Kegelradverzahnungen berechnet sich genau wie für Stirnradverzahnungen. Die zur Berechnung benötigten Größen können den Gleichungen (20.238) bis (20.244) des Buches entnommen werden.

Spannungskorrekturfaktor

Der Spannungskorrekturfaktor Y_{Sa} berechnet sich nach der Gleichung zur Berechnung des Spannungskorrekturfaktors Y_S für Stirnräder. Auch hier sind die benötigten Größen den Gleichungen (20.238) bis (20.244) bzw. (20.245) des Buches zu entnehmen.

20

Überdeckungsfaktor

$\varepsilon_{v\beta} = 0$	$Y_\varepsilon = 0{,}25 + \frac{0{,}75}{\varepsilon_{v\alpha}} \geq 0{,}625$	(20.246)
$0 < \varepsilon_{v\beta} < 1$	$Y_\varepsilon = 0{,}25 + \frac{0{,}75}{\varepsilon_{v\alpha}} - \varepsilon_{v\beta} \cdot \left(\frac{0{,}75}{\varepsilon_{v\alpha}} - 0{,}375\right) \geq 0{,}625$	(20.247)
$\varepsilon_{v\beta} \geq 1$	$Y_\varepsilon = 0{,}625$	(20.248)

Lastverteilungsfaktor

$$Y_{LS} = \frac{A_m}{A_t + A_m + A_r} \quad \text{mit} \quad A = \frac{1}{4} \cdot p^* \cdot l_b \cdot \pi \quad \text{und} \quad p^* = 1 - \left(\frac{|f|}{|f_{max}|}\right)^5 \tag{20.249}$$

Y_{LS} Lastverteilungsfaktor [–]

A Fläche der Halbellipse über einer Berührlinie [mm^2]

$p*$ Spitzenlastverteilung entlang des Zahneingriffes [mm]

l_b Berührlinienlänge [mm]

Die erforderlichen Größen können den Gleichungen (20.250) bis (20.253) bzw. der Tabelle 20.33 des Buches entnommen werden.

Kegelradfaktor

Der Kegelradfaktor Y_K kann nach DIN 3991 vereinfacht als $Y_K = 1$ angenommen werden. Weiterführende Berechnungen können Abschnitt 20.4 des Buches entnommen werden.

Relativer Oberflächenfaktor

Rauheit	$R_z < 1\ \mu m$		$1\ \mu m < R_z < 40\ \mu m$	
Vergütete und einsatzgehärtete Stähle	$Y_{RrelT1,2} = 1{,}12$	(20.268)	$Y_{RrelT1,2} = 1{,}674 - 0{,}529 \cdot (R_{z1,2} + 1)^{0,1}$	(20.269)
Baustähle	$Y_{RrelT1,2} = 1{,}07$	(20.270)	$Y_{RrelT1,2} = 5{,}306 - 4{,}203 \cdot (R_{z1,2} + 1)^{0,01}$	(20.271)
Grauguss und nitrokarburierte Stähle	$Y_{RrelT1,2} = 1{,}025$	(20.272)	$Y_{RrelT1,2} = 4{,}299 - 3{,}259 \cdot (R_{z1,2} + 1)^{0,005}$	(20.273)

Relative Stützziffer

$$Y_{\delta relT1,2} = 1{,}0 \quad \text{für} \quad q_{s1,2} \geq 1{,}5 \quad \text{oder} \quad Y_{\delta relT1,2} = 0{,}95 \quad \text{für} \quad q_{s1,2} < 1{,}5 \qquad (20.274)$$

Der Faktor q_s kann Gleichung (20.245) des Buches entnommen werden.

Größenfaktor

Werkstoff	Wertebereich	Größenfaktor
Bau- und Vergütungsstähle, Sphäroguss, schwarzer Temperguss	$0{,}85 \leq Y_X \leq 1{,}0$	$Y_X = 1{,}03 - 0{,}006 \cdot m_n$ (20.275)
Flamm-, induktions- und einsatzgehärtete sowie nitrierte oder nitrokarburierte Stähle	$0{,}80 \leq Y_X \leq 1{,}0$	$Y_X = 1{,}05 - 0{,}01 \cdot m_n$ (20.276)
Grauguss	$0{,}70 \leq Y_X \leq 1{,}0$	$Y_X = 1{,}075 - 0{,}015 \cdot m_n$ (20.277)

Lebensdauerfaktor

Der Lebensdauerfaktor Y_{NT} kann den Berechnungsgleichungen für Stirnradverzahnungen entnommen werden.

20.8.3 Nachweis der Sicherheit gegen Maximalbelastung

Zur Durchführung des Nachweises der Sicherheit gegen Maximalbelastung für Kegelradverzahnungen gelten sinngemäß die Ausführungen zu Stirnrädern.

Schneckenverzahnung und Schneckengetriebe

21

ÜBERBLICK

21

21.1 Geometrie der Schnecken und Schneckenräder

Geometrie eines Zylinderschnecken-Radsatzes (ZI-Schnecke)

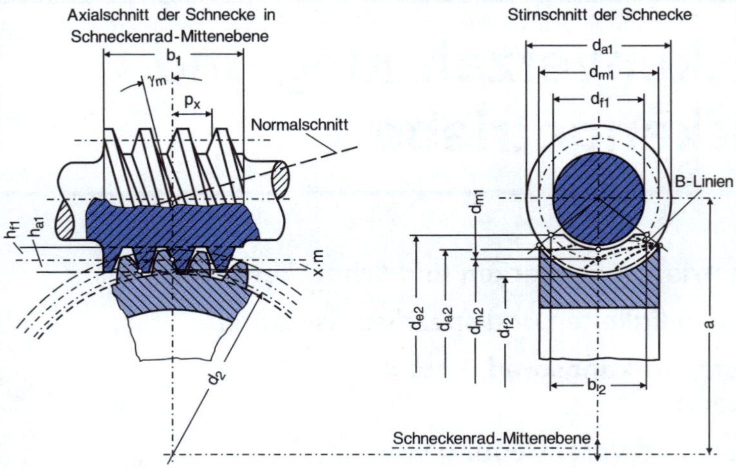

Axialteilung
$p_x = m_x \cdot \pi$ (21.1)
Steigungshöhe
$p_{z1} = z_1 \cdot p_x$ (21.2)
Achsabstand
$a = \dfrac{d_{m1} + d_{m2}}{2}$ (21.3)
Außendurchmesser
$d_{e2} = d_{a2} + m_x$ (21.4)

Fußkreisdurchmesser	Teilkreisdurchmesser	Mittenkreisdurchmesser	Kopfkreisdurchmesser
$d_{f1} = d_{m1} - 2 \cdot (m_x + c_1)$ (21.5) $d_{f2} = d_{m2} - 2 \cdot (m_x + c_2)$ (21.6)	$d_2 = z_2 \cdot m_x$ (21.7)	$d_{m1} = z_1 \cdot \dfrac{m_x}{\tan \gamma_m}$ (21.8) $d_{m2} = d_2 + 2 \cdot x \cdot m_x$ (21.9)	$d_{a1} = d_{m1} + 2 \cdot m_x$ (21.10) $d_{a2} = d_{m2} + 2 \cdot m_x$ (21.11)
Grundkreisdurchmesser	**Grundzylinderteilung**	**Grundsteigungswinkel**	**Formzahl**
$d_{b1} = \dfrac{m_x \cdot z_1}{\tan \gamma_b}$ (21.12)	$p_b = m_x \cdot \pi \cdot \cos \gamma_b$ (21.13)	$\cos \gamma_b = \cos \gamma_m \cdot \cos \alpha_0$ (21.14)	$q = \dfrac{d_{m1}}{m_x}$ (21.15)

γ_m Mittensteigungswinkel, $\gamma_m = m \cdot z_1 / d_{m1}$ [°]

Bestimmung zweckmäßiger Schnecken- und Schneckenradbreiten

$b_1 \geq \sqrt{d_{a2}^2 - d_{m2}^2}$	(21.16)	Die minimale Schneckenbreite (Länge in axialer Richtung) ergibt sich aus der Forderung, dass der Zahneingriff nicht vorzeitig beendet werden soll.
$b_2 \leq \sqrt{\dfrac{d_{m1}^2}{4} - \left(a - \dfrac{d_{e2}^2}{4}\right)} \approx d_{m1} - m$	(21.17)	Die maximale Schneckenradbreite ergibt sich aus der Forderung, dass das Schneckenrad die Schnecke nicht umschließen darf.

21.2 Geschwindigkeiten und spezifisches Gleiten

Geschwindigkeiten am Schneckengetriebe

Mittlere Umfangsgeschwindigkeit der Schnecke	Mittlere Gleitgeschwindigkeit
$v_{m1} = \pi \cdot d_{m1} \cdot n_1$ (21.24)	$v_{gm} = \dfrac{v_{m1}}{\cos \gamma_m}$ (21.25)

21.3 Verluste, Wirkungsgrad, Erwärmung und Schmierung

Näherung zur Bestimmung der Leerlaufverlustleistung

$$P_{V0} = 10^{-7} \cdot a \cdot \left(n_1\right)^{4/3} \cdot \frac{\nu_{40}}{1{,}83 + 90} \qquad (21.26)$$

n_1 Schneckendrehzahl $[1/min]$

ν_{40} Kinematische Viskosität des Schmieröls bei 40°C $[m^2/s]$

Überschlägige Lagerverlustleistung

$$P_{VLP} = P_1 \cdot (0{,}005 \ldots 0{,}01) \text{ für 4 Wälzlager} \qquad (21.27)$$

$$P_{VLP} = P_1 \cdot (0{,}02 \ldots 0{,}03) \text{ für 4 Gleitlager} \qquad (21.28)$$

P_1 Antriebsleistung an der Schnecke $[W]$

Verlustleistung der Verzahnung

$$P_{VZ} = P_1 \cdot (1 - \eta_Z) \text{ mit } \eta_Z = \frac{\tan \gamma_m}{\tan(\gamma_m + \rho')} \text{ und } \rho' \approx 3 \ldots 6° \text{ bei treibender Schnecke} \qquad (21.29)$$

$$P_{VZ} = P_2 \cdot \left(1 - \eta_Z{}'\right) \text{ mit } \eta_Z{}' = \frac{\tan(\gamma_m - \rho')}{\tan \gamma_m} \text{ und } \rho' \approx 3 \ldots 6° \text{ bei treibendem Rad} \qquad (21.30)$$

Hierbei berechnet sich der Keil-Reibungswinkel ρ' mit

$$\rho' = \arctan\left(\frac{\mu_m}{\cos \alpha_n}\right) \qquad (21.31)$$

μ_m Mittlere Reibungszahl [–]

α_n Normaleingriffswinkel [°]

21

21.4 Entwurf und Vorauslegung von Schneckengetrieben

Zähnezahl der Schnecke bei gegebenem Achsabstand *a* und Zähnezahlverhältnis *u*

$$z_1 \approx \frac{7+2{,}4\cdot\sqrt{a}}{u} \quad \text{(mit } u = i\text{, bei treibender Schnecke)} \qquad (21.32)$$

i Übersetzung als Verhältnis der Drehzahlen, n_1/n_2 [–]

Aus dem Zähnezahlverhältnis *u* resultierende Zähnezahl des Schneckenrades

$$z_2 = z_1 \cdot u \qquad (21.33)$$

Profilverschiebung

Die ZI-Schnecken werden überwiegend im Bereich von $-0{,}5 < x < +0{,}5$ gefertigt. Vorzugsweise wird dabei eine Profilverschiebung von $x = 0$, bzw. knapp darüber verwendet.

Bei ZH-Schnecken wird üblicherweise der Bereich von $0 < x < 1$ verwendet. Vorzugsweise wird dabei eine Profilverschiebung von $x \approx 0{,}5$ genutzt.

Kopfspiel

Das Kopfspiel wird vorrangig aus dem Bereich $0{,}167 \cdot m < c_1 < 0{,}3 \cdot m$ gewählt, wobei $c_1 = c_2 = 0{,}2 \cdot m$ üblich ist.

21.5 Beanspruchung und Beanspruchbarkeit

Geometrische Größen und Kräfte an der Paarung Schnecke und Schneckenrad

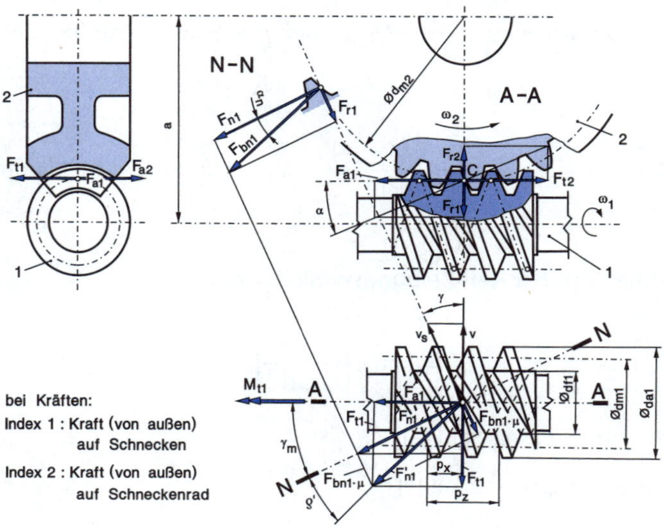

Das Antriebsdrehmoment ergibt sich aus Antriebsleistung und der Antriebswinkelgeschindigkeit

$$M_{t1} = \frac{P_1}{\omega_1} \quad \text{mit} \quad \omega_1 = 2 \cdot \pi \cdot n_1 \tag{21.37}$$

Tangentialkräfte an der Schnecke und am Schneckenrad

$$F_{t1} = \frac{M_{t1}}{\frac{d_{m1}}{2}} \quad \text{und} \quad F_{t2} = \frac{M_{t2}}{\frac{d_{m2}}{2}} \tag{21.38}$$

Aufgrund der Verluste innerhalb des Zahneingriffes ($\eta < 1$) entspricht das Momentenverhältnis nicht dem Zähnezahl- bzw. Übersetzungsverhältnis.

Antriebsmoment

$$M_{t2} = M_{t1} \cdot i \cdot \eta = M_{t1} \cdot \left(\frac{z_2}{z_1}\right) \cdot \eta \quad \text{mit} \quad \eta = \frac{M_{t2} \cdot \varpi_2}{M_{t1} \cdot \varpi_1} = \frac{M_{t2}}{M_{t1}} \cdot \frac{1}{i} \quad \text{bzw.} \quad \eta \cdot i = \frac{M_{t2}}{M_{t1}} \tag{21.39}$$

Demzufolge gilt für die Tangentialkraft

$$F_{t2} = \frac{M_{t1} \cdot \left(\frac{z_2}{z_1}\right) \cdot \eta}{\frac{d_{m2}}{2}} \tag{21.40}$$

Axial- und Umfangskräfte von An- und Abtrieb

$$F_{a1} = F_{t2} \quad \text{und} \quad F_{a2} = F_{t1} \tag{21.41}$$

Zahnnormalkräfte

$$F_{bn1} = F_{bn2} = F_{t1} \cdot \frac{\cos \rho'}{\sin(\gamma_m + \rho') \cdot \cos \alpha_n} \tag{21.45}$$

Radialkräfte

$$F_{r1} = F_{r2} = \sin \alpha_n \cdot F_{bn1} \tag{21.46}$$

21.5.1 Nachweis der Grübchentragfähigkeit

Sicherheit gegen Grübchen

$$S_H = \frac{\sigma_{HG}}{\sigma_{Hm}} \geq S_{Hmin} \tag{21.47}$$

S_{Hmin} Mindestsicherheit, $S_{Hmin} = 1{,}0$ [–]

Grenzwert der Flächenpressung

$$\sigma_{HG} = \sigma_{HlimT} \cdot Z_h \cdot Z_v \cdot Z_s \cdot Z_u \cdot Z_{oil} \tag{21.48}$$

σ_{HlimT} Grübchenfestigkeit $[N/mm^2]$

Grübchenfestigkeit von Schneckenrädern nach DIN 3996

Schneckenradwerkstoff	Nach	σ_{HlimT} in N/mm^2
CuSn12-C-GZ	DIN EN 1982 [21.30]	425
CuSn12Ni2-C-GZ		520
CuSn12Ni2-C-GC		520
CuAl10Fe5Ni5-C-GZ		660 [1)]
EN-GJS-400-15	DIN EN 1563 [21.29]	490 [1)]
EN-GJL-250	DIN EN 1561 [21.28]	350 [1)]

[1)] nur für Gleitgeschwindigkeiten $v_{gm} < 0{,}5$ m/s geeignet

Die hier angegebenen Grübchenfestigkeiten gelten für eine Grübchenfläche von etwa 50 % der Radzahnflanken.

Lebensdauerfaktor

$$Z_h = \sqrt[6]{\frac{25000}{L_h}} \leq 1{,}6 \tag{21.49}$$

Geschwindigkeitsfaktor

$$Z_v = \sqrt{\frac{5}{4 + v_{gm}}} \quad \text{mit} \quad v_{gm} = \frac{d_{m1} \cdot n_1}{19098 \cdot \cos\gamma_m} \tag{21.50}$$

Baugrößenfaktor

$$Z_s = \sqrt{\frac{30}{29 + a_T}} \tag{21.51}$$

Übersetzungsfaktor

$Z_u = \sqrt[6]{\frac{u}{20{,}5}}$ für $u < 20{,}5$ (21.52)	$Z_u = 1$ für $u \geq 20{,}5$ (21.53)

Schmierstofffaktor

Mineralöle: $Z_{oil} = 0{,}89$	Polyglykole: $Z_{oil} = 1{,}0$	Polyalphaolefine: $Z_{oil} = 0{,}94$

Mittlere Flächenpressung

$$\sigma_{Hm} = \frac{4}{\pi} \cdot \sqrt{\frac{p_m^* \cdot M_{t1} \cdot 10^3 \cdot E_{red}}{a^3}} \quad \text{mit} \quad E_{red} = \frac{2}{\frac{\left(1-\nu_1{}^2\right)}{E_1} + \frac{\left(1-\nu_2{}^2\right)}{E_2}} \tag{21.54}$$

E_1 E-Modul des Schneckenwerkstoffes [N/mm^2], überwiegend E_1 = *210000* N/mm^2 und $\nu = 0{,}3$

E-Module und Querkontraktionszahlen von Schneckenrädern nach DIN 3996

Schneckenradwerkstoff	Nach	E_2 in N/mm²	ν^2	E_{red} in N/mm²
CuSn12-C-GZ	DIN EN 1982 [21.30]	88.300	0,35	140.144
CuSn12Ni2-C-GZ		98.100	0,35	150.622
CuSn12Ni2-C-GC		98.100	0,35	150.622
CuAl10Fe5Ni5-C-GZ		122.600	0,35	174.053
EN-GJS-400-15	DIN EN 1563 [21.29]	175.000	0,3	209.790
EN-GJL-250	DIN EN 1561 [21.28]	98.100	0,3	146.955

Kennwerte für die mittlere Flächenpressung

Für ZA-, ZI-, ZK- und ZN-Schnecken	$p_m^* = 0{,}1794 + 0{,}2389 \cdot \frac{a}{d_{m1}} + 0{,}0761 \cdot x \cdot \lvert x \rvert^{3{,}18} + 0{,}0536 \cdot q$ $-0{,}00369 \cdot z_2 - 0{,}01136 \cdot \alpha_0 + 44{,}9814 \cdot \frac{x + 0{,}005657}{z_2} \cdot \left(\frac{z_1}{q}\right)^{2{,}6872}$ (21.55)
Für ZH-Schnecken	$p_m^* = 0{,}1401 + 0{,}1866 \cdot \frac{a}{d_{m1}} + 0{,}0595 \cdot x \cdot \lvert x \rvert^{3{,}18} + 0{,}0419 \cdot q$ $-0{,}00288 \cdot z_2 - 0{,}0089 \cdot \alpha_0 + 35{,}1417 \cdot \frac{x + 0{,}005657}{z_2} \cdot \left(\frac{z_1}{q}\right)^{2{,}6872}$ (21.56)

21.5.2 Nachweis der Einhaltung der zulässigen Durchbiegung

Durchbiegesicherheit

$$S_\delta = \frac{\delta_{lim}}{\delta_m} \geq S_{\delta min} \tag{21.89}$$

$S_{\delta min}$ Mindestsicherheit, $S_{\delta min}$ = 1,0 [–]

21

Grenzwert der Durchbiegung (Erfahrungswerte)

$$\delta_{lim} = 0{,}01 \cdot m_x \tag{21.90}$$

m_x Axialmodul der Schnecke [mm]

Durchbiegung der Schneckenwelle

$$\delta_{\mathrm{m}} = 3{,}2 \cdot 10^{-5} \cdot l_{11}^2 \cdot l_{12}^2 \cdot F_{tm2} \cdot \frac{\sqrt{\tan^2(\gamma_m + \arctan \mu_{zm}) + \frac{\tan^2 \alpha_0}{\cos^2 \gamma_m}}}{d_{m1}^4 \cdot l_1} \tag{21.91}$$

l_1 Abstand der Lager [mm]

l_{11} Abstand des Schneckeneingriffspunkts zum Lager 1 [mm]

l_{12} Abstand des Schneckeneingriffspunkts zum Lager 2 [mm]

21.5.3 Nachweis der Zahnfußtragfähigkeit

Sicherheit gegen Zahnfußbruch

$$S_F = \frac{\tau_{FG}}{\tau_F} \geq S_{Fmin} \tag{21.93}$$

S_{Fmin} Mindestsicherheit, S_{Fmin} = 1,1 [–]

Erforderlicher Grenzwert für die Schubnennspannung am Zahnfuß

$$\tau_{FG} = \tau_{FlimT} \cdot Y_{NL} \tag{21.94}$$

Kennwerte für den Lebensdauerfaktor nach DIN 3996

Schneckenradwerkstoff	Lebensdauer N_L	Lebensdauerfaktor Y_{NL}
CuSn12-C und CuSn12Ni2-C Verschlechterung auf Qualität 8	unter 8,3 10^5	1,25
	von 8,3 10^5 bis 3,0 10^6	$(3\ 10^6/N_L)^{0,16}$
	über 3,0 10^6	1,0
CuSn12-C und CuSn12Ni2-C Verschlechterung auf Qualität 9	unter 2,3 10^5	1,5
	von 2,3 10^5 bis 3,0 10^6	$(3\ 10^6/N_L)^{0,16}$
	über 3,0 10^6	1,0
CuSn12-C und CuSn12Ni2-C Verschlechterung auf Qualität 10	unter 9,5 10^5	2,0
	von 9.5 10^5 bis 3,0 10^6	$(3\ 10^6/N_L)^{0,16}$
	über 3,0 10^6	1,0

Schneckenradwerkstoff	Lebensdauer N_L	Lebensdauerfaktor Y_{NL}
CuSn12-C und CuSn12Ni2-C Verschlechterung auf Qualität 11 uAl10Fe5Ni5-C	unter $4{,}0\ 10^4$	2,0
	von $4{,}0\ 10^4$ bis $3{,}0\ 10^6$	$(3\ 10^6/N_L)^{0{,}16}$
	über $3{,}0\ 10^6$	1,0
CuSn12-C und CuSn12Ni2-C Verschlechterung auf Qualität 12 EN-GJS-400-15	unter $1{,}0\ 10^4$	2,5
	von $1{,}0\ 10^4$ bis $3{,}0\ 10^6$	$(3\ 10^6/N_L)^{0{,}16}$
	über $3{,}0\ 10^6$	1,0
EN-GJL-250	unter $1{,}0\ 10^3$	2,0
	von $1{,}0\ 10^3$ bis $3{,}0\ 10^6$	$(3\ 10^6/N_L)^{0{,}09}$
	über $3{,}0\ 10^6$	1,0

Kennwerte für die Schub-Dauerfestigkeit nach DIN 3996

Schneckenrad-werkstoff	Nach	Schub-Dauerfes-tigkeit in N/mm²	Reduzierte Schub-Dauer-festigkeit in N/mm²
CuSn12-C-GZ	DIN EN 1982 [21.30]	92	82
CuSn12Ni2-C-GZ		100	90
CuSn12Ni2-C-GC		100	90
CuAl10Fe5Ni5-C-GZ		128	120
EN-GJS-400-15	DIN EN 1563 [21.29]	115	115
EN-GJL-250	DIN EN 1561 [21.28]	70	70

Zahnfußspannung nach DIN 3996

$$\tau_F = \frac{F_{tm2}}{b_{2H} \cdot m_x} \cdot Y_\varepsilon \cdot Y_F \cdot Y_\gamma \cdot Y_K \qquad (21.95)$$

Überdeckungsfaktor

$$Y_\varepsilon = 0{,}5 \qquad (21.96)$$

Steigunswinkelfaktor

$$Y_\gamma = \frac{1}{\cos \gamma_m} \qquad (21.97)$$

γ_m Steigungswinkel [°]

Kranzdickenfaktor

$$Y_K = 1{,}0 \quad \text{für} \quad \frac{s_k}{m_x} \geq 2{,}0 \tag{21.98}$$

$$Y_K = 1{,}043 \cdot \ln\left(5{,}218 \cdot \frac{m_x}{s_k}\right) \quad \text{für} \quad 1{,}0 \leq \frac{s_k}{m_x} < 2{,}0 \tag{21.99}$$

s_k Kranzdicke des Schneckenrades [mm]

Formfaktor

$$Y_F = 2{,}9 \cdot \frac{m_x}{s_{f2}} \quad \text{mit} \quad s_{f2} = 1{,}06 \cdot \left(s_{m2} - \Delta s + \left(d_{m2} - d_{f2}\right) \cdot \frac{\tan \alpha_0}{\cos \gamma_m}\right) \tag{21.100}$$

s_{f2} Mittlere Zahnfußdickensehne des Schneckenrades im Stirnschnitt [mm]

Radzahndicke am Mittenkreis

$$s_{m2} = m_x \cdot \frac{\pi}{2} \tag{21.101}$$

Hüllgetriebe – Riemen- und Kettengetriebe

22

ÜBERBLICK

22

22.1 Einleitung

Übersetzungsverhältnisse bei Hüllgetrieben

$$v = r_{w1} \cdot \omega_1 = r_{w2} \cdot \omega_2 = \ldots = r_{wi} \cdot \omega_i \quad (22.1)$$

$$\frac{n_1}{n_2} = \frac{\omega_1}{\omega_2} = \frac{r_{w2}}{r_{w1}} = \frac{d_{w2}}{d_{w1}} = i \quad (22.2)$$

Flachriemen	$i = 1$ bis 6	mit Spannrolle bis 15, extrem bis 20	Drehzahlübersetzung i: $i > 1$ ins Langsame, $i < 1$ ins Schnelle
Keilriemen	$i = 1$ bis 10	extrem bis 20	
Zahnriemen	$i = 1$ bis 8	extrem bis 12	
Ketten	$i = 1$ bis 6	extrem bis 10	

Umfangskraft (Nutzkraft)

$$F_u = \frac{M_{t1}}{r_{w1}} = 2 \cdot \frac{M_{t1}}{d_{w1}} = F_1 - F_2 \quad (22.3)$$

M_{t1} Antriebsdrehmoment $[Nm]$

F_1 Kraft im Lasttrum $[N]$

F_2 Kraft im Leertrum $[N]$

Wird das Riemengetriebe vorgespannt, gilt

$$F_1 = F_v + \frac{F_u}{2} \text{ und } F_2 = F_v - \frac{F_u}{2} \quad (22.4)$$

Bei formschlüssigen Zahnriemen- und Kettengetrieben entfällt die Vorspannkraft

$$F_1 = F_u \text{ und } F_2 = 0 \quad (22.5)$$

Übertragbare Antriebsleistung

$$P_1 = M_{t1} \cdot \omega_1 = F_u \cdot v \quad (22.6)$$

ω_1 Winkelgeschwindigkeit des Antriebsrades $[rad/s]$

v Umfangsgeschwindigkeit des Zugmittels $[m/s]$

Abtriebsleistung und Abtriebsdrehmoment

$$M_{t2} = M_{t1} \cdot \frac{\omega_1}{\omega_2} \cdot \eta = M_{t1} \cdot i \cdot \eta \text{ und } P_2 = \eta \cdot P_1 \quad (22.7)$$

η Wirkungsgrad [–]

i Übersetzungsverhältnis [–]

22.2 Riemengetriebe

22.2.1 Allgemeine Gestaltungshinweise

Empfohlener Achsabstandsbereich

$$0{,}7 \cdot (d_1 + d_2) \le e \le 2 \cdot (d_1 + d_2) \tag{22.8}$$

$d_{1,2}$ Scheibendurchmesser $[m]$

Bei Radachsen, die um 90° geschränkt sind

$$e \ge 12 \cdot b \tag{22.9}$$

b Riemenbreite $[m]$

22.2.2 Allgemeine Berechnungsgrundlagen

Achsabstand bei gegebener Riemenwirklänge

$$e = p + \sqrt{p^2 - q} \quad \text{mit} \quad p = \frac{l}{4} - \frac{\pi}{8} \cdot (d_1 + d_2) \quad \text{und} \quad q = \frac{(d_2 - d_1)^2}{8} \tag{22.10}$$

Geometrische Größen des offenen Zweischeibengetriebes

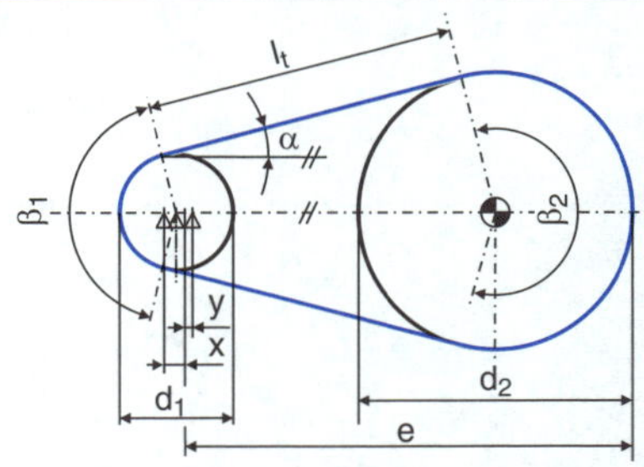

Trumneigungswinkel α

$$\sin\alpha = \frac{d_2 - d_1}{2 \cdot e} = \frac{d_1}{2 \cdot e} \cdot (i - 1) \tag{22.12}$$

Wirkdurchmesser d_w als Abstand a der neutralen Faser oder Zugstrangeinlage des die Scheibe umschlingenden Riemens bis zur Lauffläche auf dem Durchmesser d (siehe auch im Buch Abbildung 22.3):

$d_w = d + 2 \cdot a$ (22.13)

Umschlingungswinkel β

$$\beta_1 = 180° - 2 \cdot \alpha = 180° - 2 \cdot \arcsin\left(\frac{d_1}{2 \cdot e}\right) \cdot (i - 1) \tag{22.14}$$

$$\beta_2 = 180° + 2 \cdot \alpha = 180° + 2 \cdot \arcsin\left(\frac{d_1}{2 \cdot e}\right) \cdot (i - 1) \tag{22.15}$$

Wirklänge des Zugmittels l

$$l = 2 \cdot e \cdot \cos\alpha + \pi \cdot \left(d_1 \cdot \frac{\beta_1}{360°} + d_2 \cdot \frac{\beta_2}{360°}\right) \tag{22.16}$$

$$l = 2 \cdot e \cdot \cos\alpha + \frac{\pi \cdot d_1}{360°} \cdot \left[180° - 2 \cdot \alpha + i \cdot (180° + 2 \cdot \alpha)\right] \tag{22.17}$$

Wirklänge des Zugmittels (näherungsweise)

$$l \approx 2 \cdot e + \frac{\pi}{2} \cdot (d_1 + d_2) + \frac{(d_2 - d_1)^2}{4 \cdot e} \tag{22.18}$$

$$l \approx 2 \cdot e + \frac{\pi}{2} \cdot d_1 \cdot (i + 1) + \frac{d_1^2}{4 \cdot e} \cdot (i - 1)^2 \tag{22.19}$$

Geometrische Größen des gekreuzten Zweischeibengetriebes

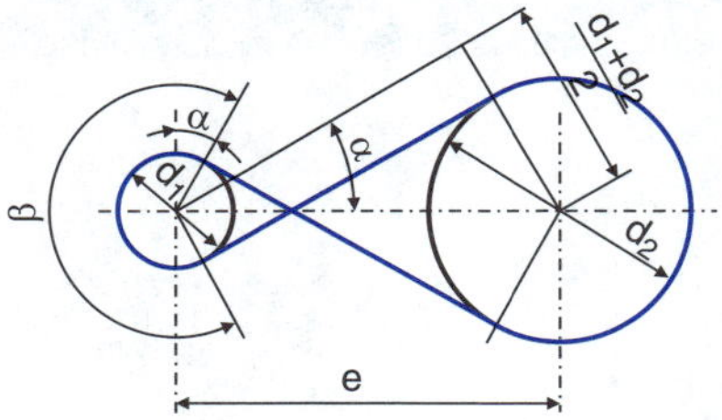

Trumneigungswinkel α gemäß Gleichung (22.12)

Umschlingungswinkel β

$$\beta_1 = \beta_2 = 180° + 2 \cdot \alpha \tag{22.20}$$

Wirklänge des Zugmittels l

$$l = 2 \cdot e \cdot \cos\alpha + \frac{\pi \cdot \beta}{360°}(d_1 + d_2) \tag{22.21}$$

Kraft- und Reibungsverhältnisse

a

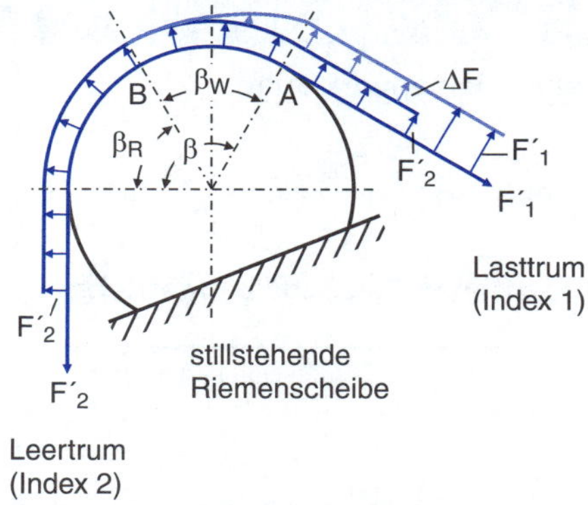

Trumkraftverhältnis (Eytelwein'sche Gleichung)

$$m = \frac{F_1'}{F_2'} = e^{\mu \cdot \beta_W} \tag{22.30}$$

Erhöhte Riemendehnung im Lasttrum und Abnahme im Leertrum infolge der Nutzkraft

$$|\Delta l_1| = |\Delta l_2| \quad \text{mit} \quad \Delta l_1 = \frac{F_u \cdot l_t}{2 \cdot E_z \cdot A} \quad \text{und} \quad l_t = 2 \cdot e \cdot \cos\alpha = e \cdot \sin\left(\frac{\beta_k}{2}\right); \tag{22.32}$$

Längenunterschied zwischen Last- und Leertrum

$$\Delta l = \Delta l_1 + \Delta l_2 = \frac{(F_1 - F_2) \cdot l_t}{E_z \cdot A} = \frac{F_t \cdot l_t}{E_z \cdot b \cdot h} \tag{22.33}$$

E_z Zug-Elastizitäts-Modul des Riemens [N/mm^2]

l_t Trumlänge [m]

A, b, h Riemenquerschnitt, -breite und -höhe [m]

Gleitschlupf unter Last

$$\psi = \frac{v_1 - v_2}{v_1} \cdot 100\,\% = \frac{(l_2 + \Delta l) - l_2}{l_2 + \Delta l} \cdot 100\,\% \approx \Delta\varepsilon \cdot 100\,\% \qquad (22.34)$$

Tatsächliches Übersetzungsverhältnis unter Last

$$i = \frac{n_1}{n_2} = \frac{d_{w1}}{d_{w2}} \cdot \frac{100\,\%}{100\,\% - \psi} \qquad (22.35)$$

Gleitschlupf unter Last

$$F_f = \sigma_f \cdot A = \rho \cdot v^2 \cdot A = q \cdot v^2 \qquad (22.36)$$

σ_f Fliehkraftspannung [N/mm^2]

ρ Dichte des Zugmittels [g/cm^3]

q Masse des Zugmittels [g]

Trumkräfte infolge Fliehkraftwirkung

$$F_1' = F_1 - F_f = m \cdot F_2' \quad \text{und} \quad F_2' = F_2 - F_f = \frac{F_1'}{m}; \qquad (22.37)$$

$$F_u = F_1' - F_2' = F_1 - F_2 = F_1' \cdot \left(1 - \frac{1}{m}\right) = F_2' \cdot (m-1) \qquad (22.38)$$

Maximale Trumkraft in einem Zugmittelgetriebe

$$F_{max} = F_1' = F_2' + F_u + F_f \qquad (22.39)$$

Ausbeute: Anteil der Lasttrumkraft, die für Leistungsübertragung genutzt wird

$$\kappa = \frac{F_u}{F_1'} = \frac{F_1' - F_2'}{F_1'} = 1 - \frac{F_2'}{F_1'} = 1 - \frac{1}{m} = \frac{m-1}{m} < 1 \qquad (22.44)$$

Überschlagswerte der Wellenbelastung

Flachriemen	Keilriemen	Zahnriemen (nicht kraftschlüssig)
$F_W \approx (2 \ldots 4) \cdot F_u$ (22.45)	$F_W \approx (2 \ldots 2{,}5) \cdot F_u$ (22.46)	$F_W \approx (1{,}5 \ldots 2) \cdot F_u$ (22.47)

Erforderliche Vorspannkraft im Stillstand und im Betrieb

$$F_v = \frac{F_1 + F_2}{2} = F_1 - \frac{F_u}{2} = F_2 + \frac{F_u}{2} = F_f + \frac{F_u}{2} \cdot \left(\frac{m+1}{m-1}\right) = A \cdot \rho \cdot v^2 + \frac{F_u}{2} \cdot \left(\frac{m+1}{m-1}\right) \qquad (22.49)$$

A Querschnittsfläche des Zugmittels [mm^2]

$$F_v' = F_v - F_f \qquad (22.50)$$

Kräfteübertragung in Zugmittelgetrieben und Kräftegleichgewicht an der Antriebsscheibe eines vorgespannten Zweischeiben-Zugmittelgetriebes

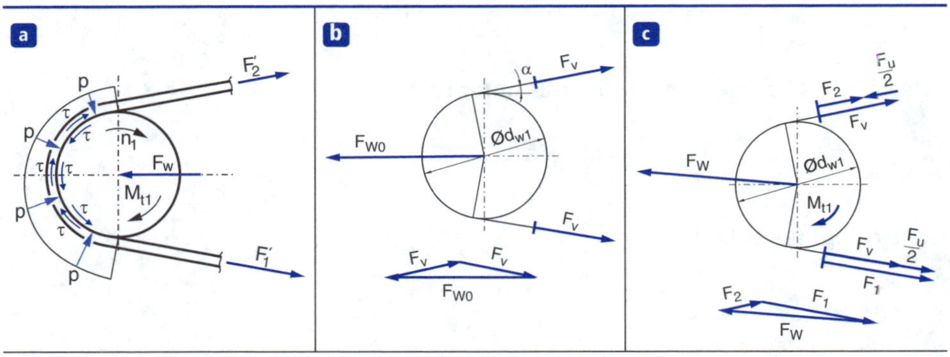

Auftretende Spannungen im Zugmittel

Zugspannung σ_1 im Lasttrum	Biegespannung σ_b beim Umlauf an der kleinen Riemenscheibe	Zugspannung σ_f im Riemen infolge Fliehkraftwirkung
$\sigma_1 = \frac{F_1}{A} = \frac{F_2 + F_u}{A} = \frac{F_u}{\kappa \cdot A}$ (22.53)	$\sigma_b = E_b \cdot \varepsilon_b \approx E_b \cdot \frac{h}{d_{wk}}$ (22.54)	$\sigma_f = \frac{F_f}{A} = \rho \cdot v^2$ (22.55)
$A = b \cdot h$: Riemenquerschnittsfläche b: Riemenbreite h: Riemenhöhe κ: Ausbeute, (s.a. Gleichung (22.44))	E_b: Biege-E-Modul (s.a. im Buch Tabelle 22.4 für Flachriemen) ε_b: Biegedehnung h: Riemenhöhe d_{wk}: Wirkdurchmesser der kleinen Scheibe	F_f: Aus der Fliehkraft entstehende Kraft in den Trumen ρ: Dichte des Riemenmaterials v: Umlaufgeschwindigkeit des Riemens

Gegenüberstellung der Gesamtspannung σ_{ges} und der zulässigen Zugspannung σ_{zul} im Riemen (nach Herstellerangaben):	$\sigma_{ges} = \sigma_1 + \sigma_b + \sigma_f \leq \sigma_{zul}$ (22.56)

Biegefrequenz

$$f_B = z \cdot f_R \leq f_{Bzul} \text{ mit } f_R = \frac{v}{l_w} \text{ und } v = \frac{1}{2} \cdot (v_1 + v_2) \qquad (22.57)$$

f_R Riemenumlauffrequenz [1/s]

f_{Bzul} Zulässige Biegefrequenz (Herstellerangaben) [1/s]

z Anzahl der Scheiben [–]

Übertragbare Leistung

$$P = (\sigma_{zul} - \sigma_b - \sigma_f) \cdot \kappa \cdot A \cdot v = \left(\sigma_{zul} - E_b \cdot \frac{h}{d_{w1}} - \rho \cdot v^2\right) \cdot \kappa \cdot A \cdot v \qquad (22.58)$$

Optimale Riemengeschwindigkeit

$$v_{opt} = \sqrt{\frac{\sigma_{zul} - \sigma_b}{3 \cdot \rho}} = \sqrt{\frac{\sigma_{zul} - E_b \cdot \frac{h}{d_{wk}}}{3 \cdot \rho}} \quad (22.59)$$

22.2.3 Auslegung von Flachriemengetrieben

Betriebsleistung

$$P_B = C_B \cdot P_N \le P_{zul} \quad (22.60)$$

C_B Betriebsfaktor [–]

Riemenbreite

$$b \ge \frac{P_B}{\kappa \cdot h \cdot v \cdot \left(\sigma_{zul} - \sigma_b - \sigma_f\right)} = \frac{P_B}{\kappa \cdot h \cdot v \cdot \left(\sigma_{zul} - E_b \cdot \frac{h}{d_{wk}} - \rho \cdot v^2\right)} \quad (22.63)$$

22.2.4 Auslegung von Keilriemen- und Keilrippengetrieben

Strang- oder Rippenanzahl und zu übertragende Umfangskraft

$$Z_{erf} = \frac{F_{u,B}}{F_{u,zul}} \quad \text{mit} \quad F_{u,B} = \frac{P_B}{v} \quad \text{und} \quad F_{u,zul} = K \cdot \left(F_{u,b} + \Delta F_{u1} + \Delta F_{u2}\right) \quad (22.64)$$

Konstanten zur Berechnung von Keilriemen nach VDI 2758

Profil	C_1	C_2	C_3	C_4	l_{bez} [mm]	m' [kg/m]	L_{max} [mm]
Ummantelte Keilriemen nach DIN 2215 [22.13], $V_{max} = 30$ m/s, $f_{Bmax} = 60\ s^{-1}$							
10/Z [1)]	0,1430	3,80	$5{,}000 \cdot 10^{-6}$	0,0240	822	0,060	2.500
13/A	0,4220	18,90	$1{,}140 \cdot 10^{-5}$	0,0769	1.730	0,104	5.000
17/B	0,6615	41,70	$1{,}890 \cdot 10^{-5}$	0,1180	2.280	0,190	7.100
22/C	1,1000	97,60	$3{,}230 \cdot 10^{-5}$	0,1870	3.800	0,300	8.500
32/D	2,0400	280,00	$6{,}220 \cdot 10^{-5}$	0,3330	6.375	0,640	12.500
40/E	2,6400	479,00	$8{,}600 \cdot 10^{-5}$	0,4500	7.180	1,030	12.500
Ummantelte Keilriemen nach DIN 7753 [22.20], $V_{max} = 42$ m/s, $f_{Bmax} = 100\ s^{-1}$							
SPZ	0,3650	14,20	$8{,}560 \cdot 10^{-6}$	0,0493	1.600	0,070	3.550
SPA	0,6210	33,40	$1{,}370 \cdot 10^{-5}$	0,0867	2.500	0,119	4.500
SPB	0,9950	73,00	$2{,}320 \cdot 10^{-5}$	0,1330	3.550	0,194	8.000
SPC	1,8200	199,00	$4{,}300 \cdot 10^{-5}$	0,2360	5.600	0,360	12.500

Profil	C_1	C_2	C_3	C_4	l_{bez} [mm]	m' [kg/m]	L_{max} [mm]
Ummantelte Keilriemen nach DIN 7753 [22.20], $V_{max} = 42$ m/s, $f_{Bmax} = 120$ s^{-1}							
XPZ [1)]	0,3800	11,50	$6{,}020 \cdot 10^{-6}$	0,0604	1.600	0,065	3.550
XPA [1)]	0,6130	27,10	$1{,}059 \cdot 10^{-5}$	0,0765	2.500	0,111	3.550
XPB [1)]	0,9710	58,80	$1{,}730 \cdot 10^{-5}$	0,0886	3.550	0,183	3.550
XPC [1)]	1,5400	129,00	$2{,}840 \cdot 10^{-5}$	0,1320	5.600	0,340	3.550

[1)] Bei diesen Profilen bestehen teilweise merkliche Unterschiede zu den Leistungsangaben von Herstellern.

Profil	C_1	C_2	C_3	C_4	l_{bez} [mm]	m' [kg/m]	L_{max} [mm]	V_{max} [m/s]
PH [1)]	0,0248	0,208	$5{,}600 \cdot 10^{-7}$	0,00359	813	0,005	2.155	60
PJ [1)]	0,0458	0,393	$6{,}090 \cdot 10^{-7}$	0,00745	1.016	0,009	2.489	50
PK [1)]	0,1170	3,370	$2{,}130 \cdot 10^{-6}$	0,01830	1.600	0,020	3.492	50
PL [1)]	0,2090	6,480	$2{,}590 \cdot 10^{-6}$	0,03910	2.095	0,036	6.096	40
PM [1)]	0,7240	48,500	$1{,}675 \cdot 10^{-6}$	0,13200	4.090	0,159	15.265	30

[1)] Bei diesen Profilen bestehen teilweise merkliche Unterschiede zu den Leistungsangaben von Herstellern.

Übertragbare Umfangskraft eines Bezugsriemen

$$F_{u,b} = 2 \cdot \left[C_1 - C_2 \cdot \frac{1}{d_w} - C_3 \cdot (2 \cdot v)^2 - C_4 \cdot \log(2 \cdot v) \right] \quad \text{und} \quad K = 1{,}25 \cdot \left(1 - 5^{-\frac{\beta_1}{\pi}} \right) \qquad (22.65)$$

K Winkelfaktor [–]

β Umschlingungswinkel [rad]

Übersetzungs- und Längenzuschlag

$$\Delta F_{u1} = 2 \cdot C_4 \cdot \log\left(\frac{2}{1 + 10^Q} \right) \quad \text{und} \quad \Delta F_{u2} = 2 \cdot C_4 \cdot \log\left(\frac{1}{l_{bez}} \right) \quad \text{mit} \quad Q = \frac{C_2}{C_4} \cdot \frac{d_1 - d_2}{d_1 \cdot d_2} \qquad (22.66)$$

$d_{1,2}$ Riemenscheibendurchmesser [mm]

Aufzubringende Vorspannkraft

$$F_v = \frac{F_{u,B}}{2} \cdot \left(\frac{2{,}5}{K} - 1 \right) + F_f = \frac{F_{u,B}}{2} \cdot \left(\frac{2{,}5}{K} - 1 \right) + m' \cdot v^2 \cdot Z \qquad (22.69)$$

m' Metergewicht des Riemens [–]

Z Anzahl der Rippen (Für Keilrippenriemen $Z = 1$) [–]

22.2.5 Auslegung von Zahnriemengetrieben

Hauptabmessungen, Verzahnungsgrößen und Spannungen von Zahnriemengetrieben

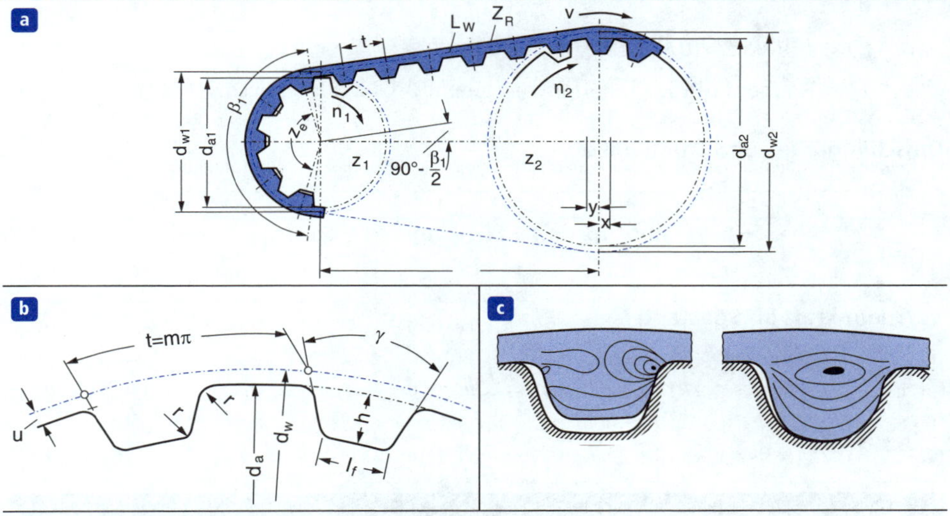

Erforderliche Zahnriemenbreite und Umfangskraft

$$b_{erf} = b_{bez} \cdot \left(\frac{F_{u,B}}{b_{bez} \cdot k_z \cdot f_u} \right)^{\frac{1}{1{,}14}} \quad \text{mit} \quad F_{u,B} = \frac{P_B}{v} \tag{22.73}$$

k_Z Zahneingriffsfaktor [–]

$$k_z = 1 - 0{,}2 \cdot (6 - z_e) \quad \text{mit} \quad z_e = \frac{z_k \cdot \beta_1}{2 \cdot \pi} \quad \text{für} \quad z_e < 6\,, \quad \text{sonst} \quad k_z = 1 \tag{22.74}$$

z_e Im Eingriff befindliche Zähne (kleinste ganze Zahl) [–]

z_k Zähnezahl der kleinen Scheibe [–]

Profil	f_u	b_{bez}	m'	Standardbreiten b_{St}				
MXL	5,625	6,4	–	3,2	4,8	6,4	–	–
XL	5,680	9,5	$2{,}72 \cdot 10^{-3}$	6,4	7,9	9,5	–	–
L	9,800	25,4	$3{,}83 \cdot 10^{-3}$	12,7	19,1	25,4	–	–
H	28,000	76,2	$5{,}84 \cdot 10^{-3}$	19,1	25,4	38,1	50,8	76,2
XH	40,000	101,6	$13{,}91 \cdot 10^{-3}$	50,8	76,2	101,6	–	–
XXH	51,420	127,0	$17{,}94 \cdot 10^{-3}$	50,8	76,2	101,6	127,0	–

b_{bez} Bezugsbreite [mm]

f_u spezifische Umfangskraft [–]

Übersetzung

$$i = \frac{n_1}{n_2} = \frac{d_2}{d_1} = \frac{z_2}{z_1} \quad \text{mit} \quad d_1 = \frac{z_1 \cdot t}{\pi} = m \cdot z_1 \quad \text{und} \quad d_2 = \frac{z_2 \cdot t}{\pi} = m \cdot z_2 \qquad (22.76)$$

$d_{1,2}$ Teilkreisdurchmesser $[m]$

t Riementeilung (Tabellenwert gemäß VDI 2758 oder DIN 7721)

Umschlingungs- und Trumwinkel

$$\beta_1 = \pi - 2 \cdot \alpha \quad \text{und} \quad \beta_2 = \pi + 2 \cdot \alpha \quad \text{mit} \quad \alpha = \arcsin\left(\frac{d_2 - d_1}{2 \cdot e_0}\right) \qquad (22.78)$$

Vorspannkraft im Stillstand

$$F_v = \frac{F_{u,B}}{2} + F_f = \frac{F_{u,B}}{2} + m' \cdot v^2 \cdot b_{St} \qquad (22.80)$$

22.3 Kettengetriebe

Gestaltung und Abmessung der Kettenradverzahnung für Rollenkettengetriebe

Teilkreis-durchmesser	$d = \dfrac{p}{\sin\frac{\tau}{2}} = \dfrac{p}{\sin\frac{180°}{z}}$	(22.85)
Fußkreis-durchmesser	$d_f = d - d_R$	(22.86)
Kopfkreis-durchmesser	$d_{a,\max} = d + 1{,}25 \cdot p - d_R$	(22.87)
	$d_{a,\min} = d + p \cdot \left(1 - \dfrac{1{,}6}{z}\right) - d_R$	(22.88)
Durchmesser der Frei-drehung d_s	$d_s = d - 2 \cdot F$	(22.89)
Rollenbett-radius	$r_{1,\min} = 0{,}505 \cdot d_R$	(22.90)
	$r_{1,\max} = 0{,}505 \cdot d_R + 0{,}069 \cdot \sqrt[3]{d_R}$	(22.91)

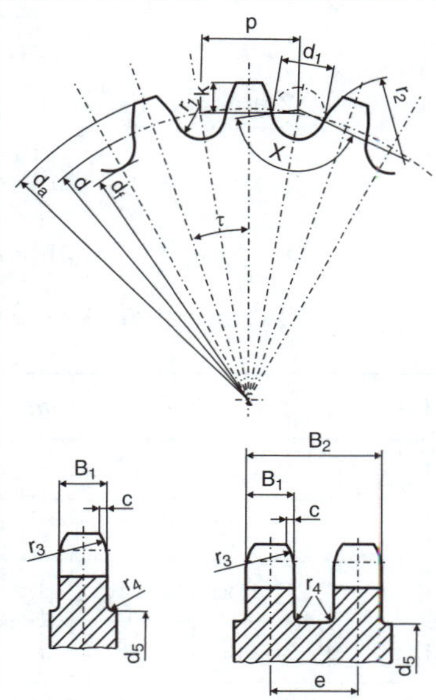

Zahnflankenradius	$r_{2,\min} = 0{,}12 \cdot d_R \cdot (z+2)$ (22.92) $r_{2,\max} = 0{,}008 \cdot d_R \cdot \left(z^2+180\right)$ (22.93)	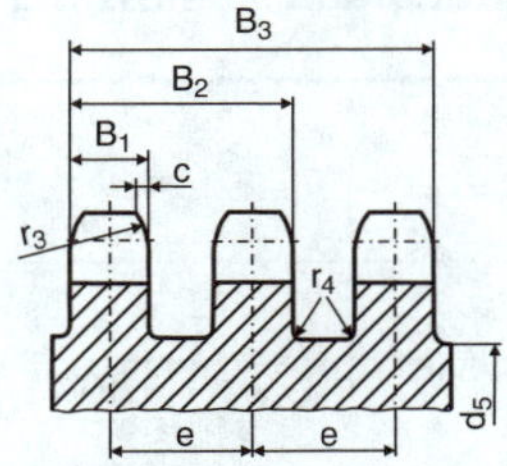

Rollenbettwinkel	$\chi_{\max} = 140° - \frac{90°}{z}$ (22.94) $\chi_{\min} = 120° - \frac{90°}{z}$ (22.95)	Abfasung	$c = 0{,}1 \ldots 0{,}15 \cdot p$ (22.96)
		Zahnfasenradius	$r_3 \geq p$ (22.97)

Ketten-Nr.	B_1	B_1	B_2	B_3	e	A	F	r_4	r_4
	Einfach	Mehrfach				min	min	min	max
03	2,3	–	–	–	–	9	3,5	0,2	1
04	2,6	2,5	8,0	–	5,50	9	3,5	0,2	1
05 B	2,8	2,7	8,3	14,0	5,65	10	5	0,2	1
06 B	5,3	5,2	15,4	25,7	10,24	15	6	0,2	1
08 B	7,2	7,0	21,0	34,8	13,92	20	8	0,3	1,6
10 B	9,1	9,0	25,6	42,2	16,59	23	10	0,3	1,6
12 B	11,1	10,8	30,3	49,7	19,46	27	11	0,3	1,6
16 B	16,2	15,8	47,7	79,6	31,88	42	15	0,4	2,5
20 B	18,5	18,2	54,6	91,1	36,45	50	18	0,4	2,5
24 B	24,1	23,6	72,0	120,3	48,36	63	23	0,4	2,5
28 B	29,4	28,8	88,4	147,9	59,56	76	25	0,4	2,5
32 B	29,4	28,8	87,4	145,9	58,55	79	29	0,4	2,5
40 B	36,2	35,4	107,7	180,0	72,19	97	36	0,4	2,5
48 B	43,4	42,5	133,7	224,9	91,21	116	43	0,5	6

Gestaltung und Abmessung der Kettenradverzahnung für Zahnkettengetriebe

Drehkreisdurchmesser	$d_d = p \cdot \cot\dfrac{180°}{z}$	(22.98)
Teilkreisdurchmesser	$d = \dfrac{p}{\sin\dfrac{180°}{z}}$	(22.99)
Radbreite bei Außenführung	$B_a \approx b_a - 0{,}5\ \text{mm}$	(22.100)
Radbreite bei Innenführung	$B_a \approx b_n + 5\ \text{mm}$ für $p \leq 1''$	(22.101)
	$B_a \approx b_n + 10\ \text{mm}$ für $p \geq 1''$	(22.102)

b_a: Arbeitsbreite nach Tabelle 22.25,
b_n: Nennbreite nach Tabelle 22.25 im Buch

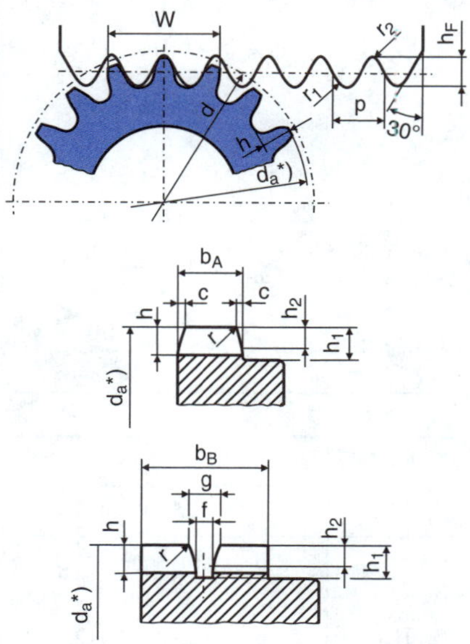

Anzahl der Kettenglieder

$$X = \frac{2 \cdot a}{p} + \frac{1}{2} \cdot (z_1 + z_2) + \frac{p}{a} \cdot \left(\frac{z_2 - z_1}{2 \cdot \pi}\right)^2 \qquad (22.111)$$

Achsabstand und Kettenlänge

$$a = \frac{p}{4} \cdot \left[\left(X - \frac{z_1 + z_2}{2}\right) + \sqrt{\left(X - \frac{z_1 + z_2}{2}\right)^2 - 2 \cdot \left(\frac{z_2 - z_1}{\pi}\right)^2}\,\right] \quad \text{und} \quad L = X \cdot p \qquad (22.113)$$

Kettengeschwindigkeit

$$v = n \cdot z \cdot p \qquad (22.116)$$

n Ritzeldrehzahl $[1/min]$

z Ritzelzähnezahl [–]

Stützzugkraft

$$F_s \approx \frac{F_G \cdot l_T}{8 \cdot f} = \frac{m' \cdot g \cdot l_T}{8 \cdot f_{rel}} \quad \text{mit} \quad f_{rel} = \frac{f}{l_T} \quad \text{und} \quad F_G = m' \cdot g \qquad (22.129)$$

m' Metergewicht der Kette $[kg]$

g Erdbeschleunigung $[m/s^2]$

l_T Trumlänge $[m]$

f Durchhang $[m]$

Fliehzugkraft

$$F_f = m' \cdot v_K^2 \qquad (22.134)$$

v_K Kettengeschwindigkeit [m/s]

Maximale Gesamtzugkraft

$$F_{ges} = F_u \cdot f_1 + F_f + F_{so} \quad \text{mit} \quad 1{,}0 \le f_1 \le 2{,}5 \qquad (22.135)$$

F_u Umfangskraft [N]

Kraftübertragung zwischen Kette und Kettenrad

a Rollen- und Buchsenkette	**b** Zahnkette
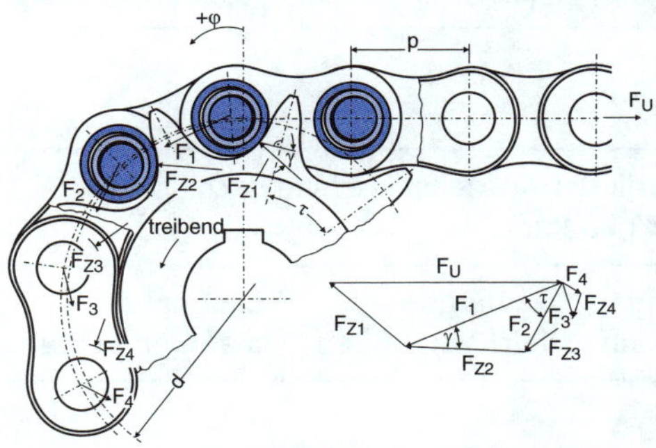	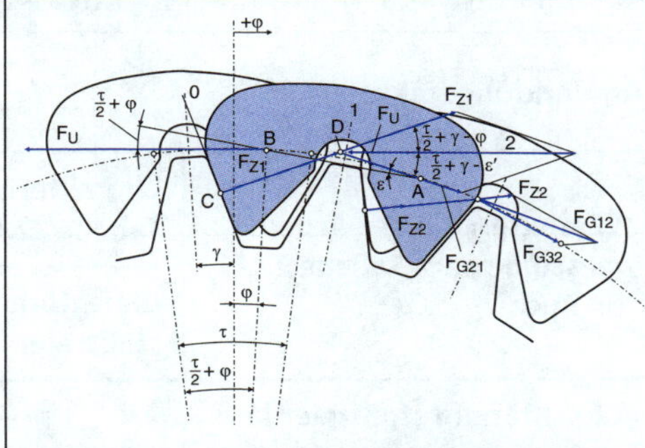
Kraft im einlaufenden Kettenglied	Kraft des Kettenradzahnes auf die Lasche 1
$F_1 = F_u \cdot \dfrac{\sin\left(\dfrac{\tau}{2} + \gamma - \varphi\right)}{\sin(\tau + \gamma)}$ (22.144)	$F_{z1} = F_u \cdot \dfrac{\sin\left(\dfrac{\tau}{2} + \varphi + \varepsilon\right)}{\sin(\tau + \gamma + \varepsilon)}, \; \gamma = 30° - \tau$ (22.145)
Kraft des Kettenradzahnes auf die einlaufende Kettenrolle	Gelenkkraft der Lasche 2 auf die Lasche 1
$F_{z1} = F_u \cdot \dfrac{\sin\left(\dfrac{\tau}{2} + \varphi\right)}{\sin(\tau + \gamma)}$ (22.146)	$F_{G21} = F_u \cdot \dfrac{\sin\left(\dfrac{\tau}{2} - \varphi + \gamma\right)}{\sin(\tau + \gamma + \varepsilon)}$ (22.147)

Zulässige Zug- und Biegespannung

$$\sigma_{z,zul} = \frac{R_m}{S} \quad \text{und} \quad \sigma_{b,zul} = 0{,}9 \cdot \sigma_{z,zul} \qquad (22.149)$$

S Sicherheitsfaktor (6…8) [–]

Zulässige Hertz'sche Pressung

$$p_{H,zul} \approx 3{,}21 \cdot HV \tag{22.150}$$

HV Vickers Härte

Diagrammleistung

$$P_D = P \cdot f_1 \cdot f_Z \tag{22.152}$$

22

P Nennleistung [W]

Zähnezahlfaktor

z_1	11	12	13	14	15	16	17	18	19	20	25	30	35	40	45
f_Z	1,8	1,64	1,5	1,39	1,29	1,2	1,13	1,06	1	0,95	0,74	0,61	0,52	0,45	0,39

Anwendungsfaktor

Charakteristik der Arbeitsmaschine nach Tabelle 22.42 im Buch	Charakteristik der Antriebsmaschine nach Tabelle 22.43 im Buch		
	Gleichförmig stoßfreier Lauf	Lauf unter leichten Stößen	Lauf unter mäßigen Stößen
Gleichförmig stoßfreier lauf	1,0	1,1	1,3
Lauf unter mäßigen Stößen	1,4	1,5	1,7
Lauf unter starken Stößen	1,8	1,9	2,1

Werkstoffe

A

ÜBERBLICK

A.1 Festigkeitswerte für Stähle

Allgemeine Kennwerte

Elastizitätsmodul	$E = 2{,}1 \cdot 10^5\ N/mm^2$
Schubmodul	$G = E / [2(1+\nu)] = 8 \cdot 10^4\ N/mm^2$
Dichte	$\rho = 7{,}85\ g/cm^3$
Querkontraktionszahl	$\nu = 0{,}3$

Festigkeitskennwerte für allgemeine Baustähle nach DIN EN 10025 ($d_B \leq 16\ mm$)

Kurzname	σ_B [N/mm^2]	σ_S [N/mm^2]	$\sigma_{z,dW}$* [N/mm^2]	σ_{bW}* [N/mm^2]	τ_{tW}* [N/mm^2]
S235JR (St 37)	360	235	140	180	105
S275JR (St 44)	430	275	170	215	125
E295 (St 50)	490	295	195	245	145
S355JO (St 52)	510	355	205	255	150
E335 (St 60)	590	335	235	290	180
E360 (St 70)	690	360	275	345	205

Festigkeitskennwerte für schweißgeeignete Feinkornbaustähle nach DIN EN 10113 ($d_B \leq 16\ mm$)

Kurzname	σ_B [N/mm^2]	σ_S [N/mm^2]	$\sigma_{z,dW}$* [N/mm^2]	σ_{bW}* [N/mm^2]	τ_{tW}* [N/mm^2]
S275N	370	275	150	185	110
S355N (StE 355)	470	355	190	235	140
S420N (StE 420)	520	420	210	260	155
S460N (StE 460)	550	460	220	275	165

Festigkeitskennwerte für Einsatzstähle im blindgehärteten Zustand nach DIN EN 10084 ($d_B \leq 11\ mm$)

Kurzname	σ_B* $[N/mm^2]$	σ_S* $[N/mm^2]$	$\sigma_{z,dW}$* $[N/mm^2]$	σ_{bW}* $[N/mm^2]$	τ_{tW}* $[N/mm^2]$
C10E	500	310	200	250	150
17Cr3	800	545	320	400	240
16MnCr5	1000	695	400	500	300
20MnCr5	1200	850	480	600	360
18CrNiMo7-6	1200	850	480	600	360
C10E	500	310	200	250	150

Festigkeitskennwerte für Vergütungsstähle im vergüteten Zustand nach DIN EN 10083 ($d_B \leq 16\ mm$)

Die Werte in der Klammer gelten für den normalgeglühten Zustand.

Kurzname	σ_B $[N/mm^2]$	σ_S $[N/mm^2]$	$\sigma_{z,dW}$* $[N/mm^2]$	σ_{bW}* $[N/mm^2]$	τ_{tW}* $[N/mm^2]$
C 22, 2 C 22	500 (430)	340 (240)	200 (170)	250 (215)	150 (130)
C 25	550 (470)	370 (260)	220 (190)	275 (235)	165 (140)
C 30	600 (510)	400 (280)	240 (205)	300 (255)	180 (155)
C 35	630 (550)	430 (300)	250 (220)	315 (275)	190 (165)
C 40	650 (580)	460 (320)	260 (230)	325 (290)	200 (175)
C 45, 2 C 45	700 (620)	490 (340)	280 (250)	350 (310)	210 (185)
C 50	750 (650)	520 (355)	300 (260)	375 (325)	220 (195)
C 60	850 (710)	580 (380)	340 (285)	425 (355)	250 (215)
46Cr2	900	650	360	450	270
41Cr4	1000	800	400	500	300
34CrMo4	1000	800	400	500	300
42CrMo4	1100	900	440	550	330
50CrMo4	1100	900	440	550	330
36CrNiMo4	1100	900	440	550	330
30CrNiMo8	1250	1050	500	625	375
34CrNiMo6	1200	1000	480	600	360

Festigkeitskennwerte für Nitrierstähle nach DIN 17211 ($d_B \leq 100\ mm$)

Kurzname	σ_B [N/mm^2]	σ_S [N/mm^2]	$\sigma_{z,dW}$* [N/mm^2]	σ_{bW}* [N/mm^2]	τ_{tW}* [N/mm^2]
31CrMo12	1000	800	400	500	300
31CrMoV9	1000	800	400	500	300
15CrMoV59	900	750	360	450	270
34CrAlMo5	800	600	320	400	240
34CrAlNi7	850	650	340	425	255
31CrMo12	1000	800	400	500	300

σ_S Streckgrenze [N/mm^2]

σ_B Zugfestigkeit [N/mm^2]

$\sigma_{z,dW}$ Zug-/Druckwechselfestigkeit [N/mm^2]

σ_{bW} Biegewechselfestigkeit [N/mm^2]

τ_{tW} Torsionswechselfestigkeit [N/mm^2]

dB Bezugsdurchmesser der Werkstoffprobe [mm]

A.2 Festigkeitswerte für Gusseisenwerkstoffe

Festigkeitskennwerte für Stahlguss, unlegiert nach DIN 1681 ($s \leq 100\ mm$)

Kurzname	E [N/mm^2]	ρ [g/cm^3]	σ_B [N/mm^2]	σ_S [N/mm^2]	$\sigma_{z,dW}$* [N/mm^2]	σ_{bW}* [N/mm^2]	τ_{tW}* [N/mm^2]
GS 38	2,1·105	7,85	380	200	150	150	85
GS 45			450	230	180	180	100
GS 52			520	260	210	210	120
GS 60			600	300	240	240	140

Festigkeitskennwerte für Temperguss nach DIN EN 1562 ($d_B = 12\ mm$)

Kurzname	E $[N/mm^2]$	ρ $[g/cm^3]$	σ_B $[N/mm^2]$	σ_S $[N/mm^2]$	$\sigma_{z,dW}$* $[N/mm^2]$
EN-GJMW-350-4 (GTW-35-04)			350	-	-
EN-GJMW-360-12 (GTW-S38-12)			360	190	-
EN-GJMW-400-5 (GTW-40-05)			400	220	120-190
EN-GJMW-450-7 (GTW-45-07)			450	260	150-240
EN-GJMW-550-4 (-)			550	340	190-290
EN-GJMB-350-10 (GTS-35-10)			350	200	100-170
EN-GJMB-450-6 (GTS-45-06)	2,1·105	7,85	450	270	130-120
EN-GJMB-500-5 (-)			500	300	-
EN-GJMB-550-4 (GTS-55-04)			550	340	190-300
EN-GJMB-600-3 (-)			600	390	-
EN-GJMB-650-2 (GTS-65-02)			650	430	220-350
EN-GJMB-700-2 (GTS-70-02)			700	530	-
EN-GJMB-800-1 (-)			800	600	-

Festigkeitskennwerte für Gusseisen mit Lamellengraphit nach DIN EN 1561 ($d_B = 30\ mm$)

Kurzname	E $[N/mm^2]$	ρ $[g/cm^3]$	σ_B $[N/mm^2]$	σ_S $[N/mm^2]$	$\sigma_{z,dW}$* $[N/mm^2]$	σ_{bW}* $[N/mm^2]$	τ_{tW}* $[N/mm^2]$
EN-GJL-150 (GG-15)	7,8-10,3	7,10	150-250	98-165	25-40	50-80	40-60
EN-GJL-200 (GG-20)	8,8-11,3	7,15	200-300	130-195	40-60	80-120	60-100
EN-GJL-250 (GG-25)	10,3-11,8	7,20	250-350	165-228	60-80	120-160	100-120
EN-GJL-300 (GG-30)	10,8-13,7	7,25	300-400	195-260	80-110	160-220	120-160
EN-GJL-350 (GG-35)	12,3-14,3	7,30	350-450	228-185	115-150	220-280	180-230

Festigkeitswerte für Gusseisen mit Kugelgraphit nach DIN EN 1563 ($s \leq 60\ mm$)

Kurzname	E [N/mm^2]	ρ [g/cm^3]	σ_B [N/mm^2]	$\sigma_{0,2}$ [N/mm^2]	σ_{dB} 1) [N/mm^2]	$\sigma_{z,dW}$* [N/mm^2]	σ_{bW} 2) [N/mm^2]	τ_{tW}* [N/mm^2]
EN-GJS-350-22 (GGG-35)	1,69·105	7,1	350	220	700	100	180	100
EN-GJS-400-15 (GGG-40)			400	250	800	140	195	140
EN-GJS-450-10			450	310	900	170	210	160
EN-GJS-500-7 (GGG-50)			500	320	1000	180	224	170
EN-GJS-600-3 (GGG-60)	1,74·105	7,2	600	370	1100	190	248	175
EN-GJS-700-2 (GGG-70)	1,76·105		700	420	1150	210	280	185
EN-GJS-800-2 (GGG-80)			800	480	1300	240	304	210
EN-GJS-350-22 (GGG-35)			350	220	700	100	180	100

* Erfahrungswerte
1) Mittelwerte;
2) ermittelt für ungekerbte Probe mit Durchmesser $d_B = 10{,}6\ mm$

E	Elastizitätsmodul [N/mm^2]
σ_S	Streckgrenze [N/mm^2]
σ_B	Zugfestigkeit [N/mm^2]
σ_{dB}	Druckfestigkeit [N/mm^2]
$\sigma_{z,dW}$	Zug-/Druckwechselfestigkeit [N/mm^2]
σ_{bW}	Biegewechselfestigkeit [N/mm^2]
ρ	Dichte [g/cm^3]
dB	Bezugsdurchmesser Werkstoffprobe [mm]
s	Wanddicke Werkstoffprobe [mm]

A.3 Festigkeitskennwerte für die Auslegung

Beanspruchungsart	Bezeichnung	Formelzeichen	Ersatzwert bei Stahl- und Gusswerkstoffen	Berechnung gegen:
Zug	Streckgrenze	$\sigma_S = R_e$		Verformung
	0,2 % Dehngrenze	$R_{p0,2}$		Verformung
	Zugfestigkeit	$\sigma_B = R_m$		Bruch
	Zugwechselfestigkeit	σ_{zW}	$= f_{zW} \cdot R_m$	Bruch
Druck	Quetschgrenze	$\sigma_{dF} = R_{ed}$	$= f_\sigma \cdot R_e$	Verformung
	0,2 % Stauchgrenze	$\sigma_{d0,2}$	$= f_\sigma \cdot R_{p0,2}$	Verformung
	Druckfestigkeit	σ_{dB}	$= f_\sigma \cdot R_m$	Bruch
Biegung	Biegefließgrenze	σ_{bG}	$\approx 1.,.1{,}3 \cdot R_e$	Verformung
	0,2 % Biegedehngrenze	$\sigma_{b0,2}$	$\approx 1...1{,}3 \cdot R_{p0,2}$	Verformung
	Biegefestigkeit	σ_{bB}	$\approx \sigma_B = R_m$	Bruch
	Biegewechselfestigkeit	σ_{bW}	$= f_{bW} \cdot R_m$	Bruch
Torsion	Torsionsfließgrenze	τ_{tF}	$\approx (1...1{,}2) \cdot f_\tau \cdot R_e$	Verformung
	0,4 % Torsions-Dehngr.	$\tau_{t0,4}$	$\approx (1...1{,}2) \cdot f_\tau \cdot R_{p0,2}$	Verformung
	Torsionsfestigkeit	τ_{tB}	$\approx f_\tau \cdot R_m$	Bruch
	Torsionswechselfestigkeit	τ_{tW}	$= f_{tW} \cdot R_m$	Bruch
Abscherung	Scherfließgrenze	τ_{aF}	$\approx f_\tau \cdot R_e$	Verformung
	Scherfestigkeit	τ_{aB}	$\approx f_\tau \cdot R_m$	Bruch

Werkstoff	f_σ	f_τ	f_{zW}	f_{bW}	f_{tW}
Stahl	1	0,58	0,4	0,5	0,3
Stahlguss	1	0,58	0,4	0,4	0,22

Werkstoff	f_σ	f_τ	f_{zW}	f_{bW}	f_{tW}
GJS 1)	1,3	0,65	0,25	0,37	0,36
GJL 2)	1,5	0,85	0,25	0,37	0,36

1) Gusseisen mit Kugelgraphit;
2) Gusseisen mit Lamellengraphit

A

ing
maschinenbau

MASCHINENBAU

Serope Kalpakjian
Steven R. Schmid
Ewald Werner

Werkstofftechnik
ISBN 978-3-8689-4006-0
69.95 EUR [D], 72.00 EUR [A], 109.00 sFr*
1232 Seiten

Werkstofftechnik

BESONDERHEITEN

Ausgehend von einer Übersicht der Werkstoffeigenschaften werden in diesem Lehrbuch die wichtigsten Herstellungs- und Verarbeitungsverfahren für metallische, keramische und polymere Werkstoffe sowie für Verbundwerkstoffe behandelt. Dies umfasst eine Darstellung der Urform- und Umformverfahren, der verschiedenen Bearbeitungs- und Fügeverfahren bis hin zu Aspekten der automatisierten Fertigungstechnik für gegenwärtig und künftig zu erwartende Werkstoffe und Produkte. Zahlreiche exklusive Fallstudien (z.B. von BMW, Mercedes und MTU) zu wichtigen Themen des Buches und eine Vielzahl von Fragen und Rechenaufgaben zu jedem Kapitel erleichtern das Erlernen des komplexen Stoffes.

KOSTENLOSE ZUSATZMATERIALIEN

Für Dozenten

- Alle Abbildungen

Für Studenten

- Lösungshinweise zu den Aufgaben
- Zwei weiterführende Kapitel zu Automatisierung von Fertigungsverfahren und computerintegrierten Fertigungssysteme

PEARSON
Studium

Weitere Informationen unter www.pearson-studium.de

*unverbindliche Preisempfehlung